수학 좀 한다면

디딤돌 초등수학 기본+응용 1-2

펴낸날 [초판 1쇄] 2024년 2월 7일 [초판 3쇄] 2024년 8월 16일 | **펴낸이** 이기열 | **펴낸곳** (주)디딤돌 교육 | **주소** (03972) 서울특별시 마포구 월드컵북로 122 청원선와이즈타워 | **대표전화** 02-3142-9000 | **구입문의** 02-322-8451 | **내용문의** 02-323-9166 | **팩시밀리** 02-338-3231 | **홈페이지** www.didimdol.co.kr | **등록번호** 제10-718호 | 구입한 후에는 철회되지 않으며 잘못 인쇄된 책은 바꾸어 드립니다.
[2402550]

내 실력에 딱!
최상위로 가는 '맞춤 학습 플랜'

STEP 1 On-line
나에게 맞는 공부법은?
맞춤 학습 가이드를 만나요.

교재 선택부터 공부법까지! 디딤돌에서 제공하는 시기별
맞춤 학습 가이드를 통해 아이에게 맞는 학습 계획을 세워 주세요.
(학습 가이드는 디딤돌 학부모카페 '맘이가'를 통해 상시 공지합니다.
cafe.naver.com/didimdolmom)

STEP 2 Book
맞춤 학습 스케줄표
계획에 따라 공부해요.

교재에 첨부된 '맞춤 학습 스케줄표'에 맞춰 공부 목표를
달성합니다.

STEP 3 On-line
이럴 땐 이렇게!
'맞춤 Q&A'로 해결해요.

궁금하거나 모르는 문제가 있다면,
'맘이가' 카페를 통해 질문을 남겨 주세요.
디딤돌 수학쌤 및 선배맘님들이 친절히 답변해 드립니다.

STEP 4 Book
다음에는 뭐 풀지?
다음 교재를 추천받아요.

학습 결과에 따라 후속 학습에 사용할 교재를 제시해 드립니다.
(교재 마지막 페이지 수록)

★ 디딤돌 플래너 만나러 가기

디딤돌 초등수학 기본+응용 1-2

짧은 기간에 집중력 있게 한 학기 과정을 완성할 수 있도록 설계하였습니다.
방학 때 미리 공부하고 싶다면 주 5일 8주 완성 과정을 이용해요.

공부한 날짜를 쓰고 하루 분량 학습을 마친 후, 부모님께 확인 check ☑를 받으세요.

1 100까지의 수

1주					2주	
☐	☐	☐	☐	☐	☐	☐
월 일	월 일	월 일	월 일	월 일	월 일	월 일
8~11쪽	12~15쪽	16~21쪽	22~25쪽	26~29쪽	30~32쪽	33~35쪽

3 모양과 시각

3주					4주	
☐	☐	☐	☐	☐	☐	☐
월 일	월 일	월 일	월 일	월 일	월 일	월 일
52~55쪽	56~59쪽	60~62쪽	63~65쪽	68~73쪽	74~77쪽	78~81쪽

4 덧셈과 뺄셈(2)

5주					6주	
☐	☐	☐	☐	☐	☐	☐
월 일	월 일	월 일	월 일	월 일	월 일	월 일
93~95쪽	98~103쪽	104~109쪽	110~115쪽	116~119쪽	120~123쪽	124~126쪽

6 덧셈과 뺄셈(3)

7주					8주	
☐	☐	☐	☐	☐	☐	☐
월 일	월 일	월 일	월 일	월 일	월 일	월 일
150~153쪽	154~156쪽	157~159쪽	162~165쪽	166~169쪽	170~175쪽	176~181쪽

MEMO

자르는 선 ✂

월 일	월 일	월 일
28~29쪽	30~32쪽	33~35쪽
월 일	월 일	월 일
58~59쪽	60~62쪽	63~65쪽
월 일	월 일	월 일
90~92쪽	93~95쪽	98~103쪽
월 일	월 일	월 일
122~123쪽	124~126쪽	127~129쪽
월 일	월 일	월 일
154~156쪽	157~159쪽	162~165쪽
월 일	월 일	월 일
184~185쪽	186~188쪽	189~191쪽

효과적인 수학 공부 비법

X 시켜서 억지로

O 내가 스스로

억지로 하는 일과 즐겁게 하는 일은 결과가 달라요.
목표를 가지고 스스로 즐기면 능률이 배가 돼요.

X 가끔 한꺼번에

O 매일매일 꾸준히

급하게 쌓은 실력은 무너지기 쉬워요.
조금씩이라도 매일매일 단단하게 실력을 쌓아가요.

X 정답을 몰래

O 개념을 꼼꼼히

모든 문제는 개념을 바탕으로 출제돼요.
쉽게 풀리지 않을 땐, 개념을 펼쳐 봐요.

X 채점하면 끝

O 틀린 문제는 다시

왜 틀렸는지 알아야 다시 틀리지 않겠죠?
틀린 문제와 어림짐작으로 맞힌 문제는
꼭 다시 풀어 봐요.

자르는 선

디딤돌 초등수학 기본+응용 1-2

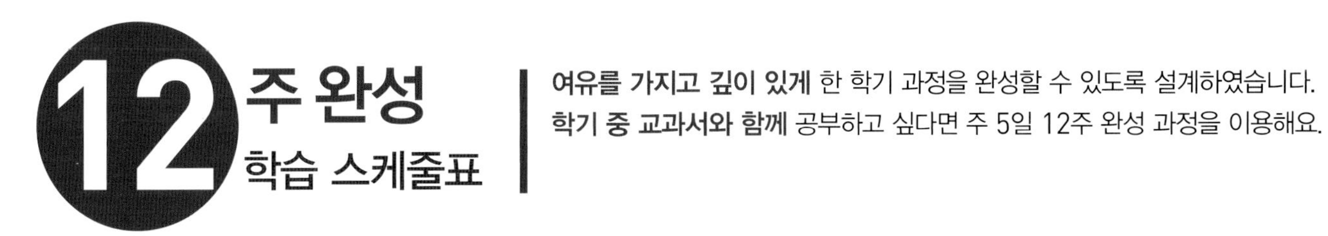

12주 완성 학습 스케줄표

여유를 가지고 깊이 있게 한 학기 과정을 완성할 수 있도록 설계하였습니다.
학기 중 교과서와 함께 공부하고 싶다면 주 5일 12주 완성 과정을 이용해요.

공부한 날짜를 쓰고 하루 분량 학습을 마친 후, 부모님께 확인 check ☑를 받으세요.

1 100까지의 수

1주					2주	
☐	☐	☐	☐	☐	☐	☐
월 일	월 일	월 일	월 일	월 일	월 일	월 일
8~11쪽	12~13쪽	14~15쪽	16~21쪽	22~23쪽	24~25쪽	26~27쪽

2 덧셈과 뺄셈(1)

3주					4주	
☐	☐	☐	☐	☐	☐	☐
월 일	월 일	월 일	월 일	월 일	월 일	월 일
38~41쪽	42~43쪽	44~45쪽	46~51쪽	52~53쪽	54~55쪽	56~57쪽

3 모양과 시각

5주					6주	
☐	☐	☐	☐	☐	☐	☐
월 일	월 일	월 일	월 일	월 일	월 일	월 일
68~73쪽	74~75쪽	76~77쪽	78~81쪽	82~83쪽	84~85쪽	86~89쪽

4 덧셈과 뺄셈(2)

7주					8주	
☐	☐	☐	☐	☐	☐	☐
월 일	월 일	월 일	월 일	월 일	월 일	월 일
104~105쪽	106~107쪽	108~109쪽	110~115쪽	116~117쪽	118~119쪽	120~121쪽

5 규칙 찾기

9주					10주	
☐	☐	☐	☐	☐	☐	☐
월 일	월 일	월 일	월 일	월 일	월 일	월 일
132~135쪽	136~137쪽	138~139쪽	140~145쪽	146~147쪽	148~149쪽	150~153쪽

6 덧셈과 뺄셈(3)

11주					12주	
☐	☐	☐	☐	☐	☐	☐
월 일	월 일	월 일	월 일	월 일	월 일	월 일
166~167쪽	168~169쪽	170~175쪽	176~177쪽	178~179쪽	180~181쪽	182~183쪽

2 덧셈과 뺄셈(1)		
☐ 월 일 38~41쪽	☐ 월 일 42~45쪽	☐ 월 일 46~51쪽

☐ 월 일 82~85쪽	☐ 월 일 86~89쪽	☐ 월 일 90~92쪽

	5 규칙 찾기	
☐ 월 일 127~129쪽	☐ 월 일 132~139쪽	☐ 월 일 140~149쪽

☐ 월 일 182~185쪽	☐ 월 일 186~188쪽	☐ 월 일 189~191쪽

효과적인 수학 공부 비법

X 시켜서 억지로 | O 내가 스스로

억지로 하는 일과 즐겁게 하는 일은 결과가 달라요.
목표를 가지고 스스로 즐기면 능률이 배가 돼요.

X 가끔 한꺼번에 | O 매일매일 꾸준히

급하게 쌓은 실력은 무너지기 쉬워요.
조금씩이라도 매일매일 단단하게 실력을 쌓아가요.

X 정답을 몰래 | O 개념을 꼼꼼히

모든 문제는 개념을 바탕으로 출제돼요.
쉽게 풀리지 않을 땐, 개념을 펼쳐 봐요.

X 채점하면 끝 | O 틀린 문제는 다시

왜 틀렸는지 알아야 다시 틀리지 않겠죠?
틀린 문제와 어림짐작으로 맞힌 문제는
꼭 다시 풀어 봐요.

수학 좀 한다면

초등수학 기본+응용

상위권으로 가는 **응용심화** 학습서

1-2

기본부터 **실력**까지 **한 권**으로 끝내는 **공부 전략!**

1 한 권에 보이는 개념 정리로 개념 이해!

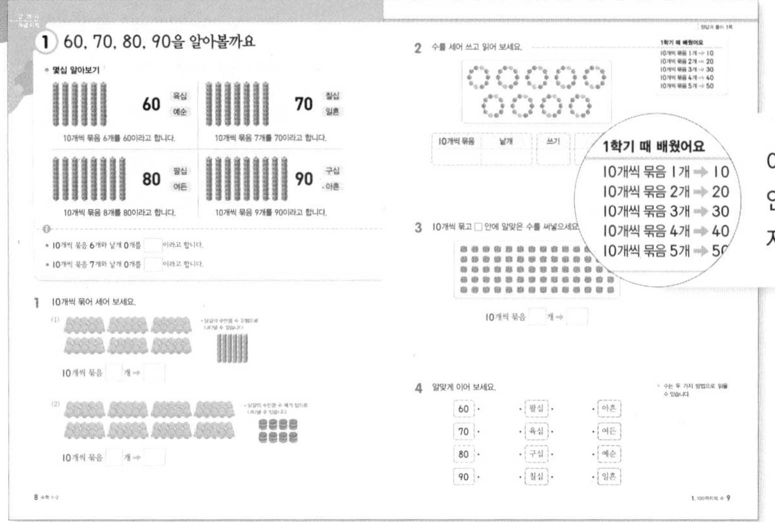

개념 정리를 읽고 교과서 기본 문제를 풀어 보며 개념을 확실히 내 것으로 만들어 봅니다.

1학기 때 배웠어요
10개씩 묶음 1개 ➡ 10
10개씩 묶음 2개 ➡ 20
10개씩 묶음 3개 ➡ 30
10개씩 묶음 4개 ➡ 40
10개씩 묶음 5개 ➡ 50

이전에 배운 개념이 연계 학습을 통해 자연스럽게 확장됩니다.

2 개념 대표 문제로 개념 확인!

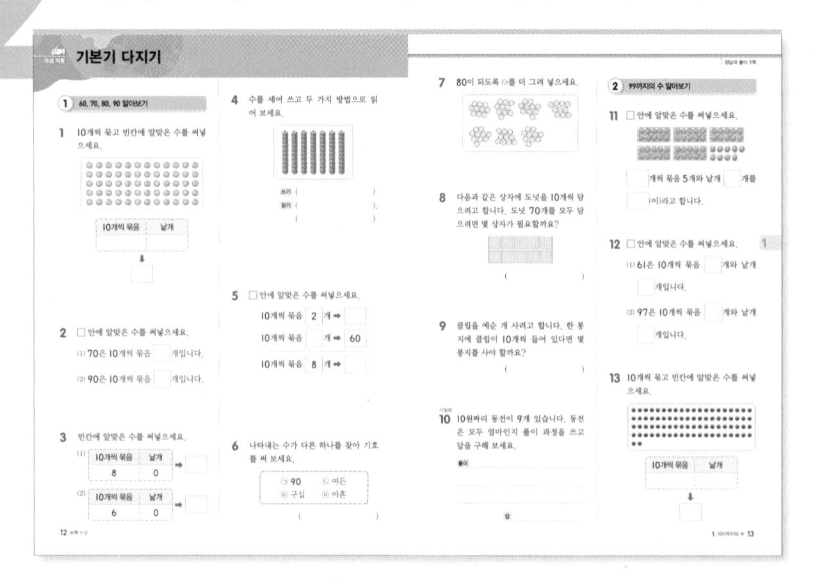

개념별 집중 문제로 교과서, 익힘책은 물론 서술형 문제까지 기본기에 필요한 모든 문제를 풀어 봅니다.

3 응용 문제로 실력 완성!

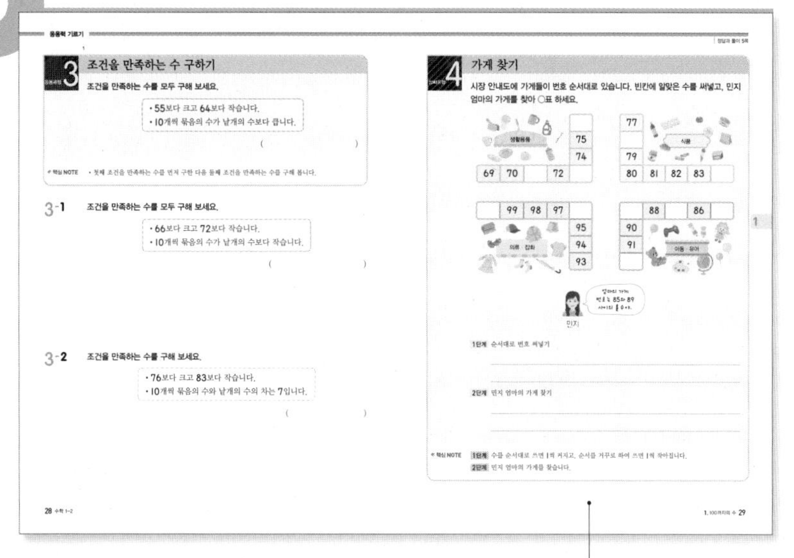

단원별 대표 응용 문제를 풀어 보며 실력을 완성해 봅니다.

4 가게 찾기

심화유형

시장 안내도에 가게들이 번호 순서대로 있습니다. 빈칸에 알맞은 수를 써넣고, 민지 엄마의 가게를 찾아 ○표 하세요.

한 단계 더 나아간 심화 문제를 풀어 보며 문제 해결력을 완성해 봅니다.

4 단원 평가로 실력 점검!

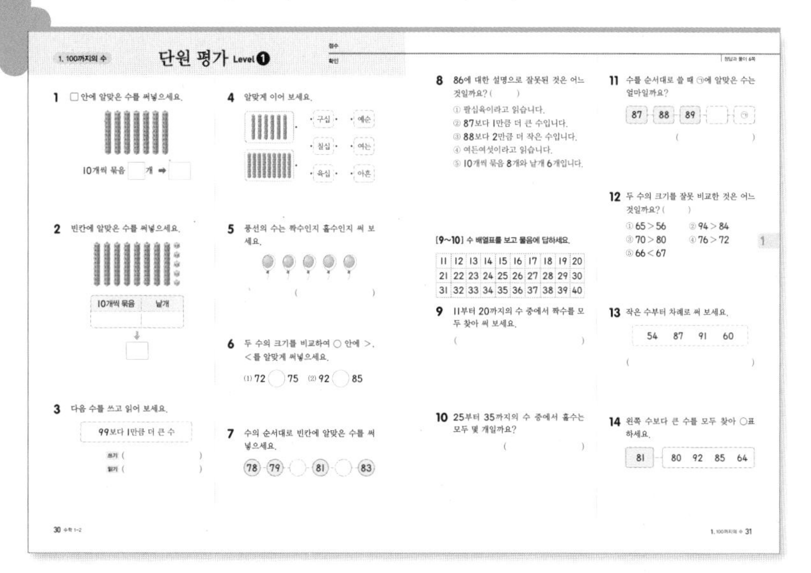

공부한 내용을 마무리하며 틀린 문제나 헷갈렸던 문제는 반드시 개념을 살펴 봅니다.

이 책의 **차례**

1 100까지의 수

9보다 **1**만큼 더 큰 수는 **10**

90보다 **10**만큼 더 큰 수는 **100**이야!

그렇다면 **99보다 1만큼 더 큰 수는?**

수는 10개가 모이면 한 자리 앞으로 간다!

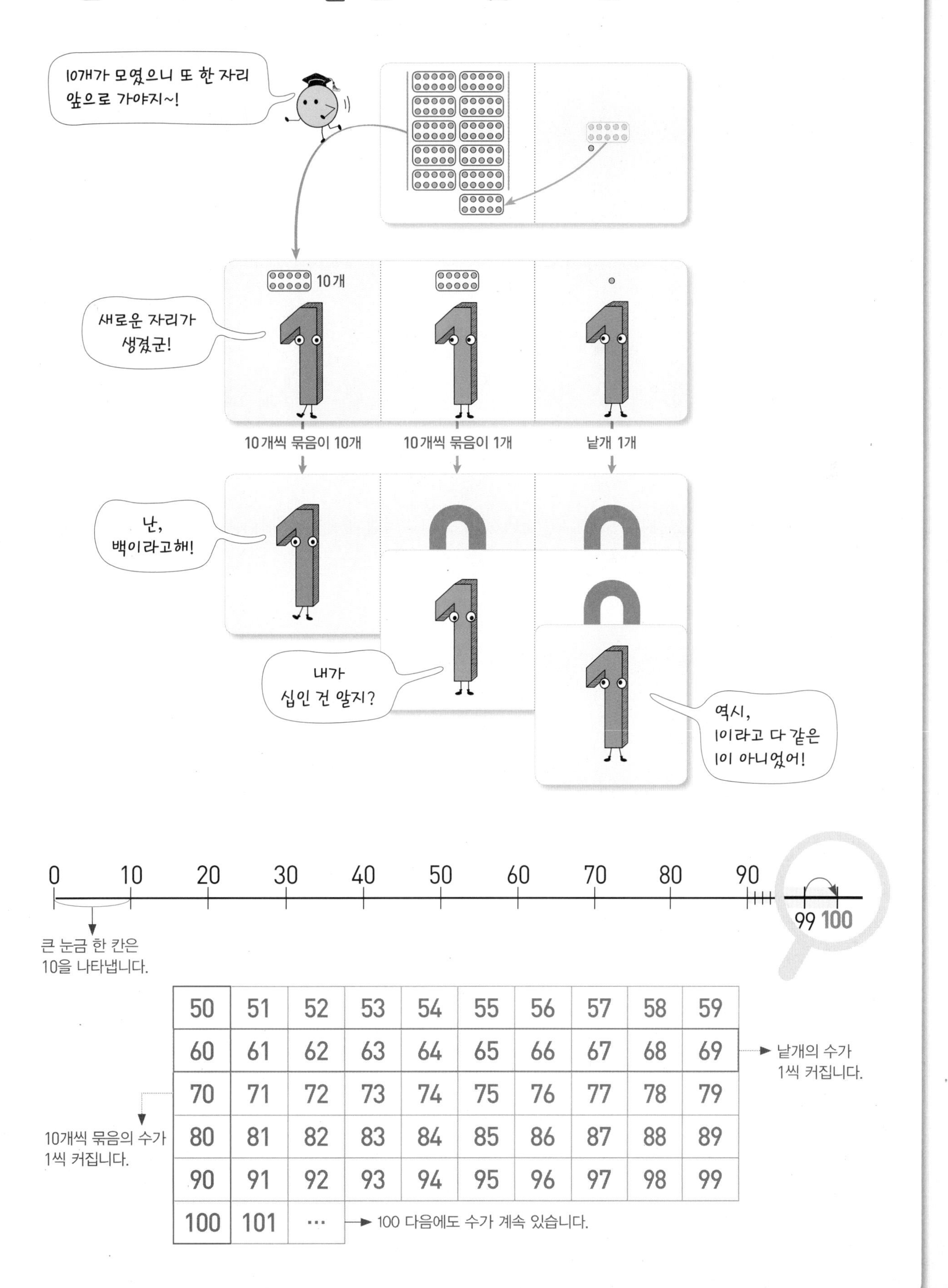

50	51	52	53	54	55	56	57	58	59
60	61	62	63	64	65	66	67	68	69
70	71	72	73	74	75	76	77	78	79
80	81	82	83	84	85	86	87	88	89
90	91	92	93	94	95	96	97	98	99
100	101	…							

1 60, 70, 80, 90을 알아볼까요

● **몇십 알아보기**

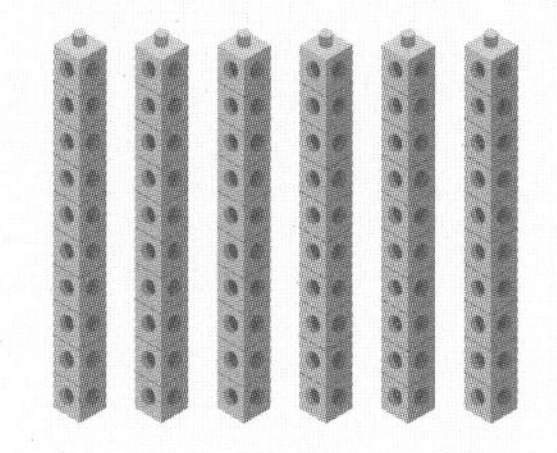

60 육십 / 예순

10개씩 묶음 6개를 60이라고 합니다.

70 칠십 / 일흔

10개씩 묶음 7개를 70이라고 합니다.

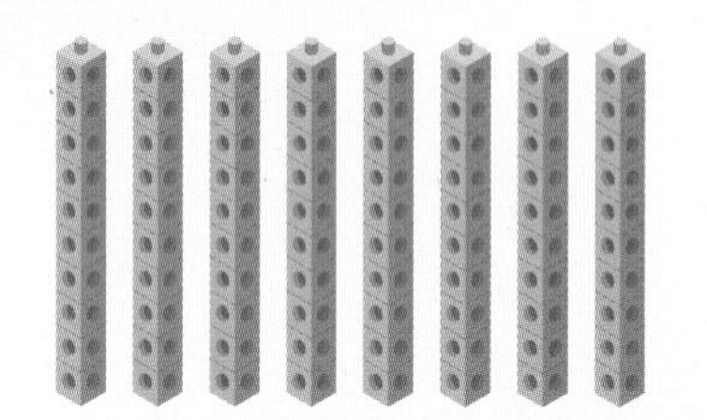

80 팔십 / 여든

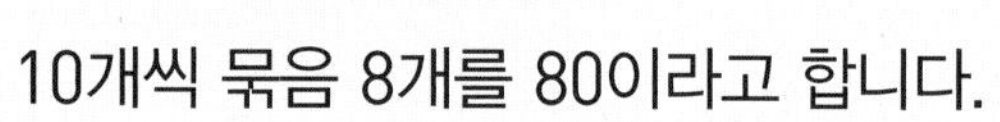

10개씩 묶음 8개를 80이라고 합니다.

90 구십 / 아흔

10개씩 묶음 9개를 90이라고 합니다.

!

- 10개씩 묶음 6개와 낱개 0개를 ☐이라고 합니다.
- 10개씩 묶음 7개와 낱개 0개를 ☐이라고 합니다.

1 10개씩 묶어 세어 보세요.

(1)

• 달걀의 수만큼 수 모형으로 나타낼 수 있습니다.

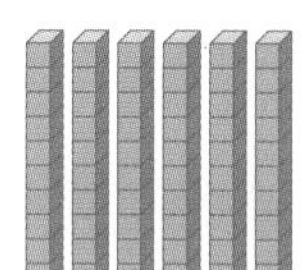

10개씩 묶음 ☐개 ➡ ☐

(2)

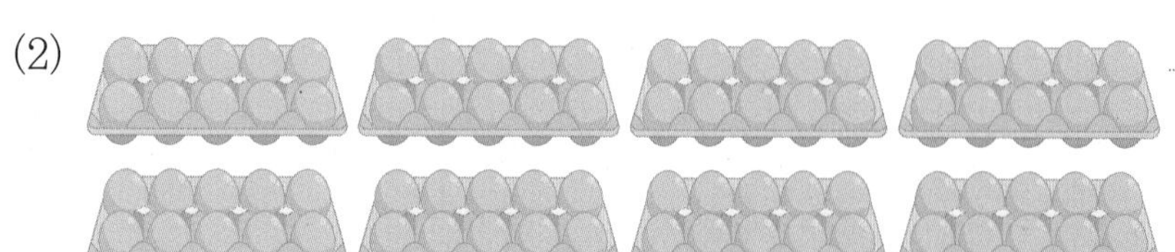

• 달걀의 수만큼 수 세기 칩으로 나타낼 수 있습니다.

10개씩 묶음 ☐개 ➡ ☐

2 수를 세어 쓰고 읽어 보세요.

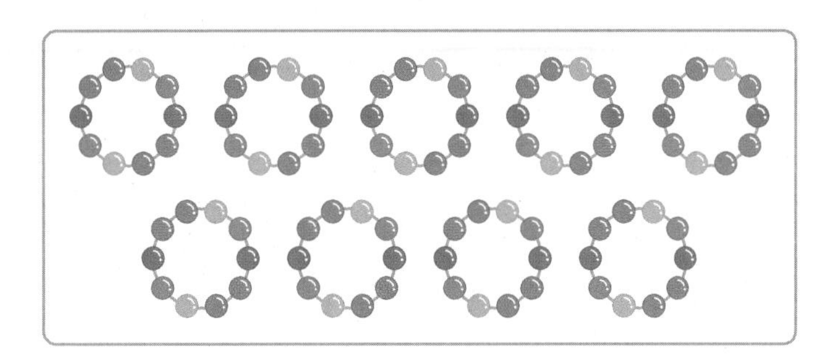

10개씩 묶음	낱개	쓰기	읽기	

1학기 때 배웠어요

10개씩 묶음 1개 ➡ 10
10개씩 묶음 2개 ➡ 20
10개씩 묶음 3개 ➡ 30
10개씩 묶음 4개 ➡ 40
10개씩 묶음 5개 ➡ 50

3 10개씩 묶고 □ 안에 알맞은 수를 써넣으세요.

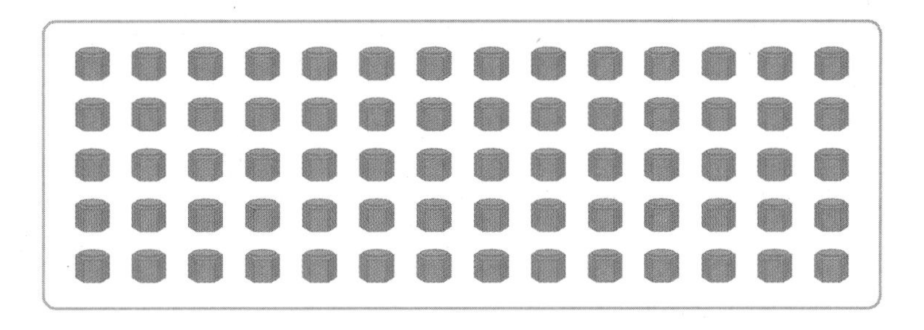

10개씩 묶음 □개 ➡ □

▶ 10개씩 묶음 ■개는 ■0입니다.

4 알맞게 이어 보세요.

60 •	• 팔십 •	• 아흔
70 •	• 육십 •	• 여든
80 •	• 구십 •	• 예순
90 •	• 칠십 •	• 일흔

▶ 수는 두 가지 방법으로 읽을 수 있습니다.

2 99까지의 수를 알아볼까요

● **몇십몇 알아보기**

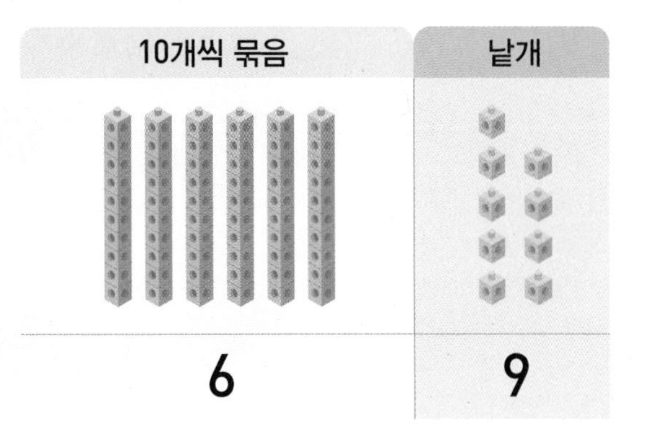

10개씩 묶음	낱개
6	9

↓

69

육십구 예순아홉

10개씩 묶음 6개와 낱개 9개를
69라고 합니다.

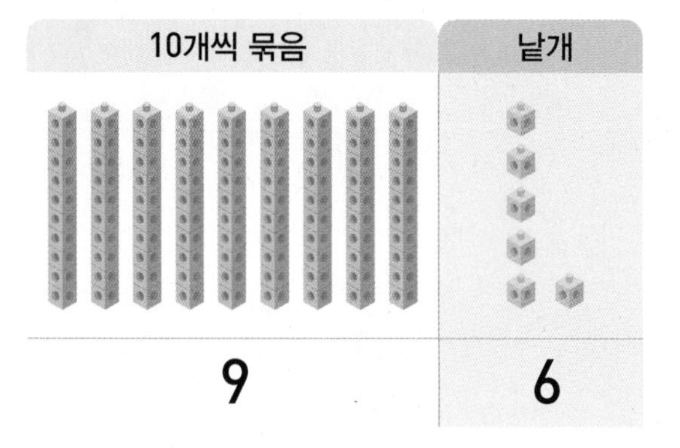

10개씩 묶음	낱개
9	6

↓

96

구십육 아흔여섯

10개씩 묶음 9개와 낱개 6개를
96이라고 합니다.

1 수를 세어 써 보세요.

(1)

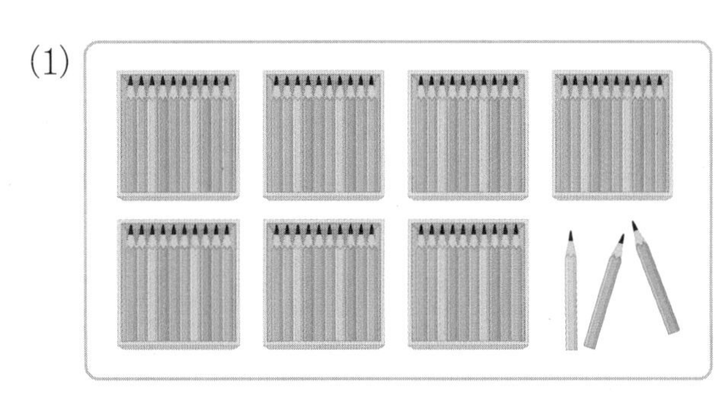

10개씩 묶음	낱개

↓ □

(2)

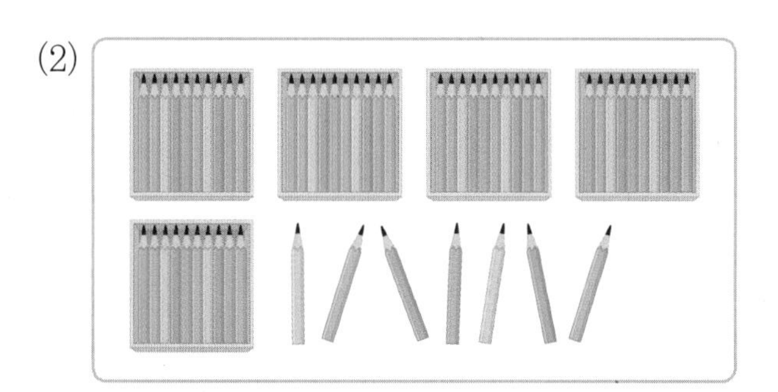

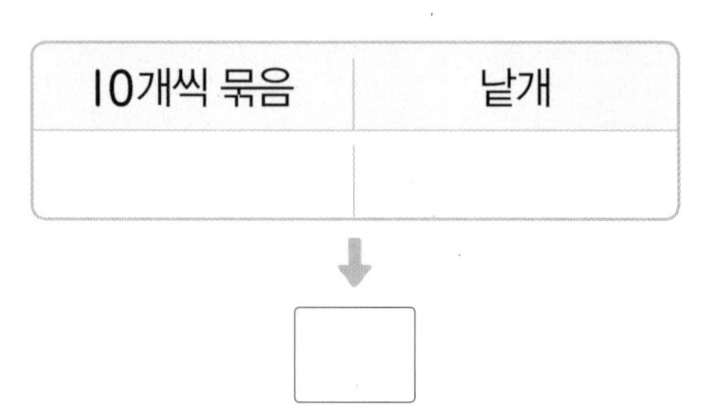

10개씩 묶음	낱개

↓ □

2 수를 세어 쓰고 두 가지 방법으로 읽어 보세요.

▶ 10개씩 묶음 ■개와 낱개 ▲개는 ■▲입니다.

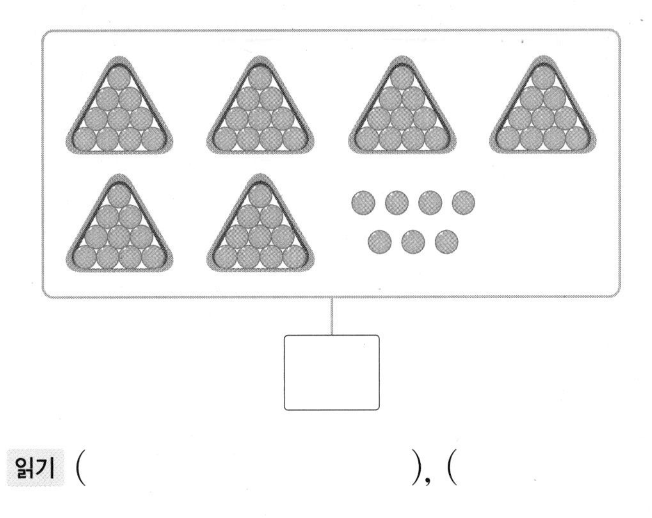

읽기 ( ), ( )

3 수를 쓰고 알맞게 이어 보세요.

칠십이 •	• [10개씩 묶음 6개, 낱개 4개] •	• 예순넷
팔십일 •	• [10개씩 묶음 7개, 낱개 2개] •	• 아흔셋
육십사 •	• [10개씩 묶음 8개, 낱개 1개] •	• 일흔둘
구십삼 •	• [10개씩 묶음 9개, 낱개 3개] •	• 여든하나

1학기 때 배웠어요

10개씩 묶음 2개와 낱개 5개
↓
25(이십오, 스물다섯)

개념 적용

기본기 다지기

1 60, 70, 80, 90 알아보기

1 10개씩 묶고 빈칸에 알맞은 수를 써넣으세요.

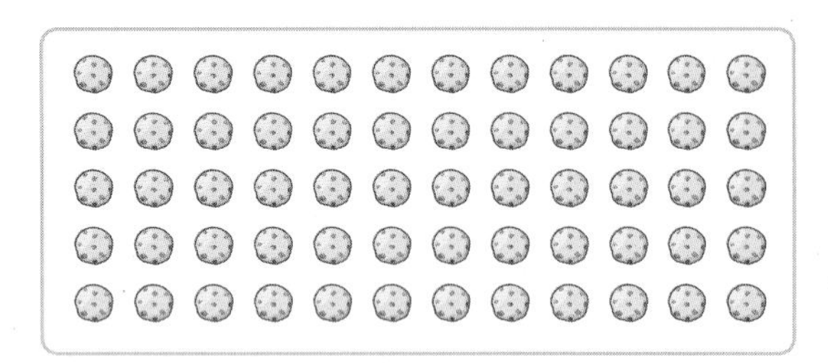

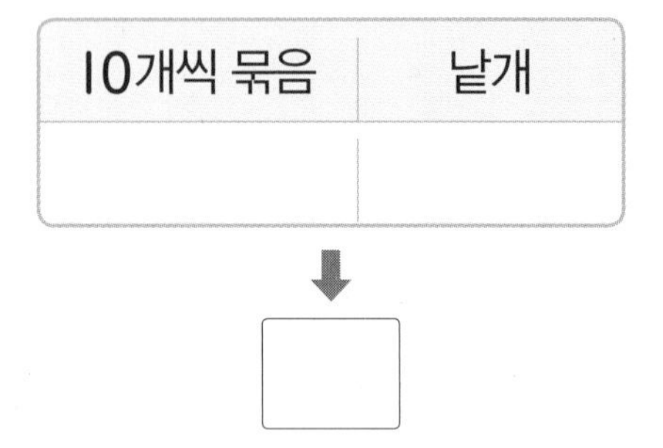

10개씩 묶음	낱개

⬇ □

2 □ 안에 알맞은 수를 써넣으세요.

(1) 70은 10개씩 묶음 □개입니다.

(2) 90은 10개씩 묶음 □개입니다.

3 빈칸에 알맞은 수를 써넣으세요.

(1)

10개씩 묶음	낱개
8	0

➡ □

(2)

10개씩 묶음	낱개
6	0

➡ □

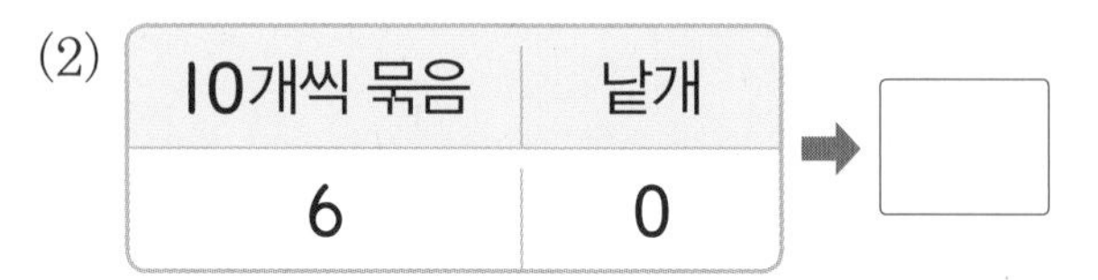

4 수를 세어 쓰고 두 가지 방법으로 읽어 보세요.

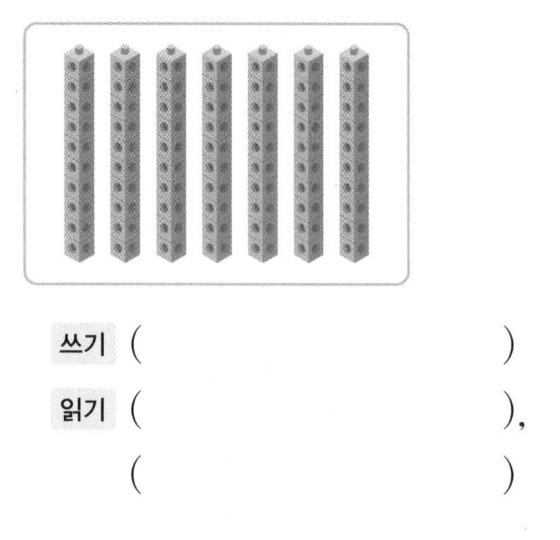

쓰기 (　　　　)

읽기 (　　　　), (　　　　)

5 □ 안에 알맞은 수를 써넣으세요.

10개씩 묶음 2 개 ➡ □

10개씩 묶음 □ 개 ➡ 60

10개씩 묶음 8 개 ➡ □

6 나타내는 수가 다른 하나를 찾아 기호를 써 보세요.

㉠ 90　㉡ 여든
㉢ 구십　㉣ 아흔

(　　　　)

7 80이 되도록 ○를 더 그려 넣으세요.

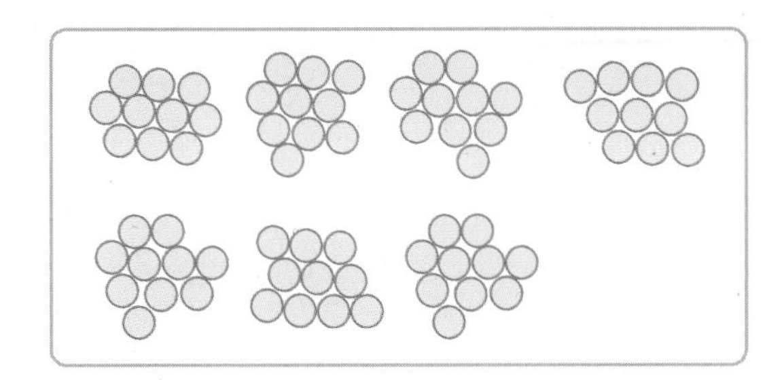

8 다음과 같은 상자에 도넛을 10개씩 담으려고 합니다. 도넛 70개를 모두 담으려면 몇 상자가 필요할까요?

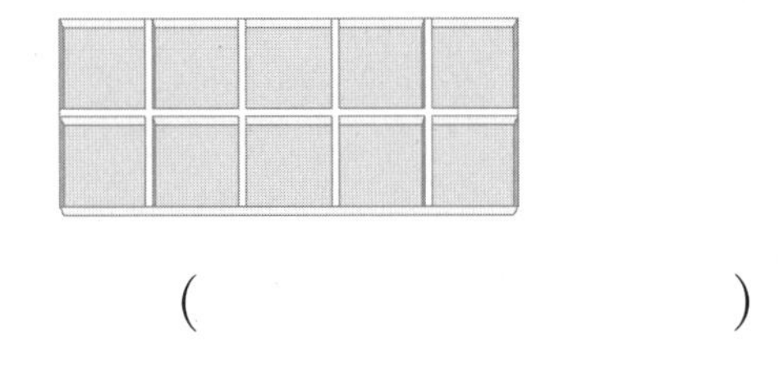

( )

9 클립을 예순 개 사려고 합니다. 한 봉지에 클립이 10개씩 들어 있다면 몇 봉지를 사야 할까요?

( )

서술형

10 10원짜리 동전이 9개 있습니다. 동전은 모두 얼마인지 풀이 과정을 쓰고 답을 구해 보세요.

풀이 ....

....

....

답 ....

2 99까지의 수 알아보기

11 □ 안에 알맞은 수를 써넣으세요.

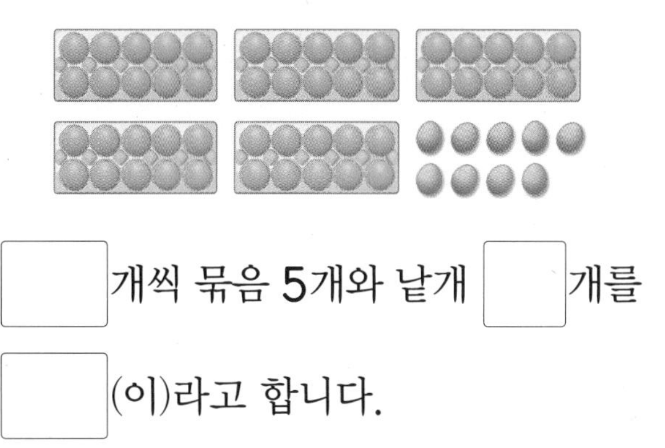

□개씩 묶음 5개와 낱개 □개를

□(이)라고 합니다.

12 □ 안에 알맞은 수를 써넣으세요.

(1) 61은 10개씩 묶음 □개와 낱개 □개입니다.

(2) 97은 10개씩 묶음 □개와 낱개 □개입니다.

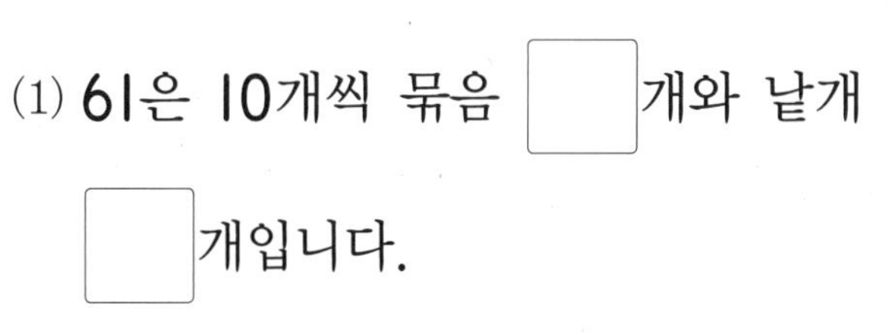

13 10개씩 묶고 빈칸에 알맞은 수를 써넣으세요.

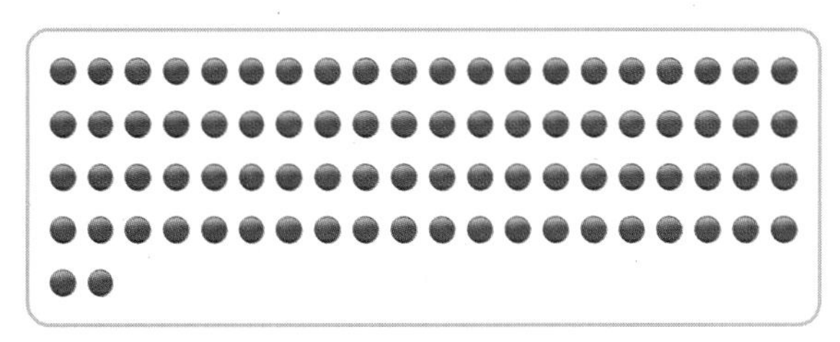

10개씩 묶음	낱개

⬇

□

14 수를 세어 쓰고 두 가지 방법으로 읽어 보세요.

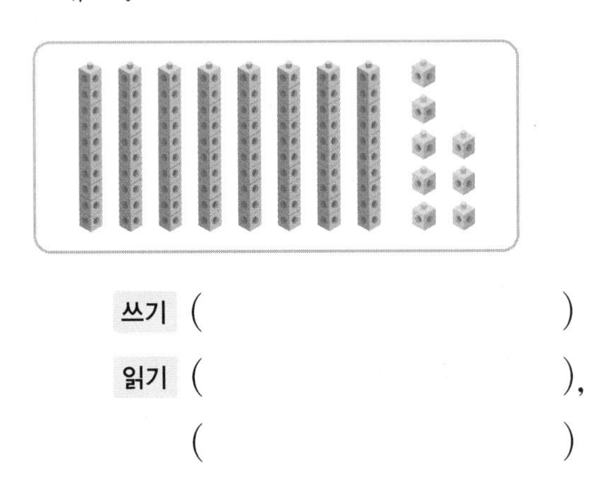

쓰기 (　　　　　　　　)

읽기 (　　　　　　　　),

(　　　　　　　　)

15 밑줄 친 숫자가 나타내는 수를 써 보세요.

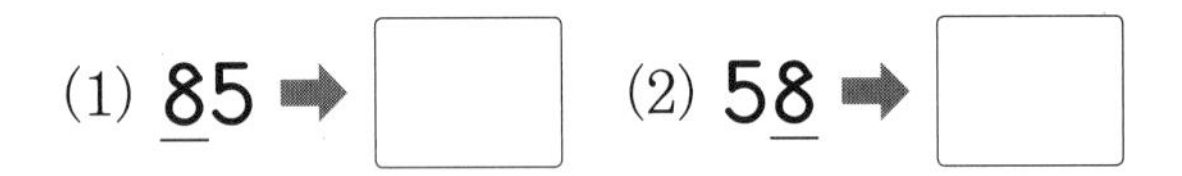

(1) 85 ➡ ☐　　(2) 58 ➡ ☐

16 나타내는 수가 다른 하나를 찾아 ○표 하세요.

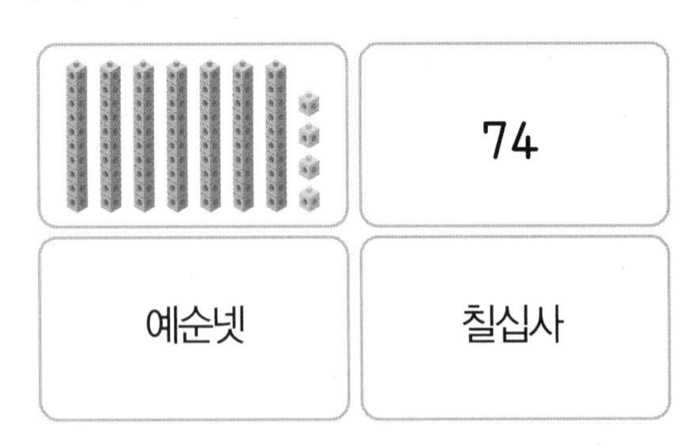

17 구슬 89개를 한 봉지에 10개씩 담으려고 합니다. 구슬은 몇 봉지가 되고, 몇 개가 남을까요?

(　　　　　　), (　　　　　　)

18 수 카드 2장을 골라 만들 수 있는 몇십몇을 쓰고 읽어 보세요.

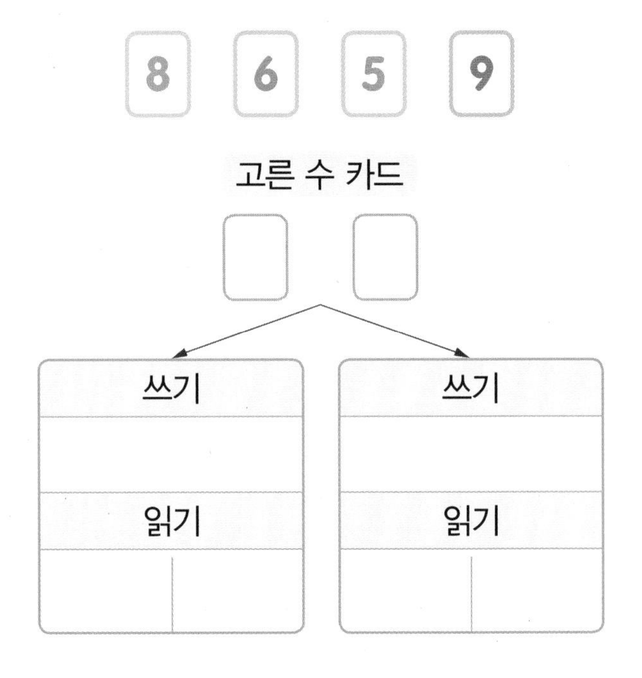

19 ☐ 안에 알맞은 수를 써넣으세요.

10개씩 묶음 5개 ➡ ☐

낱개 12개 ➡ ☐

10개씩 묶음 ☐개와 낱개 2개 ➡ ☐

서술형

20 동화책이 10권씩 묶음 9개와 낱권 4권이 있습니다. 동화책은 모두 몇 권인지 풀이 과정을 쓰고 답을 구해 보세요.

풀이

답

3 수를 넣어 이야기하기

21 버스 번호를 바르게 읽은 것에 ○표 하세요.

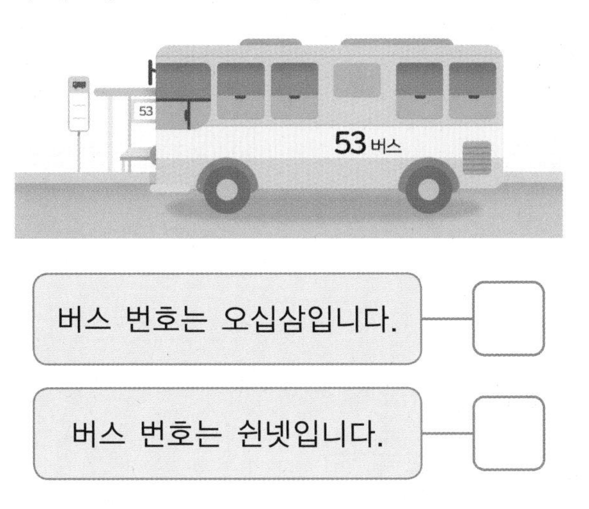

버스 번호는 오십삼입니다. — ( )

버스 번호는 쉰넷입니다. — ( )

22 그림에서 수를 찾아 바르게 읽어 보세요.

....

23 지원이가 쓴 글을 읽고 할머니의 연세를 수로 써 보세요.

제목 : 우리 가족

우리 가족은 할머니, 아버지, 어머니, 나입니다.
할머니의 연세는 일흔네 살입니다.
또 아버지의 연세는 마흔일곱 살이고 어머니의 연세는 서른아홉 살입니다.

( )

24 수를 바르게 읽은 것을 따라 길을 찾아보세요.

25 사과의 수에 대해 잘못 말한 사람의 이름을 써 보세요.

다애: 사과는 10개씩 묶음 8개와 낱개 6개이므로 86개입니다.
민우: 사과의 수는 팔십이입니다.
은지: 사과가 여든여섯 개 있습니다.

( )

3 수의 순서를 알아볼까요

수의 순서 알아보기

수를 순서대로 쓸 때 1만큼 더 작은 수는 바로 앞의 수이고, 1만큼 더 큰 수는 바로 뒤의 수입니다.

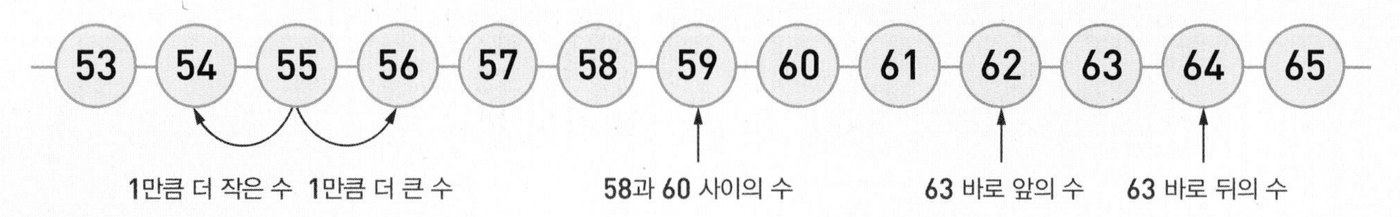

99보다 1만큼 더 큰 수 알아보기

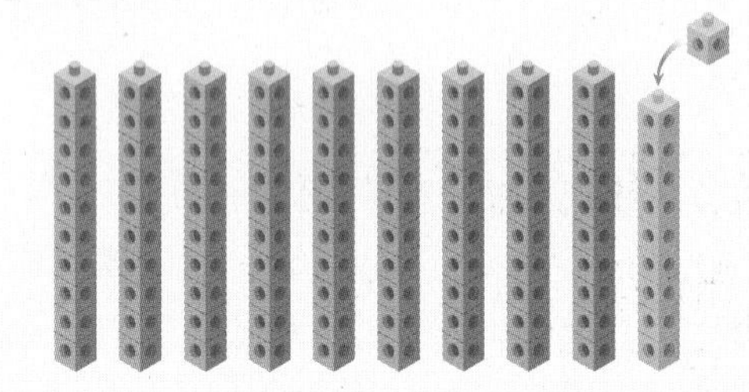

100

백

99보다 1만큼 더 큰 수를 100이라고 합니다.

1 수 배열표를 완성하고 □ 안에 알맞은 수를 써넣으세요.

51	52	53	54	55	56	57	58	59	60
61	62	63	64		66	67		69	70
71			74	75	76		78	79	
81	82	83		85		87	88		90
91	92			95	96			99	

(1) 85보다 1만큼 더 작은 수는 □이고, 1만큼 더 큰 수는 □입니다.

(2) 64와 66 사이의 수는 □입니다.

(3) 99보다 1만큼 더 큰 수는 □입니다.

2 빈칸에 알맞은 수를 써넣으세요.

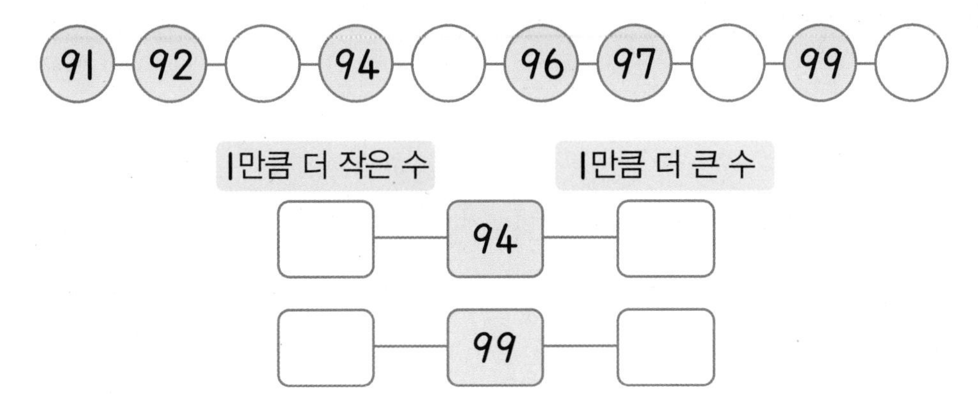

▶ 수를 순서대로 쓰면 오른쪽으로 갈수록 1씩 커집니다.

3 수의 순서에 맞게 빈칸에 알맞은 수를 써넣으세요.

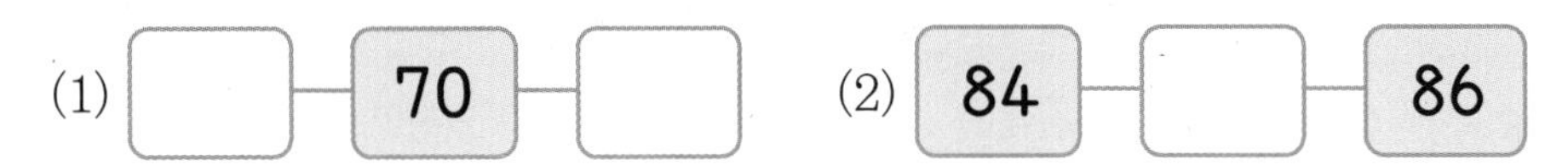

4 58과 62 사이의 수를 모두 써 보세요.

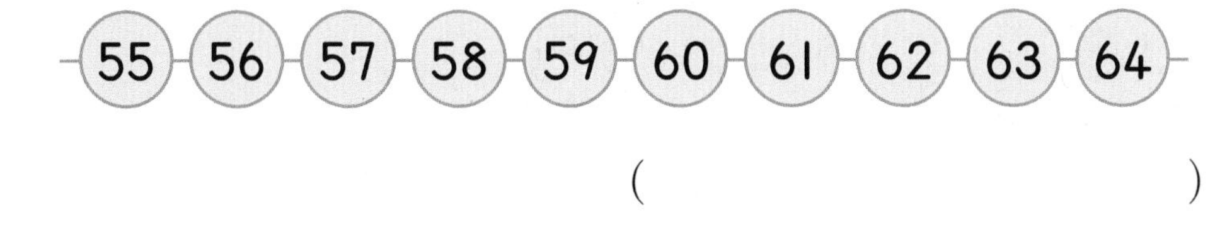

(   )

▶ 58과 62 사이의 수에 58과 62는 포함되지 않습니다.

5 수를 순서대로 이어 보세요.

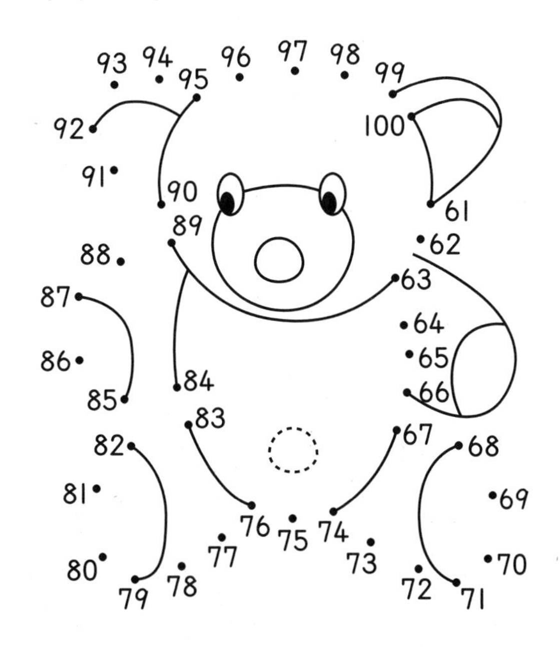

▶ 61부터 100까지 순서대로 이어 봅니다.

4 수의 크기를 비교해 볼까요

- **수의 크기 비교**

① 10개씩 묶음의 수를 먼저 비교합니다.
② 10개씩 묶음의 수가 같으면 낱개의 수를 비교합니다.

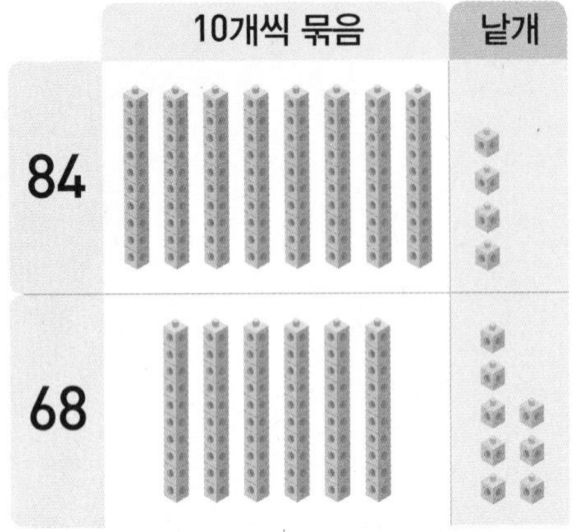

10개씩 묶음의 수가 클수록 큰 수입니다.

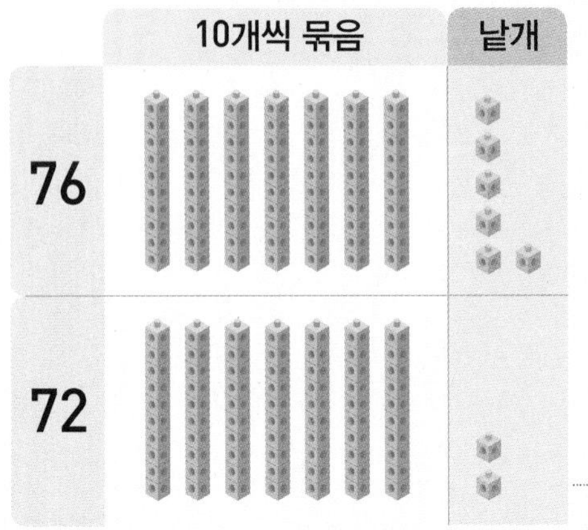

10개씩 묶음의 수가 같으면 낱개의 수가 클수록 큰 수입니다.

84는 68보다 큽니다. ➡ 84 > 68
68은 84보다 작습니다. ➡ 68 < 84

76은 72보다 큽니다. ➡ 76 > 72
72는 76보다 작습니다. ➡ 72 < 76

1 두 수의 크기를 비교해 보세요.

(1)

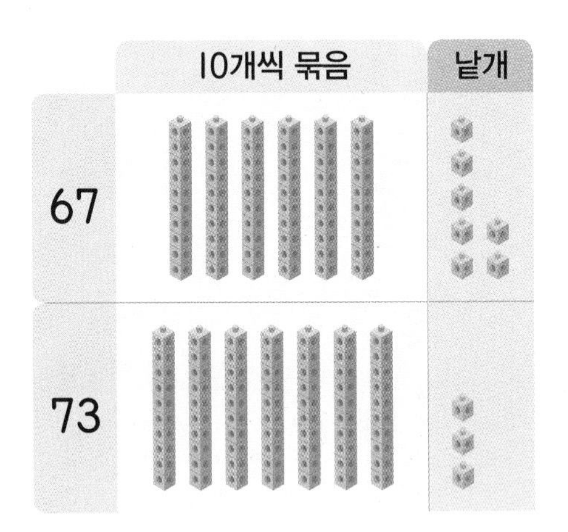

67 ◯ 73

67은 73보다 (큽니다 , 작습니다).

(2)

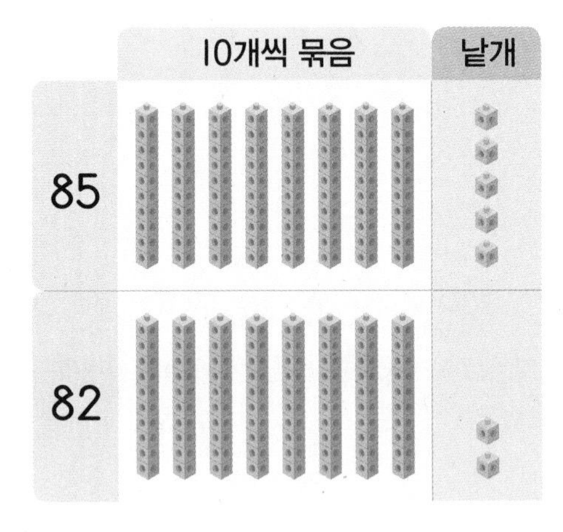

85 ◯ 82

85는 82보다 (큽니다 , 작습니다).

2 수를 세어 크기를 비교해 보세요.

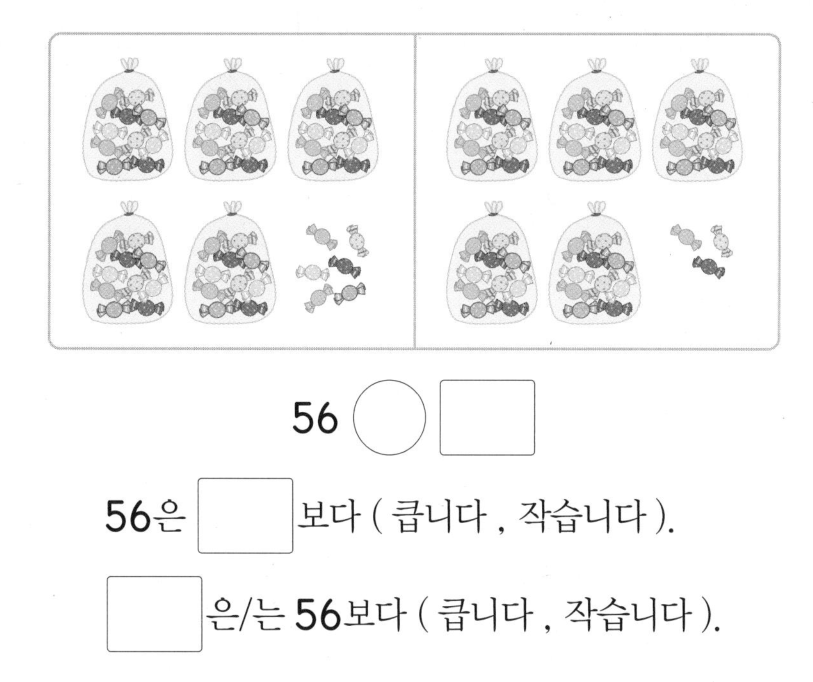

56 ◯ ☐

56은 ☐ 보다 (큽니다 , 작습니다).

☐ 은/는 56보다 (큽니다 , 작습니다).

▶ >, <로 크기 비교를 나타낸 것은 두 가지 방법으로 읽을 수 있습니다.

5>3

➡ 5는 3보다 큽니다.
➡ 3은 5보다 작습니다.

3 ○ 안에 >, <를 알맞게 써넣으세요.

(1) 80 ◯ 79 (2) 55 ◯ 51

▶ 수의 크기 비교
① 10개씩 묶음의 수를 먼저 비교합니다.
② 10개씩 묶음의 수가 같으면 낱개의 수를 비교합니다.

4 다음 수보다 작은 수를 모두 찾아 써 보세요.

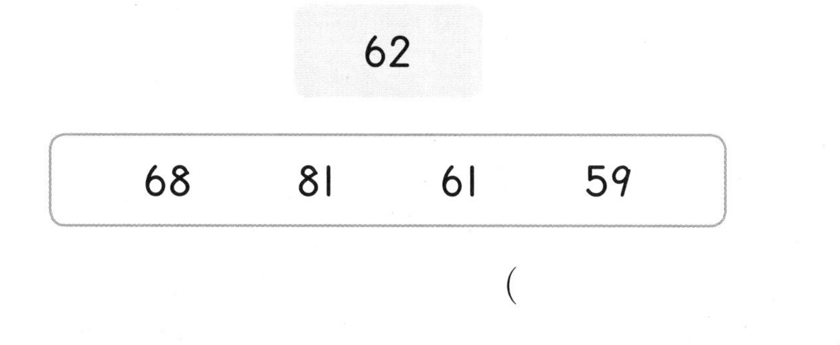

62

68 81 61 59

( )

▶ 세 수의 크기 비교

10, 21, 15

방법 1 두 수씩 묶어서 비교
10과 21, 21과 15, 10과 15의 크기를 각각 비교합니다.
방법 2 세 수를 한꺼번에 비교
10, 21, 15의 10개씩 묶음의 수를 먼저 비교한 다음 낱개의 수를 비교합니다.

5 가장 큰 수에 ○표, 가장 작은 수에 △표 하세요.

71	74	63
( )	( )	( )

5 짝수와 홀수를 알아볼까요

- 짝수와 홀수 알아보기

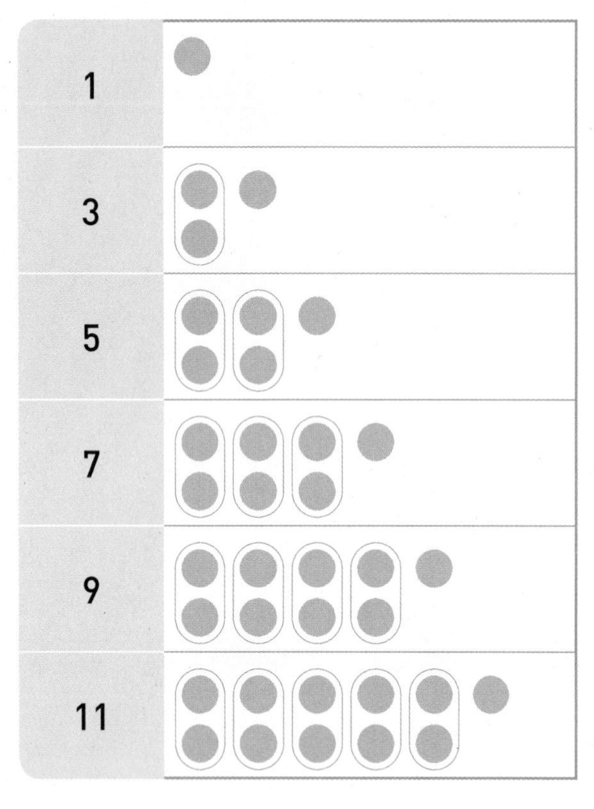

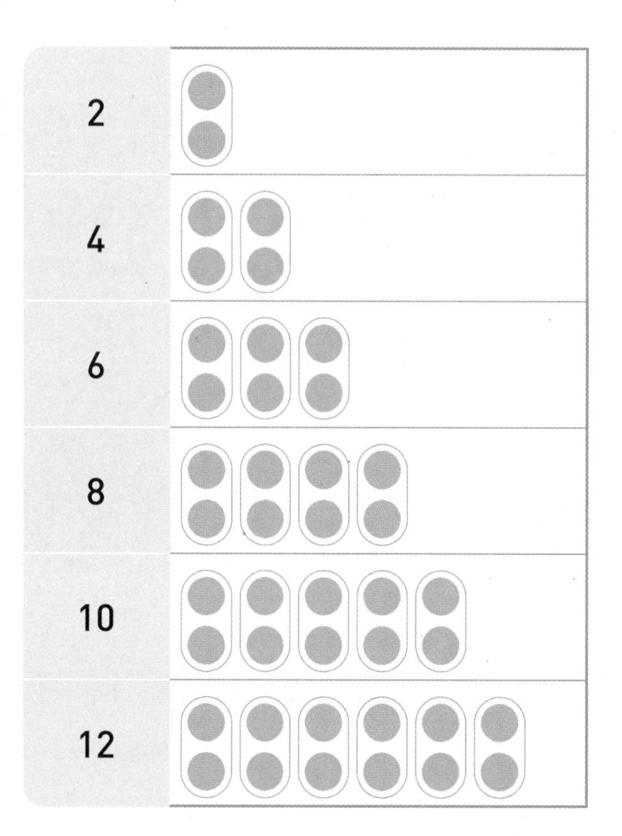

2, 4, 6, 8, 10, 12와 같은 수를 **짝수**라고 합니다. ⋯⋯ 둘씩 짝을 지을 수 있는 수
1, 3, 5, 7, 9, 11과 같은 수를 **홀수**라고 합니다. ⋯⋯ 둘씩 짝을 지을 수 없는 수

!

- 14, 16, 18, 20과 같이 둘씩 짝을 지을 수 있는 수는 ☐입니다.
- 13, 15, 17, 19와 같이 둘씩 짝을 지을 수 없는 수는 ☐입니다.

1 둘씩 짝을 지어 보고 짝수인지 홀수인지 ○표 하세요. ⋯⋯ 둘씩 짝을 지을 때 남는 것이 있는지 없는지 알아봅니다.

(1) 3  (짝수 , 홀수)

(2) 6  (짝수 , 홀수)

(3) 11 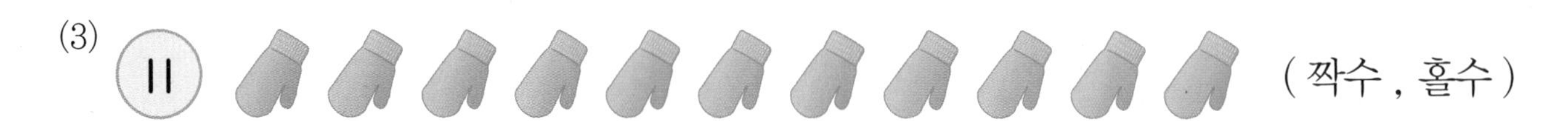 (짝수 , 홀수)

2 공의 수를 세어 쓰고 짝수인지 홀수인지 ○표 하세요.

(1)

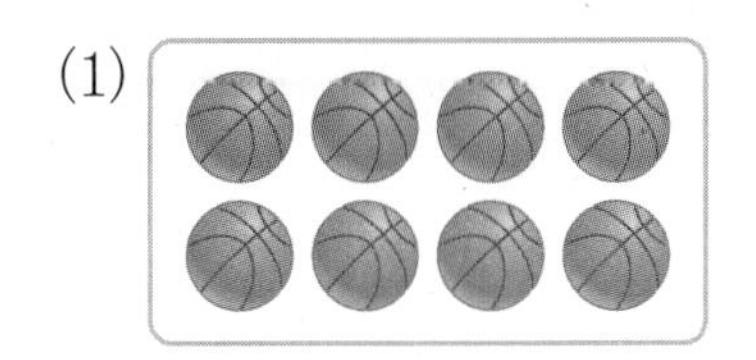

☐ 은/는 (짝수 , 홀수) 입니다.

(2)

☐ 은/는 (짝수 , 홀수) 입니다.

▶ 공을 둘씩 짝을 지어 짝수인지 홀수인지 알아봅니다.

3 짝수를 모두 찾아 ○표 하세요.

5	20	9	8	14

▶ 짝수는 둘씩 짝을 지었을 때 남는 것이 없는 수입니다.

4 홀수를 따라가 보세요.

▶ 홀수는 둘씩 짝을 지었을 때 하나가 남는 수입니다.

5 짝수는 빨간색으로, 홀수는 파란색으로 이어 보세요.

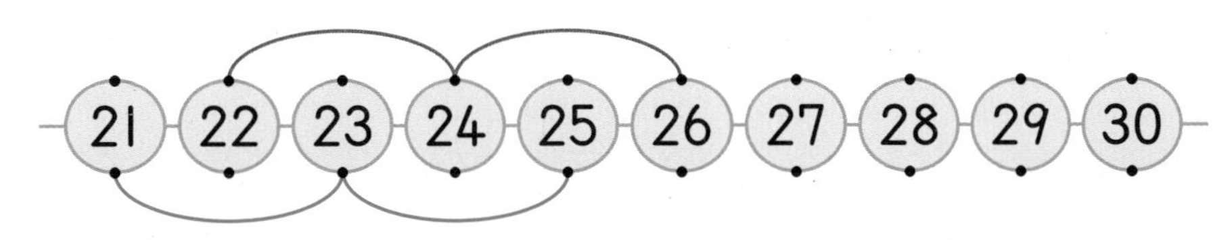

▶ 짝수들의 낱개의 수는 0, 2, 4, 6, 8이고, 홀수들의 낱개의 수는 1, 3, 5, 7, 9입니다.

4 수의 순서 알아보기

26 □ 안에 알맞은 수를 써넣으세요.

(1) 84보다 1만큼 더 큰 수는 □입니다.

(2) 90보다 1만큼 더 작은 수는 □입니다.

27 빈칸에 알맞은 수를 써넣으세요.

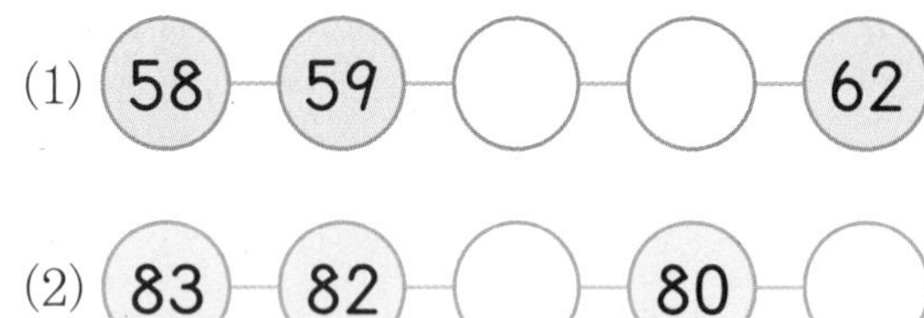

28 빈칸에 알맞은 수를 써넣으세요.

1만큼 더 작은 수 | 1만큼 더 큰 수

□ — 80 — □

29 은행에서 온 순서대로 번호표를 뽑았습니다. 다음 번에 온 사람은 어떤 수가 적힌 번호표를 뽑을까요?

번호표
78

(　　　　　　)

30 100이 아닌 수를 찾아 기호를 써 보세요.

㉠ 99 바로 뒤의 수
㉡ 90보다 1만큼 더 큰 수
㉢ 99보다 1만큼 더 큰 수
㉣ 10개씩 묶음이 10개인 수

(　　　　　　)

31 10개씩 묶음 7개와 낱개 6개인 수보다 1만큼 더 작은 수는 얼마일까요?

(　　　　　　)

32 87과 91 사이의 수를 모두 써 보세요.

(　　　　　　)

33 수의 순서대로 빈칸에 알맞은 수를 써넣으세요.

41	42	43	44	45	46
52	51		49	48	47
53			56	57	58
	63	62	61		
65	66			69	70

34 수를 순서대로 쓰고 □ 안에 알맞은 수를 써넣으세요.

(1)

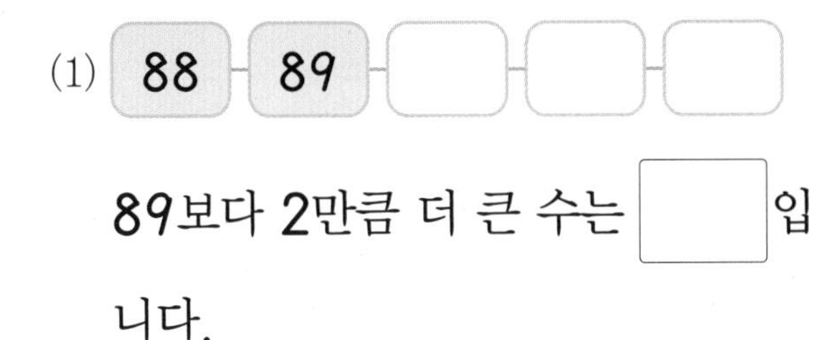

89보다 2만큼 더 큰 수는 □입니다.

(2)

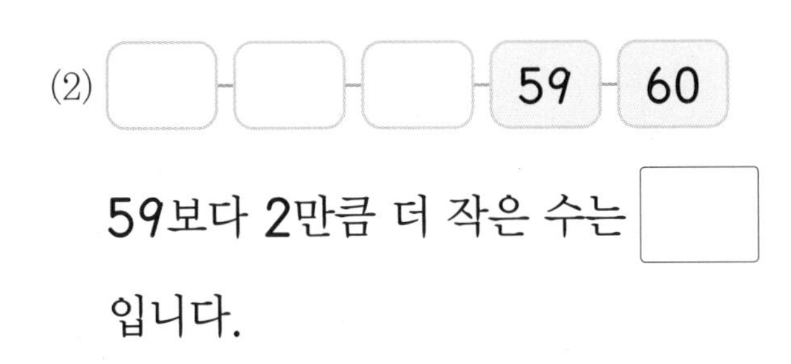

59보다 2만큼 더 작은 수는 □입니다.

35 주어진 수에 알맞은 자리를 찾아 이어 보세요.

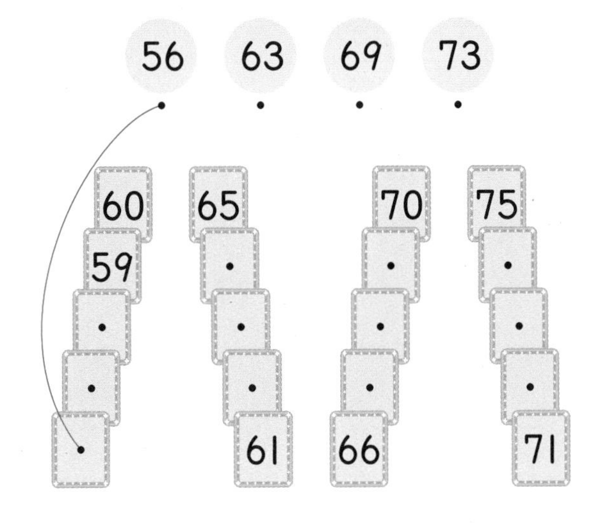

서술형

36 학생들이 박물관에 입장하려고 한 줄로 서 있습니다. 57째와 62째 사이에 서 있는 학생은 모두 몇 명인지 풀이 과정을 쓰고 답을 구해 보세요.

풀이

답

5 수의 크기 비교

37 수를 세어 쓰고 더 큰 수에 ○표 하세요.

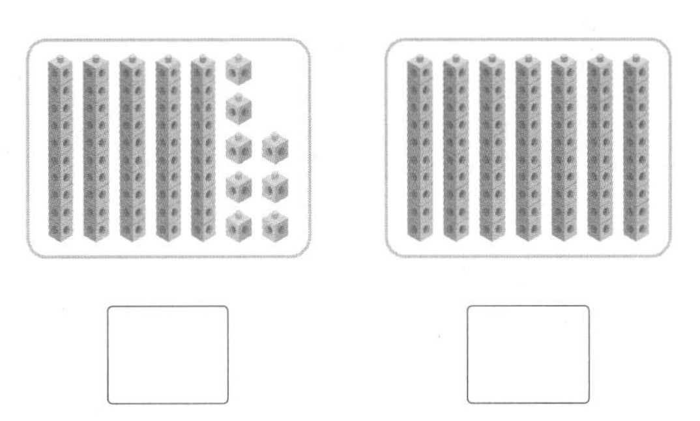

□ □

38 알맞은 말에 ○표 하세요.

72 < 80

72는 80보다 (큽니다 , 작습니다).
80은 72보다 (큽니다 , 작습니다).

39 ○ 안에 >, <를 알맞게 써넣으세요.

(1) 64 ○ 86 (2) 77 ○ 71

40 왼쪽 수보다 작은 수를 모두 찾아 ○표 하세요.

41 주어진 수의 크기를 비교하여 □ 안에 알맞은 수를 써넣으세요.

(1) 85, 81 ➡ □ < □

(2) 68, 93 ➡ □ > □

서술형
42 우표를 정호는 65장, 서희는 70장 모았습니다. 누가 우표를 더 많이 모았는지 풀이 과정을 쓰고 답을 구해 보세요.

풀이 ....

답 ....

43 구슬을 가장 많이 가지고 있는 친구의 이름을 써 보세요.

( )

44 가장 큰 수에 ○표, 가장 작은 수에 △표 하세요.

69 53 62

45 큰 수부터 차례로 기호를 써 보세요.

㉠ 90	㉡ 예순여덟
㉢ 팔십일	㉣ 10개씩 묶음 8개

( )

46 작은 수부터 수 카드를 놓으려고 합니다. 74는 어디에 놓아야 할까요?

53 70 81 85

□ 와/과 □ 사이

47 □ 안에 들어갈 수 있는 수에 모두 ○표 하세요.

76<□9

(5 , 6 , 7 , 8 , 9)

6 짝수와 홀수 알아보기

48 짝수는 빨간색, 홀수는 노란색으로 칠해 보세요.

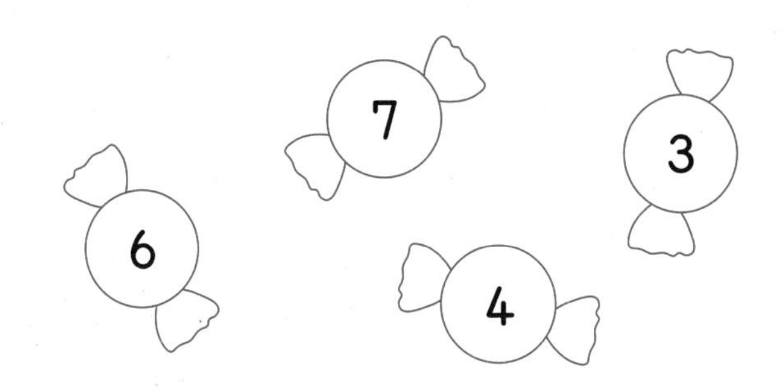

49 수를 세어 쓰고 짝수인지 홀수인지 ○표 하세요.

☐은/는 (짝수 , 홀수)입니다.

50 운동장에 학생들이 있습니다. 알맞은 말에 ○표 하세요.

학생 수는 (짝수 , 홀수)입니다.

51 짝수만 모여 있는 것을 찾아 ○표 하세요.

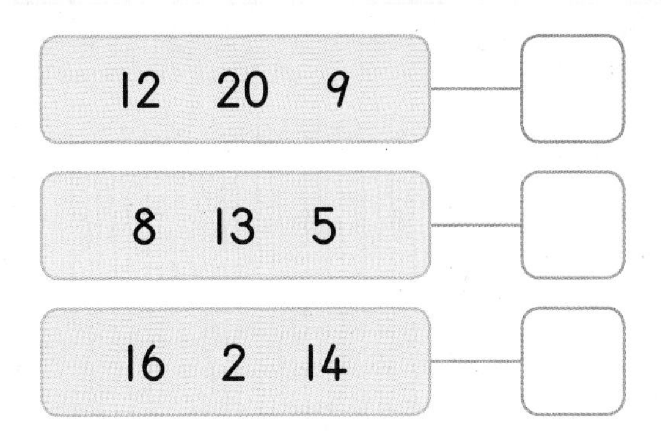

52 홀수는 모두 몇 개일까요?

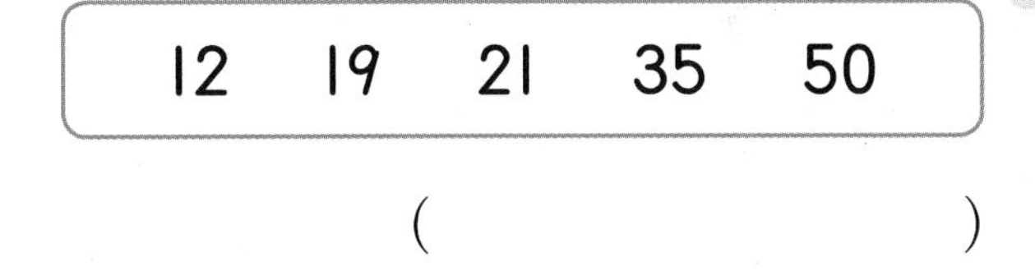

(　　　　　　　)

53 짝수와 홀수를 구분하여 ○ 안에 알맞은 수를 써넣으세요.

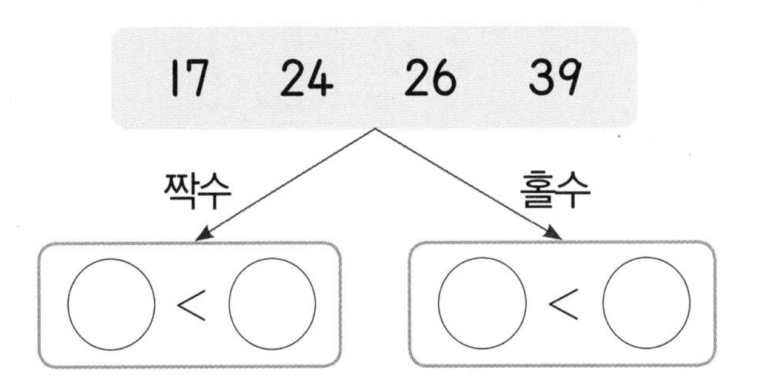

54 10보다 크고 25보다 작은 짝수 중에서 가장 큰 수는 얼마일까요?

(　　　　　　　)

응용유형 1 어떤 수보다 1만큼 더 큰 수, 작은 수 구하기

어떤 수보다 1만큼 더 큰 수는 70입니다. 어떤 수보다 1만큼 더 작은 수를 구해 보세요.

(　　　　　　　　)

핵심 NOTE
- 어떤 수보다 1만큼 더 큰 수가 ■일 때 어떤 수는 ■보다 1만큼 더 작은 수입니다.
- 어떤 수보다 1만큼 더 작은 수가 ■일 때 어떤 수는 ■보다 1만큼 더 큰 수입니다.

1-1 어떤 수보다 1만큼 더 작은 수는 59입니다. 어떤 수보다 1만큼 더 큰 수를 구해 보세요.

(　　　　　　　　)

1-2 어떤 수보다 2만큼 더 작은 수는 81입니다. 어떤 수보다 2만큼 더 큰 수를 구해 보세요.

(　　　　　　　　)

수 카드로 수 만들기

수 카드 5장 중에서 2장을 골라 몇십몇을 만들려고 합니다. 만들 수 있는 수 중에서 가장 큰 수를 구해 보세요.

2 4 8 1 5

(　　　　　　　　)

● 핵심 NOTE

- 가장 큰 몇십몇을 만들려면 가장 큰 수를 10개씩 묶음의 수에 놓고, 둘째로 큰 수를 낱개의 수에 놓습니다.
- 가장 작은 몇십몇을 만들려면 가장 작은 수를 10개씩 묶음의 수에 놓고, 둘째로 작은 수를 낱개의 수에 놓습니다.

1

2-1 수 카드 5장 중에서 2장을 골라 몇십몇을 만들려고 합니다. 만들 수 있는 수 중에서 가장 작은 수를 구해 보세요.

(　　　　　　　　)

2-2 수 카드 5장 중에서 2장을 골라 몇십몇 또는 몇십을 만들려고 합니다. 만들 수 있는 수 중에서 가장 작은 수를 구해 보세요.

8 6 7 0 9

(　　　　　　　　)

응용유형 3 조건을 만족하는 수 구하기

조건을 만족하는 수를 모두 구해 보세요.

• 55보다 크고 64보다 작습니다.
• 10개씩 묶음의 수가 낱개의 수보다 큽니다.

( )

핵심 NOTE • 첫째 조건을 만족하는 수를 먼저 구한 다음 둘째 조건을 만족하는 수를 구해 봅니다.

3-1

조건을 만족하는 수를 모두 구해 보세요.

• 66보다 크고 72보다 작습니다.
• 10개씩 묶음의 수가 낱개의 수보다 작습니다.

( )

3-2

조건을 만족하는 수를 구해 보세요.

• 76보다 크고 83보다 작습니다.
• 10개씩 묶음의 수와 낱개의 수의 차는 7입니다.

( )

가게 찾기

시장 안내도에 가게들이 번호 순서대로 있습니다. 빈칸에 알맞은 수를 써넣고, 민지 엄마의 가게를 찾아 ○표 하세요.

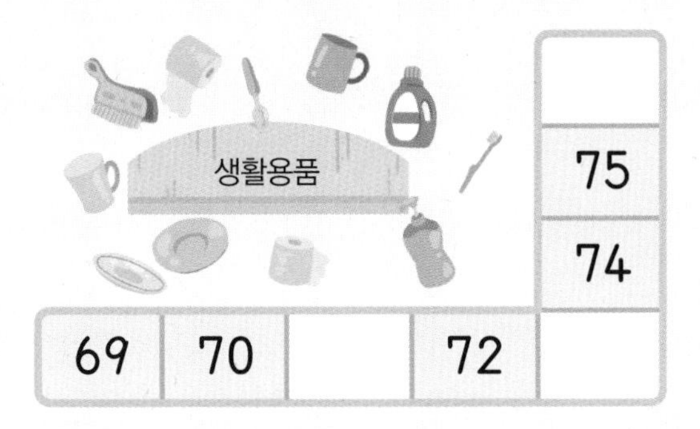

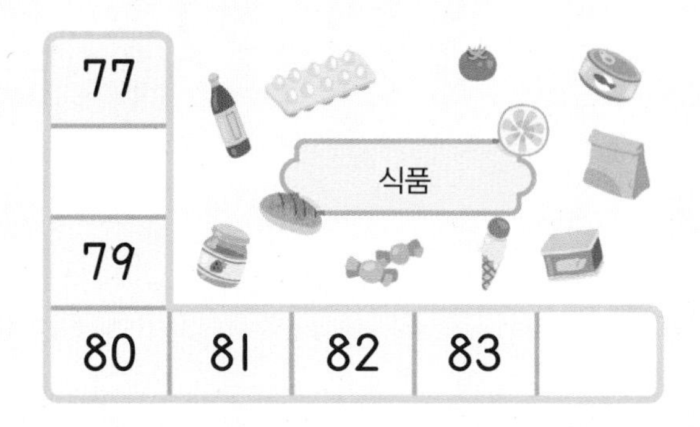

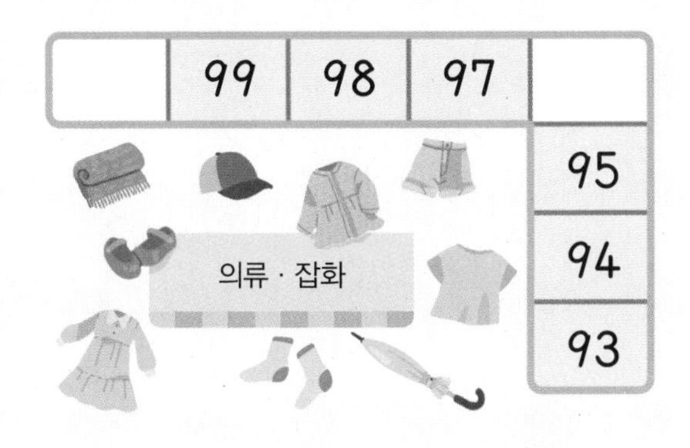

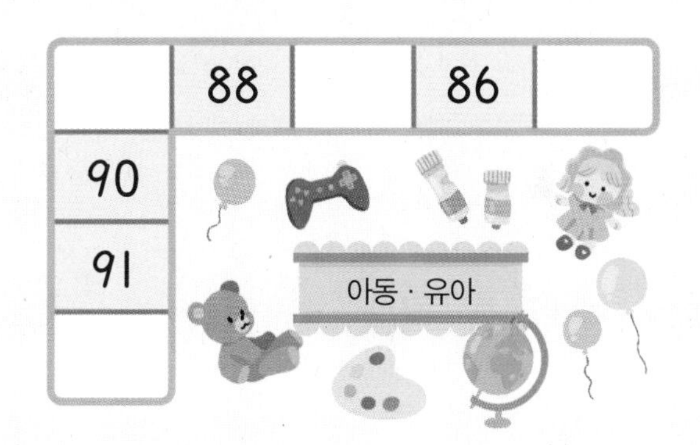

1단계 순서대로 번호 써넣기

....

....

2단계 민지 엄마의 가게 찾기

....

....

● **핵심 NOTE**

1단계 수를 순서대로 쓰면 1씩 커지고, 순서를 거꾸로 하여 쓰면 1씩 작아집니다.

2단계 민지 엄마의 가게를 찾습니다.

단원 평가 Level 1

점수

확인

1 □ 안에 알맞은 수를 써넣으세요.

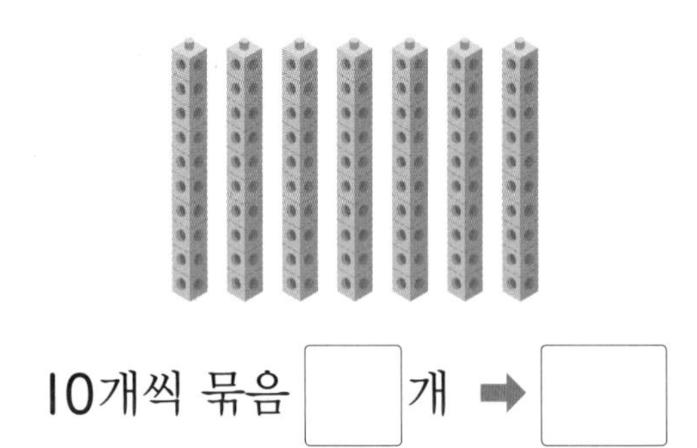

10개씩 묶음 □ 개 ➡ □

2 빈칸에 알맞은 수를 써넣으세요.

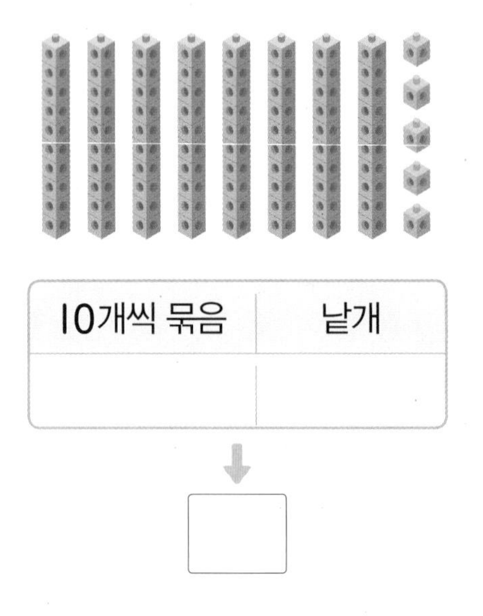

10개씩 묶음	낱개

⬇

□

3 다음 수를 쓰고 읽어 보세요.

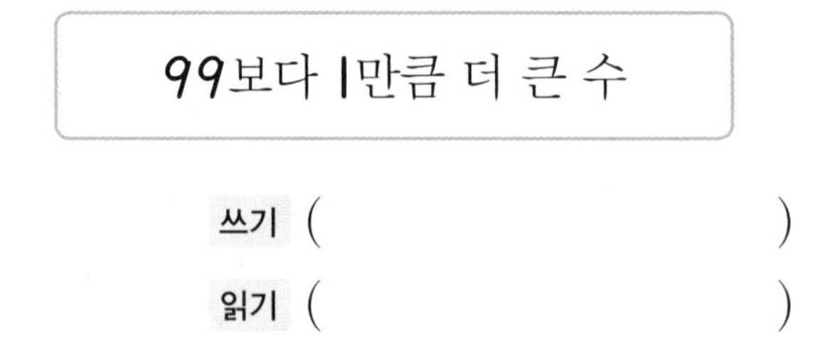

99보다 1만큼 더 큰 수

쓰기 (   )

읽기 (   )

4 알맞게 이어 보세요.

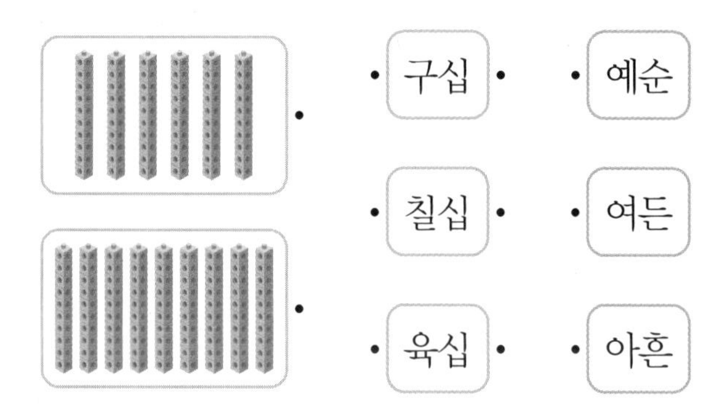

5 풍선의 수는 짝수인지 홀수인지 써 보세요.

(   )

6 두 수의 크기를 비교하여 ○ 안에 >, <를 알맞게 써넣으세요.

(1) 72 ○ 75   (2) 92 ○ 85

7 수의 순서대로 빈칸에 알맞은 수를 써넣으세요.

78 — 79 — ○ — 81 — ○ — 83

8 86에 대한 설명으로 잘못된 것은 어느 것일까요? (   )

① 팔십육이라고 읽습니다.
② 87보다 1만큼 더 큰 수입니다.
③ 88보다 2만큼 더 작은 수입니다.
④ 여든여섯이라고 읽습니다.
⑤ 10개씩 묶음 8개와 낱개 6개입니다.

[9~10] 수 배열표를 보고 물음에 답하세요.

11	12	13	14	15	16	17	18	19	20
21	22	23	24	25	26	27	28	29	30
31	32	33	34	35	36	37	38	39	40

9 11부터 20까지의 수 중에서 짝수를 모두 찾아 써 보세요.

(   )

10 25부터 35까지의 수 중에서 홀수는 모두 몇 개일까요?

(   )

11 수를 순서대로 쓸 때 ㉠에 알맞은 수는 얼마일까요?

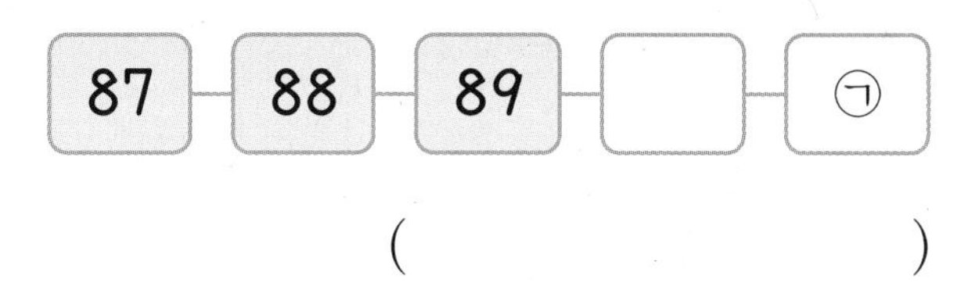

(   )

12 두 수의 크기를 잘못 비교한 것은 어느 것일까요? (   )

① $65 > 56$ ② $94 > 84$
③ $70 > 80$ ④ $76 > 72$
⑤ $66 < 67$

13 작은 수부터 차례로 써 보세요.

54 87 91 60

(   )

14 왼쪽 수보다 큰 수를 모두 찾아 ○표 하세요.

81 — 80 92 85 64

15 줄넘기를 승하는 65번, 예린이는 71번 했습니다. 줄넘기를 더 많이 한 사람은 누구일까요?

( )

16 가장 큰 수를 찾아 기호를 써 보세요.

㉠ 10개씩 묶음 6개, 낱개 5개
㉡ 60보다 1만큼 더 큰 수
㉢ 60보다 2만큼 더 큰 수
㉣ 68보다 1만큼 더 작은 수

( )

17 한 봉지에 10개씩 들어 있는 귤이 5봉지 있습니다. 귤이 모두 90개가 되려면 10개씩 들어 있는 귤이 몇 봉지 더 있어야 할까요?

( )

18 0부터 9까지의 수 중 □ 안에 들어갈 수 있는 수를 모두 써 보세요.

6□ > 66

( )

19 67보다 크고 71보다 작은 수는 모두 몇 개인지 풀이 과정을 쓰고 답을 구해 보세요.

풀이

답

20 90보다 3만큼 더 큰 수는 100보다 얼마만큼 더 작은 수인지 구하려고 합니다. 풀이 과정을 쓰고 답을 구해 보세요.

풀이

답

단원 평가 Level ❷

점수

확인

1 다음 수를 쓰고 두 가지 방법으로 읽어 보세요.

10개씩 묶음 9개

쓰기 (   )

읽기 (   ),

(   )

2 □ 안에 알맞은 수를 써넣으세요.

(1) 60은 10개씩 묶음 □개입니다.

(2) 84는 10개씩 묶음 □개와 낱개 □개입니다.

3 다음 수를 바르게 읽은 것을 모두 찾아 ○표 하세요.

57

오십칠 오십일곱 쉰칠 쉰일곱

4 100에 대한 설명으로 잘못된 것은 어느 것일까요? (   )

① 99 바로 뒤의 수입니다.
② 백이라고 읽습니다.
③ 90보다 1만큼 더 큰 수입니다.
④ 80보다 20만큼 더 큰 수입니다.
⑤ 99보다 1만큼 더 큰 수입니다.

5 빈칸에 알맞은 수를 써넣으세요.

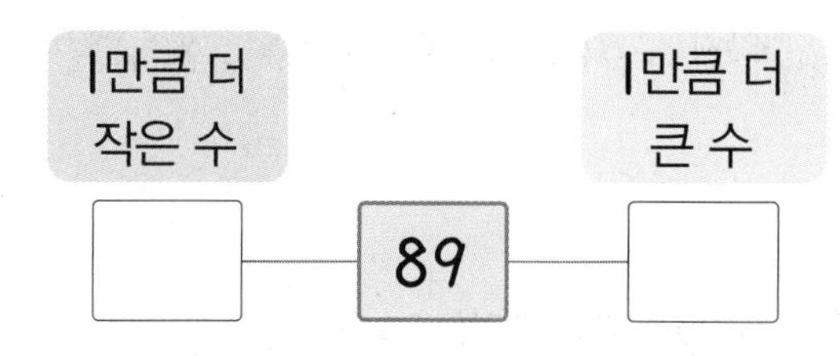

6 홀수에 모두 색칠해 보세요.

7 수의 순서를 거꾸로 하여 빈칸에 알맞은 수를 써넣으세요.

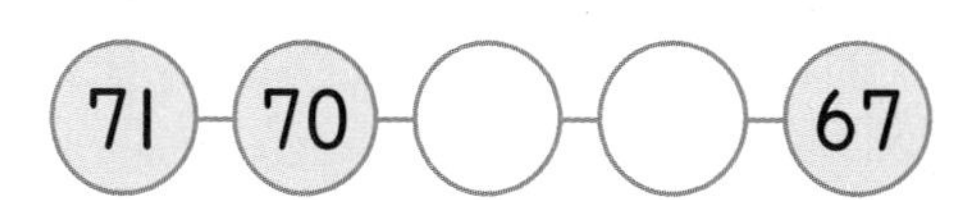

8 ◯ 안에 >, <를 알맞게 써넣으세요.

(1) 65 ◯ 82 (2) 99 ◯ 97

9 빈칸에 알맞은 수를 써넣으세요.

수	10개씩 묶음	낱개
62		
	7	1
여든일곱		

10 나타내는 수가 다른 하나를 찾아 기호를 써 보세요.

㉠ 팔십삼
㉡ 83
㉢ 10개씩 묶음 8개와 낱개 3개
㉣ 예순셋

( )

11 왼쪽 수보다 1만큼 더 큰 수에 ○표, 1만큼 더 작은 수에 △표 하세요.

77 — 80 78 79 76

12 가장 작은 수를 찾아 기호를 써 보세요.

㉠ 아흔하나 ㉡ 10개씩 묶음 7개
㉢ 육십구 ㉣ 81

( )

13 빈칸에 알맞은 수를 써넣으세요.

51	52	53	54		
66				70	57
65			72	71	
		62	61	60	

14 가장 큰 수와 가장 작은 수를 각각 찾아 써 보세요.

95 88 79 93 74

가장 큰 수 ( )
가장 작은 수 ( )

15 금붕어가 64마리 있습니다. 금붕어를 어항 한 개에 10마리씩 넣으면 어항은 몇 개가 되고, 금붕어는 몇 마리가 남을까요?

( ), ( )

16 학생들이 번호 순서대로 줄을 서서 급식을 받으려고 합니다. 78번과 82번 사이에 서 있는 학생은 모두 몇 명일까요?

( )

17 10개씩 묶음 4개와 낱개 13개인 수를 써 보세요.

( )

18 조건을 만족하는 수를 구해 보세요.

- 57과 80 사이의 수입니다.
- 10개씩 묶으면 낱개가 6개입니다.
- 10개씩 묶음의 수는 낱개의 수보다 큽니다.

( )

19 34보다 크고 50보다 작은 홀수 중에서 가장 작은 수는 얼마인지 풀이 과정을 쓰고 답을 구해 보세요.

풀이

답

20 석훈이는 딱지를 96장 모았고 근호는 10장씩 묶음 6개와 낱장 9장을 모았습니다. 누가 딱지를 더 많이 모았는지 풀이 과정을 쓰고 답을 구해 보세요.

풀이

답

1

덧셈과 뺄셈(1)

세 수의 덧셈은 이어서 세기

세 수의 뺄셈은 이어서 지우기

그런데 더해서 10이 되는 두 수가 있다면 더 간단하게 계산할 수 있어!

먼저, 10을 만들어서!

• 덧셈

$$8 + 5 + 2$$

$8 + 2 = 10$

$10 + 5 = 15$

• 뺄셈

$$15 - 5 - 2$$

$15 - 5 = 10$

$10 - 2 = 8$

1 세 수의 덧셈을 해 볼까요

- **세 수의 덧셈**

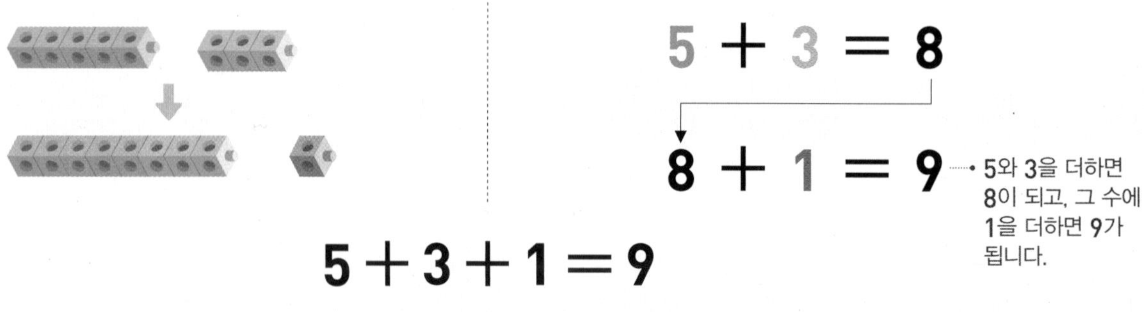

$$5+3+1=9$$

➡ 앞에서부터 순서대로 더합니다.

!

5 + 3 + 1 = □
8
□

  5
+ 3
―
  8 → 8
+ 1
―
□

1 빨간색 공이 3개, 노란색 공이 1개, 주황색 공이 4개 있습니다. 공은 모두 몇 개인지 알아보세요.

(1) 색깔별 공 수에 맞게 ○를 그리고 □ 안에 알맞은 수를 써넣으세요.

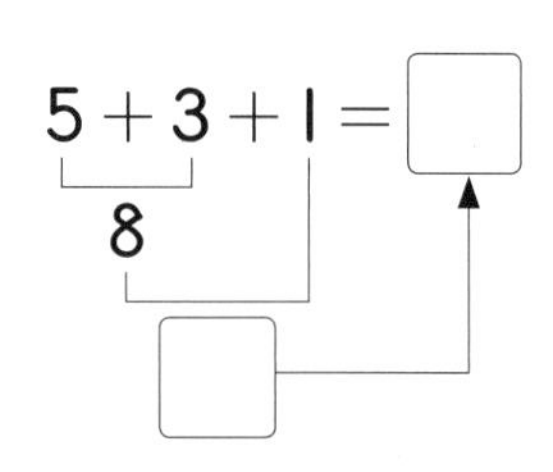

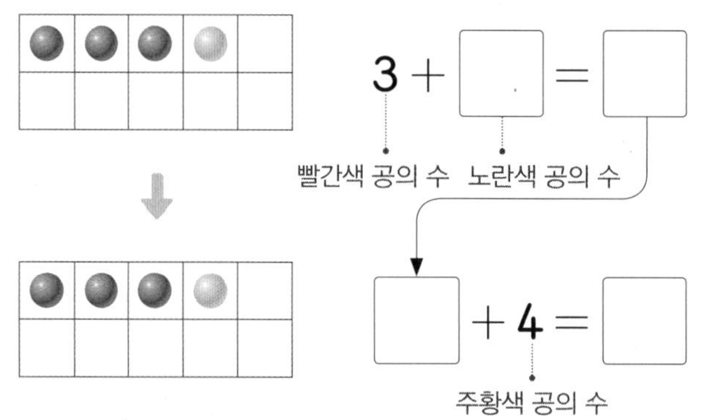

(2) 3 + 1 + 4를 계산하는 방법을 알아보세요.

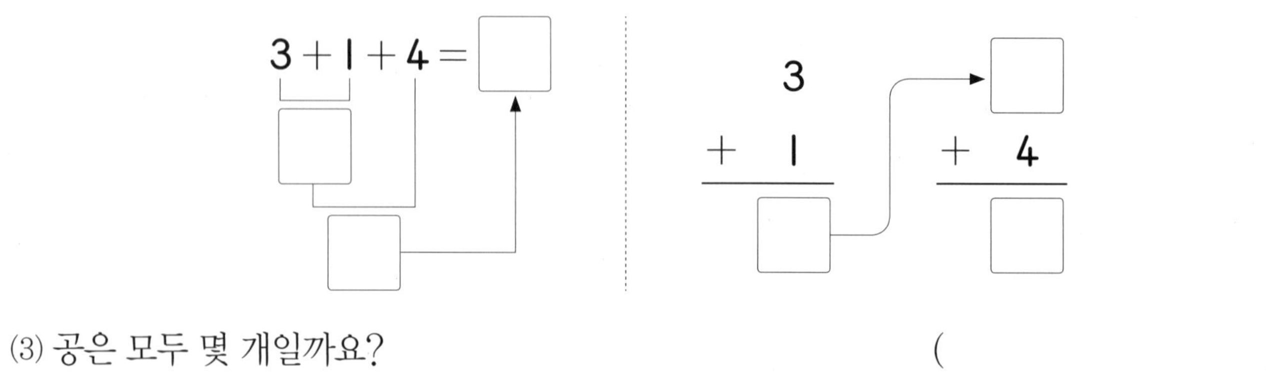

(3) 공은 모두 몇 개일까요? (　　　　　)

2 그림을 보고 알맞은 덧셈식을 만들어 보세요.

(1)

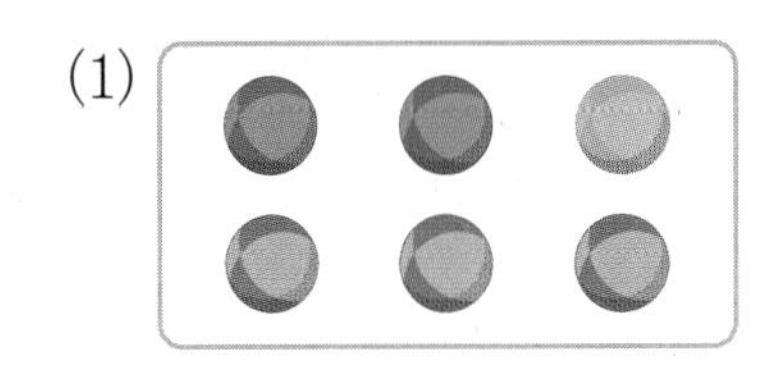

$2+\square+\square=\square$

(2)

$3+\square+\square=\square$

▶ (전체 공의 수)
=(파란색 공의 수)
+(주황색 공의 수)
+(보라색 공의 수)

3 알맞은 것을 찾아 이어 보세요.

· 4+3+2 ·

· 2+4+2 ·

· 7

· 8

· 9

▶ 컵의 수만큼 표시하여 한 줄로 써 보고, 층별로 묶어 두 수씩 더해 봅니다.

4 □ 안에 알맞은 수를 써넣으세요.

(1) $1+3+3=\square$

$1+3=\square$

$\square+3=\square$

(2) $3+1+2=\square$

$3+1=\square$

$\square+2=\square$

▶ 앞에 있는 두 수를 더하고, 더해서 나온 수에 나머지 수를 더해 봅니다.

5 □ 안에 알맞은 수를 써넣으세요.

(1) $2+4+1=\square$

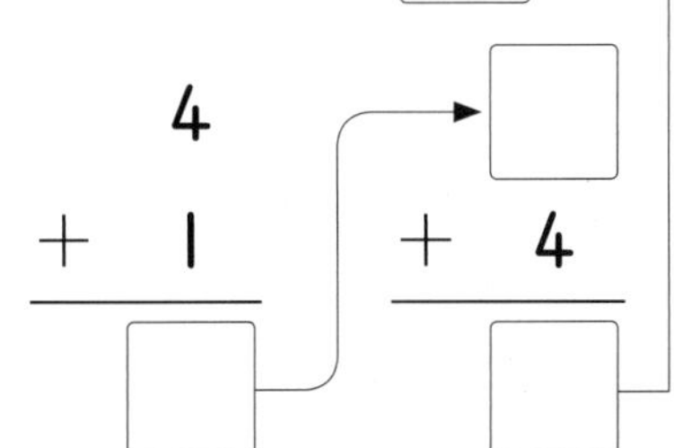

2 + 4 = □, □ + 1 = □

(2) $4+1+4=\square$

4 + 1 = □, □ + 4 = □

2 세 수의 뺄셈을 해 볼까요

● **세 수의 뺄셈**

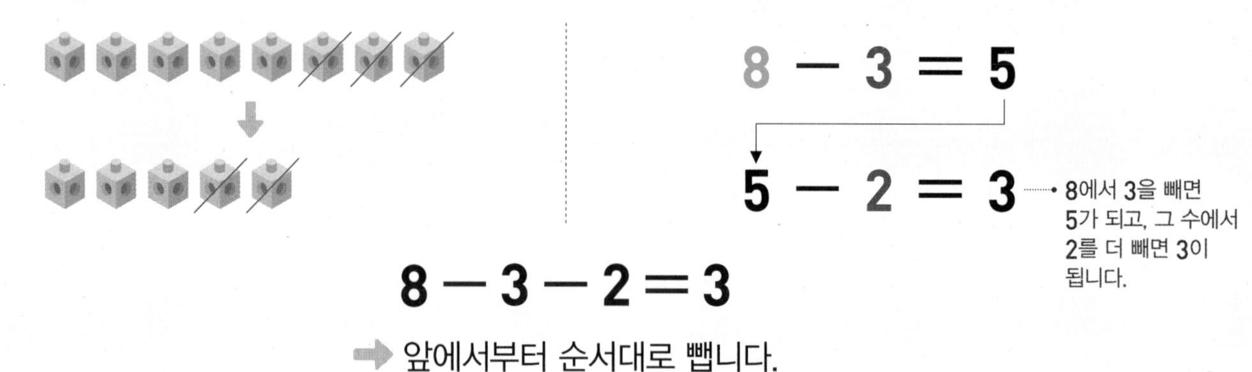

8 − 3 = 5

5 − 2 = 3 8에서 3을 빼면 5가 되고, 그 수에서 2를 더 빼면 3이 됩니다.

8 − 3 − 2 = 3

➡ 앞에서부터 순서대로 뺍니다.

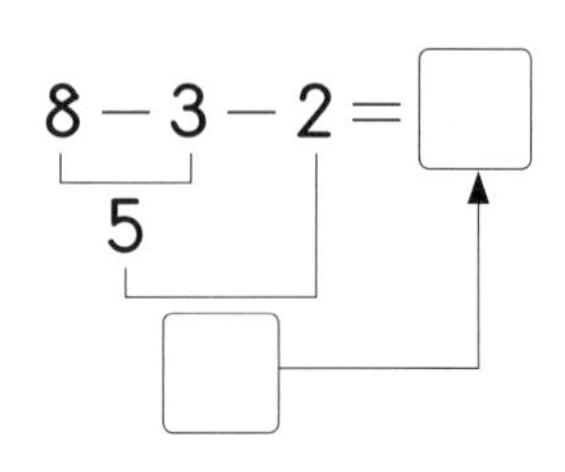

$8 - 3 - 2 = \square$

$8 - 3 = 5$, $5 - 2 = \square$

1 공 7개 중에서 친구에게 2개, 동생에게 3개를 주었습니다. 남은 공은 몇 개인지 알아보세요.

(1) 준 공 수에 맞게 ／으로 지우고 □ 안에 알맞은 수를 써넣으세요.

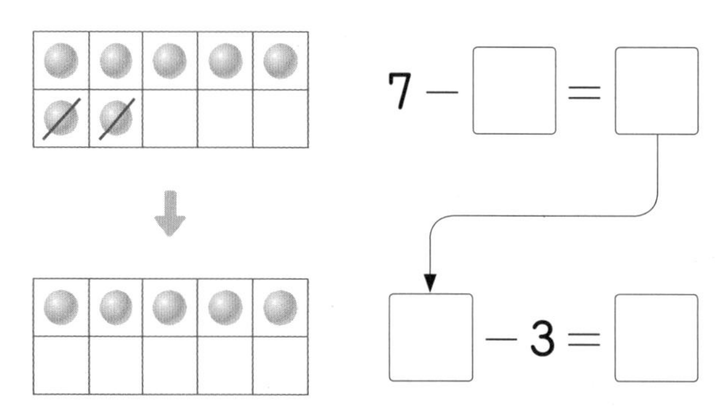

$7 - \square = \square$

$\square - 3 = \square$

(2) 7 − 2 − 3을 계산하는 방법을 알아보세요.

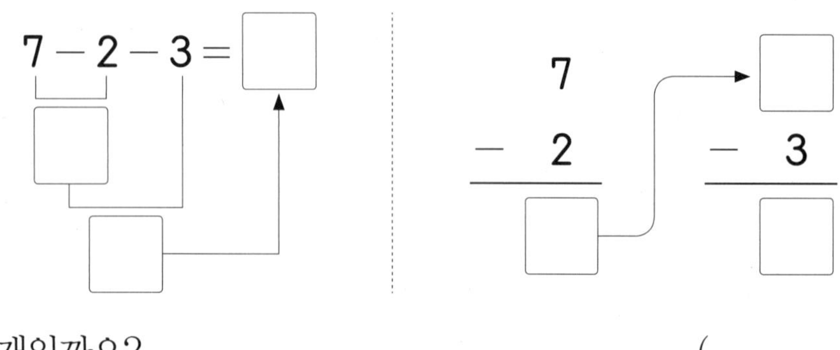

$7 - 2 - 3 = \square$

$7 - 2 = \square$, $\square - 3 = \square$

(3) 남은 공은 몇 개일까요? (　　　　　　)

2 그림을 보고 알맞은 뺄셈식을 만들어 보세요.

> 전체 자동차 수에서 나간 자동차 수를 빼는 식을 만들고 계산해 봅니다.

(1)

6 − ☐ − ☐ = ☐

(2)

7 − ☐ − ☐ = ☐

3 알맞은 것을 찾아 이어 보세요.

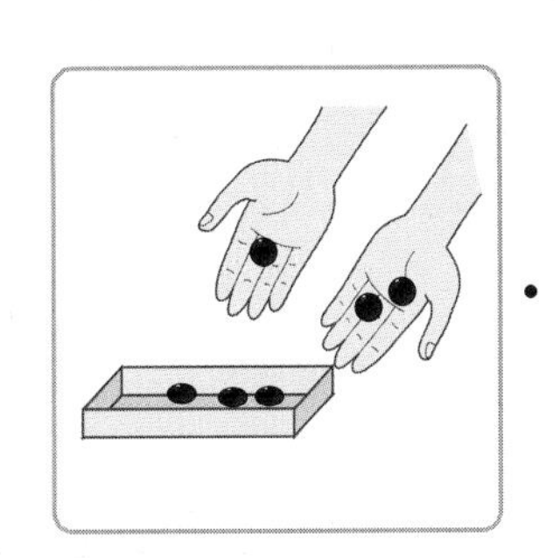

· 7−3−1 ·

· 6−1−2 ·

· 3

· 4

· 5

4 ☐ 안에 알맞은 수를 써넣으세요.

> 앞에 있는 두 수를 빼고, 빼서 나온 수에서 나머지 수를 빼 봅니다.

(1) 6 − 4 − 1 = ☐

6 − 4 = ☐

☐ − 1 = ☐

(2) 9 − 3 − 4 = ☐

9 − 3 = ☐

☐ − 4 = ☐

5 ☐ 안에 알맞은 수를 써넣으세요.

> 세 수의 뺄셈은 앞에서부터 순서대로 계산하지 않으면 계산 결과가 달라집니다.

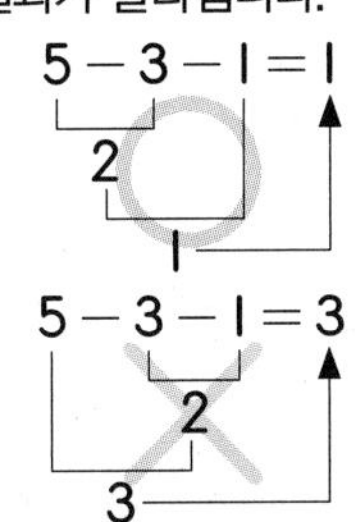

(1) 8 − 1 − 3 = ☐

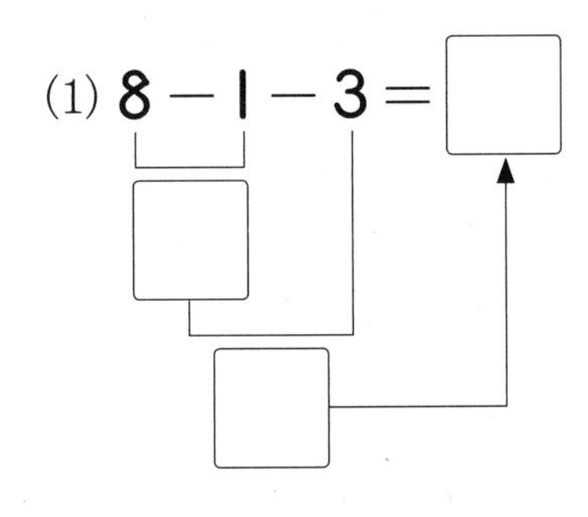

(2) 6 − 3 − 2 = ☐

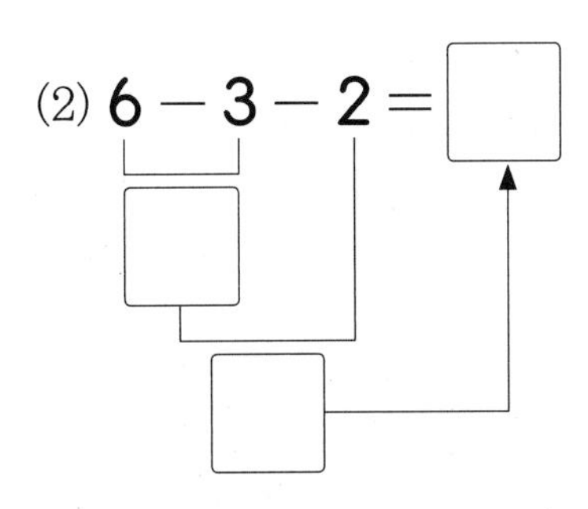

기본기 다지기

1 세 수의 덧셈

1 그림을 보고 세 수의 덧셈을 해 보세요.

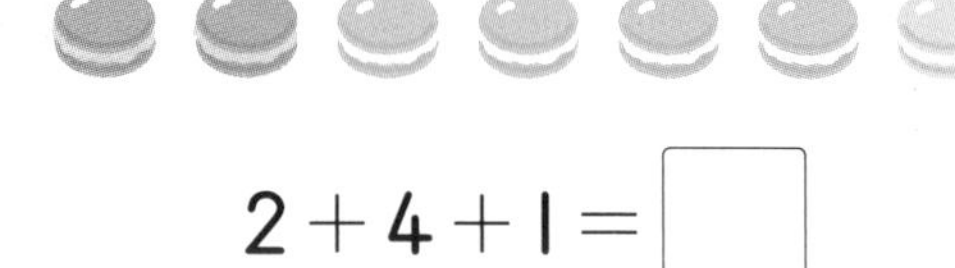

$2+4+1=\square$

2 □ 안에 알맞은 수를 써넣으세요.

(1) $3+2+2=\square$

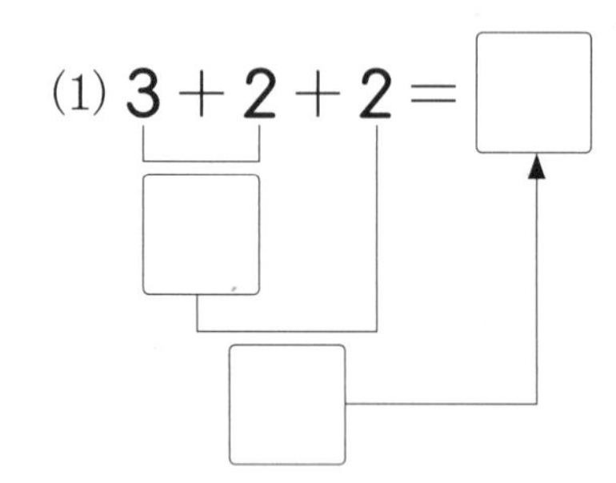

(2) $5+1+2=\square$

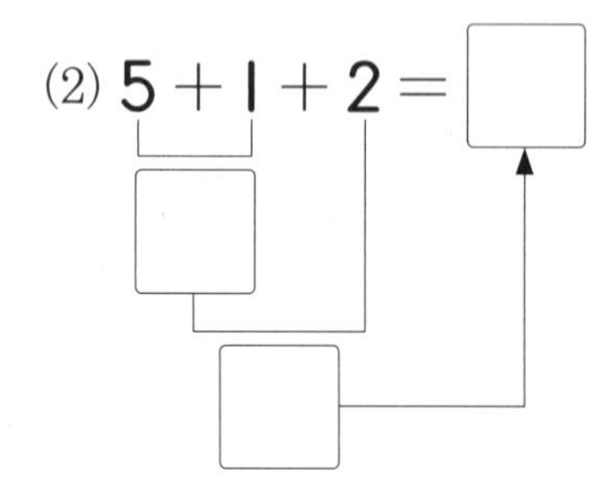

3 계산해 보세요.

(1) $2+1+2=\square$

(2) $1+4+4=\square$

4 계산 결과가 더 큰 것을 찾아 색칠해 보세요.

$6+1+1$	$2+2+5$

5 계산 결과가 짝수인 것을 찾아 ○표 하세요.

$2+3+2$	$3+3+3$	$6+0+2$
(　　)	(　　)	(　　)

6 계산 결과가 다른 하나를 찾아 기호를 써 보세요.

㉠ $4+1+3$　　㉡ $4+3+1$
㉢ $1+4+3$　　㉣ $3+1+3$

(　　　　　)

7 보기 와 같이 계산하여 빈칸에 알맞은 수를 써넣으세요.

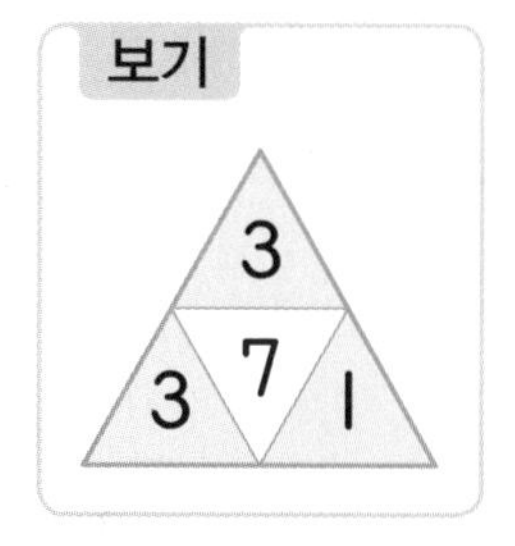

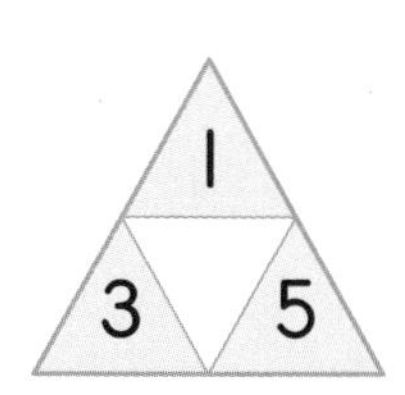

8 □ 안에 알맞은 수를 써넣으세요.

$2+3+\boxed{1}=6$

$2+3+\square=7$

$2+3+\square=8$

$2+3+\square=9$

2 세 수의 덧셈의 활용

9 세 가지 색으로 카드를 색칠하고 덧셈식을 만들어 보세요.

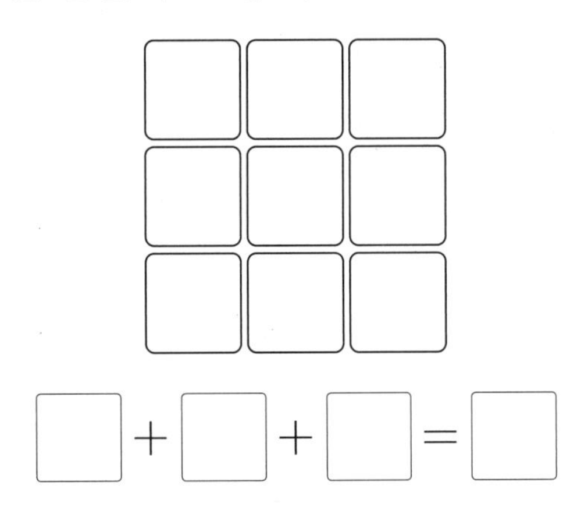

□ + □ + □ = □

10 수 카드 두 장을 골라 덧셈식을 완성해 보세요.

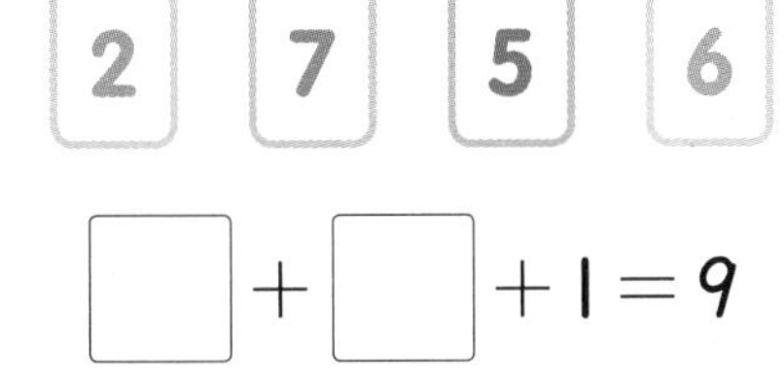

□ + □ + 1 = 9

11 그림을 보고 처음 바구니에 들어 있던 공은 모두 몇 개인지 구해 보세요.

(　　　　　　　　)

12 냉장고에 딸기 아이스크림이 2개, 초콜릿 아이스크림이 5개, 바닐라 아이스크림이 1개 들어 있습니다. 냉장고에 들어 있는 아이스크림은 모두 몇 개일까요?

식 ....

답 ....

13 1부터 9까지의 수 중에서 □ 안에 들어갈 수 있는 가장 큰 수에 ○표 하세요.

$4 + 1 + \square < 9$

(2 , 3 , 4)

서술형

14 주영이가 친구들과 투호 던지기 놀이를 해서 넣은 투호의 수입니다. 주영이가 넣은 투호는 모두 몇 개인지 풀이 과정을 쓰고 답을 구해 보세요.

주영	민우	주영	지은	주영	영민
2	4	3	2	1	5

풀이 ....

....

....

답 ....

3 세 수의 뺄셈

15 그림을 보고 세 수의 뺄셈을 해 보세요.

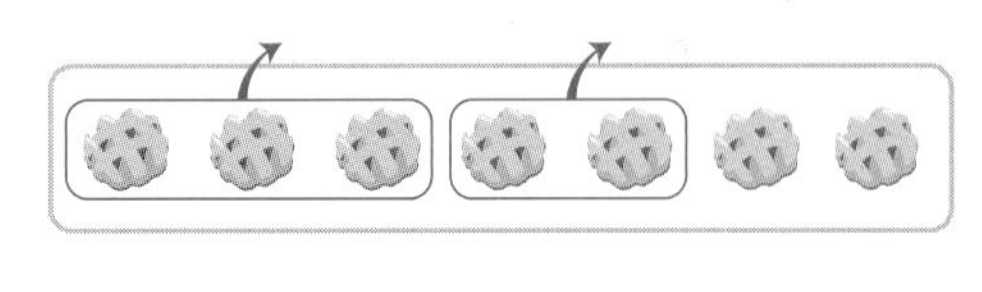

$7-3-2=\square$

16 □ 안에 알맞은 수를 써넣으세요.

(1) $7-4-1=\square$

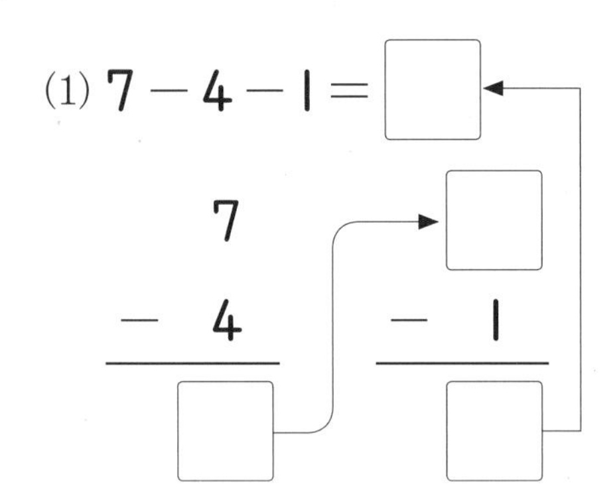

(2) $9-2-4=\square$

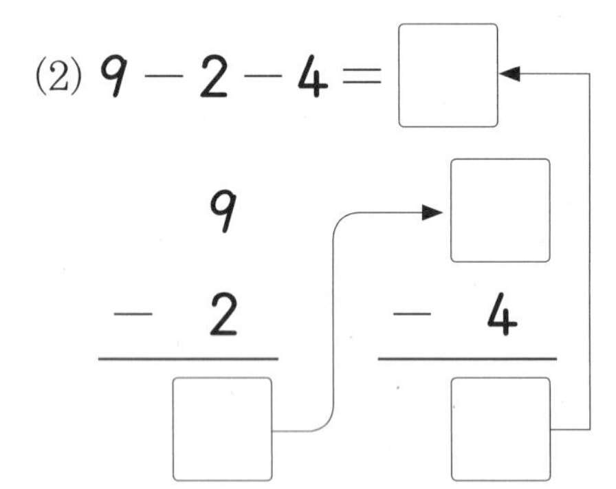

17 계산해 보세요.

(1) $5-2-1=\square$

(2) $6-2-3=\square$

18 계산 결과를 비교하여 ○ 안에 >, =, <를 알맞게 써넣으세요.

(1) $8-1-3$ ○ $7-1-2$

(2) $6-1-3$ ○ $9-1-7$

19 계산 결과가 홀수인 것을 찾아 ○표 하세요.

$8-1-5$	$7-0-4$	$9-4-1$
(　　)	(　　)	(　　)

20 가장 큰 수에서 나머지 두 수를 뺀 값을 구해 보세요.

4　9　2

(　　　　　)

21 계산 결과가 가장 큰 것에 ○표 하세요.

$8-1-1$	$7-2-1$	$9-3-1$
(　　)	(　　)	(　　)

4 세 수의 뺄셈의 활용

22 □ 안에 알맞은 수를 써넣고 뺄셈식을 만들어 보세요.

8 − □ − □ = □

23 수 카드 두 장을 골라 뺄셈식을 완성해 보세요.

4 5 2 6

7 − □ − □ = 1

24 그림을 보고 남아 있는 젤리는 몇 개인지 구해 보세요.

(　　　　　　　　)

25 수영이는 음악 소리의 크기를 6칸에서 2칸을 줄이고 다시 1칸을 줄였습니다. 지금 듣고 있는 음악 소리의 크기만큼 색칠해 보세요.

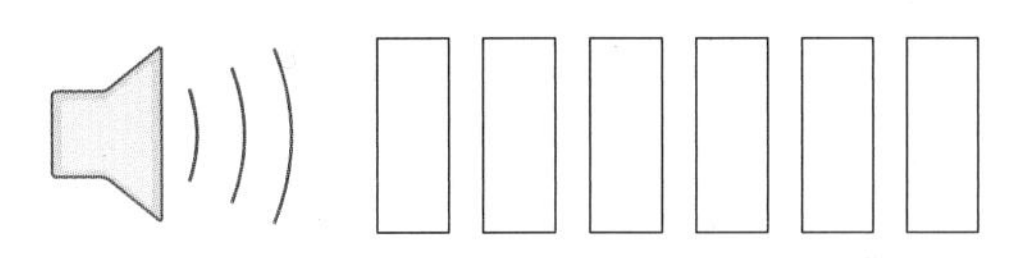

26 1부터 8까지의 수 중에서 □ 안에 들어갈 수 있는 가장 작은 수에 ○표 하세요.

9 − 1 − □ < 4

(4 , 5 , 6)

서술형

27 지우는 색종이 8장 중에서 3장은 종이비행기를, 4장은 종이배를 접었습니다. 남은 색종이는 몇 장인지 풀이 과정을 쓰고 답을 구해 보세요.

풀이

답

3 10이 되는 더하기를 해 볼까요

- **10이 되는 더하기**

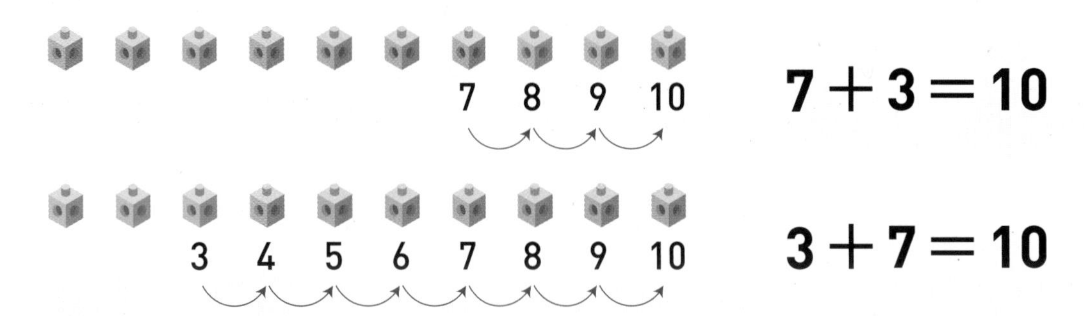

7 + 3 = 10

3 + 7 = 10

➡ 7에 3을 더하면 10이고, 3에 7을 더해도 10입니다.

- **10이 되는 덧셈식으로 나타내기**

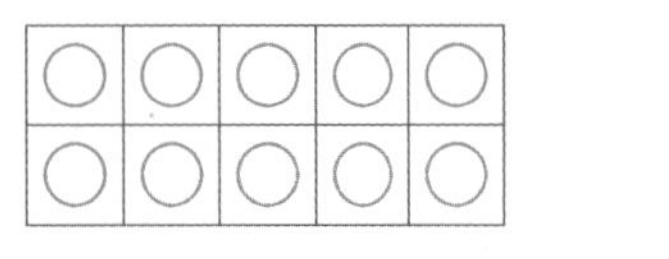

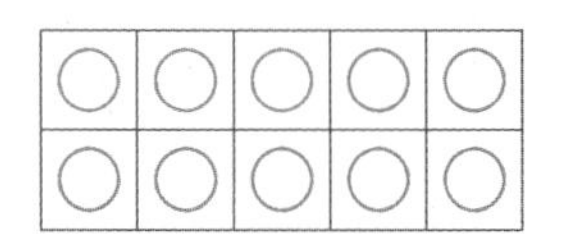

7 + 3 = 10 **3 + 7 = 10**

➡ 7과 3이 서로 바뀌어도 합은 10으로 같습니다.

1 ☐ 안에 알맞은 수를 써넣으세요.

1 + ☐ = 10

2 + ☐ = 10

3 + ☐ = 10

4 + ☐ = 10

5 + ☐ = 10

6 + ☐ = 10

7 + ☐ = 10

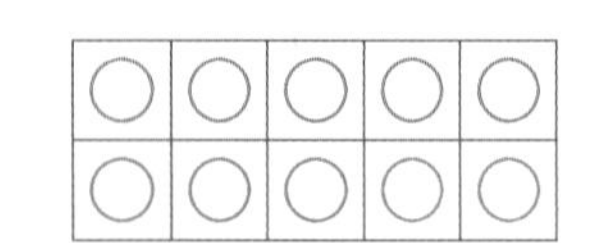

8 + ☐ = 10

9 + ☐ = 10

2 □ 안에 알맞은 수를 써넣으세요.

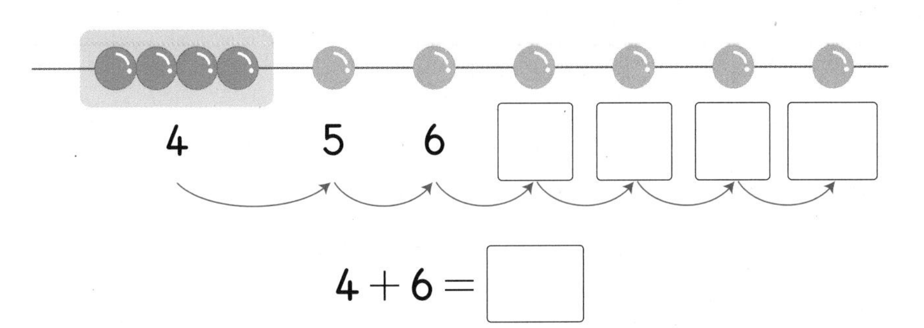

$4+6=$ □

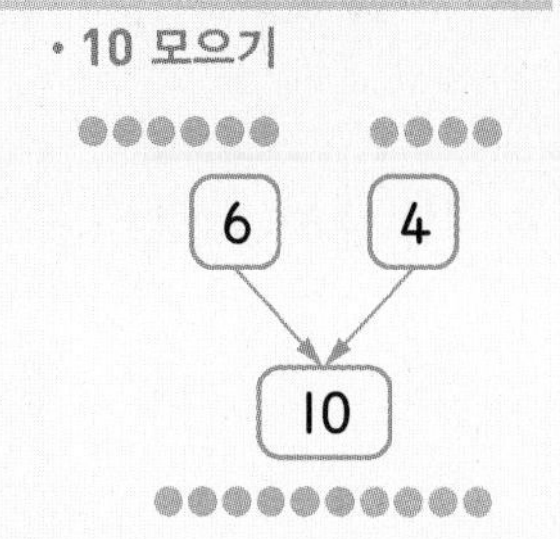

3 10이 되는 두 수를 이용하여 덧셈식을 써 보세요.

▶ 10이 되는 두 수를 연결 모형에서 찾아 연결해 봅니다.

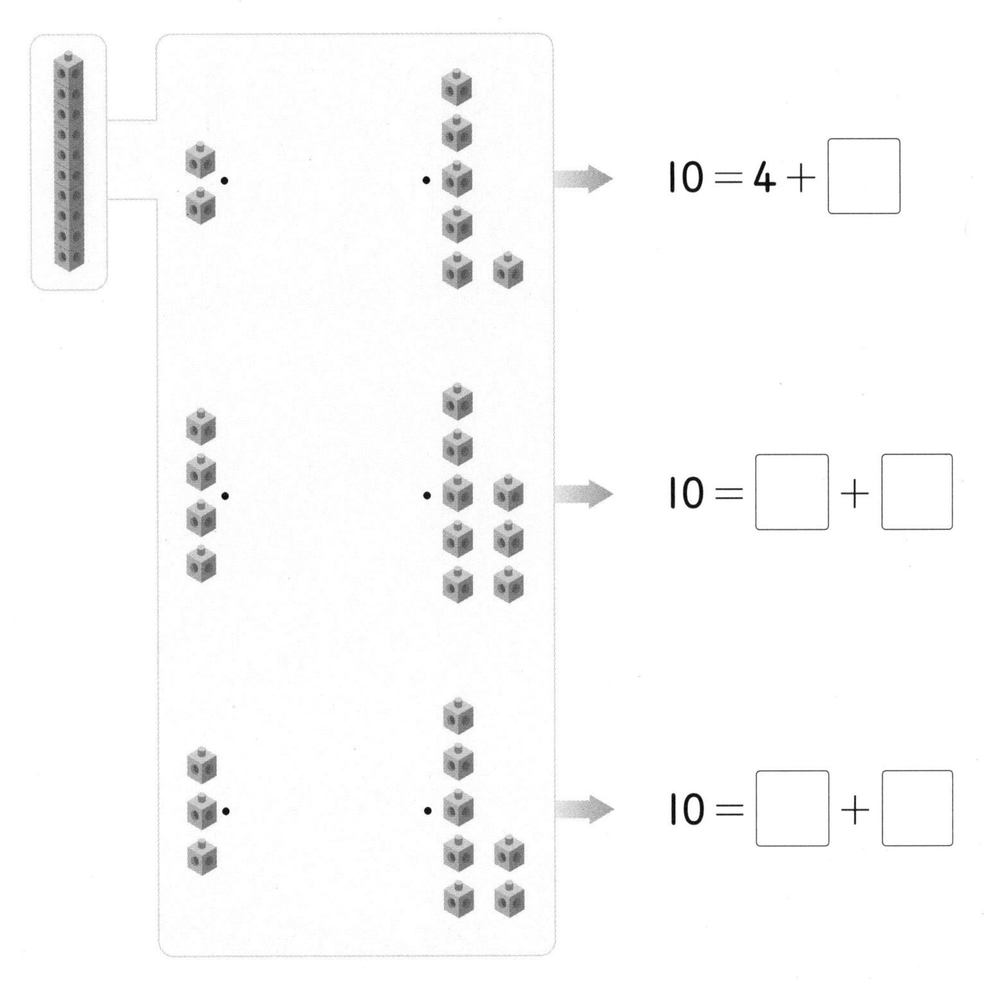

4 □ 안에 알맞은 수를 써넣으세요.

▶ 두 가지 색으로 칠해진 칸의 수를 세어 10이 되는 두 수를 알아봅니다.

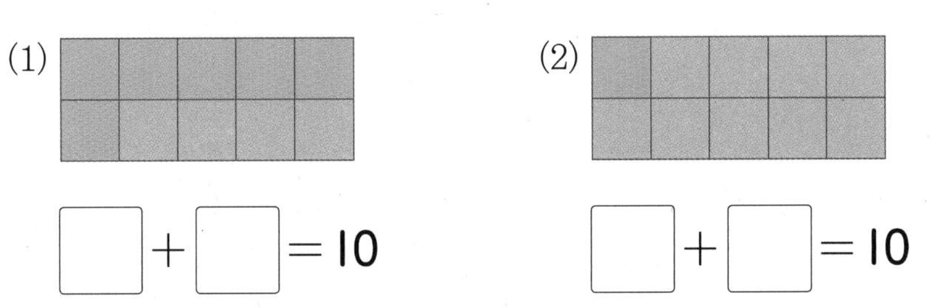

4 10에서 빼기를 해 볼까요

- **10에서 빼기**

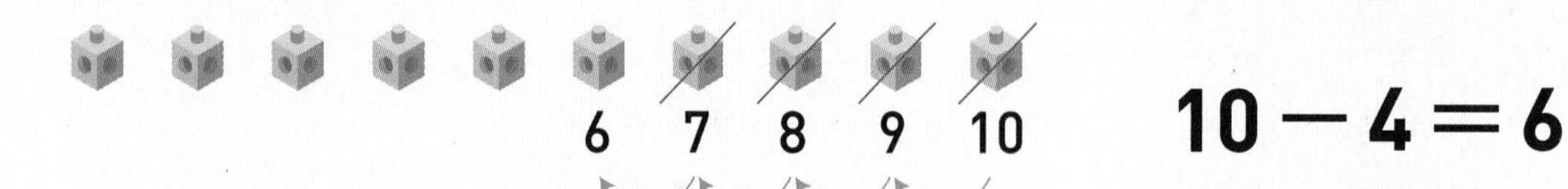

10 − 4 = 6

➡ 10에서 4를 빼면 뺄셈 결과는 6이 됩니다.

- **10에서 빼는 뺄셈식으로 나타내기**

○	○	○	○	○
○	Ø	Ø	Ø	Ø

10 − 4 = 6

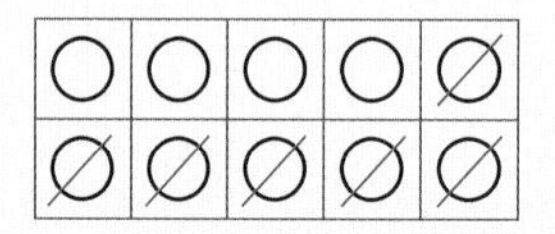

10 − 6 = 4

➡ 빼는 수가 4이면 뺄셈 결과가 6이고, 빼는 수가 6이면 뺄셈 결과가 4입니다.

1 □ 안에 알맞은 수를 써넣으세요.

○	○	○	○	○
○	○	○	○	Ø

10 − □ = 9

○	○	○	○	○
○	○	○	Ø	Ø

10 − □ = 8

○	○	○	○	○
○	○	Ø	Ø	Ø

10 − □ = 7

○	○	○	○	○
○	Ø	Ø	Ø	Ø

10 − □ = 6

○	○	○	○	○
Ø	Ø	Ø	Ø	Ø

10 − □ = 5

○	○	○	○	Ø
Ø	Ø	Ø	Ø	Ø

10 − □ = 4

○	○	○	Ø	Ø
Ø	Ø	Ø	Ø	Ø

10 − □ = 3

○	○	Ø	Ø	Ø
Ø	Ø	Ø	Ø	Ø

10 − □ = 2

○	Ø	Ø	Ø	Ø
Ø	Ø	Ø	Ø	Ø

10 − □ = 1

2 ☐ 안에 알맞은 수를 써넣으세요.

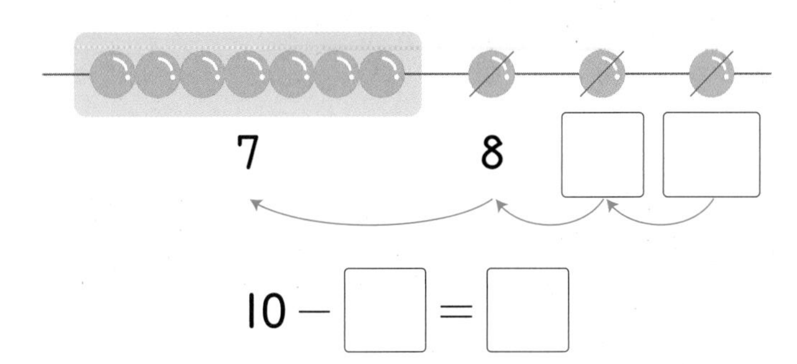

10 − ☐ = ☐

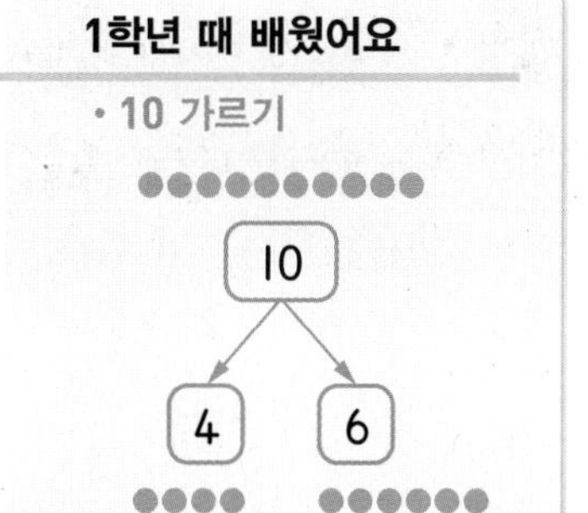

3 파란색 연결 모형은 빨간색 연결 모형보다 몇 개 더 많은지 뺄셈식으로 써 보세요.

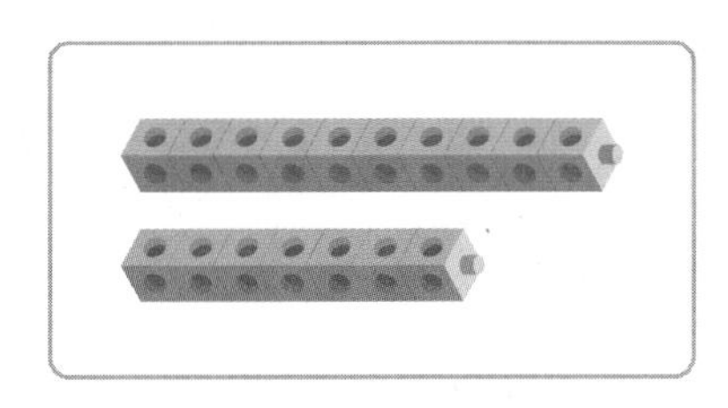

10 − ☐ = ☐

▶ 비교하는 그림은 뺄셈식으로 나타낼 수 있습니다.

4 남아 있는 칸의 수를 구하는 뺄셈식을 써 보세요.

(1) 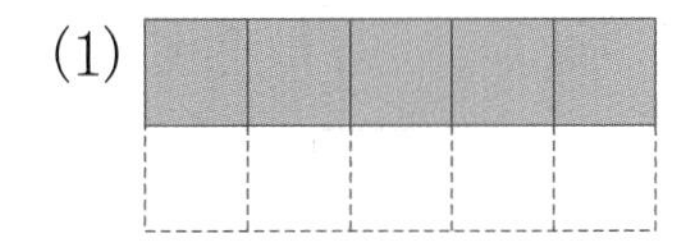

10 − 5 = ☐

(2) 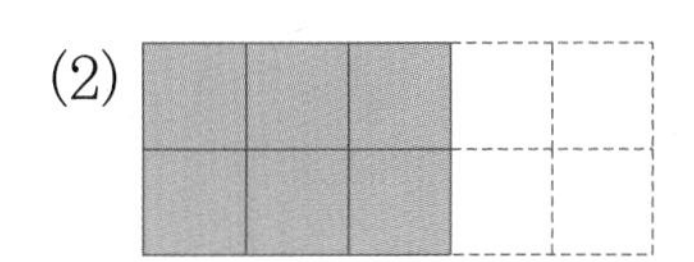

10 − ☐ = ☐

▶ 전체 10칸에서 빈칸의 수를 빼는 뺄셈식을 만들어 남아 있는 칸의 수를 구합니다.

5 그림을 보고 알맞은 뺄셈식을 만들어 보세요.

10 − ☐ = ☐

▶ 컵케이크 10개에서 2개를 먹었습니다.

5 10을 만들어 더해 볼까요

- **10을 만들어 더하기**

앞의 두 수를 먼저 더하기

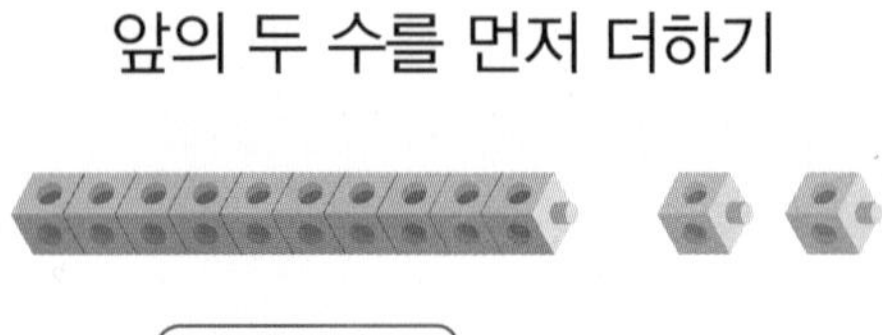

$\boxed{7+3}+2$

$=10+2=12$

뒤의 두 수를 먼저 더하기

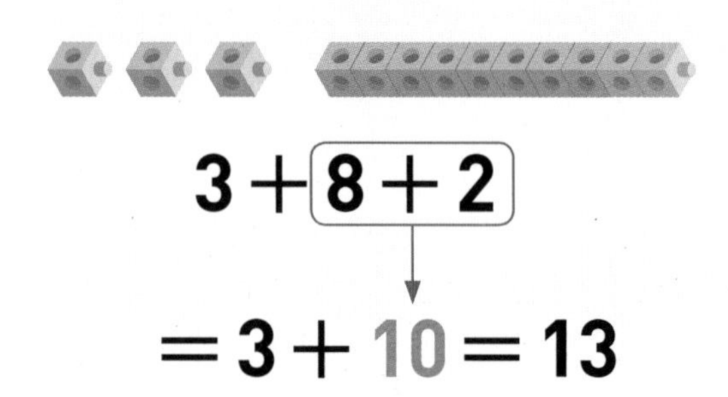

$3+\boxed{8+2}$

$=3+10=13$

➡ 10이 되는 두 수를 먼저 더해 **10을 만들고** 남는 수를 더합니다.

1 앞의 두 수로 10을 만들어 합을 구해 보세요.

$\boxed{5+5}+3$

$=\square+\square=\square$

2 뒤의 두 수로 10을 만들어 합을 구해 보세요.

$1+\boxed{6+4}$

$=\square+\square=\square$

3 □ 안에 알맞은 수를 써넣으세요.

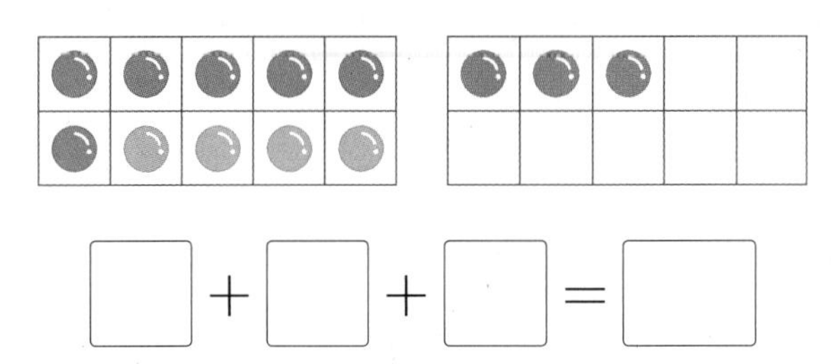

□ + □ + □ = □

▶ 빨간색 구슬의 수와 노란색 구슬의 수를 더해 10을 만들 수 있습니다.

4 10을 만들어 세 수를 더해 보세요.

(1) $9+1+5=$ □ $+5=$ □

(2) $8+5+5=8+$ □ $=$ □

(3) $2+3+8=$ □ $+3=$ □

1학년 때 배웠어요

십몇

10과 5 ➡ 15
10과 6 ➡ 16
10과 ▲ ➡ 1▲

5 합이 10이 되는 두 수를 묶고 덧셈을 해 보세요.

(1) $5+5+7=$ □

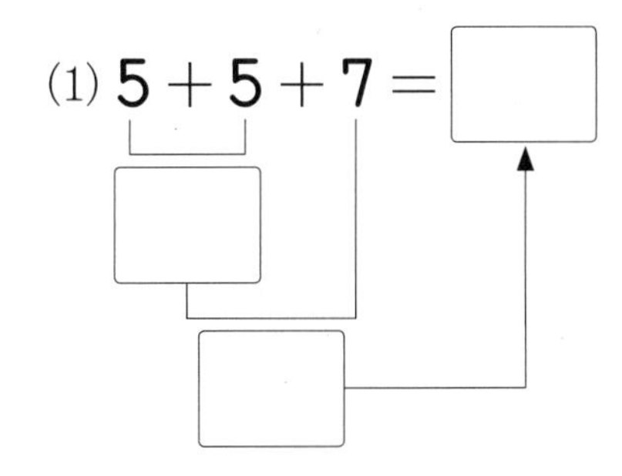

(2) $6+7+3=$ □

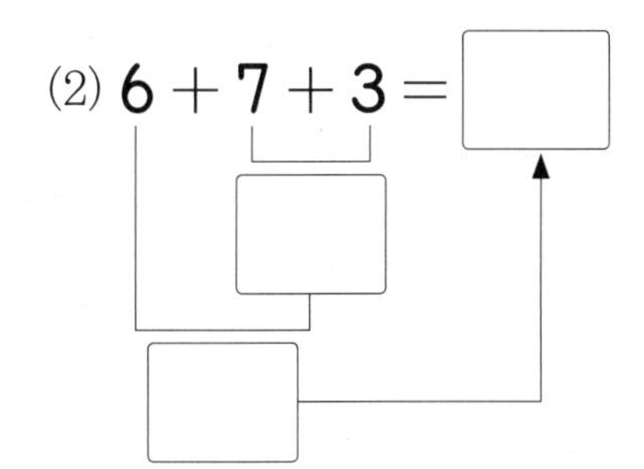

▶ 더할 두 수를 선으로 이어가며 계산하면 편리합니다.

$3+7+4$ → 10
⬇
$3+7+4$ → 10 → 14

6 합이 같은 것끼리 이어 보세요.

$1+9+4$ •	• $2+10$
$2+4+6$ •	• $10+4$

2

5 10이 되는 더하기

28 □ 안에 알맞은 수를 써넣으세요.

(1)

□ + 4 = 10

(2)
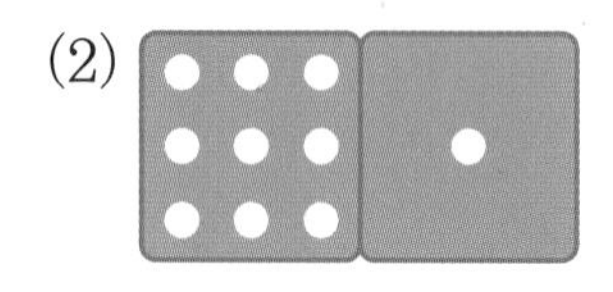

□ + □ = 10

29 두 가지 색으로 색칠하고 덧셈식을 만들어 보세요.

(1)
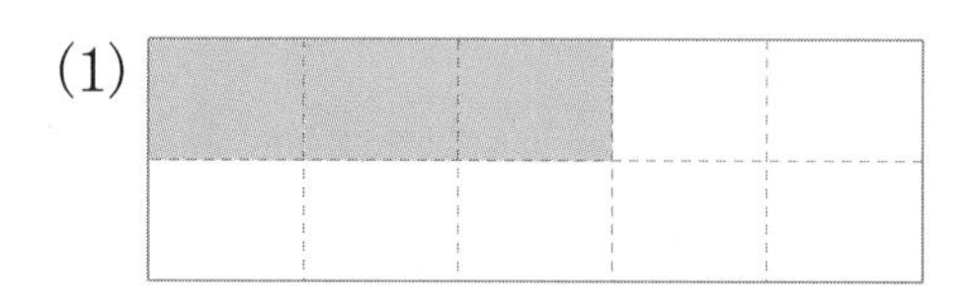

3 + □ = □

(2)
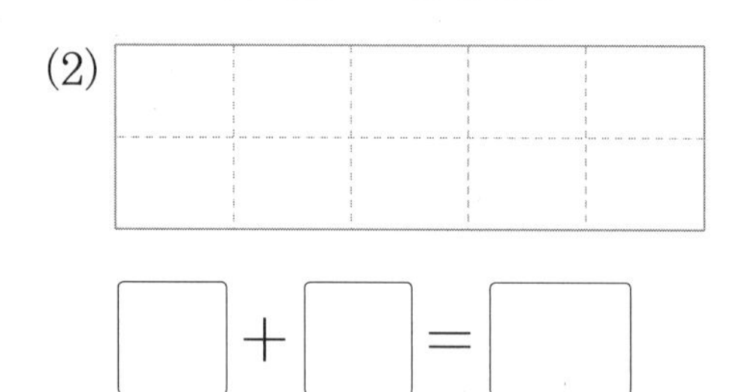

□ + □ = □

30 □ 안에 알맞은 수를 써넣으세요.

(1) 2 + 8 = □

(2) □ + 5 = 10

31 10이 되는 두 수를 찾아 ○표 하세요.

4 7 8 3 5

32 □ 안에 알맞은 수를 써넣으세요.

(1) 4 + 6 = 6 + □

(2) 8 + 2 = □ + 8

33 두 수를 더해서 10이 되도록 빈칸에 알맞은 수를 써넣으세요.

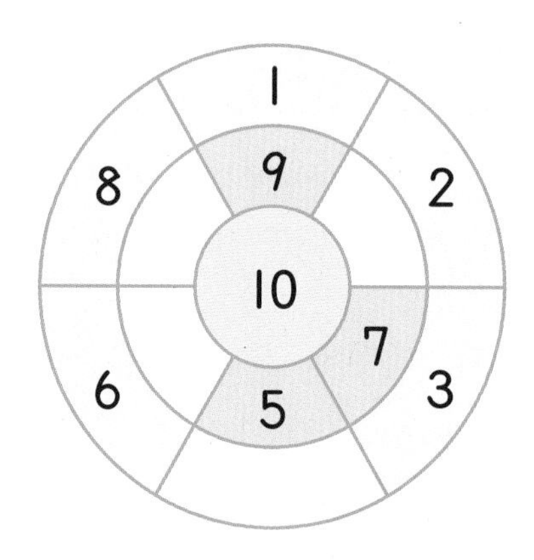

34 민희는 연필 6자루를 가지고 있습니다. 정훈이가 민희에게 연필 4자루를 준다면 민희의 연필은 모두 몇 자루가 될까요?

식 ....

답 ....

서술형

35 보기 와 같이 두 가지 모양을 그려 덧셈식을 만들고, 설명해 보세요.

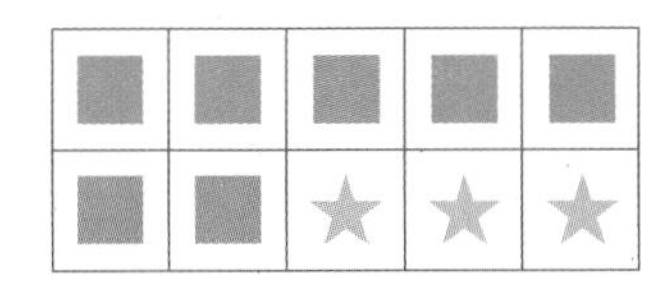

■ 모양 7개와 ★ 모양 3개로 덧셈식을 만들면 $7+3=10$입니다.

36 더해서 10이 되는 두 수를 찾고, 10이 되는 덧셈식을 써 보세요.

3	2	(5	5)	4
3	2	4	7	1
1	8	2	1	3
9	4	6	1	2

$10=5+5$

6 10에서 빼기

37 뺄셈을 해 보세요.

(1) $10-4=\square$

(2) $10-9=\square$

38 펼친 손가락은 몇 개인지 알아보는 뺄셈식을 써 보세요.

$10-\square=\square$

39 두 수의 차가 가장 큰 것을 찾아 ○표 하세요.

$10-5$	$10-2$	$10-7$
( )	( )	( )

40 □ 안에 알맞은 수를 써넣으세요.

(1) $10-\square=2$

(2) $10-\square=9$

(3) $\square-7=3$

서술형

41 보기 와 같이 ／을 그려 뺄셈식을 만들고, 설명해 보세요.

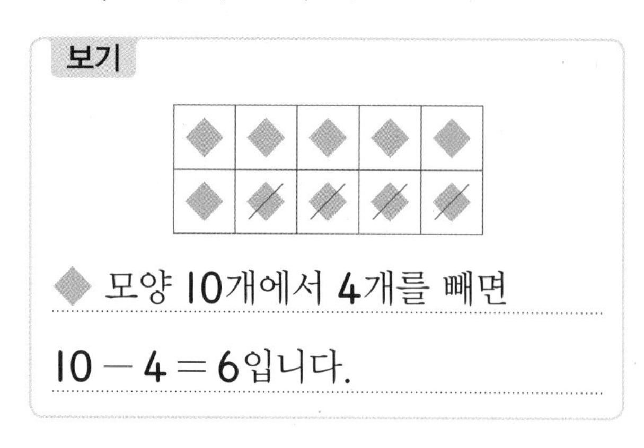

◆ 모양 10개에서 4개를 빼면

10 − 4 = 6입니다.

♥ ♥ ♥ ♥ ♥
♥ ♥ ♥ ♥ ♥

42 두 수의 차를 구하고 표에서 그 차에 해당하는 글자를 찾아 써 보세요.

10 − 3 = ☐ →

10 − 6 = ☐ →

10 − 1 = ☐ →

10 − 4 = ☐ →

10 − 2 = ☐ →

1	2	3	4	5	6	7	8	9
웃	복	음	나	득	하	신	루	는

43 그림에 알맞은 뺄셈식을 만들어 보세요.

10 − ☐ = ☐

44 준우와 수영이는 색종이를 각각 10장씩 가지고 있었습니다. 색종이를 준우가 7장, 수영이가 6장 사용했다면 남은 색종이는 누가 더 많을까요?

(　　　　　　　)

7 10을 만들어 더하기

45 계산해 보세요.

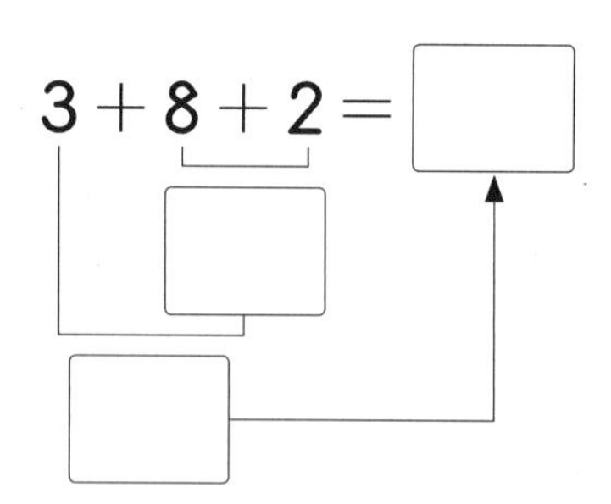

46 10을 만들어 더할 수 있는 식에 모두 ○표 하세요.

9 + 1 + 2	5 + 2 + 6	4 + 3 + 7
(　　)	(　　)	(　　)

47 합이 10되는 두 수를 ○표 하고 덧셈을 해 보세요.

(1) $6+4+3=$ □

(2) $8+5+5=$ □

(3) $1+7+9=$ □

48 알맞은 것끼리 이어 보세요.

4+4+6 ·	· 10+5 ·	· 14
1+9+5 ·	· 4+10 ·	· 15
7+3+6 ·	· 10+6 ·	· 16

49 길을 따라갔을 때 원숭이가 가진 바나나의 수를 구하려고 합니다. □ 안에 알맞은 수를 써넣어 덧셈식을 완성해 보세요.

50 밑줄 친 두 수의 합이 10이 되도록 ○ 안에 수를 써넣고 식을 완성해 보세요.

(1) $2+6+$○$=$ □

(2) ○$+3+8=$ □

(3) $5+$○$+6=$ □

51 계산 결과를 비교하여 ○ 안에 >, < 를 알맞게 써넣으세요.

$1+9+2$ ○ $4+6+4$

52 □ 안에 공통으로 들어갈 수는 얼마일까요?

$4+6+$□$=15$
□$+8+2=15$
$9+$□$+1=15$

( )

서술형
53 합이 16인 세 수를 찾아 쓰려고 합니다. 풀이 과정을 쓰고 답을 구해 보세요.

5 2 6 7 8

풀이

답

응용유형 1 수 카드로 덧셈식 완성하기

수 카드 두 장을 골라 덧셈식을 완성해 보세요.

2 1 4 8

$\square + \square + 5 = 15$

핵심 NOTE • 합이 10이 되는 두 수를 찾아봅니다.

1-1 수 카드 두 장을 골라 덧셈식을 완성해 보세요.

7 2 5 3

$6 + \square + \square = 16$

1-2 수 카드 세 장을 골라 덧셈식을 완성해 보세요.

9 5 1 3 8

$\square + \square + \square = 13$

응용유형 2

□ 안에 들어갈 수 있는 수 구하기

1부터 8까지의 수 중에서 □ 안에 들어갈 수 있는 수를 모두 구해 보세요.

$9-1-\square>5$

( )

● 핵심 NOTE • 먼저 $9-1-\square=5$일 때 □ 안에 알맞은 수를 구해 봅니다.

2-1 1부터 9까지의 수 중에서 □ 안에 들어갈 수 있는 수를 모두 구해 보세요.

$3+2+\square<9$

( )

2-2 1부터 6까지의 수 중에서 □ 안에 들어갈 수 있는 가장 큰 수를 구해 보세요.

$8-2-\square>2$

( )

응용유형 3 ■에 알맞은 수 구하기

같은 모양은 같은 수를 나타냅니다. ■에 알맞은 수를 구해 보세요.

● + 5 = 10
■ − 2 = ●

(　　　　　　　)

핵심 NOTE • 알 수 있는 모양부터 차례로 구해 봅니다.

3-1 같은 모양은 같은 수를 나타냅니다. ■에 알맞은 수를 구해 보세요.

● − 3 = 7
■ + 4 = ●

(　　　　　　　)

3-2 같은 모양은 같은 수를 나타냅니다. ■에 알맞은 수를 구해 보세요.

● + ● = 8
■ − 6 = ●

(　　　　　　　)

수 퍼즐 완성하기

같은 줄에 있는 세 수의 합은 15입니다. 빈칸에 알맞은 수를 써넣으세요.

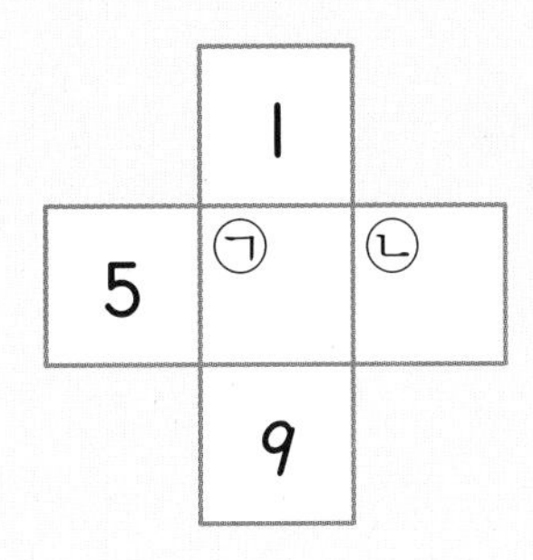

1단계 ㉠에 알맞은 수 써넣기

2단계 ㉡에 알맞은 수 써넣기

● 핵심 NOTE 1단계 빈칸이 한 개인 세로줄에서 ㉠에 알맞은 수를 먼저 구합니다.

2단계 ㉡에 알맞은 수를 구합니다.

4-1 같은 줄에 있는 세 수의 합은 10입니다. 빈칸에 알맞은 수를 써넣으세요.

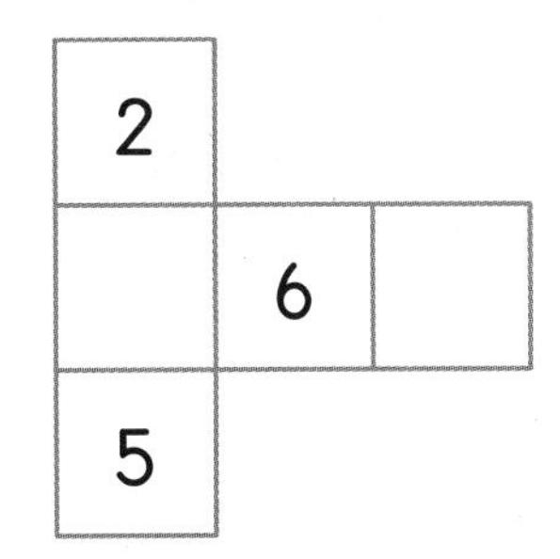

단원 평가 Level 1

점수

확인

1 그림을 보고 알맞은 덧셈식을 만들어 보세요.

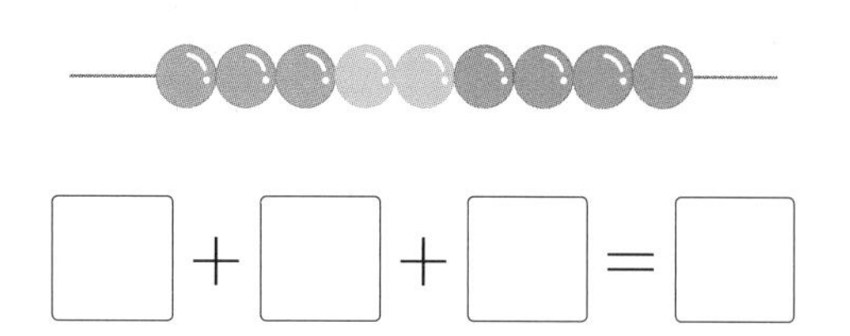

☐ + ☐ + ☐ = ☐

2 그림을 보고 세 수의 뺄셈을 해 보세요.

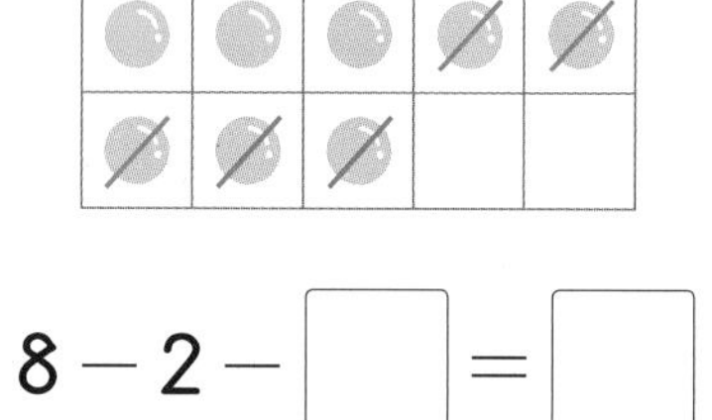

8 − 2 − ☐ = ☐

3 빈칸에 알맞은 수를 쓰거나 그림을 그려 보세요.

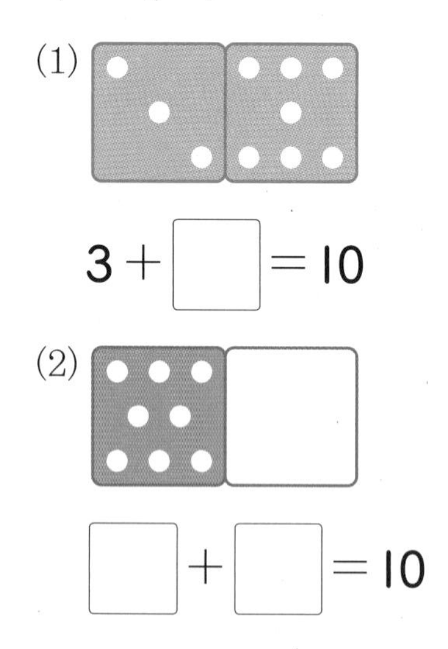

(1) 3 + ☐ = 10

(2) ☐ + ☐ = 10

4 두 수의 차가 가장 작은 것을 찾아 ○표 하세요.

10 − 2	10 − 4	10 − 9
( )	( )	( )

5 그림을 보고 덧셈식을 완성해 보세요.

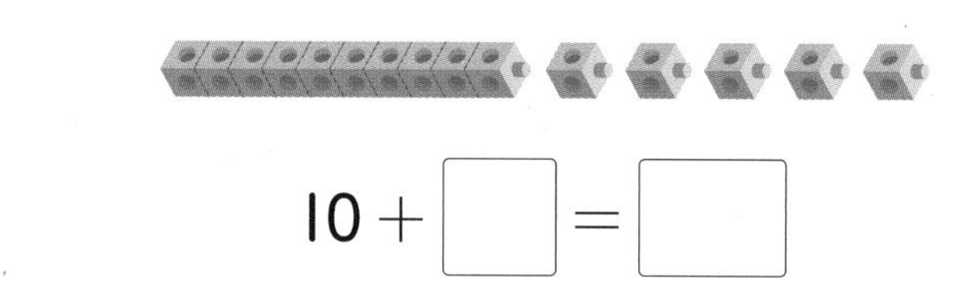

10 + ☐ = ☐

6 ☐ 안에 알맞은 수를 써넣으세요.

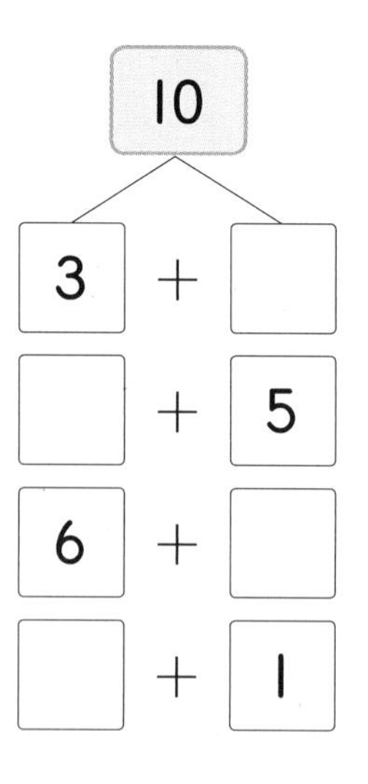

7 계산해 보세요.

(1) $3+5+1=\square$

(2) $9-2-4=\square$

8 합이 같은 식에 ○표 하세요.

2+7	9+1	4+3	1+9

9 □ 안에 알맞은 수를 써넣으세요.

(1) $10-6=\square$

(2) $10-\square=2$

10 □ 안에 알맞은 수를 써넣으세요.

(1) $2+3+7=2+\square=\square$

(2) $5+5+4=\square+4=\square$

(3) $1+5+9=\square+5=\square$

11 그림을 이용하여 덧셈식과 뺄셈식을 만들어 보세요.

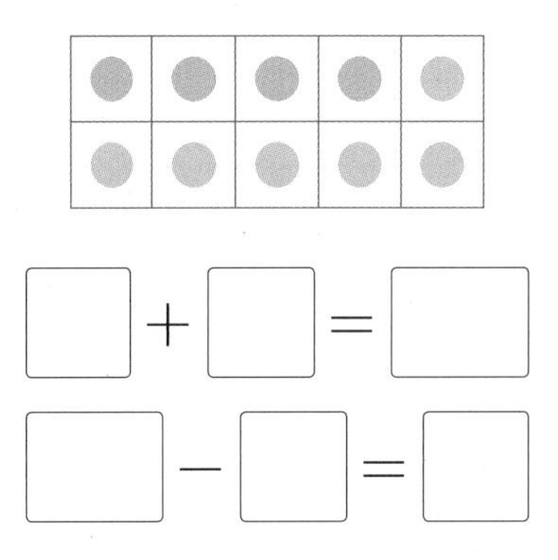

$\square+\square=\square$

$\square-\square=\square$

12 ○ 안에 >, =, <를 알맞게 써넣으세요.

$9-3-5$ ○ $6-5$

$9-3-5$ ○ 1

$9-3-5$ ○ 2

13 합이 10이 되는 두 수를 묶고 덧셈을 해 보세요.

(1) $8+2+7=\square$

(2) $6+3+7=\square$

14 정원에 빨간색 장미 7송이와 노란색 장미 3송이가 피었습니다. 정원에 핀 장미는 모두 몇 송이일까요?

(　　　　　　　　)

2

15 가장 큰 수에서 나머지 두 수를 뺀 값을 구해 보세요.

2　8　4

(　　　　　　　)

16 올바른 식이 되도록 ○ 안에 +, − 기호를 알맞게 써넣으세요.

$6 \bigcirc 2 \bigcirc 1 = 9$

17 1부터 9까지의 수 중에서 □ 안에 들어갈 수 있는 수를 모두 구해 보세요.

$8+2+7<\square+3+7$

(　　　　　　　)

18 시우, 예진, 동명이는 같은 아파트에 살고 있습니다. 시우는 2층에 살고, 예진이는 시우보다 3층 더 위에, 동명이는 예진이보다 3층 더 위에 삽니다. 동명이는 몇 층에 살고 있을까요?

(　　　　　　　)

19 준형이는 8살이고 형은 준형이보다 2살 더 많습니다. 동생이 형보다 4살 더 적다면 동생은 몇 살인지 풀이 과정을 쓰고 답을 구해 보세요.

풀이 ....

답 ....

20 ㉠과 ㉡의 합을 구하려고 합니다. 풀이 과정을 쓰고 답을 구해 보세요.

• $10-㉠=9$
• $㉡+7=10$

풀이 ....

답 ....

단원 평가 Level 2

점수

확인

1 그림을 보고 세 수의 덧셈을 해 보세요.

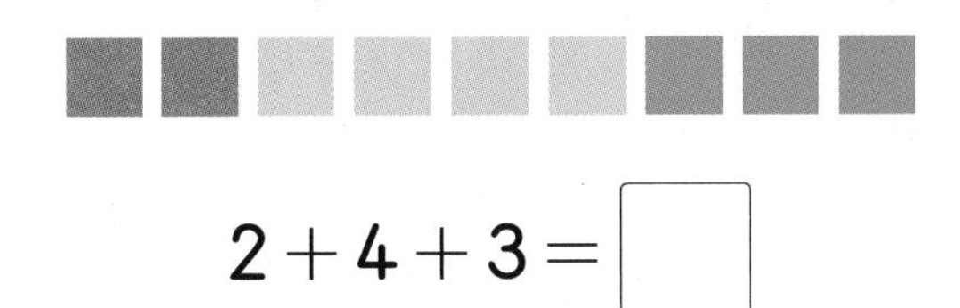

$2+4+3=\square$

2 계산해 보세요.

(1) $1+4+3=\square$

(2) $9-2-7=\square$

3 □ 안에 알맞은 수를 써넣으세요.

(1) $10-\square=3$

(2) $10-\square=7$

4 □ 안에 알맞은 수를 써넣으세요.

(1) $2+8=8+\square$

(2) $1+9=\square+1$

5 구슬 10개를 실에 꿰어 놓았습니다. 그림을 보고 □ 안에 알맞은 수를 써넣으세요.

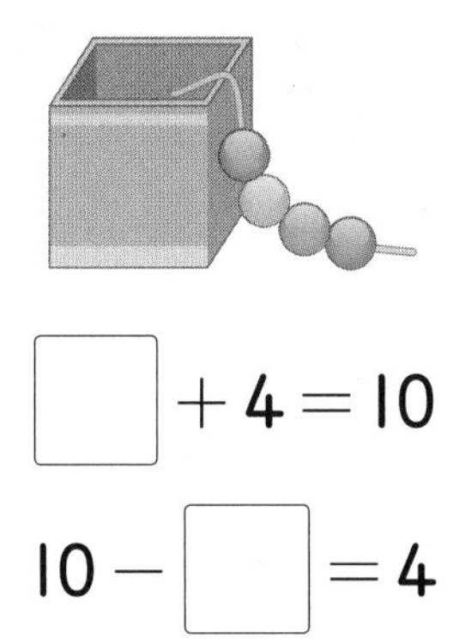

$\square+4=10$

$10-\square=4$

6 □ 안에 알맞은 수를 써넣으세요.

(1) $8+4+6=\square+10$

(2) $3+5+7=10+\square$

7 10을 만들어 더할 수 있는 식에 모두 ○표 하세요.

$4+6+2$	$7+1+4$	$3+1+9$
(　　)	(　　)	(　　)

2

8 밑줄 친 두 수의 합이 10이 되도록 ○ 안에 수를 써넣고 식을 완성해 보세요.

(1) 5 + ◯ + 7 = □

(2) 3 + 6 + ◯ = □

9 계산 결과가 짝수인 것을 찾아 기호를 써 보세요.

㉠ 2 + 2 + 2
㉡ 5 + 1 + 1
㉢ 7 + 0 + 2

(   )

10 계산 결과를 비교하여 ○ 안에 >, =, <를 알맞게 써넣으세요.

9 − 6 − 2 ◯ 9 − 7 − 2

11 도넛이 10개 있습니다. 이 중에서 도윤이가 도넛을 3개 먹으면 몇 개가 남을까요?

(   )

12 엘리베이터에 8명이 타고 있었습니다. 5층에서 2명이 내렸고, 7층에서 3명이 내렸습니다. 엘리베이터에 새로 탄 사람이 없다면 지금 엘리베이터에 타고 있는 사람은 몇 명일까요?

식 ....

답 ....

13 □ 안에 알맞은 수를 써넣으세요.

3 + 2 + 3 = 10 − □

14 ♥와 ◆의 차를 구해 보세요.

♥ = 4 + 6
◆ = 10 − 7

(   )

15 1부터 9까지의 수 중에서 □ 안에 들어갈 수 있는 가장 큰 수를 구해 보세요.

$1+3+\square<9$

( )

16 올바른 식이 되도록 ○ 안에 +, − 기호를 알맞게 써넣으세요.

$6\bigcirc2\bigcirc1=3$

17 □ 안에 들어갈 수 중 가장 큰 것을 찾아 기호를 써 보세요.

㉠ $10-8=\square$
㉡ $4+\square=10$
㉢ $10-\square=7$

( )

18 같은 모양은 같은 수를 나타냅니다. ●와 ◆의 합을 구해 보세요.

●+●=10
10−◆=6

( )

19 합이 13인 세 수를 찾아 쓰려고 합니다. 풀이 과정을 쓰고 답을 구해 보세요.

8 4 3 6 5

풀이

답

20 영지는 상자에서 과자를 어제는 4개, 오늘은 7개를 꺼내 먹었더니 3개가 남았습니다. 처음 상자에 들어 있던 과자는 모두 몇 개인지 풀이 과정을 쓰고 답을 구해 보세요.

풀이

답

3 모양과 시각

▲는 **세모** 모양, ■는 **네모** 모양, ●는 **동그라미** 모양!

우리 주변에서 많이 보았던 모양이야.

세 개의 모양이 어떻게 다른지 알아볼까?

각각의 특징을 보고 모양을 알 수 있어!

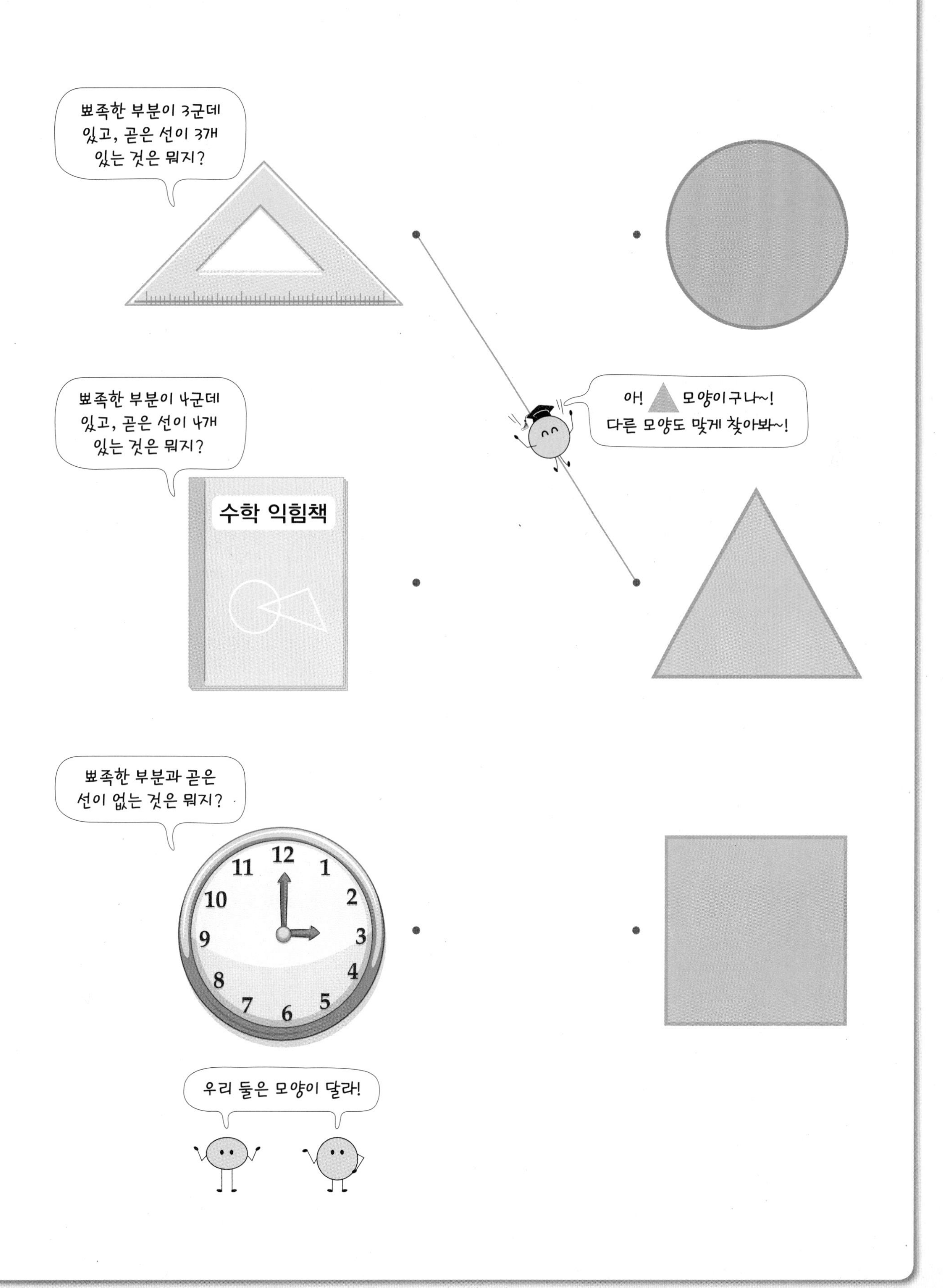

답

1 여러 가지 모양을 찾아볼까요

 모양 찾기

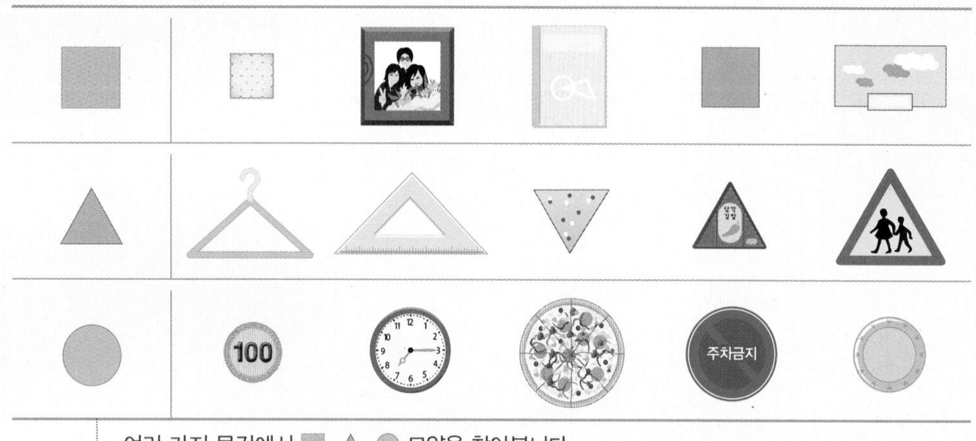

여러 가지 물건에서 ■, ▲, ● 모양을 찾아봅니다.

!

(■ , ▲ , ●)　　(■ , ▲ , ●)　　(■ , ▲ , ●)

1 그림에서 ■, ▲, ● 모양을 찾아 그 모양을 따라 그려 보세요.

정답과 풀이 16쪽

2 ■ 모양에 ○표 하세요.

 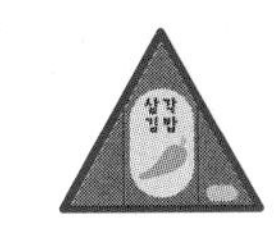  

(　　　) (　　　) (　　　) (　　　)

1학기 때 배웠어요

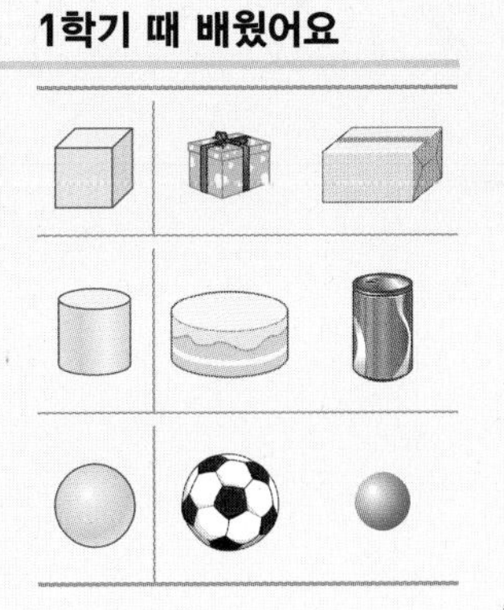

3 ▲ 모양에 ○표 하세요.

  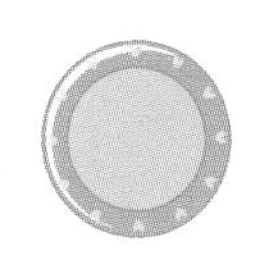 

(　　　) (　　　) (　　　) (　　　)

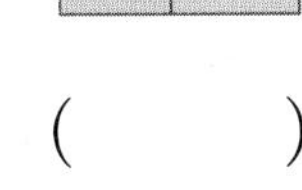

4 ● 모양에 ○표 하세요.

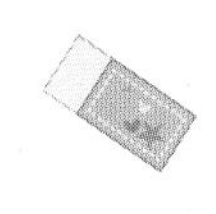 

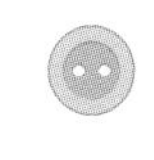 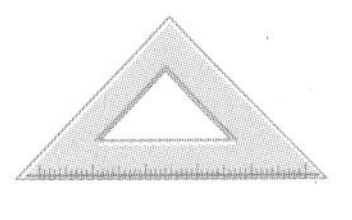

(　　　) (　　　) (　　　) (　　　)

5 같은 모양끼리 이어 보세요.

▶ 같은 모양끼리 이을 때 크기나 색깔은 생각하지 않습니다.

• • •

• • •

 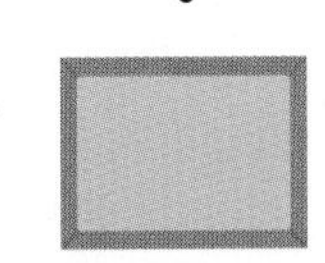 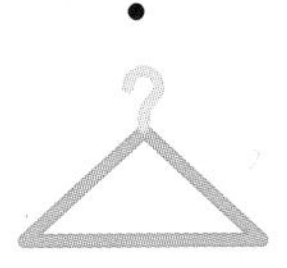

2 여러 가지 모양을 알아볼까요

● ■, ▲, ● 모양 알아보기 ······• 본뜨기, 찍기 등의 활동으로 ■, ▲, ● 모양을 만들 수 있습니다.

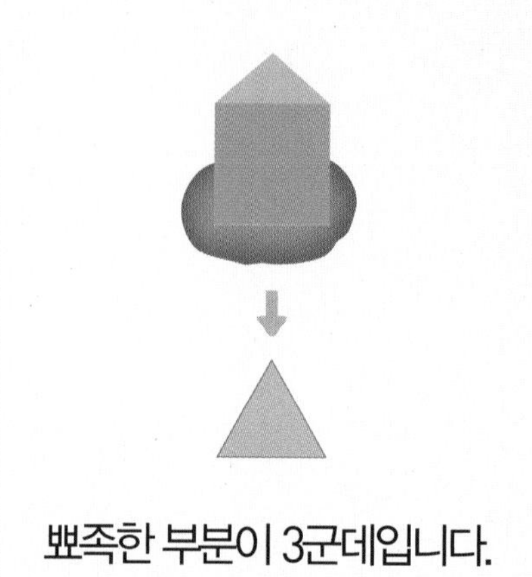

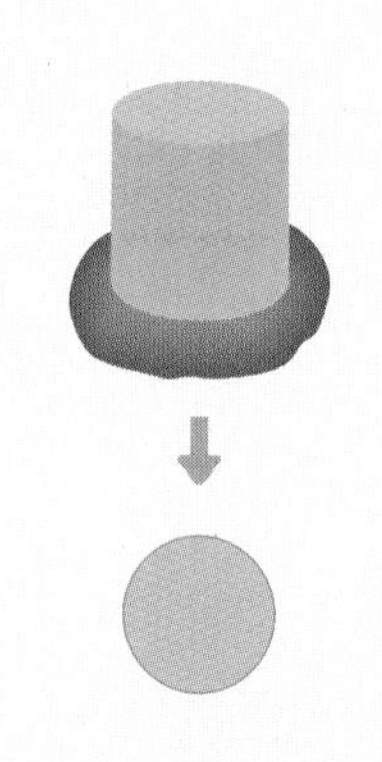

찍기			
모양	■	▲	●
특징	뾰족한 부분이 4군데입니다. 곧은 선이 있습니다.	뾰족한 부분이 3군데입니다. 곧은 선이 있습니다.	뾰족한 부분이 없습니다. 둥근 부분만 있습니다.

!

- 뾰족한 부분이 없습니다. ➡ (■ , ▲ , ●)
- 뾰족한 부분이 3군데 있습니다. ➡ (■ , ▲ , ●)
- 뾰족한 부분이 4군데 있습니다. ➡ (■ , ▲ , ●)

1 다음과 같이 물건을 본떴을 때 나오는 모양을 찾아 ○표 하세요.

(1)

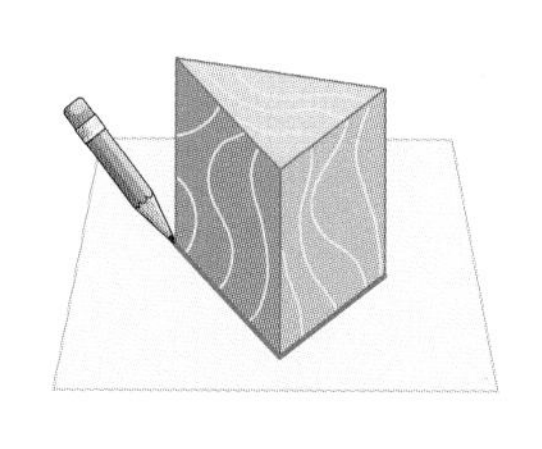

(■ , ▲ , ●)

(2)

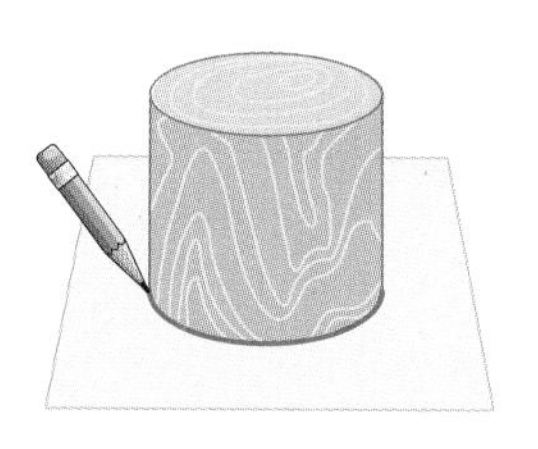

(■ , ▲ , ●)

2 다음과 같이 물건을 찰흙 위에 찍었을 때 나오는 모양을 찾아 ○표 하세요.

(1)

(■ , ▲ , ●)

(2)

(■ , ▲ , ●)

3 ■, ▲, ● 모양을 본뜬 것의 일부분입니다. 모양을 완성해 보세요.

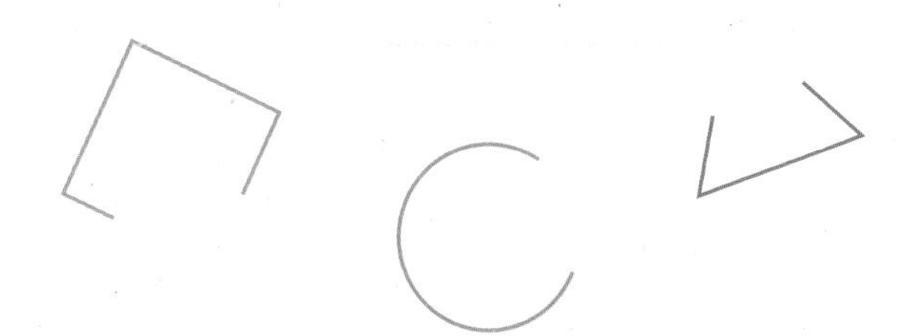

4 손으로 만든 모양을 보고 ■ 모양에는 □표, ▲ 모양에는 △표, ● 모양에는 ○표 하세요.

▶ ■, ▲, ● 모양의 특징을 생각하며 손으로 만든 모양을 살펴봅니다.

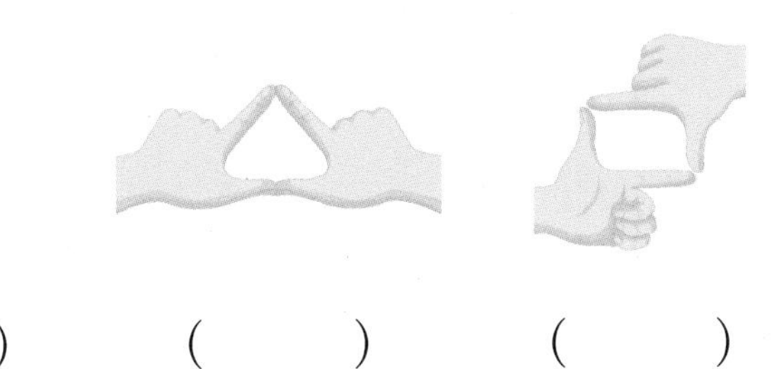

( ) ( ) ( )

5 친구의 설명에 알맞는 모양을 찾아 이어 보세요.

▶ ■, ▲, ● 모양을 두 개씩 비교하여 각 모양의 공통점과 차이점을 찾아봅니다.

3 여러 가지 모양으로 꾸며 볼까요

- ■, ▲, ● 모양으로 꾸미기

고양이 모양을 만들었습니다.

배 모양을 만들었습니다.

고양이 모양은 ■ 모양 4개, ▲ 모양 2개, ● 모양 2개로 꾸몄습니다. ·······• ■ 모양을 가장 많이 이용했습니다.

배 모양은 ■ 모양 5개, ▲ 모양 5개, ● 모양 2개로 꾸몄습니다. ·······• ● 모양을 가장 적게 이용했습니다.

1 ■, ▲, ● 모양을 이용하여 그림을 완성하려고 합니다. 알맞은 모양에 모두 ○표 하세요.

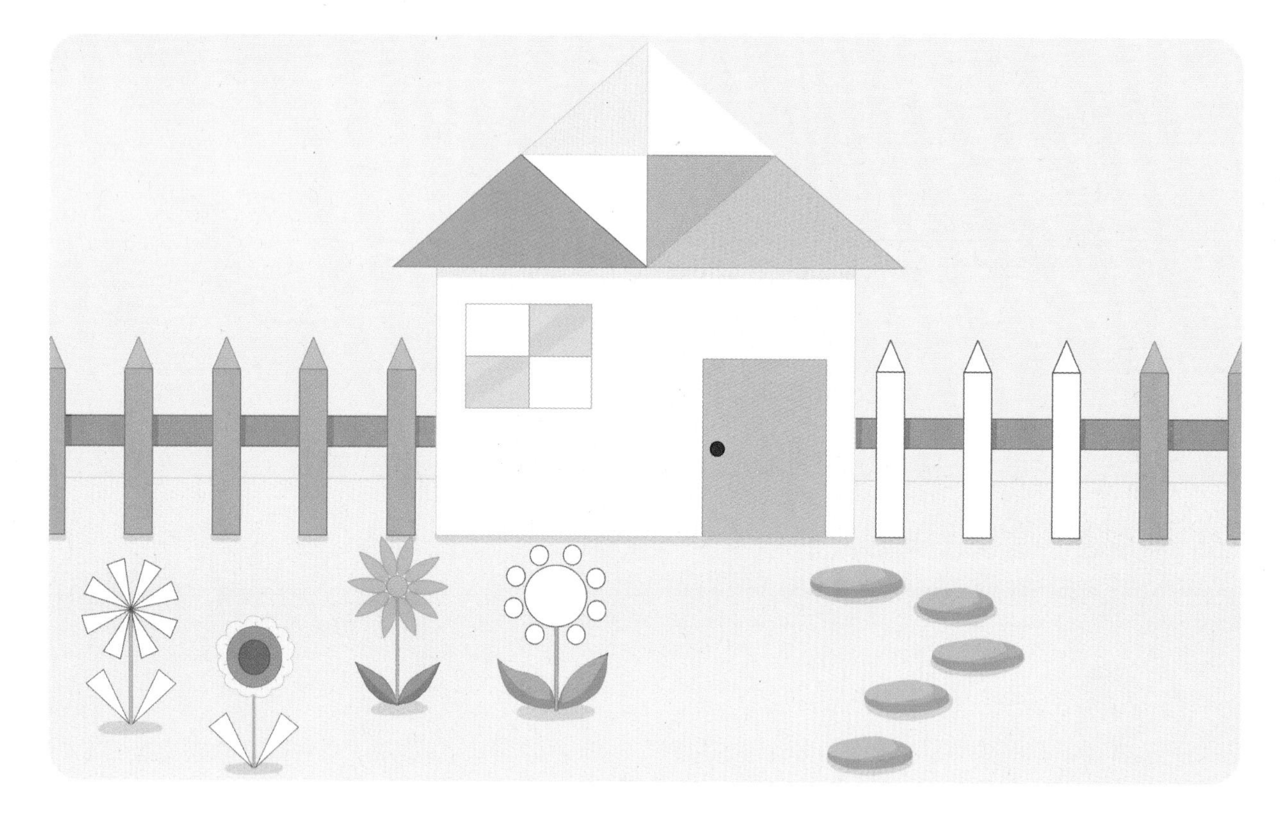

(1) 꽃밭을 완성하려면 (■ , ▲ , ●) 모양이 필요합니다.

(2) 집을 완성하려면 (■ , ▲ , ●) 모양이 필요합니다.

(3) 울타리를 완성하려면 (■ , ▲ , ●) 모양이 필요합니다.

정답과 풀이 16쪽

2 다음 모양은 어떤 모양을 이용하여 꾸민 것인지 ○표 하세요.

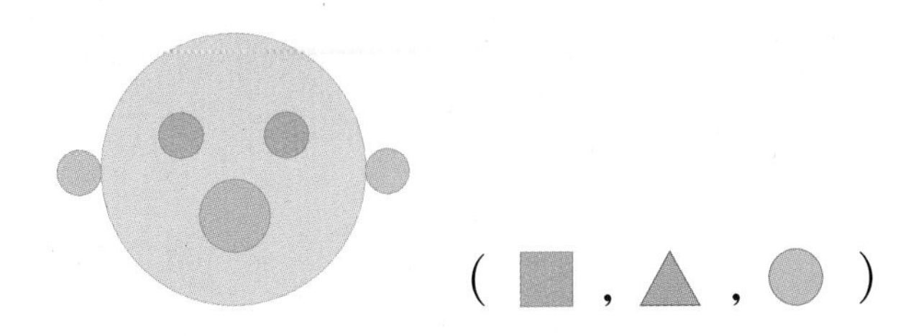

(■ , ▲ , ●)

▶ 여러 가지 모양을 만들 때에는 각 모양의 특징을 생각하며 만듭니다.

■ 모양: 뾰족한 부분이 4군데 있고 곧은 선이 4개 있습니다.

▲ 모양: 뾰족한 부분이 3군데 있고 곧은 선이 3개 있습니다.

● 모양: 뾰족한 부분이 없고 둥근 부분만 있습니다.

3 다음 모양을 꾸미는 데 이용하지 않은 모양은 어느 것인지 ○표 하세요.

(■ , ▲ , ●)

4 ■, ▲, ● 모양으로 꾸몄습니다. ■, ▲, ● 모양은 각각 몇 개인지 써 보세요.

▶ 크기나 색깔은 생각하지 않고 같은 모양을 찾아봅니다.

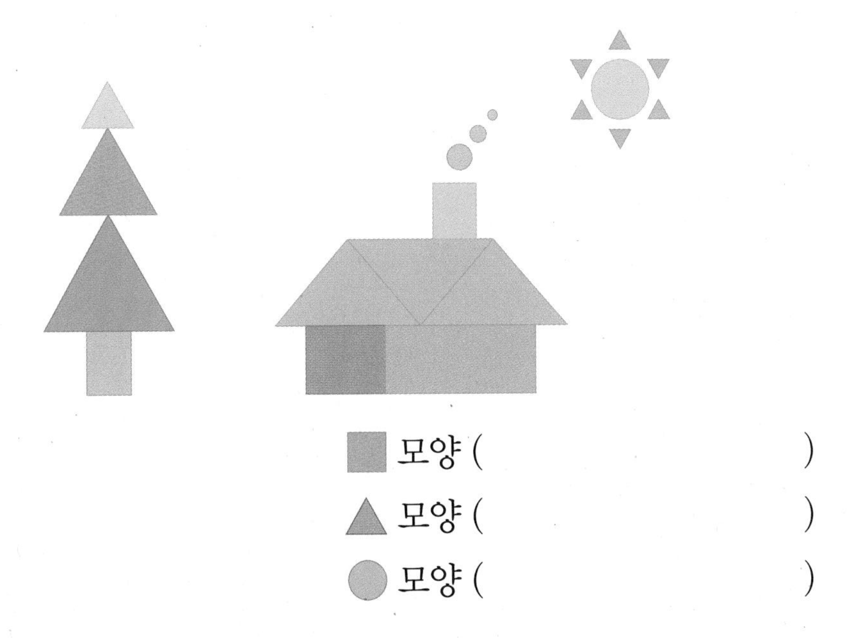

■ 모양 (　　　　　　　　)

▲ 모양 (　　　　　　　　)

● 모양 (　　　　　　　　)

3

개념 적용

기본기 다지기

1 여러 가지 모양 찾아보기

1 △ 모양을 찾아 ○표 하세요.

( ) ( ) ( )

2 화가 몬드리안의 '빨강, 파랑, 노랑의 구성'입니다. 그림에서 찾을 수 있는 모양에 ○표 하세요.

(■ , ▲ , ●)

3 ■ 모양의 물건은 모두 몇 개일까요?

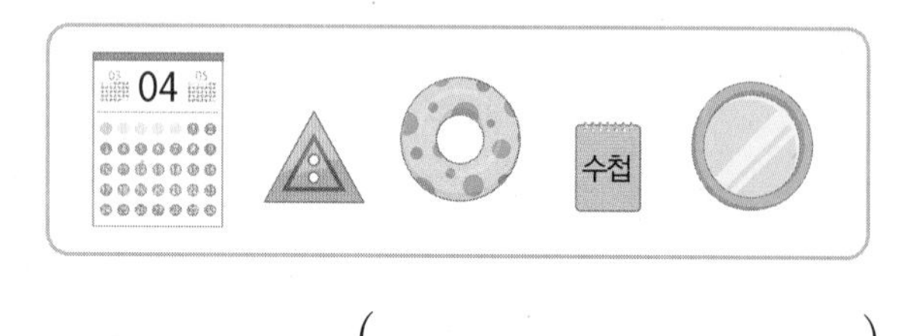

( )

4 나머지 셋과 모양이 다른 하나를 찾아 ○표 하세요.

   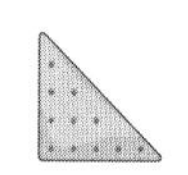

( ) ( ) ( ) ( )

5 □ 안에 알맞은 모양을 찾아 ○표 하세요.

(■ , ▲ , ●)

6 동건이는 물건을 정리하면서 같은 모양끼리 모았습니다. 동건이가 잘못 모은 것에 ○표 하세요.

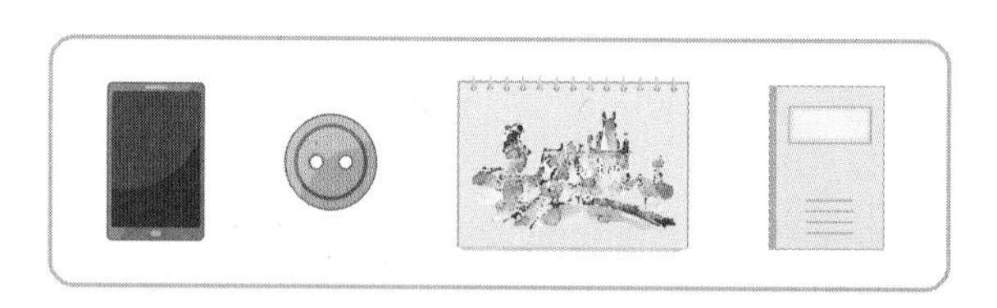

7 어떤 모양을 모아 놓은 것인지 알맞은 모양에 ○표 하세요.

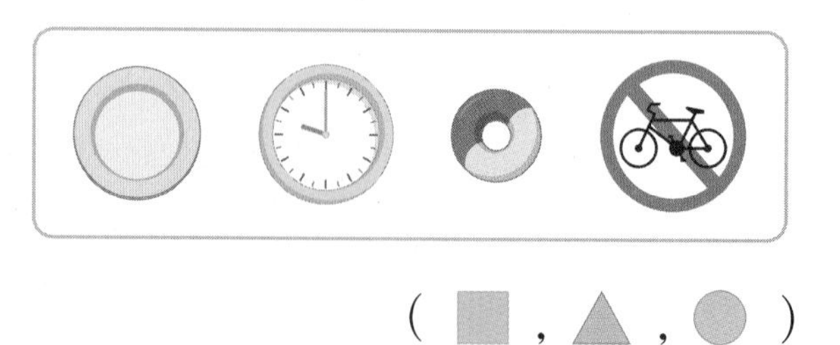

(■ , ▲ , ●)

8 책상 위의 물건을 보고 알맞게 이야기 한 친구의 이름을 써 보세요.

은주: ■ 모양이 없습니다.
민호: ▲ 모양이 1개 있습니다.
지아: ● 모양이 있습니다.

( )

서술형
9 성주와 호석이는 같은 모양끼리 모으기를 하였습니다. 잘못 모은 사람은 누구인지 풀이 과정을 쓰고 답을 구해 보세요.

풀이

답

2 여러 가지 모양 알아보기

10 여러 가지 물건을 찰흙 위에 찍었습니다. 찍힌 모양으로 알맞은 것을 찾아 이어 보세요.

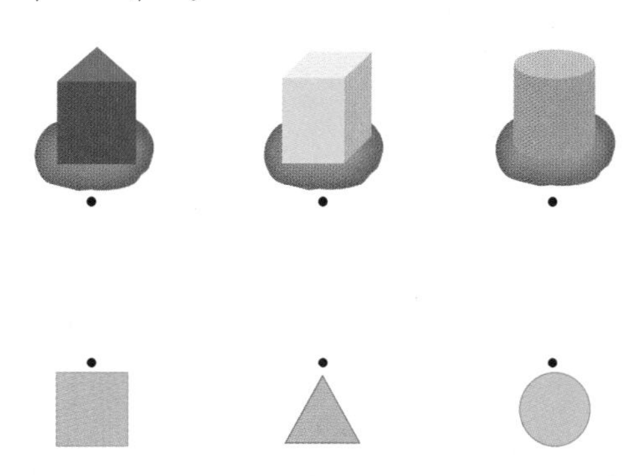

11 설명하는 모양을 찾아 ○표 하세요.

뾰족한 부분이 없습니다.

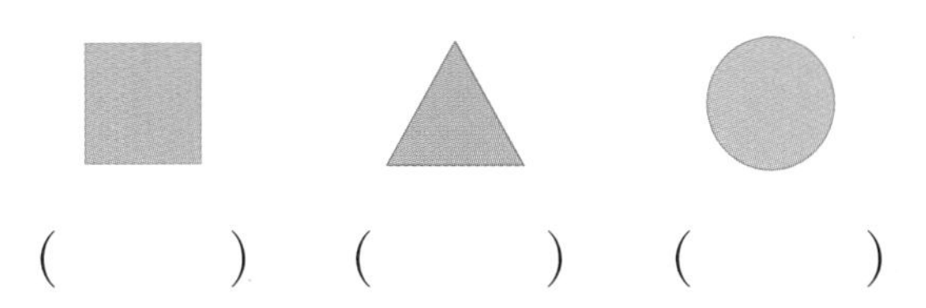

( ) ( ) ( )

12 바닥에 물감을 묻혀 찍었을 때 나오는 모양이 다른 하나에 ○표 하세요.

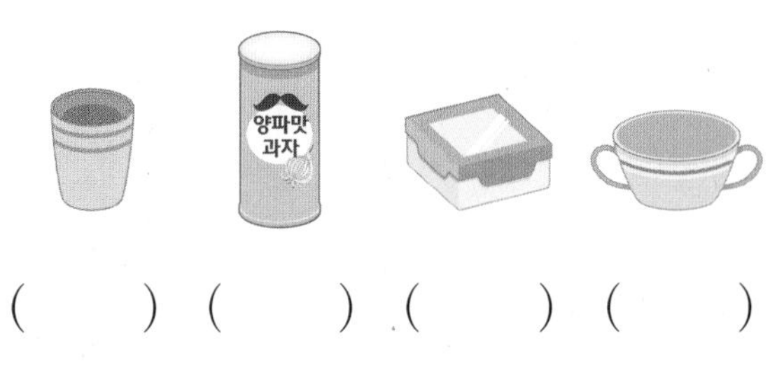

( ) ( ) ( ) ( )

13 어떤 모양에 대한 설명인지 알맞은 모양에 ○표 하세요.

- 곧은 선이 있습니다.
- 뾰족한 부분이 4군데입니다.

(■ , ▲ , ●)

14 물건을 본뜬 일부분입니다. 어떤 물건을 본뜬 것인지 알맞게 이어 보세요.

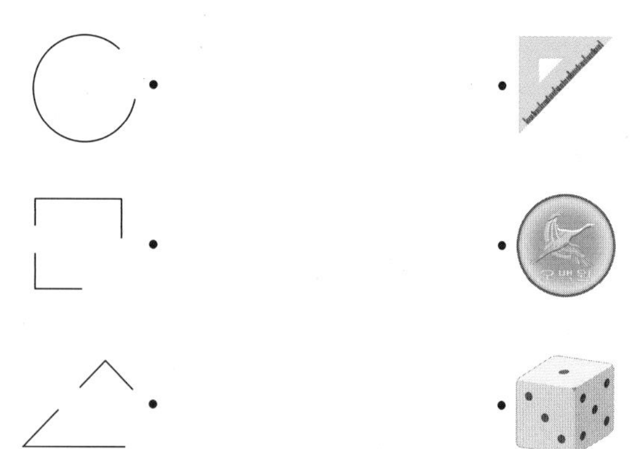

15 뾰족한 부분이 없는 과자는 모두 몇 개인지 세어 보세요.

(　　　　　　　)

16 바르게 말한 사람의 이름을 써 보세요.

현아: ■ 모양은 둥근 부분이 있습니다.
지우: ▲ 모양은 뾰족한 부분이 4군데입니다.
은수: ● 모양은 뾰족한 부분이 없습니다.

(　　　　　　　)

17 다음 블록을 본떴을 때 나올 수 있는 모양에 모두 ○표 하세요.

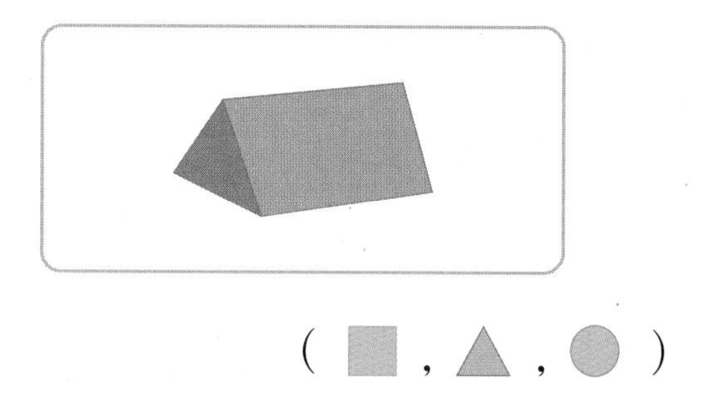

(■ , ▲ , ●)

서술형

18 ㉠과 ㉡의 같은 점과 다른 점을 써 보세요.

㉠ ■　㉡ ▲

같은 점 ....

....

다른 점 ....

....

3 여러 가지 모양으로 꾸미기

19 다음 모양은 어떤 모양을 이용하여 꾸민 것인지 ○표 하세요.

(■ , ▲ , ●)

20 다음 모양을 꾸미는 데 이용하지 않은 모양에 ○표 하세요.

(■ , ▲ , ●)

21 다음 모양을 꾸미는 데 필요한 ■ 모양은 모두 몇 개일까요?

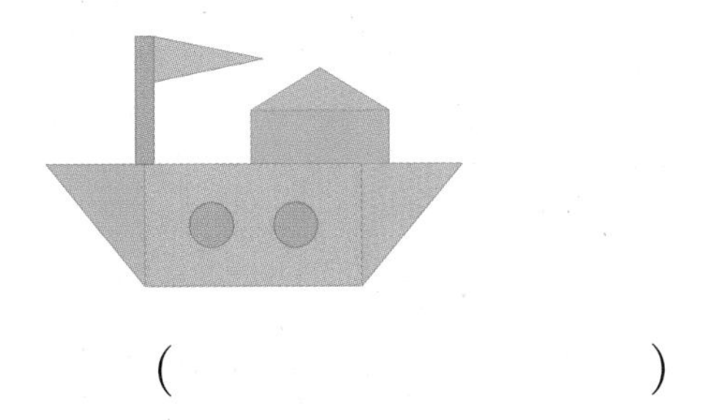

(　　　　　　)

22 주어진 모양으로 꾸밀 수 있는 모양에 ○표 하세요.

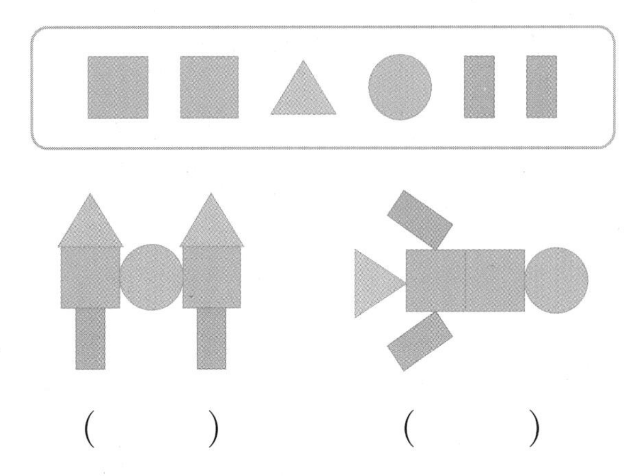

(　　)　　(　　)

서술형

23 다음 모양을 꾸미는 데 가장 많이 이용한 모양에 ○표 하려고 합니다. 풀이 과정을 쓰고 답을 구해 보세요.

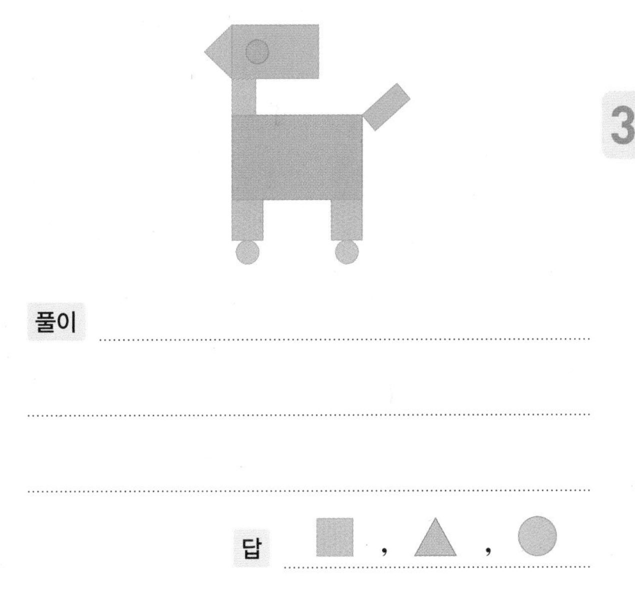

풀이

답 ■ , ▲ , ●

24 다음 모양을 이용하여 꾸민 모양입니다. 어떻게 꾸민 것인지 선을 그어 보세요.

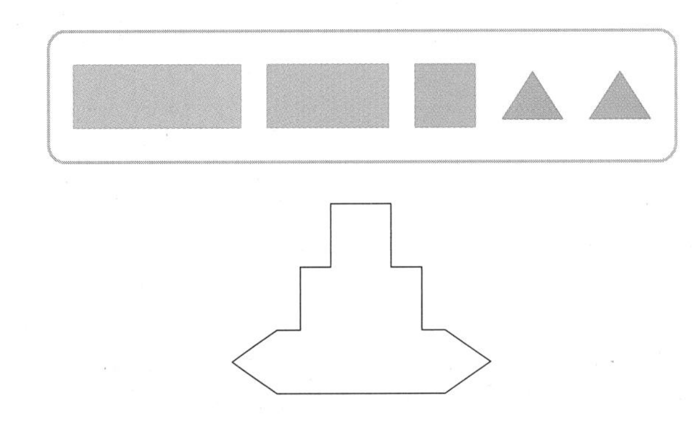

4 몇 시를 알아볼까요

● 몇 시 알아보기

짧은바늘이 10,
긴바늘이 12를 가리킬 때
시계는 **10시**를 나타냅니다.
열 시라고 읽습니다.
• 십 시라고 읽지 않습니다.

● 시계에 몇 시 나타내기

시계에 9시 나타내기
① 짧은바늘이 9를 가리키도록 그립니다.
② 긴바늘이 12를 가리키도록 그립니다.

● 시계를 보고 몇 시인지 써 보기

→ □시

• '분'을 나타냅니다.
• '시'를 나타냅니다.

→ □시

1 시계를 보고 □ 안에 알맞은 수를 써넣으세요.

(1)

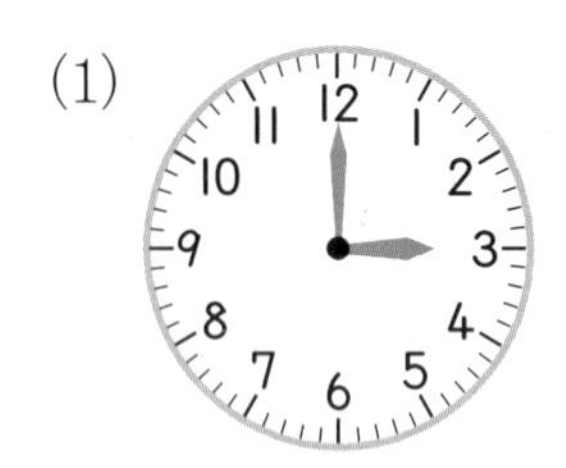

짧은바늘이 □, 긴바늘이 12를 가리킬 때
시계는 □시를 나타냅니다.

(2)

짧은바늘이 □, 긴바늘이 12를 가리킬 때
시계는 □시를 나타냅니다.

2 시계를 보고 몇 시인지 써 보세요.

(1) 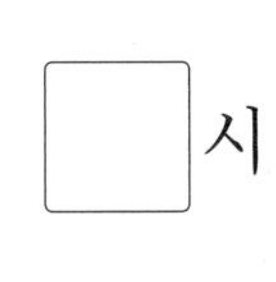 □시

(2) 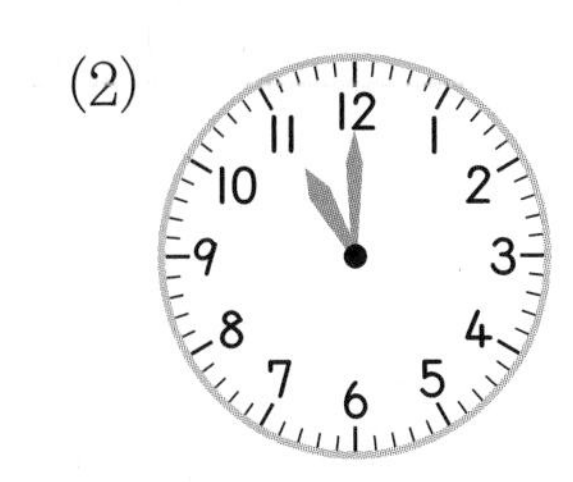 □시

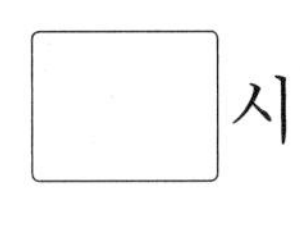

▶ 시계의 긴바늘이 12를 가리킬 때 짧은바늘이 가리키는 수를 읽어 '몇 시'라고 합니다.

3 시계를 보고 이어 보세요.

▶ 디지털시계에서 ':' 앞의 수는 '시'를 나타내고, ':' 뒤의 수는 '분'을 나타냅니다.

➡ 5시

4 그림을 보고 시계에 몇 시를 나타내 보세요.

(1) 

7시에 일어났습니다.

(2) 

8시에 숙제를 했습니다.

▶ 짧은바늘과 긴바늘의 길이가 비슷하면 읽는 사람에 따라 몇 시를 다르게 말할 수 있으므로 길이가 구분이 되도록 그립니다.

3

5 몇 시 30분을 알아볼까요

- **몇 시 30분 알아보기**

짧은바늘이 11과 12 사이,
긴바늘이 6을 가리킬 때
시계는 **11시 30분**을 나타냅니다.
열한 시 삼십 분이라고 읽습니다.
10시, 11시 30분 등을 **시각**이라고 합니다.

- **시계에 몇 시 30분 나타내기**

시계에 10시 30분 나타내기
① 짧은바늘이 10과 11 사이에 있도록 그립니다.
② 긴바늘이 6을 가리키도록 그립니다.

!

- 시계를 보고 몇 시 30분인지 써 보기

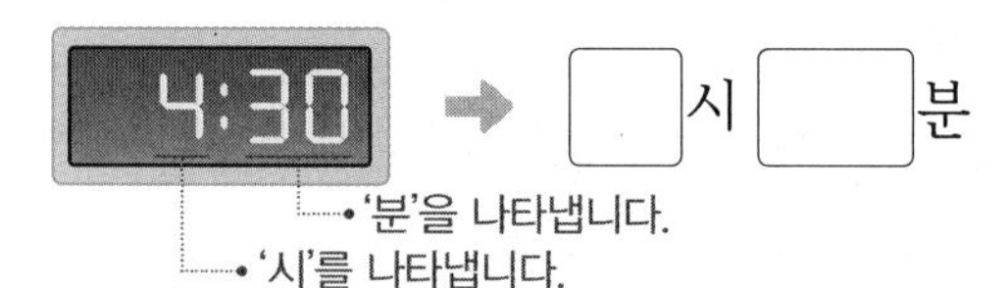

1 시계를 보고 □ 안에 알맞은 수를 써넣으세요.

(1)

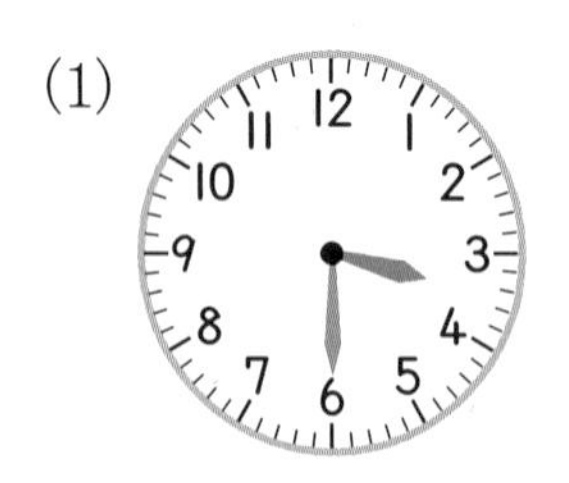

짧은바늘이 3과 □ 사이에 있고, 긴바늘이 6을 가리킬 때
시계는 □ 시 □ 분을 나타냅니다.

(2)

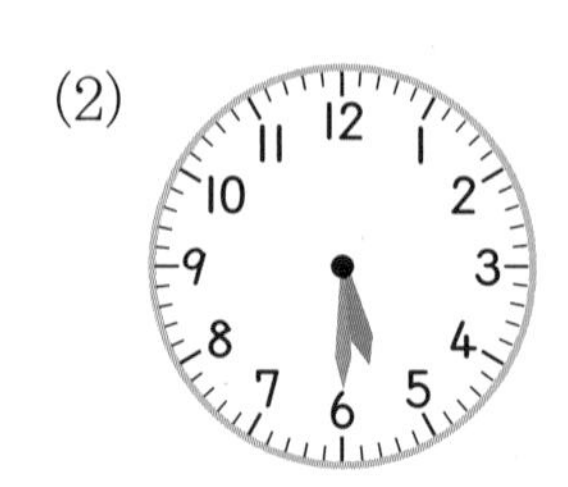

짧은바늘이 5와 □ 사이에 있고, 긴바늘이 6을 가리킬 때
시계는 □ 시 □ 분을 나타냅니다.

2 시계를 보고 몇 시 30분인지 써 보세요.

(1)

□시 □분

(2)

□시 □분

▶ 몇 시 30분은 긴바늘이 반 바퀴를 돌았을 때이므로 '몇 시 반'이라고도 합니다.

3 시계를 보고 이어 보세요.

▶ 디지털시계에서 ':' 앞의 수는 '시'를 나타내고, ':' 뒤의 수는 '분'을 나타냅니다.

➡ 9시 30분

4 시계에 시각을 나타내 보세요.

(1)

(2)

▶ 9시, 10시 등을 시각이라 하고, 시각과 시각 사이를 시간이라고 합니다.

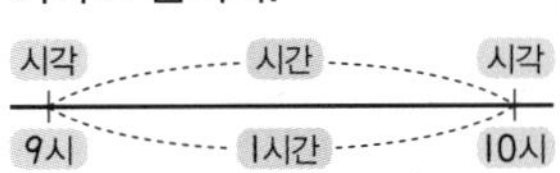

기본기 다지기

4 몇 시 알아보기

25 시계를 보고 몇 시인지 써 보세요.

( ) ( )

26 시계를 보고 몇 시를 바르게 읽은 사람의 이름을 써 보세요.

( )

27 3시를 나타내는 시계를 찾아 ○표 하세요.

( ) ( ) ( )

28 시계가 다음 시각을 나타낼 때 짧은바늘과 긴바늘이 각각 가리키는 수를 써 보세요.

짧은바늘 ( )

긴바늘 ( )

29 그림을 보고 시계에 몇 시를 나타내 보세요.

30 시계에 짧은바늘과 긴바늘을 그려 넣고, 몇 시인지 써 보세요.

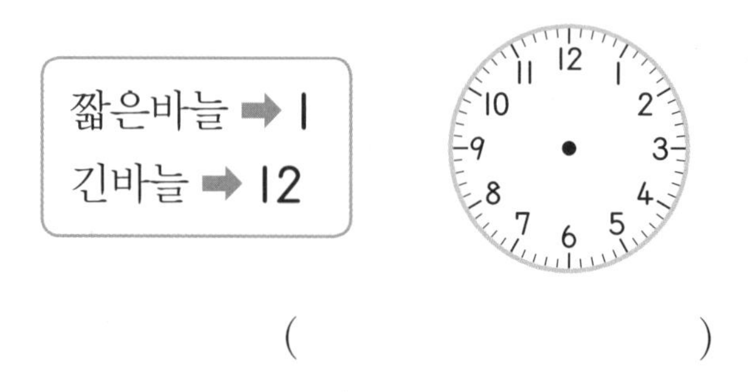

( )

31 그림을 보고 몇 시를 나타내 보세요.

32 그림을 보고 □ 안에 알맞은 수를 써넣으세요.

아침 □시에 학교를 가고 밤 □시에 잠을 잡니다.

33 설명하는 시각을 써 보세요.

- 긴바늘이 12를 가리킵니다.
- 짧은바늘과 긴바늘이 완전히 겹쳐져 있습니다.

(   )

34 다음 시계가 나타내는 시각을 넣어 어제 있었던 일을 써 보세요.

35 오늘 태우와 지효가 학교에서 집으로 돌아온 시각입니다. 집에 먼저 돌아온 사람은 누구일까요?

(   )

서술형

36 윤아가 8시를 나타낸 것입니다. 잘못된 까닭을 쓰고 오른쪽 시계에 바르게 나타내 보세요.

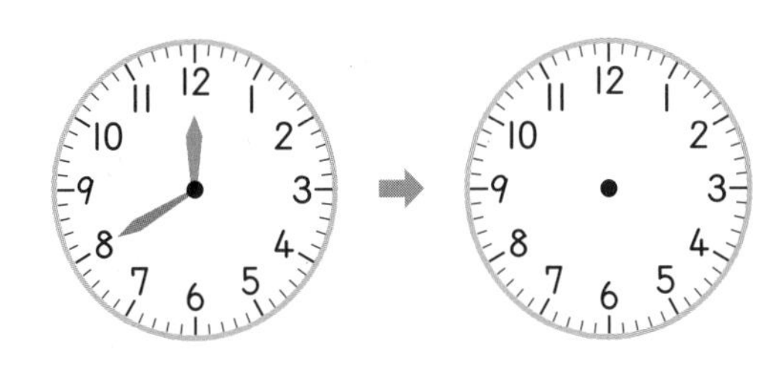

까닭

5 몇 시 30분 알아보기

37 시계를 보고 몇 시 30분인지 써 보세요.

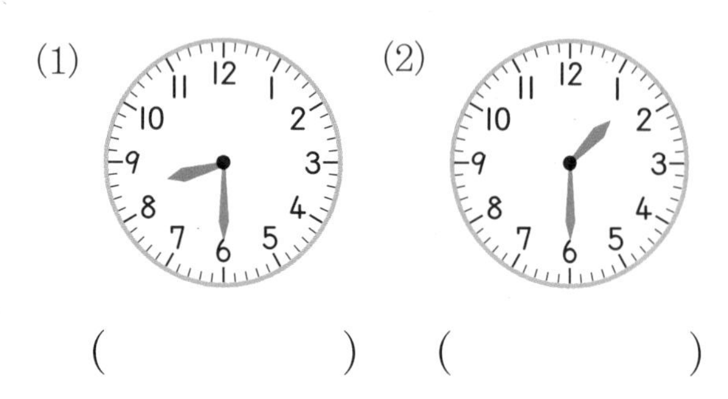

(1) (　　　　)　(2) (　　　　)

38 시계에 시각을 나타내 보세요.

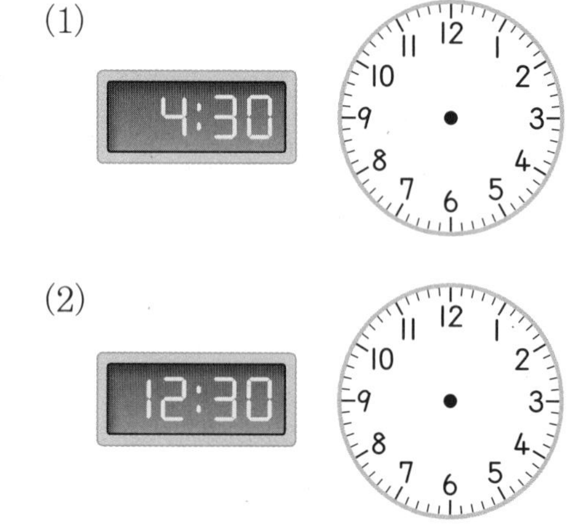

39 시계에 짧은바늘과 긴바늘을 그려 넣고, 시각을 써 보세요.

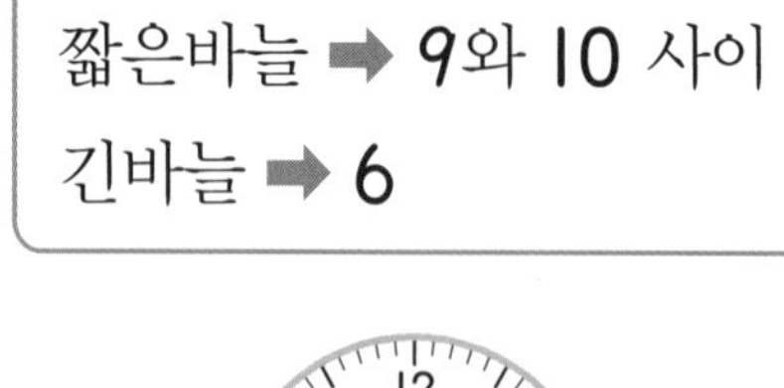

(　　　　　　)

40 짧은바늘과 긴바늘이 바르게 그려진 시계를 모두 찾아 ○표 하세요.

(　　) (　　) (　　)

41 계획표를 보고 이어 보세요.

하는 일	시각
책 읽기	5시 30분
저녁 식사	6시 30분
잠자기	9시

42 형우, 지우, 연우가 줄넘기를 시작한 시각입니다. 다른 시각에 줄넘기를 시작한 사람은 누구일까요?

(　　　　　　)

43 그림을 보고 □ 안에 알맞은 수를 써넣으세요.

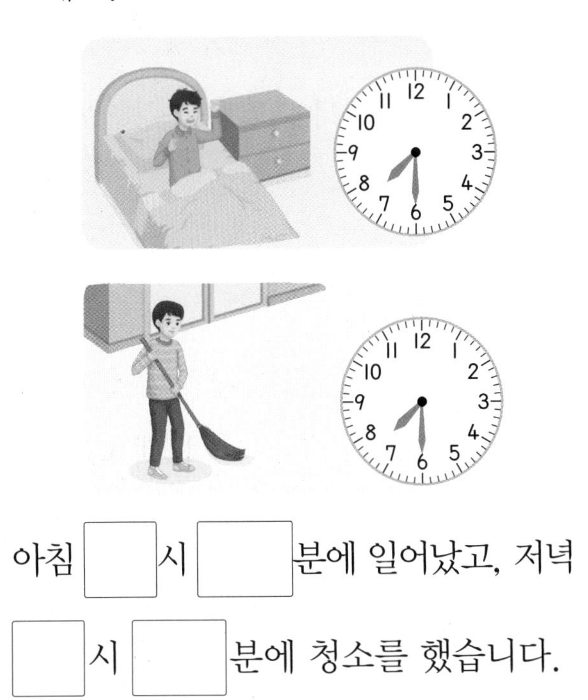

아침 □시 □분에 일어났고, 저녁 □시 □분에 청소를 했습니다.

서술형
44 예나가 시각을 읽은 것입니다. 잘못된 까닭을 쓰고 바르게 읽어 보세요.

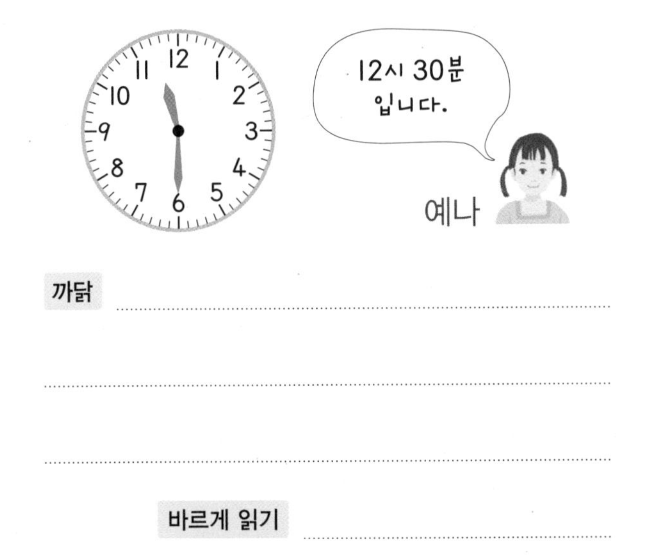

까닭 ....

바르게 읽기 ....

45 오늘 낮에 준서와 유미가 도서관에 도착한 시각입니다. 더 일찍 도착한 사람은 누구일까요?

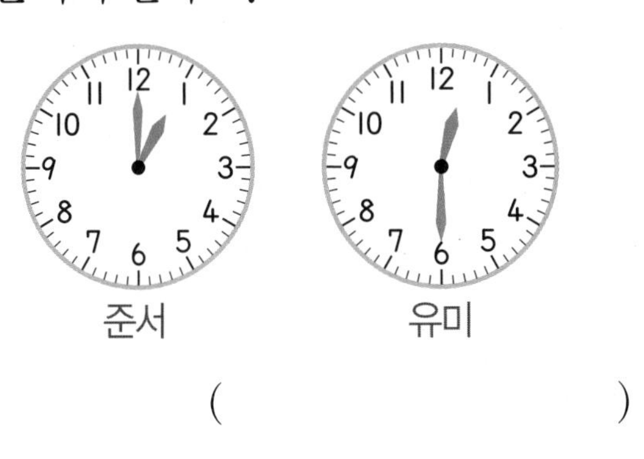

(　　　　　　　　)

46 희연이가 친구에게 생일 파티 초대장을 주려고 합니다. 생일 파티가 열리는 시각을 시계에 나타내 보세요.

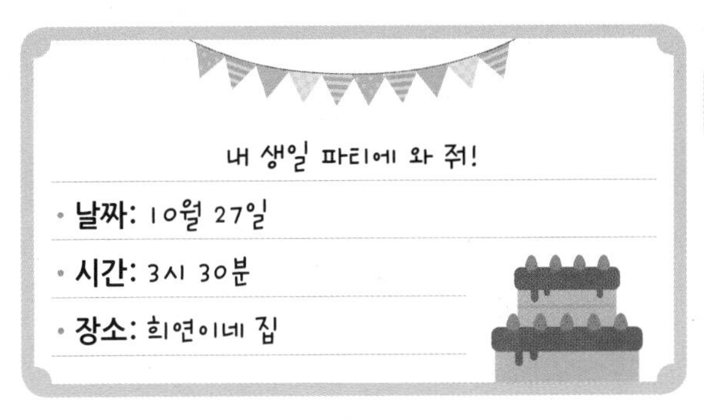

47 아침 8시와 아침 10시 30분 사이의 시각을 찾아 ○표 하세요.

(　　)　　(　　)

응용력 기르기

응용유형 1 종이를 잘라 만든 모양의 개수 구하기

종이를 선을 따라 자르면 ■ 모양과 ▲ 모양은 각각 몇 개 생기는지 구해 보세요.

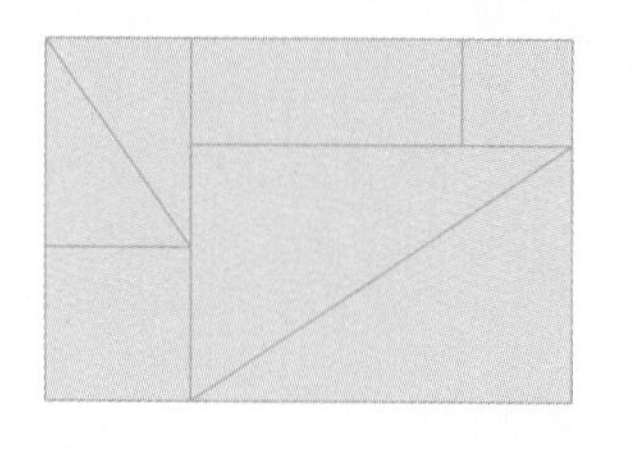

■ 모양 (　　　　)

▲ 모양 (　　　　)

핵심 NOTE • 크기가 달라도 모양이 같으면 같은 모양이므로 ■ 모양과 ▲ 모양의 개수를 각각 세어 봅니다.

1-1 종이를 선을 따라 자르면 ■ 모양과 ▲ 모양은 각각 몇 개 생기는지 구해 보세요.

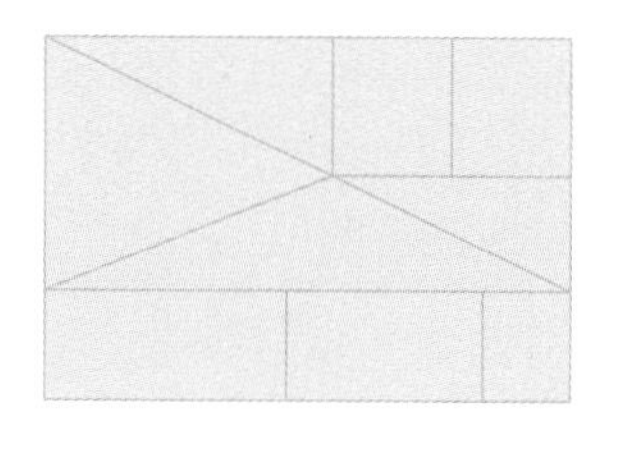

■ 모양 (　　　　)

▲ 모양 (　　　　)

1-2 종이를 선을 따라 자르면 ■ 모양과 ▲ 모양 중에서 어떤 모양이 몇 개 더 많을까요?

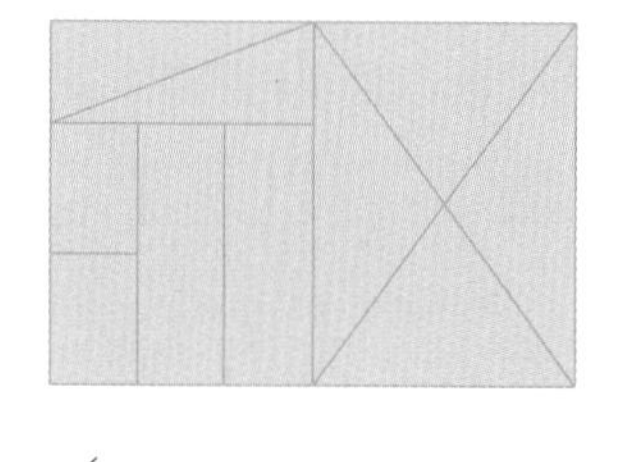

(　　　　), (　　　　)

2 빈칸에 알맞은 퍼즐 조각 찾기

응용유형

■, ▲, ● 모양이 그려진 퍼즐의 빈칸에 알맞은 퍼즐 조각을 찾아 기호를 써 보세요.

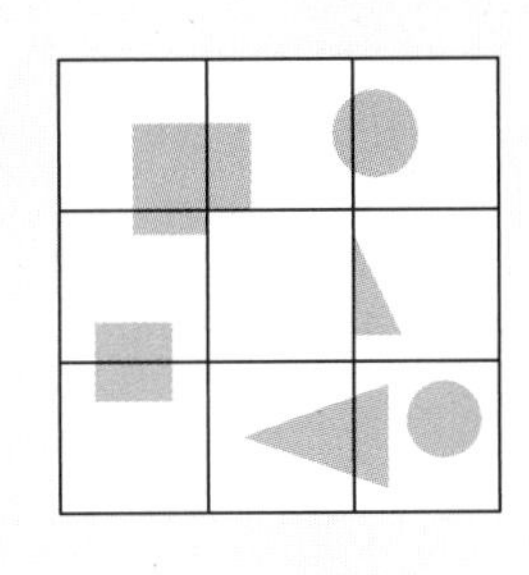

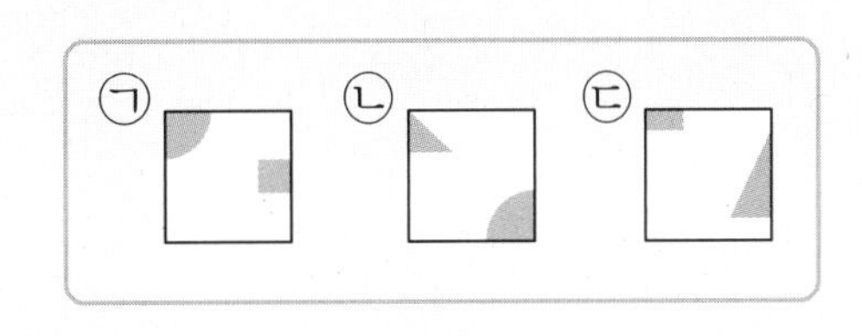

( )

● 핵심 NOTE • 빈칸에 어떤 퍼즐 조각을 맞추었을 때 ■, ▲, ● 모양이 완성되는지 알아봅니다.

2-1 ■, ▲, ● 모양이 그려진 퍼즐의 빈칸에 알맞은 퍼즐 조각을 찾아 기호를 써 보세요.

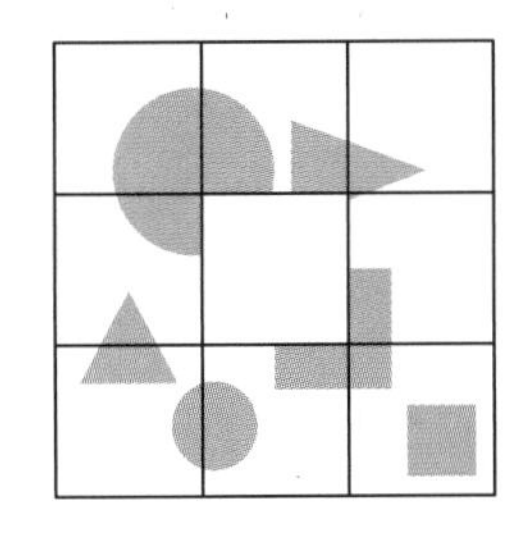

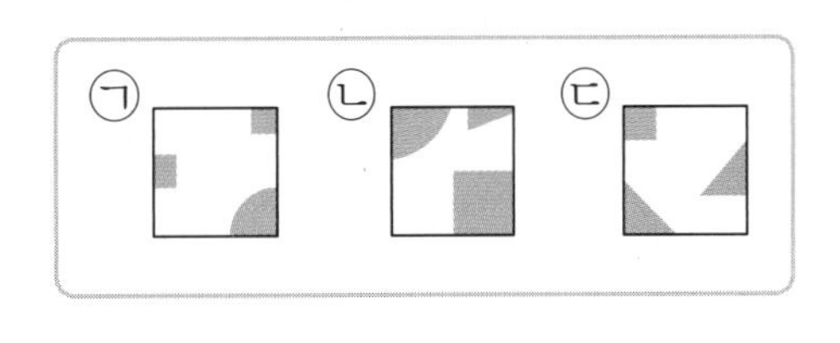

( )

2-2 ■, ▲, ● 모양이 그려진 퍼즐의 가, 나에 알맞은 퍼즐 조각을 찾아 기호를 써 보세요.

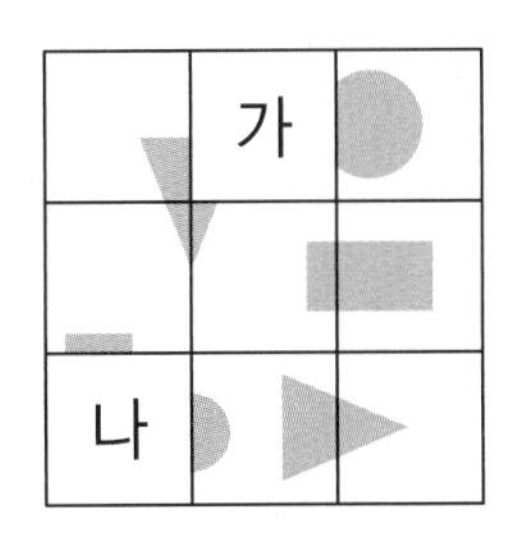

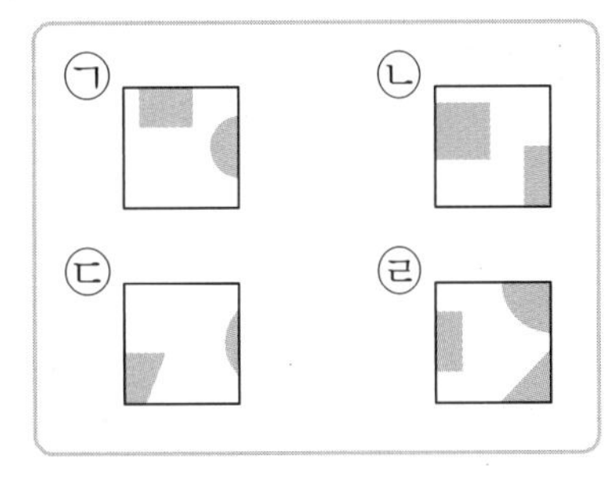

가 ( )

나 ( )

거울에 비친 시각 구하기

거울에 비친 시계를 보고 시각을 써 보세요.

( )

● **핵심 NOTE** • 짧은바늘과 긴바늘이 각각 가리키는 수를 알아봅니다.

3-1 거울에 비친 시계를 보고 시각을 써 보세요.

( )

3-2 민아가 거울에 비친 시계를 보았습니다. 이 시계가 나타내는 시각을 써 보세요.

( )

조건을 모두 만족하는 시각 나타내기

조건을 모두 만족하는 시각을 시계에 나타내 보세요.

- 8시와 10시 사이의 시각입니다.
- 긴바늘이 6을 가리킵니다.
- 9시보다 빠른 시각입니다.

1단계 조건을 모두 만족하는 시각 구하기

2단계 시각을 시계에 나타내기

● 핵심 NOTE

1단계 먼저 8시보다 늦고 10시보다 빠른 시각 중에서 긴바늘이 6을 가리키는 시각을 알아봅니다.

2단계 이 중 9시보다 빠른 시각을 시계에 나타냅니다.

4-1

조건을 모두 만족하는 시각을 시계에 나타내 보세요.

- 2시와 4시 사이의 시각입니다.
- 긴바늘이 6을 가리킵니다.
- 3시보다 늦은 시각입니다.

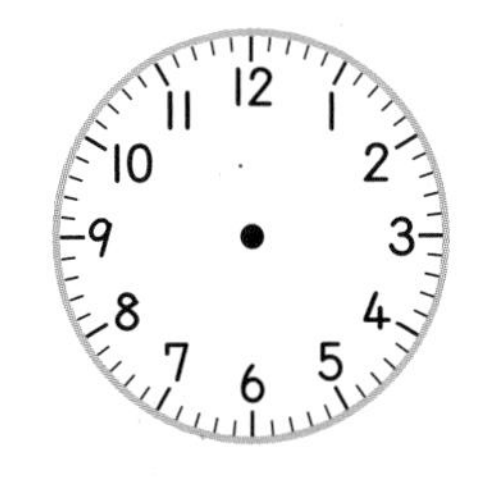

3

단원 평가 Level 1

점수

확인

1 ▲ 모양에 ○표 하세요.

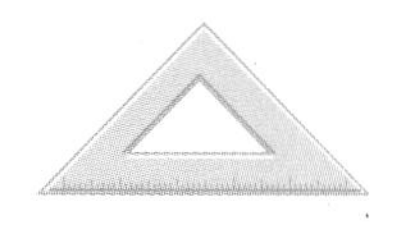 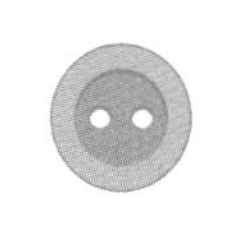 

(　　) (　　) (　　)

2 왼쪽과 같은 모양에 ○표 하세요.

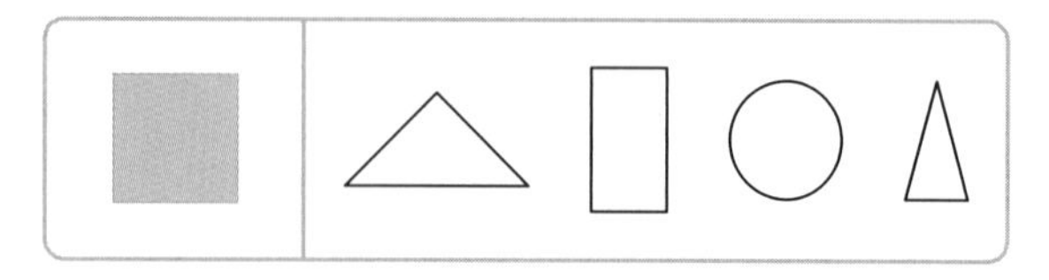

3 창문에서 찾을 수 있는 모양에 ○표 하세요.

(■ , ▲ , ●)

4 모양이 다른 하나를 찾아 기호를 써 보세요.

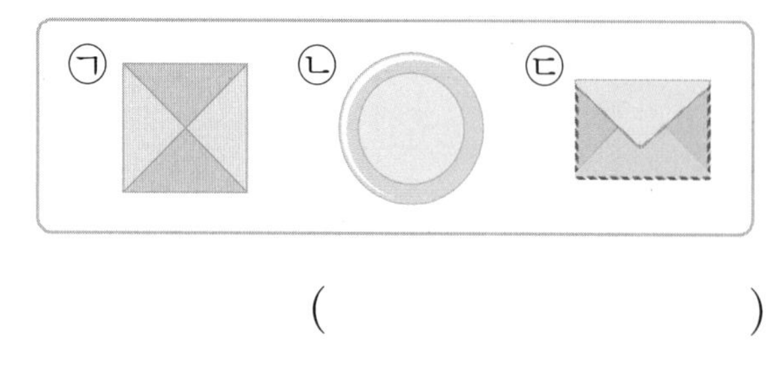

(　　　　　　)

5 물건을 본떠서 나온 모양을 찾아 ○표 하세요.

(■ , ▲ , ●)

6 설명하는 모양을 찾아 ○표 하세요.

(■ , ▲ , ●)

7 어떤 모양의 일부분을 나타낸 그림입니다. 알맞은 모양을 찾아 ○표 하세요.

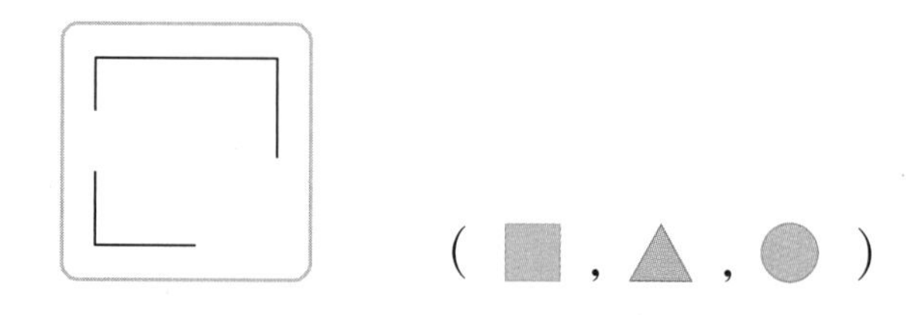

(■ , ▲ , ●)

8 ● 모양만으로 꾸민 것을 찾아 ○표 하세요.

(　　) (　　)

9 시계를 보고 몇 시인지 써 보세요.

(　　　　　　　)

10 8시 30분을 나타내는 시계에 ○표 하세요.

(　　)　　(　　)

11 규리, 아영, 수현이가 자전거를 타기 시작한 시각입니다. 다른 시각에 자전거를 타기 시작한 사람은 누구일까요?

(　　　　　　　)

12 진수가 7시 30분에 한 일을 써 보세요.

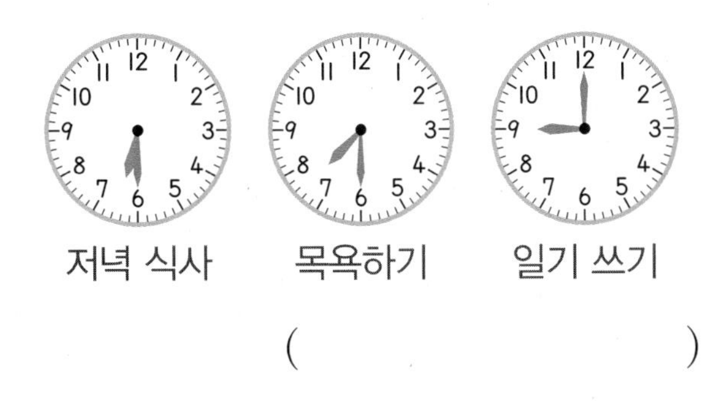

(　　　　　　　)

13 서연이가 그림 그리기를 1시 30분에 시작해서 3시에 끝냈습니다. 시각을 각각 시계에 나타내 보세요.

14 오늘 아침에 지수와 윤후가 일어난 시각입니다. 더 일찍 일어난 사람은 누구일까요?

(　　　　　　　)

15 모양 블록을 모은 것입니다. ■, ▲, ● 모양이 몇 개씩 있나요?

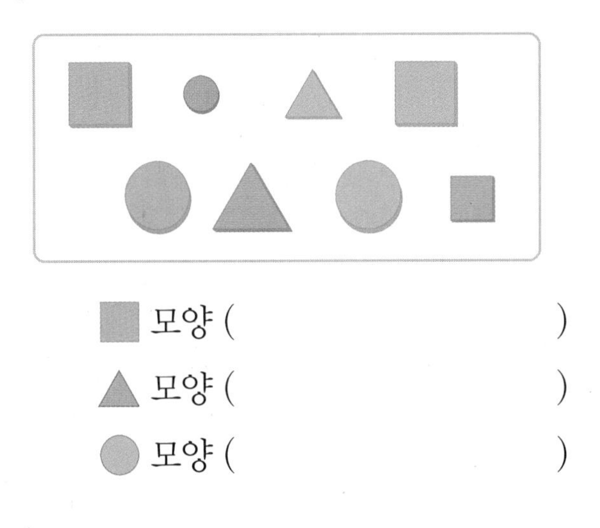

■ 모양 (　　　　　　　)

▲ 모양 (　　　　　　　)

● 모양 (　　　　　　　)

16 지효가 책 읽기를 시작한 시각을 설명한 것입니다. 그 시각을 써 보세요.

- 9시와 10시 사이입니다.
- 시계의 긴바늘이 6을 가리킵니다.

( )

17 ■, ▲, ● 모양을 이용하여 꾸민 모양입니다. 몇 개씩 이용했는지 세어 보세요.

■ 모양 ( )

▲ 모양 ( )

● 모양 ( )

18 ■ 모양과 ▲ 모양을 이용하여 꾸민 모양입니다. 어떻게 꾸민 것인지 선을 그어 보세요.

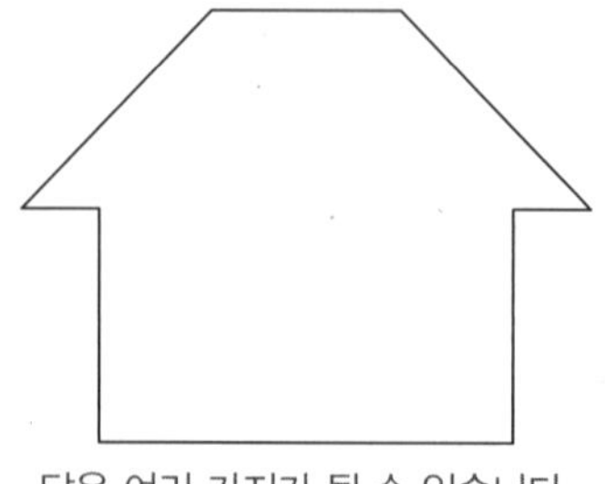

답은 여러 가지가 될 수 있습니다.

19 뾰족한 부분이 없고 둥근 부분만 있는 모양은 몇 개인지 구하려고 합니다. 풀이 과정을 쓰고 답을 구해 보세요.

통행금지 / 자전거전용 / 주차 P

풀이

답

20 오늘 낮에 소미가 친구들을 만난 시각을 나타낸 것입니다. 소미가 가장 나중에 만난 친구는 누구인지 풀이 과정을 쓰고 답을 구해 보세요.

가영 정엽 규영

풀이

답

단원 평가 Level 2

점수

확인

1 ■ 모양을 찾아 ○표 하세요.

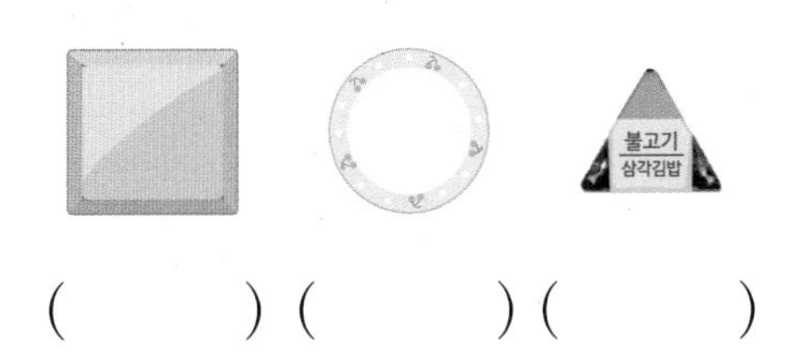

( ) ( ) ( )

2 그림을 보고 알맞은 모양을 찾아 ○표 하세요.

(1) 시계는 (■ , ▲ , ●) 모양입니다.

(2) 창문은 (■ , ▲ , ●) 모양입니다.

3 어떤 모양을 만든 것인지 알맞은 모양에 ○표 하세요.

(■ , ▲ , ●)

4 설명하는 모양의 물건에 ○표 하세요.

뾰족한 부분이 3군데입니다.

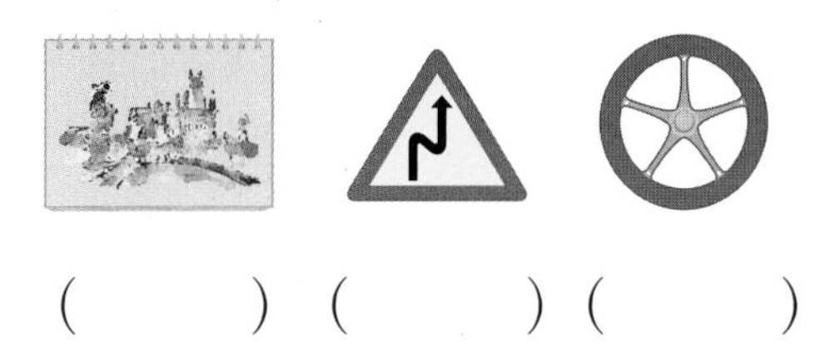

( ) ( ) ( )

5 ■, ▲, ● 모양을 본뜬 것의 일부분입니다. 모양을 완성해 보세요.

(1) (2)

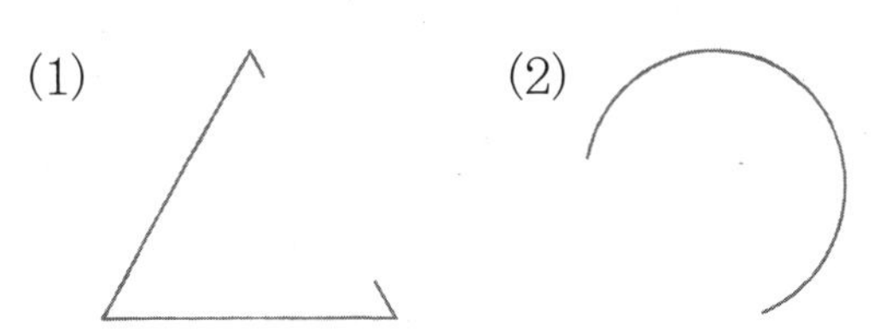

6 보기 와 같은 모양을 찾아 각각 같은 색으로 칠해 보세요.

보기

■ ▲ ●

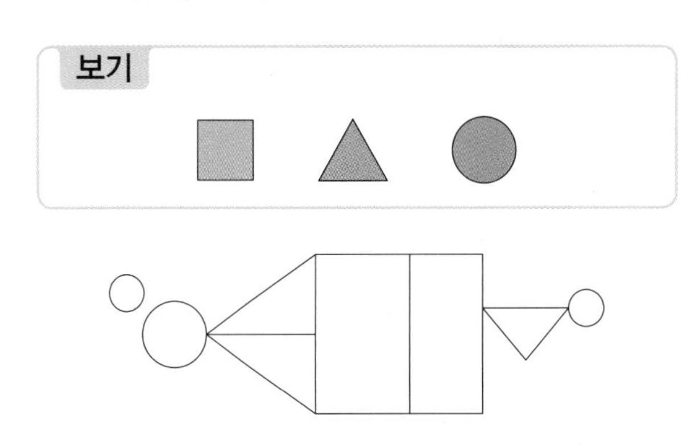

7 시각을 써 보세요.

(1) (2)

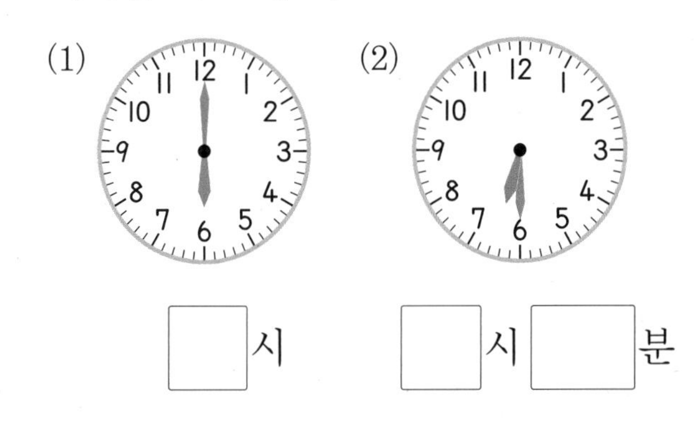

(1) □시 (2) □시 □분

8 긴바늘과 짧은바늘이 모두 12를 가리킬 때의 시각을 써 보세요.

(　　　　　　　　)

9 시계의 긴바늘이 6을 가리키지 않는 시각에 ○표 하세요.

2:30　　3:00　　5:30

(　　)　(　　)　(　　)

10 두 시계가 나타내는 시각이 서로 다른 것을 찾아 ○표 하세요.

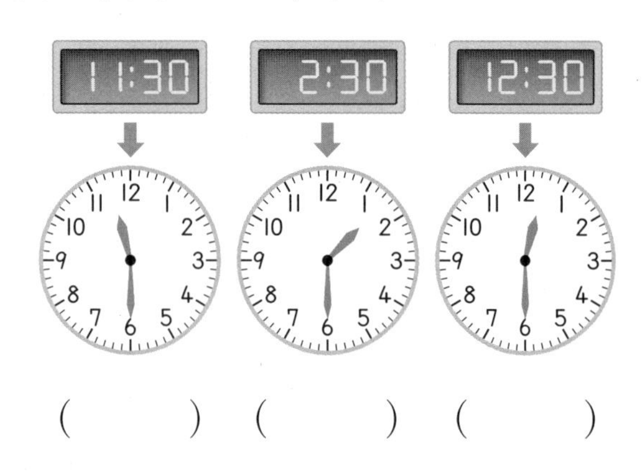

(　　)　(　　)　(　　)

11 소율이는 오늘 낮 3시 30분에 학교에서 돌아왔습니다. 소율이가 학교에서 돌아온 시각을 시계에 나타내 보세요.

12 설명하는 시각을 써 보세요.

- 4시와 6시 사이의 시각입니다.
- 긴바늘이 12를 가리킵니다.

(　　　　　　　　)

13 다음 모양에서 ■, ▲, ● 모양을 각각 몇 개씩 이용했는지 구해 보세요.

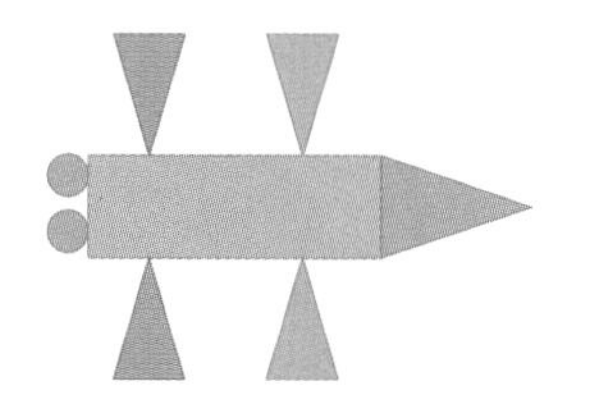

모양	■	▲	●
개수(개)			

14 종이를 점선을 따라 자르면 어떤 모양이 몇 개 생기는지 구해 보세요.

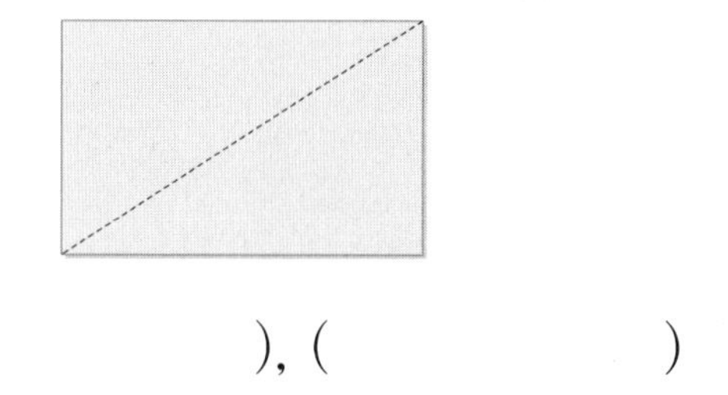

(　　　　　　), (　　　　　　)

15 모양에 선을 그어 ▲ 모양과 ■ 모양을 각각 1개씩 만들어 보세요.

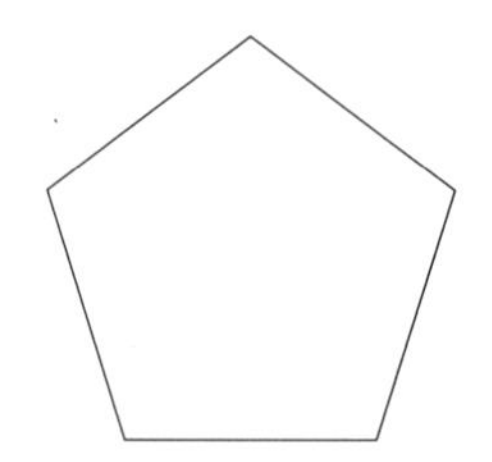

16 사랑 마트와 미소 마트가 밤에 문을 닫는 시각입니다. 더 늦게 문을 닫는 마트는 어느 마트일까요?

( )

17 주어진 모양으로 꾸밀 수 있는 모양에 ○표 하세요.

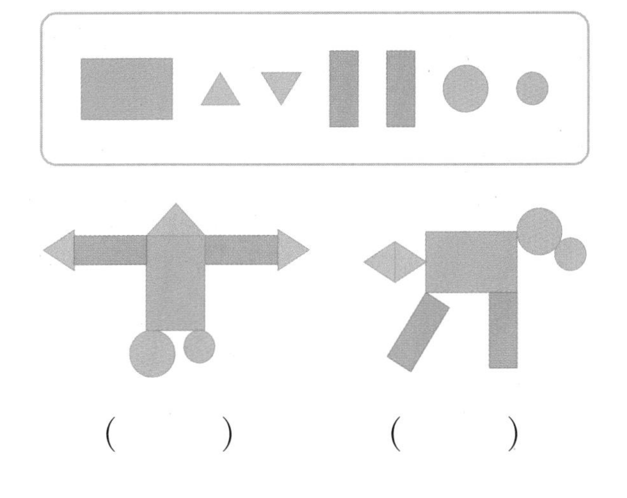

( ) ( )

18 모양과 크기가 같은 ■ 모양이 6개 만들어지도록 선을 그어 보세요.

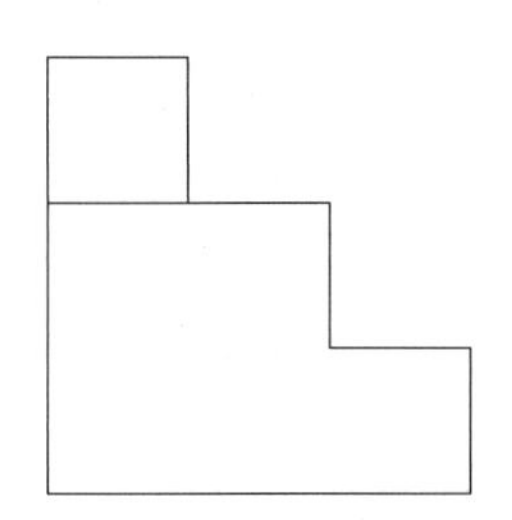

19 다음 모양을 꾸미는 데 가장 적게 이용한 모양에 ○표 하려고 합니다. 풀이 과정을 쓰고 답을 구해 보세요.

풀이

답 ■ , ▲ , ●

20 시계가 거꾸로 걸려 있습니다. 이 시계를 보고 시각을 바르게 말한 사람은 누구인지 풀이 과정을 쓰고 답을 구해 보세요.

경우: 2시 30분입니다.
서아: 9시입니다.

풀이

답

덧셈과 뺄셈(2)

두 수의 덧셈, 뺄셈은

10을 이용하면 계산이 간단해 져.

10이 만들어지도록 수를 가르기해 보자!

먼저, 10을 만들어서!

- 덧셈

$$8 + 7$$

7 → 5, 2

8 + 2 = 10

10 + 5 = 15

- 뺄셈

$$15 - 7$$

7 → 5, 2

15 − 5 = 10

10 − 2 = 8

1 덧셈을 알아볼까요

- (몇) + (몇) = (십몇)

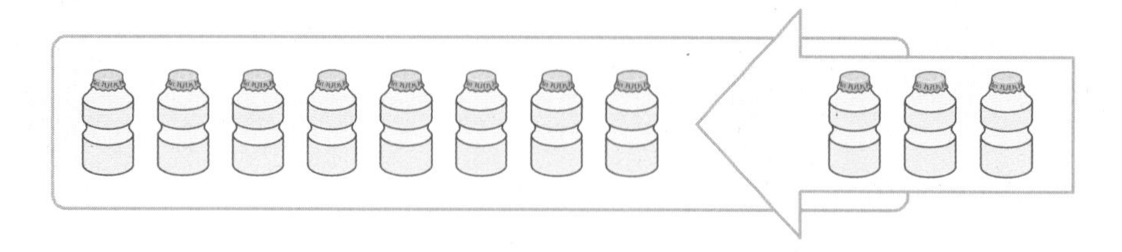

방법 1 이어 세기로 구하기

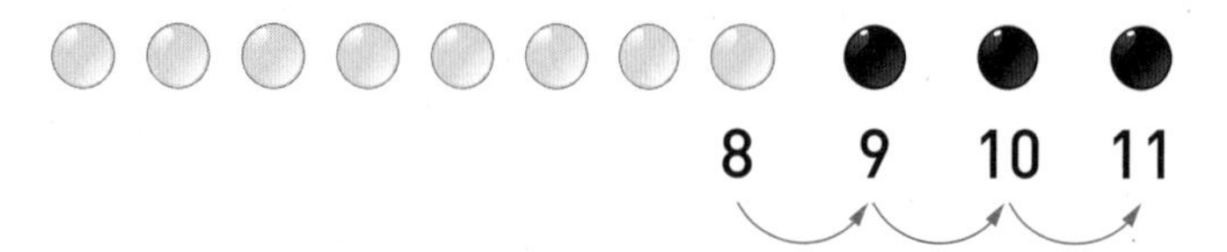

8에서 이어 세면 9, 10, 11입니다.

방법 2 그림을 그려 구하기

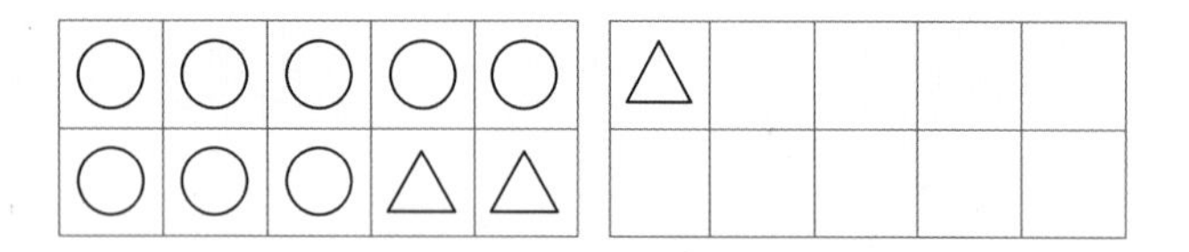

○ 8개를 그리고 △ 2개를 그려 10개를 만들고, 남은 1개를 더 그려 11개가 되었습니다.

➡ 요구르트병은 모두 $8 + 3 = 11$(개)입니다.

1 깡통은 모두 몇 개인지 이어 세기로 구하해 보세요.

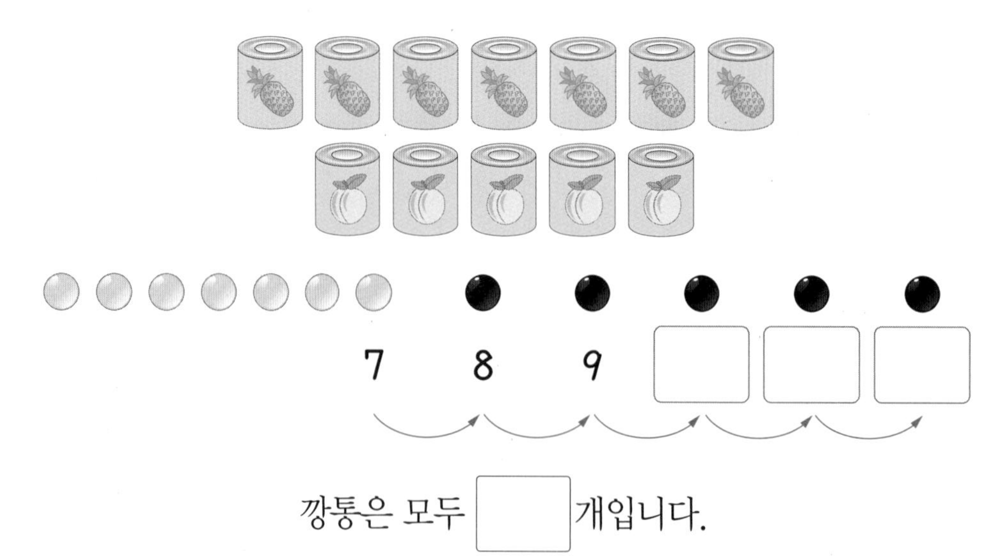

깡통은 모두 ☐개입니다.

2 구슬은 모두 몇 개인지 △를 그려 구해 보세요.

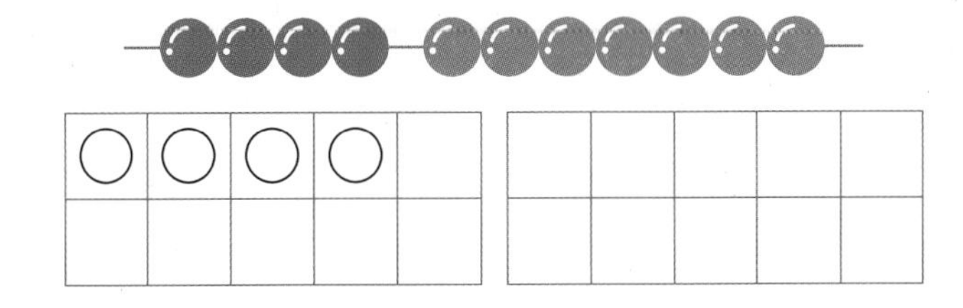

구슬은 모두 ☐개입니다.

3 초콜릿은 모두 몇 개인지 구해 보세요.

초콜릿은 모두 ☐개입니다.

1학기 때 배웠어요

십몇을 모으기

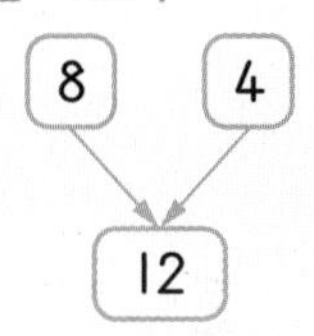

8에서 4만큼 이어 세면 9, 10, 11, 12입니다.

4 ☐ 안에 알맞은 수를 써넣으세요.

(1)

$4+9=$ ☐

(2)

$8+6=$ ☐

▶ 이어 세기, 그림 그리기, 식 세우기 등 다양한 방법으로 덧셈을 해 봅니다.

5 나비는 모두 몇 마리인지 식으로 나타내 보세요.

$6+$ ☐ $=$ ☐

▶ 꽃에 앉아 있는 나비는 6마리이고, 날아오는 나비는 5마리입니다.

2 덧셈을 해 볼까요

● **5 + 8 계산하기**

방법 1 5와 더하여 10 만들기

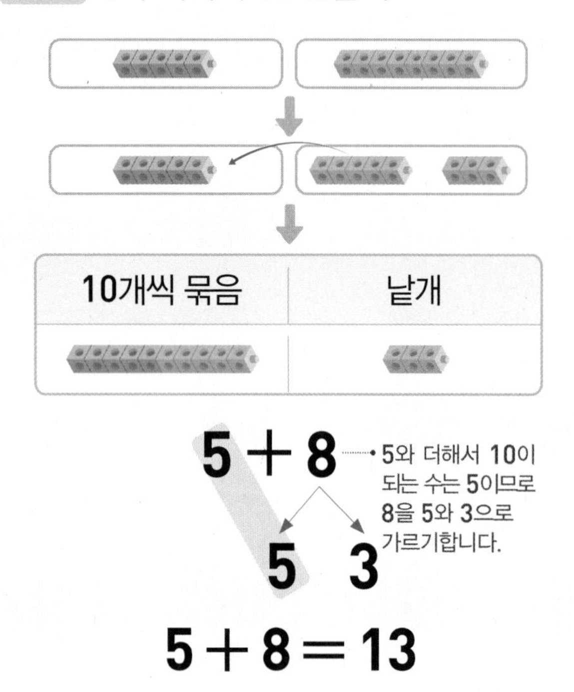

방법 2 8과 더하여 10 만들기

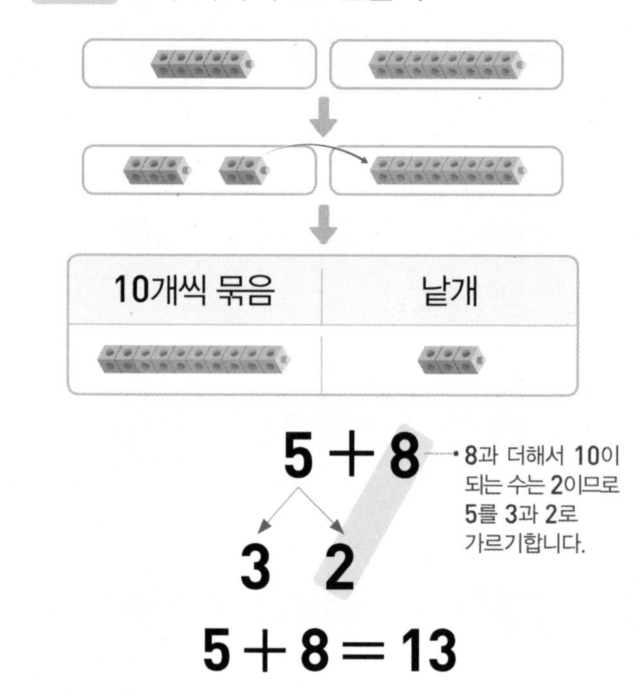

1 6 + 7을 여러 가지 방법으로 계산해 보세요.

방법 1 6과 더하여 10 만들기

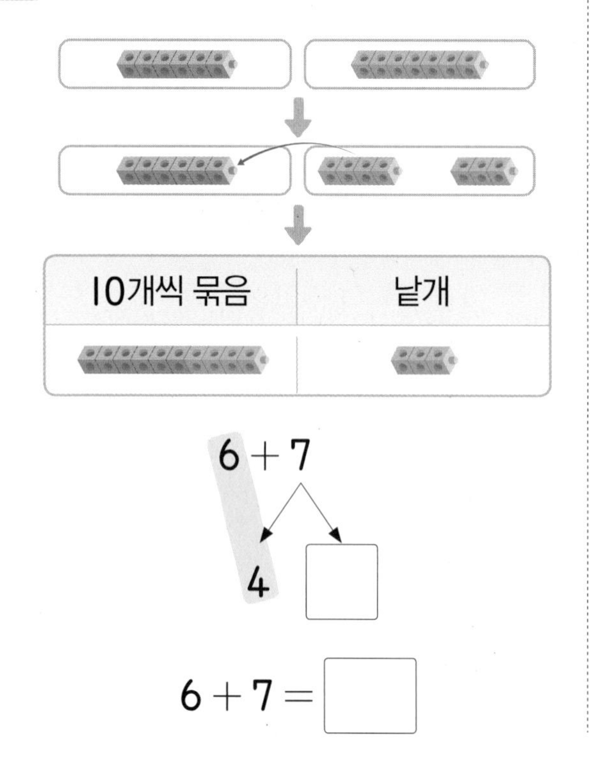

방법 2 7과 더하여 10 만들기

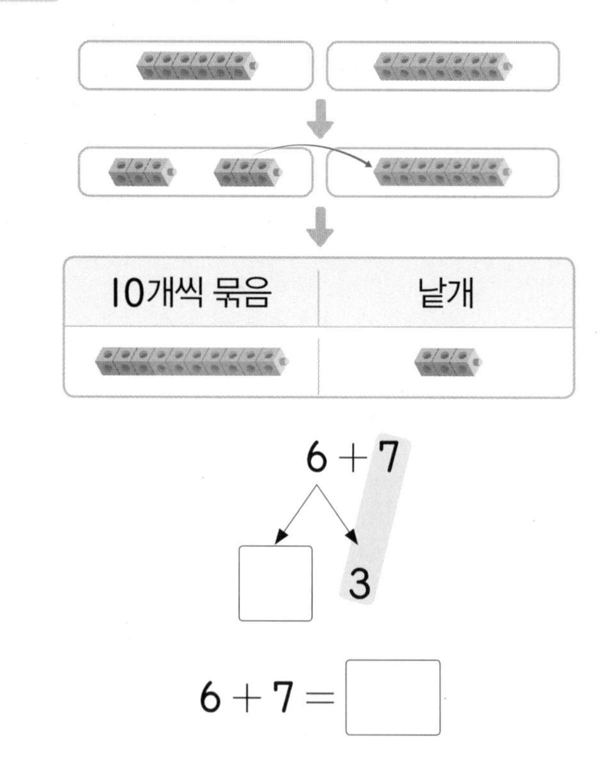

2 □ 안에 알맞은 수를 써넣으세요.

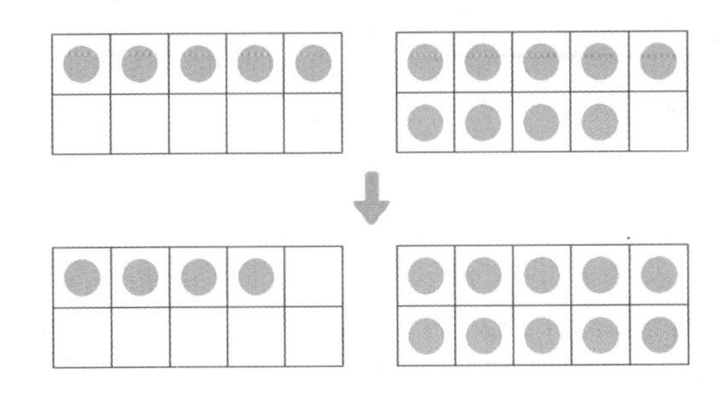

$5 + 9 = \square$

4 □

▶ 뒤의 수를 10으로 만들기 위해 앞의 수를 가르기하여 계산합니다.

3 □ 안에 알맞은 수를 써넣으세요.

(1) $7 + 5 = 7 + \square + 2$

3　2 $= \square + 2$

$= \square$

(2) $6 + 8 = 4 + \square + 8$

4　2 $= 4 + \square$

$= \square$

4 $8 + 9$를 계산해 보세요.

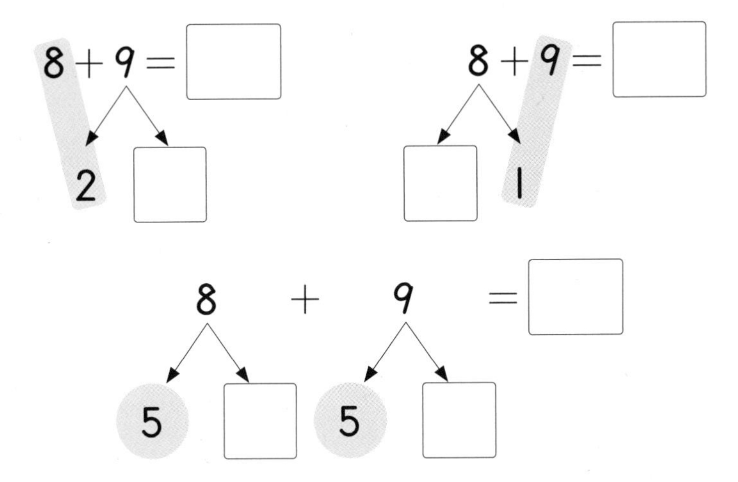

▶ 어떤 방법으로 가르기하여 계산하는 것이 가장 편리한지 생각해 봅니다.

5 덧셈을 해 보세요.

(1) $4 + 9 = \square$　(2) $7 + 7 = \square$

(3) $5 + 7 = \square$　(4) $9 + 6 = \square$

3 여러 가지 덧셈을 해 볼까요

- 여러 가지 덧셈하기

$8+2=10$	$7+7=14$
$8+3=11$	$6+7=13$
$8+4=12$	$5+7=12$
$8+5=13$	$4+7=11$
$8+6=14$	$3+7=10$
같은 수에 1씩 커지는 수를 더하면 합도 1씩 커집니다.	1씩 작아지는 수에 같은 수를 더하면 합도 1씩 작아집니다.

1 □ 안에 알맞은 수를 써넣으세요.

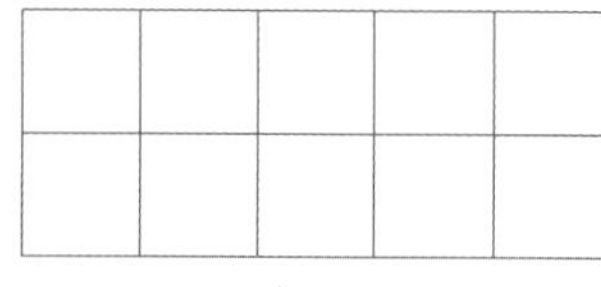

$9+1=$ □

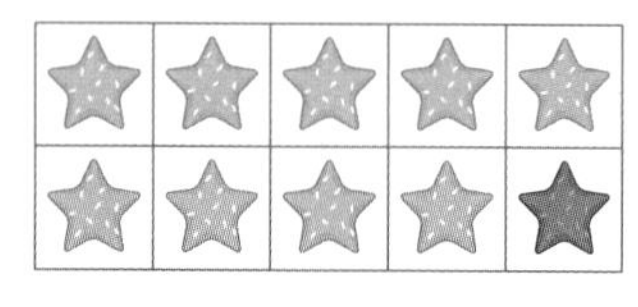
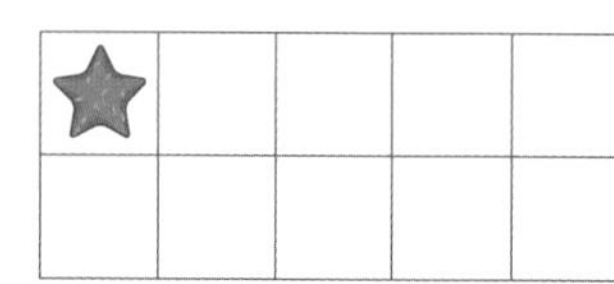
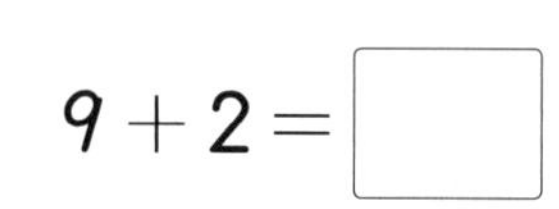

$9+2=$ □

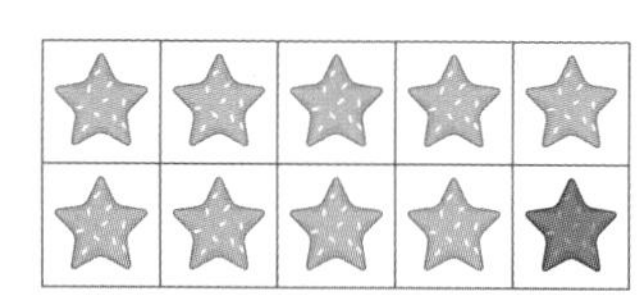
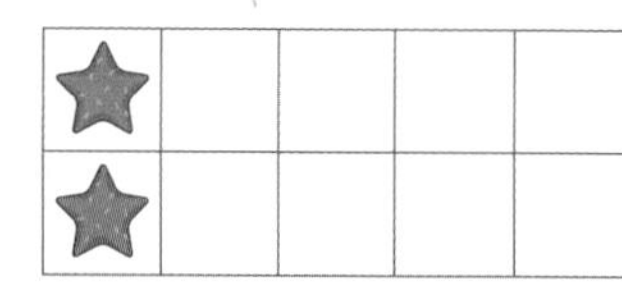
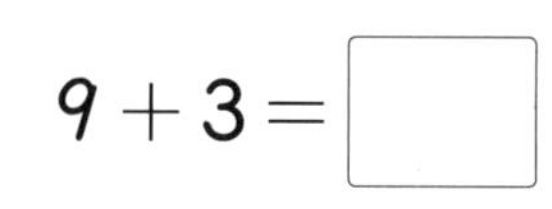

$9+3=$ □

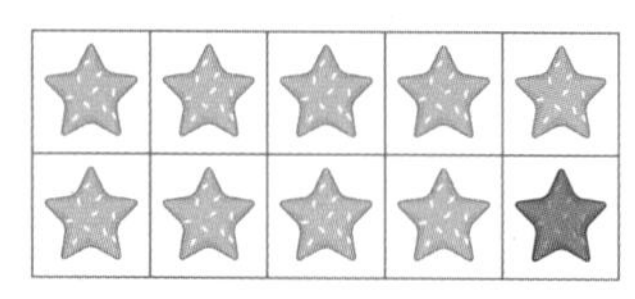
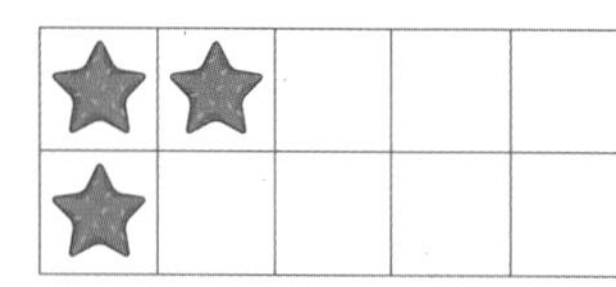

$9+4=$ □

➡ 같은 수에 1씩 커지는 수를 더하면 합도 □씩 커집니다.

2 □ 안에 알맞은 수를 써넣으세요.

(1) $6+7=\square$

$7+6=\square$

(2) $8+9=\square$

$9+8=\square$

▶ 덧셈은 두 수의 순서를 바꾸어 더해도 합이 같습니다.

3 물음에 답하세요.

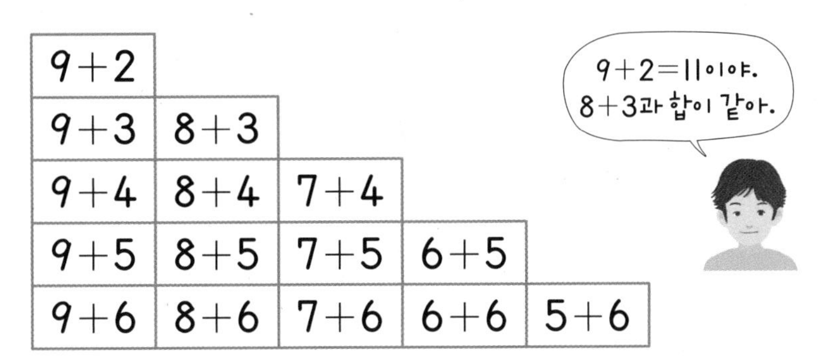

9+2				
9+3	8+3			
9+4	8+4	7+4		
9+5	8+5	7+5	6+5	
9+6	8+6	7+6	6+6	5+6

(1) 합이 12인 덧셈을 모두 찾아 색칠해 보세요.

(2) $9+5$와 합이 같은 덧셈을 찾아 써 보세요.

(　　　　　　　　　)

▶ 차례로 덧셈을 하면 ↘ 방향으로 합이 같습니다.

4 □ 안에 알맞은 수를 써넣으세요.

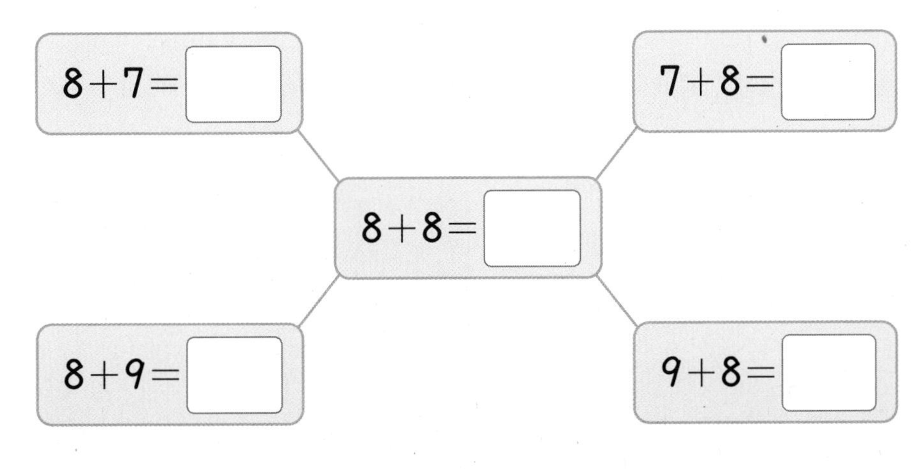

▶ 더하는 수가 1씩 커지거나 더해지는 수가 1씩 커지면 합도 1씩 커집니다.

기본기 다지기

1 덧셈 알아보기

1 물고기는 모두 몇 마리인지 △를 그려 구해 보세요.

○	○	○	○	○
○	○	○		

물고기는 모두 ☐ 마리입니다.

2 컵은 모두 몇 개인지 구해 보세요.

컵은 모두 ☐ 개입니다.

3 상자를 보고 ☐ 안에 알맞은 수를 써넣으세요.

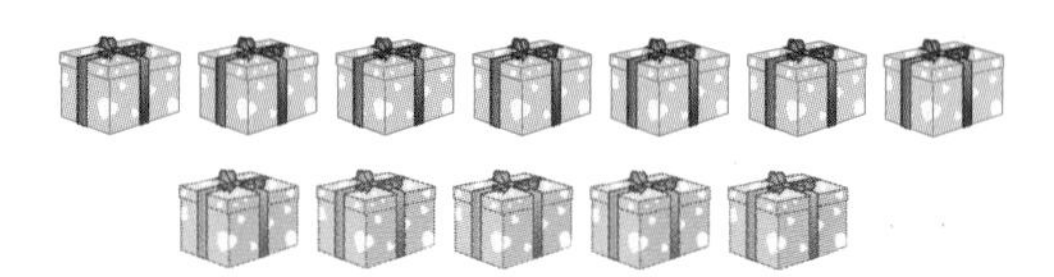

$7+5=$ ☐

4 놀이기구를 타고 있는 어린이는 모두 몇 명인지 구해 보세요.

식 ☐ + ☐ = ☐

답 ....

5 준서와 은희가 모은 페트병은 모두 몇 개인지 구해 보세요.

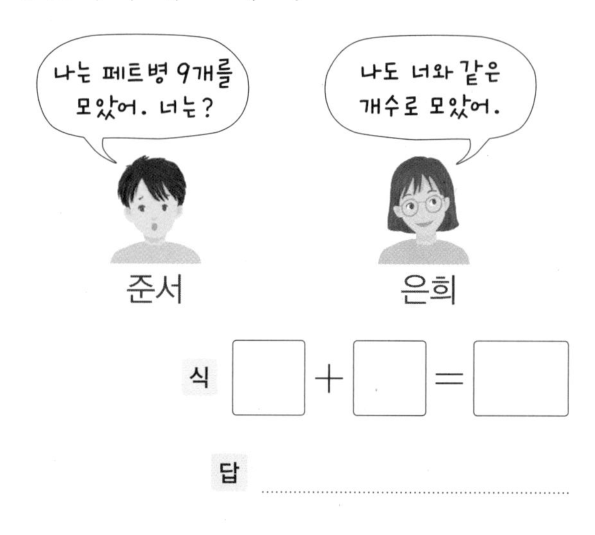

식 ☐ + ☐ = ☐

답 ....

6 합이 같도록 점을 그리고, ☐ 안에 알맞은 수를 써넣으세요.

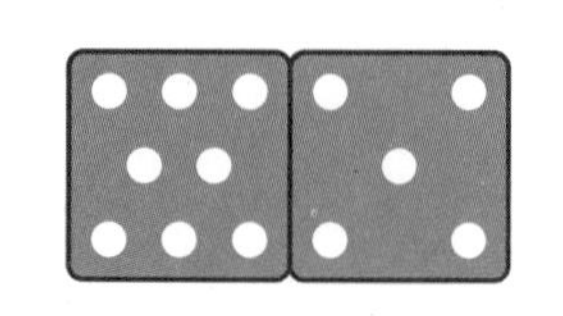 

$8+5=$ ☐ $9+$ ☐ $=$ ☐

2 덧셈하기

7 9 + 5를 여러 가지 방법으로 계산해 보세요.

(1) 왼쪽의 10칸을 채우도록 ○를 옮겨 덧셈을 해 보세요.

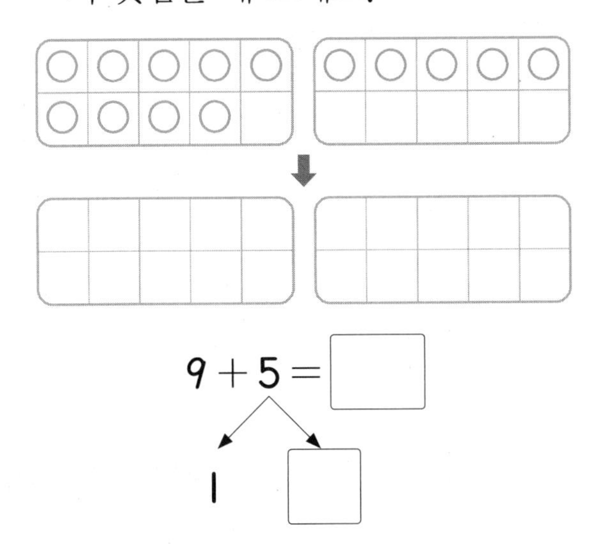

(2) 오른쪽의 10칸을 채우도록 ○를 옮겨 덧셈을 해 보세요.

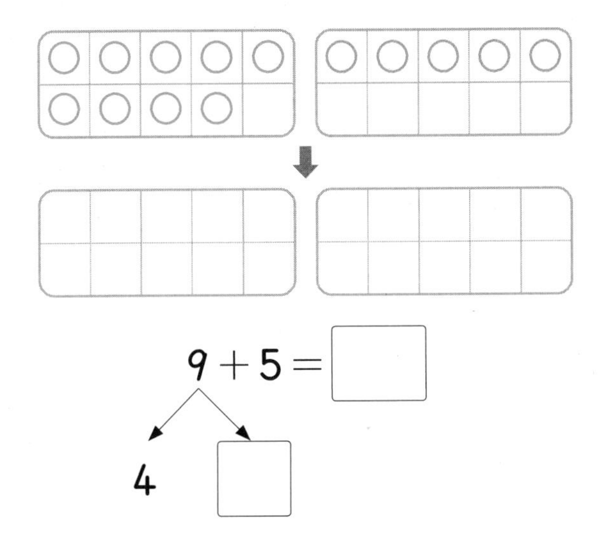

8 □ 안에 알맞은 수를 써넣으세요.

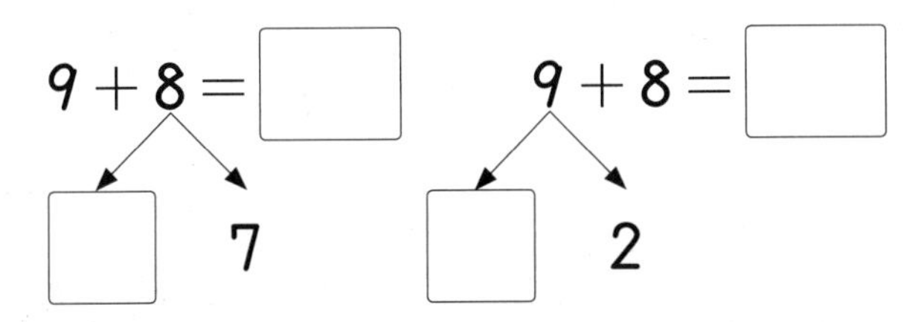

9 친구의 계산 방법으로 덧셈을 해 보세요.

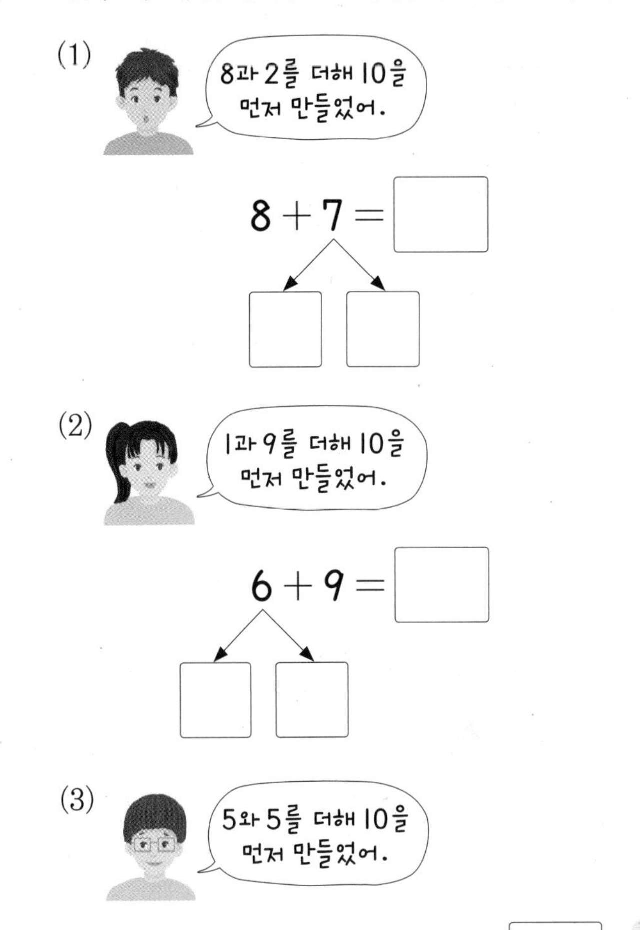

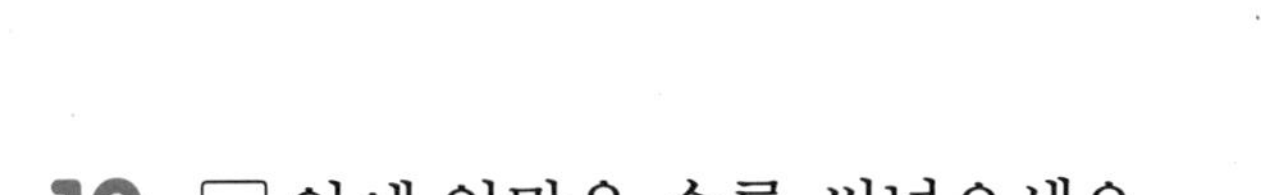

10 □ 안에 알맞은 수를 써넣으세요.

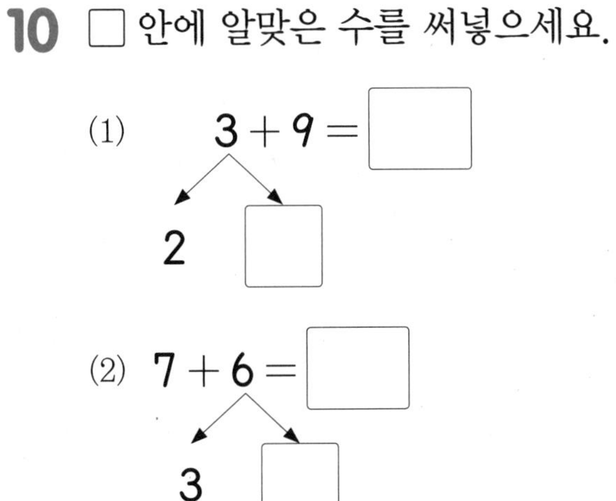

11 □ 안에 알맞은 수를 써넣으세요.

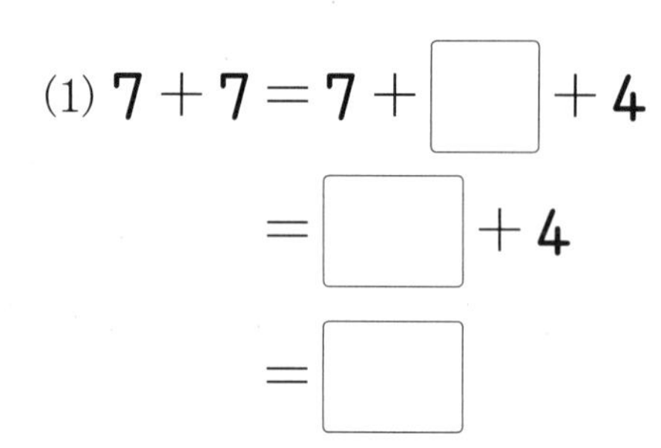

(1) $7+7=7+\square+4$

$=\square+4$

$=\square$

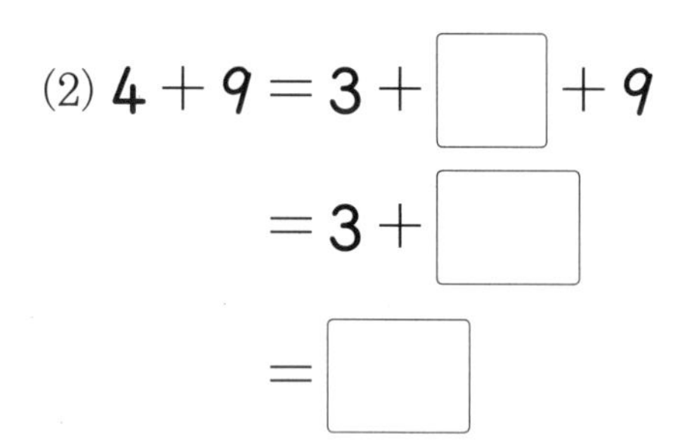

(2) $4+9=3+\square+9$

$=3+\square$

$=\square$

12 덧셈을 해 보세요.

(1) $5+7=\square$

(2) $6+6=\square$

13 관계있는 것끼리 이어 보세요.

8+4 •		• 4+3+7
6+9 •		• 8+2+2
7+7 •		• 5+1+9

14 계산 결과를 비교하여 ○ 안에 >, =, <를 알맞게 써넣으세요.

(1) $4+8$ ○ $5+8$

(2) $7+8$ ○ $9+6$

15 빈칸에 알맞은 수를 써넣으세요.

(1)

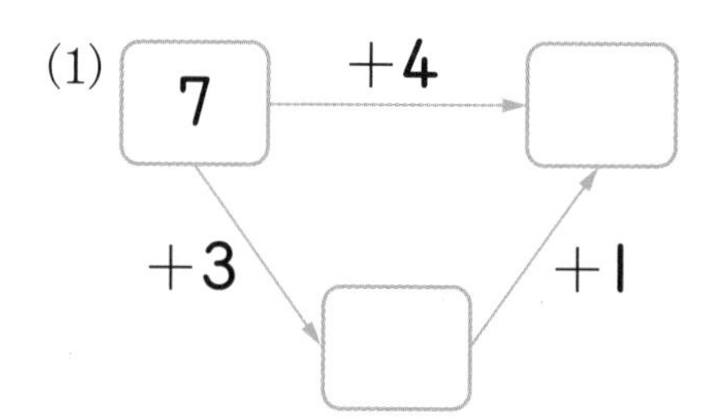

(2)

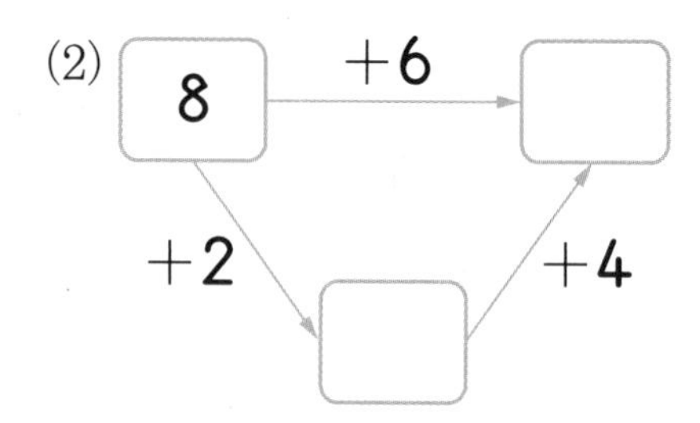

16 □ 안에 알맞은 수를 써넣으세요.

$4+9=\square+7$

3 덧셈의 활용

17 주차장에 자동차가 8대 있었는데 6대가 더 들어왔습니다. 지금 주차장에 있는 차는 모두 몇 대인지 ○를 그려 알아보세요.

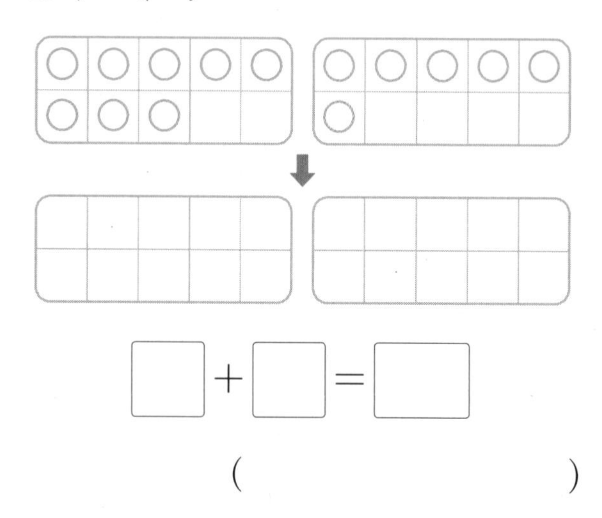

$\square+\square=\square$

( )

18 소연이는 빵집에서 별 모양 쿠키 5개, 달 모양 쿠키 8개를 샀습니다. 소연이가 산 쿠키는 모두 몇 개일까요?

식 ....

답 ....

19 지호는 구슬을 5개 가지고 있었는데 형이 7개를 더 주었습니다. 지호가 가지고 있는 구슬은 모두 몇 개일까요?

식 ....

답 ....

20 수 카드 중 세 장을 골라 덧셈식을 만들어 보세요.

6 12 5 11

□ + □ = □

21 ●가 다음을 만족할 때 ● + 8의 값은 얼마일까요?

7 + ● = 10

(　　　　　)

22 휴지심을 모두 사용하여 만들 수 있는 것을 고르고, 덧셈식을 완성해 보세요.

비행기 휴지심 5개	집 휴지심 6개	꽃 휴지심 7개

휴지심 12개로
(비행기 , 집 , 꽃)와/과
(비행기 , 집 , 꽃)을/를 만들 수 있어.

□ + □ = □

23 1부터 9까지의 수 중 □ 안에 들어갈 수 있는 수를 모두 구해 보세요.

$5 + 8 > 9 + \square$

(　　　　　)

서술형

24 공 던지기 놀이를 하여 은수는 8점과 4점을, 지우는 6점과 7점을 얻었습니다. 이긴 사람은 누구인지 풀이 과정을 쓰고 답을 구해 보세요.

풀이 ....

....

....

답 ....

4 여러 가지 덧셈하기

25 덧셈을 해 보세요.

(1) $8+5=\square$

$8+6=\square$

$8+7=\square$

$8+8=\square$

(2) $9+6=\square$

$8+6=\square$

$7+6=\square$

$6+6=\square$

26 □ 안에 알맞은 수를 써넣으세요.

(1) $4+7=\square$

$7+4=\square$

(2) $9+6=\square$

$6+\square=15$

27 □ 안에 알맞은 수를 써넣어 덧셈식을 완성해 보세요.

(1)

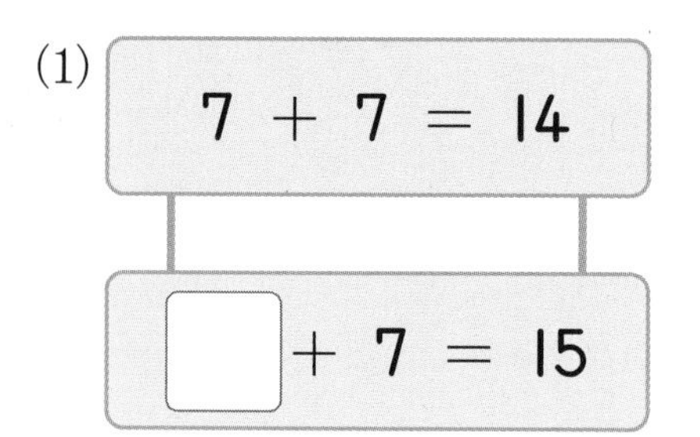

(2)

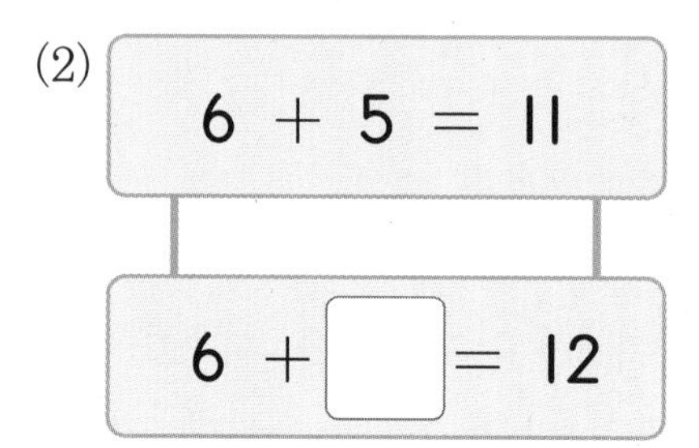

28 두 수의 합이 작은 것부터 순서대로 이어 보세요.

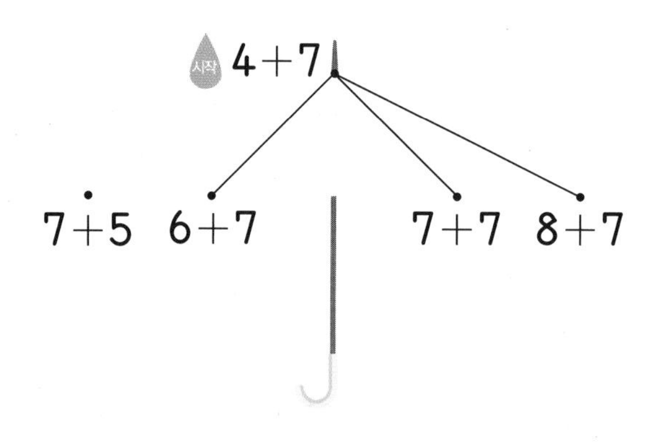

29 계산 결과가 다른 하나를 찾아 ○표 하세요.

9+5	6+8
7+7	4+9

30 수 카드 3장으로 서로 다른 덧셈식을 만들어 보세요.

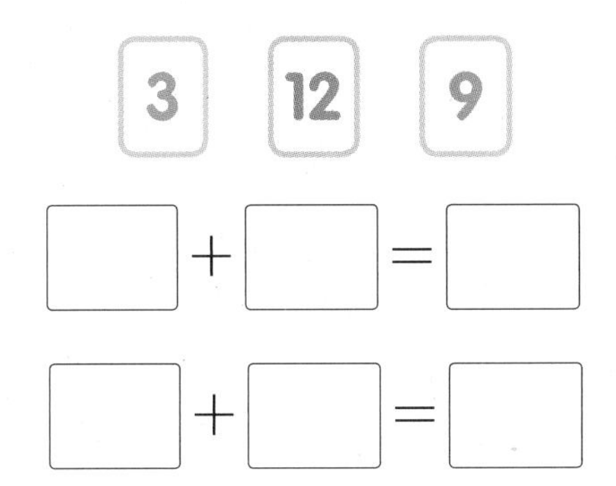

$\square + \square = \square$

$\square + \square = \square$

31 ○ 안에 >, =, <를 알맞게 써넣으세요.

(1) $9+4$ ○ 13

$9+5$ ○ 13

(2) $7+8$ ○ 15

$7+7$ ○ 15

32 합이 같은 것을 찾아 보기 와 같이 ○, △, □표 하세요.

보기

(5+8)○ 7+8△ 6+8□

(6+7)○	7+7	7+6
8+5	8+6	8+7
9+6	9+5	6+9

33 합이 12인 덧셈을 모두 찾아 색칠해 보세요.

		5+5		
	6+4	6+5	6+6	
7+3	7+4	7+5	7+6	7+7
	8+4	8+5	8+6	
		9+5		

34 옆으로 덧셈식이 되는 세 수를 찾아 ($\square+\square=\square$)표 하세요.

(8 + 3 = 11)			16	9
9	5	14	8	15
3	6	7	7	14
12	7	5	12	7
5	8	13	15	12

35 합이 14가 되도록 □ 안에 알맞은 수를 써넣으세요.

$5+\square=14$

$6+\square=14$

$\square+\square=14$

답은 여러 가지가 될 수 있습니다.

4 뺄셈을 알아볼까요

● (십몇) − (몇) = (몇)

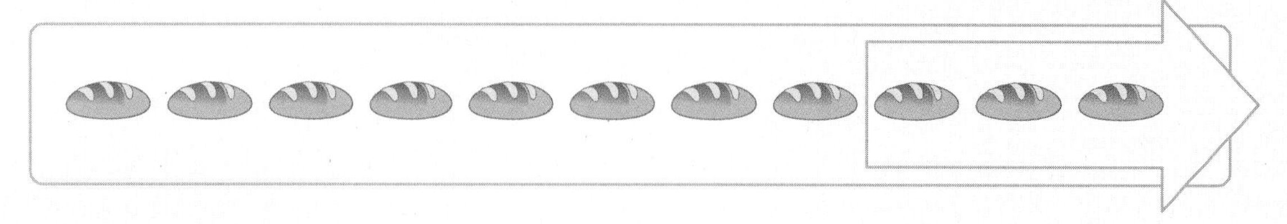

방법 1 거꾸로 세어 구하기

11부터 거꾸로 세면 10, 9, 8입니다.

방법 2 /으로 지워서 구하기

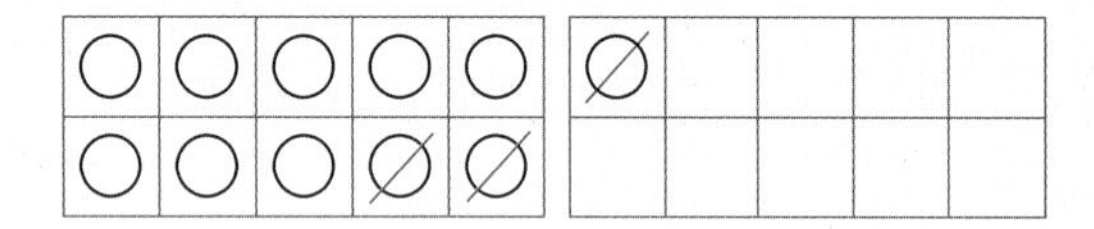

/으로 1개를 지우고, 2개를 더 지웠더니 8개가 되었습니다.

➡ 남은 빵은 11 − 3 = 8(개)입니다.

1 남은 캔은 몇 개인지 거꾸로 세어 구해 보세요.

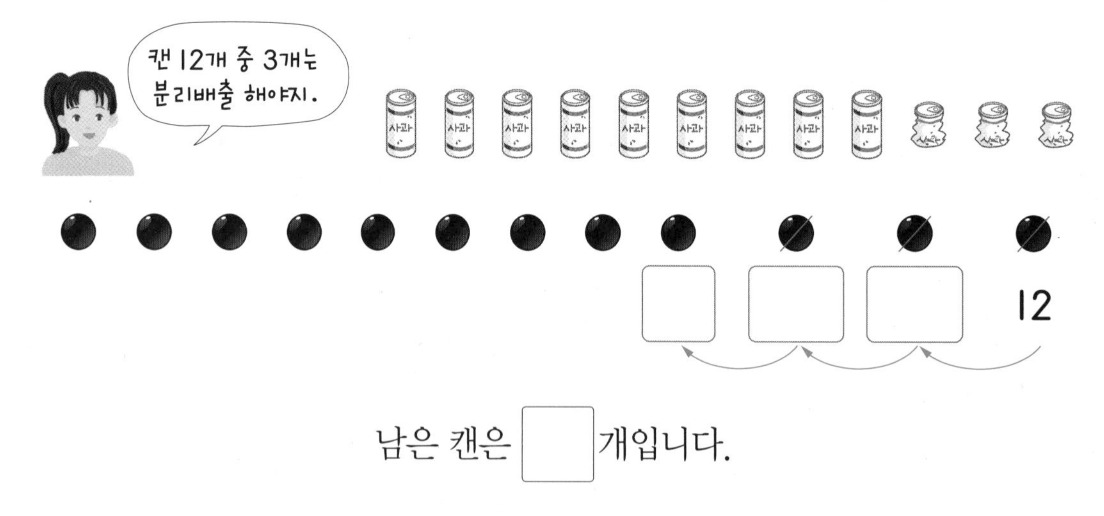

남은 캔은 □개입니다.

2 주스가 빨대보다 몇 개 더 많은지 하나씩 짝 지어 구해 보세요.

주스가 빨대보다 ☐개 더 많습니다.

▶ 주스와 빨대를 하나씩 짝 지어 봅니다.

3 남은 달걀은 몇 개인지 구해 보세요.

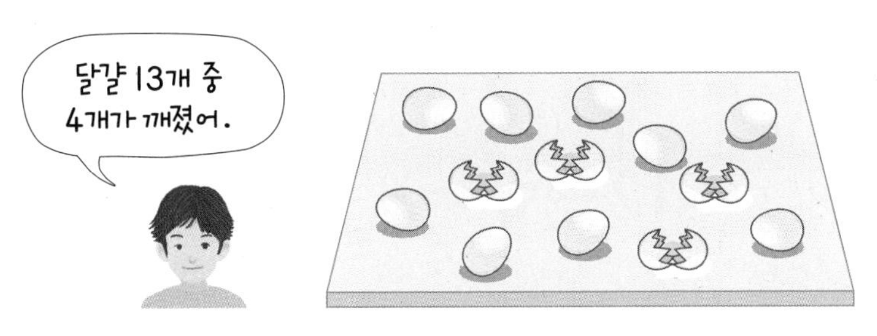

남은 달걀은 ☐개입니다.

1학기 때 배웠어요

십몇을 가르기

12부터 4만큼 거꾸로 세면 11, 10, 9, 8입니다.

4 바나나우유가 초코우유보다 몇 개 더 많은지 식으로 나타내 보세요.

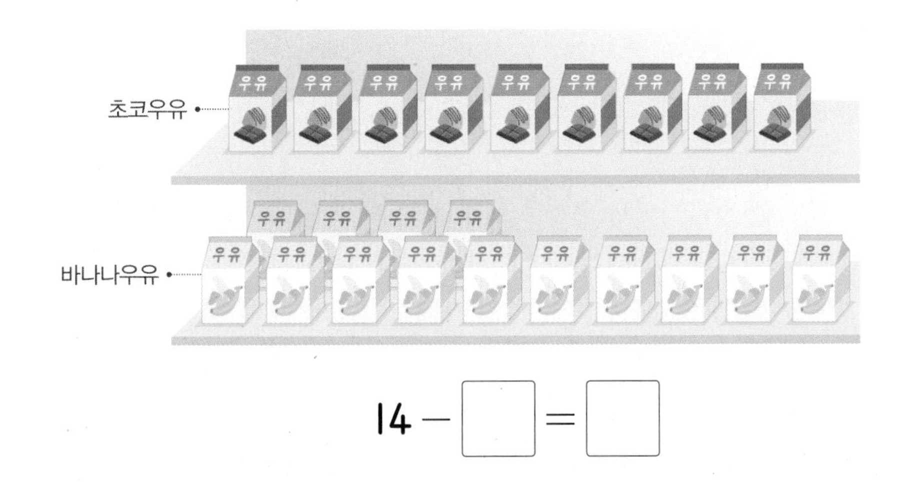

14 − ☐ = ☐

▶ 바나나우유는 14개, 초코우유는 9개 있습니다.

5 뺄셈을 해 볼까요

● 12 − 6 계산하기

방법 1 낱개 2개를 먼저 빼기

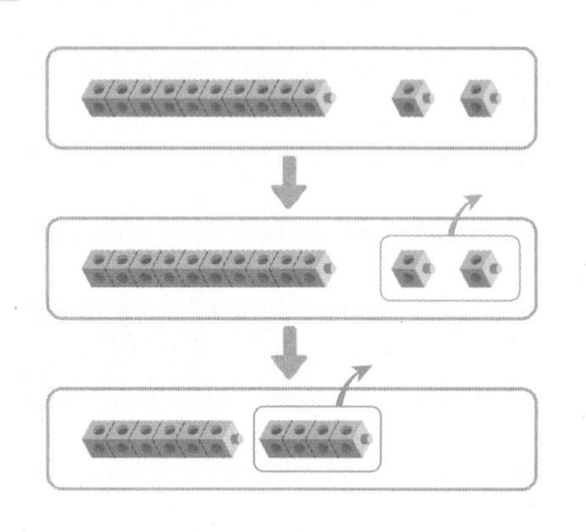

12 − 6

2 4 — 2를 빼고 4를 더 뺍니다.

12 − 6 = 6

방법 2 10개씩 묶음에서 한 번에 빼기

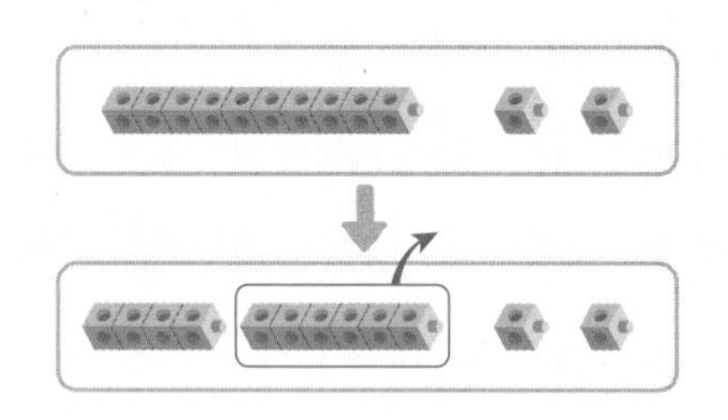

12 − 6

10 2 — 10에서 6을 빼고 남은 2를 더합니다.

12 − 6 = 6

1 14 − 6을 여러 가지 방법으로 계산해 보세요.

방법 1 낱개 4개를 먼저 빼기

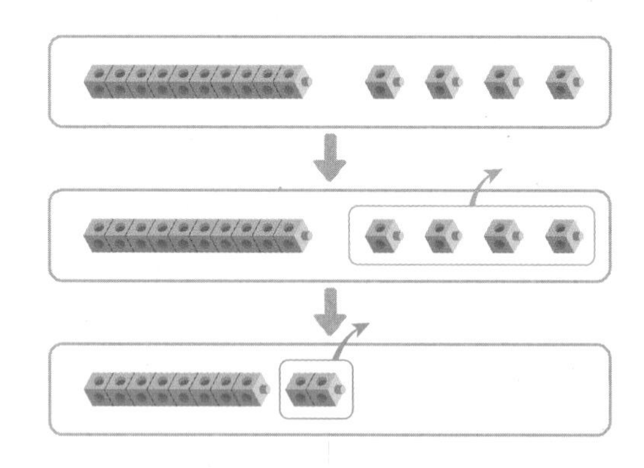

14 − 6

4 □

14 − 6 = □

방법 2 10개씩 묶음에서 한 번에 빼기

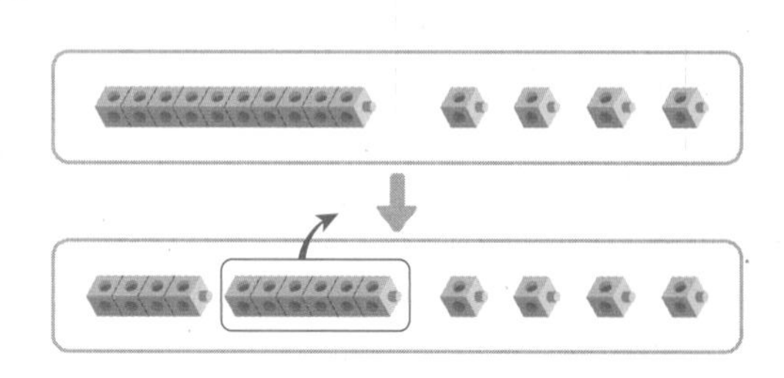

14 − 6

10 □

14 − 6 = □

2 그림을 보고 □ 안에 알맞은 수를 써넣으세요.

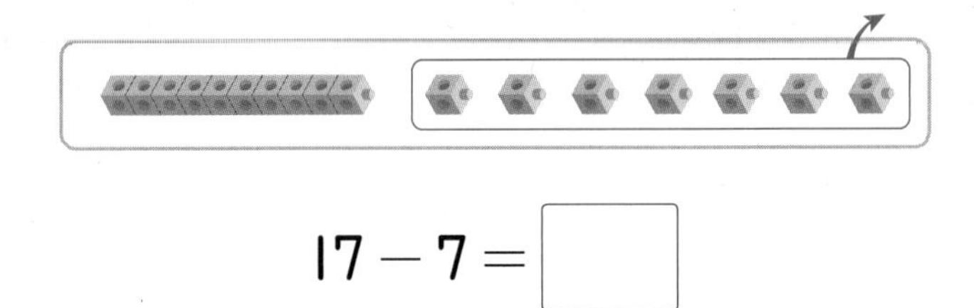

17 − 7 = □

▶ 17은 10개씩 묶음 1개와 낱개 7개로 나타낼 수 있습니다.

3 □ 안에 알맞은 수를 써넣으세요.

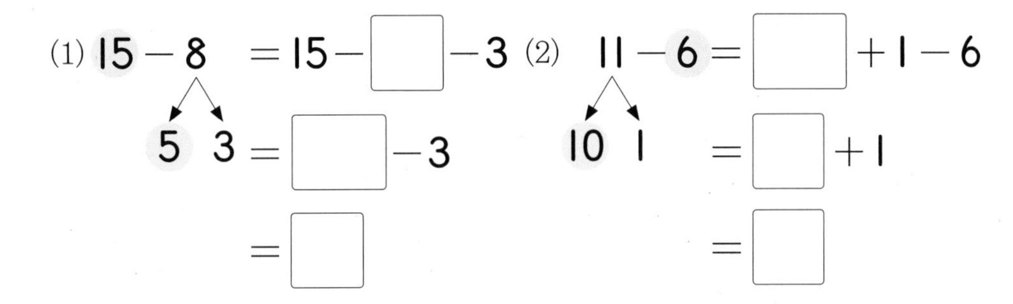

4 14 − 9를 계산해 보세요.

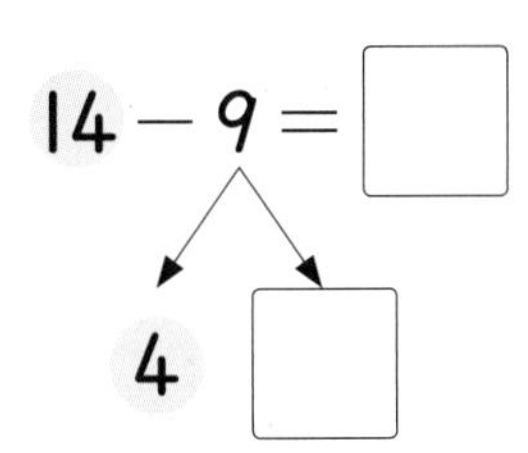

14 − 9 = □

10 □

▶ 9를 빼기 위해 어떤 수에서 어떤 수를 빼는 것이 더 편리한지 생각해 봅니다.

5 뺄셈을 해 보세요.

(1) 16 − 6 = □　　(2) 19 − 9 = □

(3) 12 − 2 = □　　(4) 13 − 3 = □

6 여러 가지 뺄셈을 해 볼까요

● 여러 가지 뺄셈하기

$12-3=9$	$11-9=2$
$12-4=8$	$12-9=3$
$12-5=7$	$13-9=4$
$12-6=6$	$14-9=5$
$12-7=5$	$15-9=6$
같은 수에서 1씩 커지는 수를 빼면 차는 1씩 작아집니다.	1씩 커지는 수에서 같은 수를 빼면 차도 1씩 커집니다.

1 □ 안에 알맞은 수를 써넣으세요.

$16-6=$ □

$16-7=$ □

$16-8=$ □

$16-9=$ □

➡ 같은 수에서 1씩 커지는 수를 빼면 차는 □씩 작아집니다.

2 뺄셈을 해 보세요.

▶ 차례로 뺄셈을 하고 결과가 어떻게 변하는지 알아봅니다.

(1) $15-9=\square$

$16-9=\square$

$17-9=\square$

$18-9=\square$

(2) $12-5=\square$

$13-6=\square$

$14-7=\square$

$15-8=\square$

3 물음에 답하세요.

▶ 차례로 뺄셈을 하면 ↘ 방향으로 차가 같습니다.

14−5	14−6	14−7	14−8	14−9
	15−6	15−7	15−8	15−9
		16−7	16−8	16−9
			17−8	17−9
				18−9

14−5=9야. 15−6과 차가 같아.

(1) 차가 8인 뺄셈을 모두 찾아 색칠해 보세요.

(2) $14-8$과 차가 같은 뺄셈을 찾아 써 보세요.

( )

4 □ 안에 알맞은 수를 써넣으세요.

▶ 빼는 수가 1씩 커지면 차는 1씩 작아지고, 빼지는 수가 1씩 커지면 차는 1씩 커집니다.

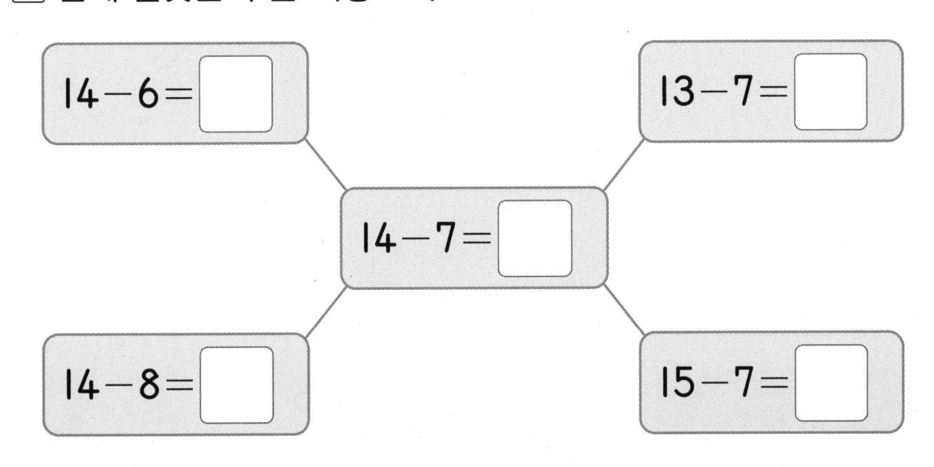

기본기 다지기

5 뺄셈 알아보기

36 연못에 남은 개구리는 몇 마리인지 거꾸로 세어 구해 보세요.

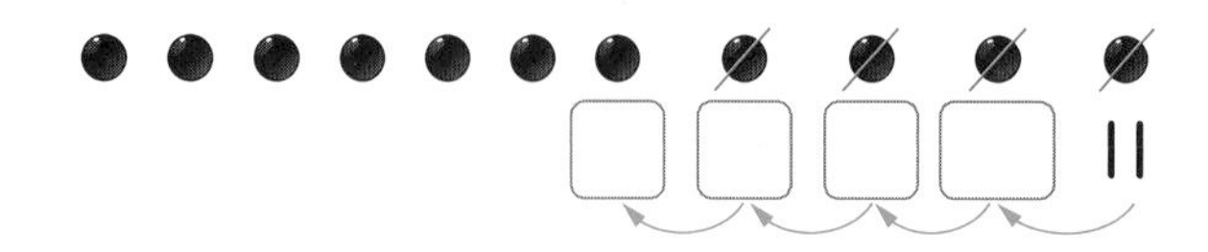

연못에 남은 개구리는 □마리입니다.

37 어느 것이 몇 개 더 많은지 구해 보세요.

(숟가락 , 포크)이/가 □개 더 많습니다.

38 연결 모형을 보고 □ 안에 알맞은 수를 써넣으세요.

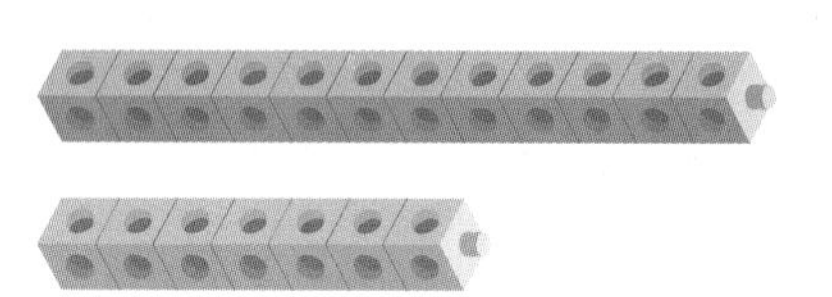

$12 - 7 = \square$

39 남은 병은 몇 개인지 구해 보세요.

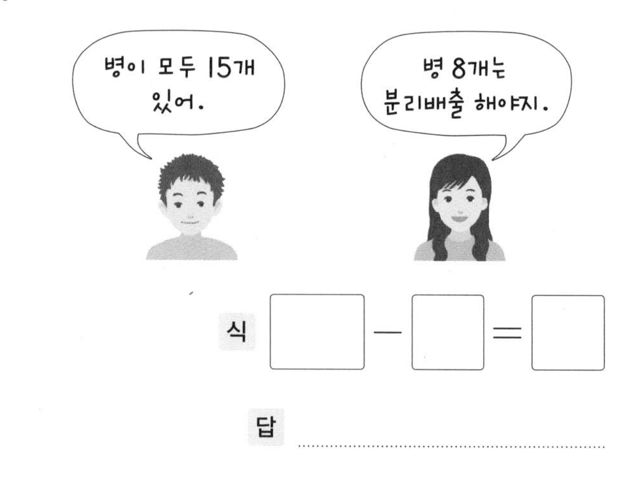

식 □ − □ = □

답

6 뺄셈하기

40 /으로 지워 뺄셈을 해 보세요.

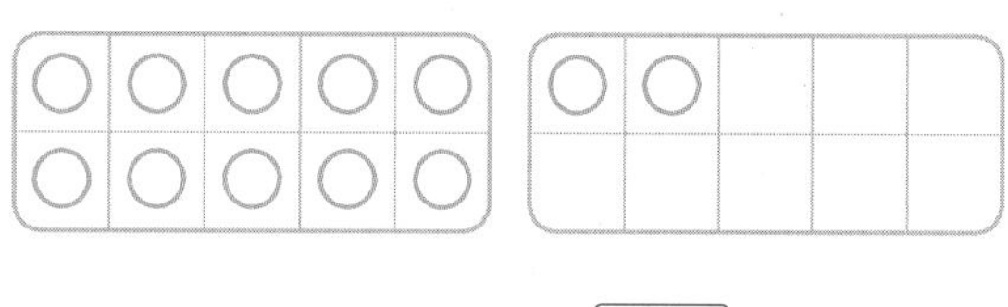

$12 - 9 = \square$

41 □ 안에 알맞은 수를 써넣으세요.

(1) $13 - 9 = \square$

3 6

(2) $16 - 7 = \square$

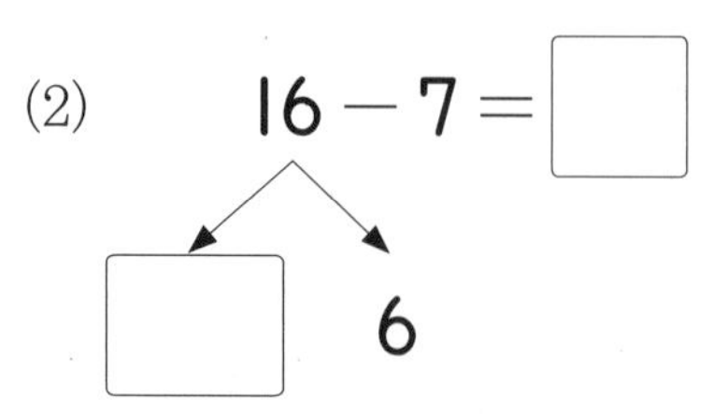

42 뺄셈을 해 보세요.

(1) $18-8=\square$

(2) $13-6=\square$

43 차를 구하여 이어 보세요.

13−8 ·	· 9
16−9 ·	· 5
14−5 ·	· 7

44 바르게 계산한 사람의 이름을 써 보세요.

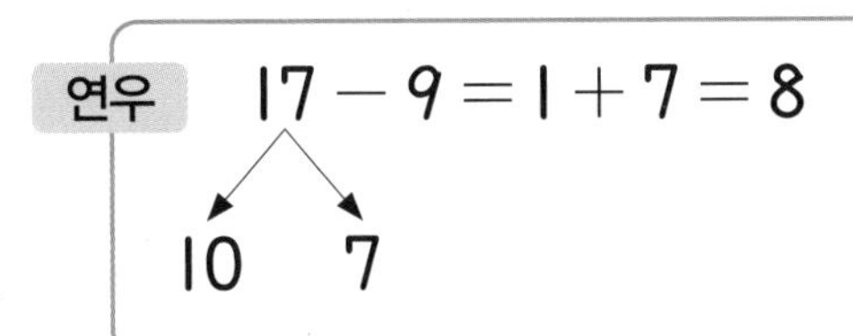

지우 17−9=10+2=12
7 2

(　　　　　　　　)

45 □ 안에 알맞은 수를 써넣으세요.

(1) 11 →(−6)→ □, □ →(+6)→ 11

(2) 16 →(−8)→ □, □ →(+8)→ 16

46 빈칸에 알맞은 수를 써넣으세요.

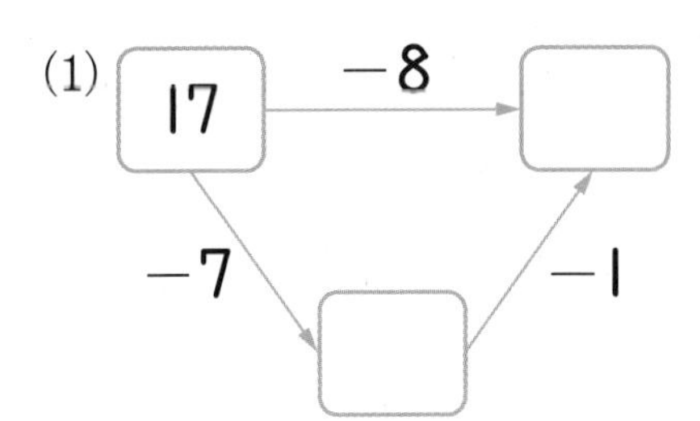

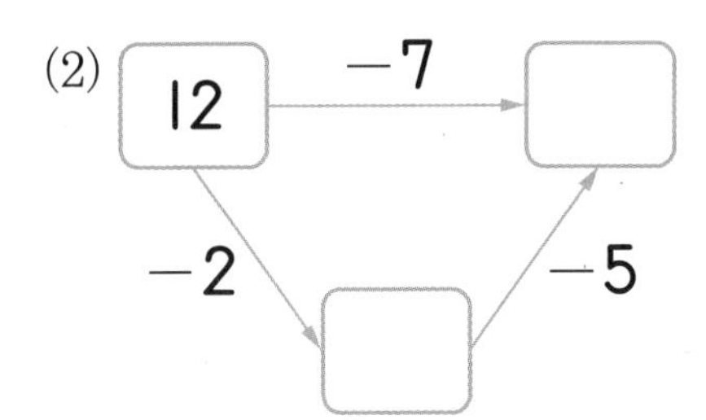

47 □ 안에 알맞은 수를 써넣으세요.

$14-\square=7$

7 뺄셈의 활용

48 준모는 고리 15개를 던져 9개가 걸렸습니다. 걸리지 않은 고리는 몇 개일까요?

식 ....

답 ....

49 민수가 책 5권을 더 샀더니 책이 모두 11권이 되었습니다. 처음에 가지고 있던 책은 몇 권이었는지 구해 보세요.

식 ....

답 ....

서술형

50 가장 큰 수와 가장 작은 수의 차는 얼마인지 풀이 과정을 쓰고 답을 구해 보세요.

10	9	15	8	17

풀이 ....

....

....

답 ....

51 수 카드 중 세 장을 골라 뺄셈식을 만들어 보세요.

8 7 13 6

□ − □ = □

52 같은 모양은 같은 수를 나타냅니다. ♥가 나타내는 수는 얼마일까요?

$17-9=★$
$13-★=♥$

(　　　　　　　)

53 서아가 사용한 색종이는 몇 장인지 구해 보세요.

(　　　　　　　)

8 여러 가지 뺄셈하기

54 뺄셈을 해 보세요.

$12-5=$ □

$12-6=$ □

$12-7=$ □

$12-8=$ □

55 두 수의 차가 작은 것부터 순서대로 이어 보세요.

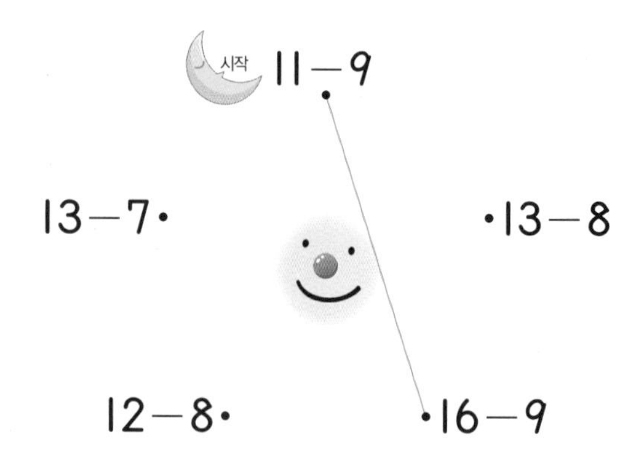

56 ○ 안에 >, =, <를 알맞게 써넣으세요.

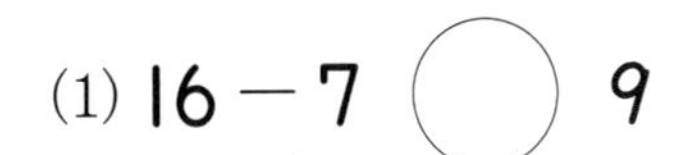

(1) 16 − 7 ○ 9

16 − 8 ○ 9

(2) 17 − 9 ○ 8

17 − 8 ○ 8

57 □ 안에 알맞은 수를 써넣으세요.

13 − [5] = 8

13 − □ = 7

13 − □ = 6

58 차가 7인 뺄셈을 모두 찾아 색칠해 보세요.

		11−6		
	12−5	12−6	12−7	
13−4	13−5	13−6	13−7	13−8
	14−5	14−6	14−7	
		15−6		

59 수 카드 3장으로 서로 다른 뺄셈식을 만들어 보세요.

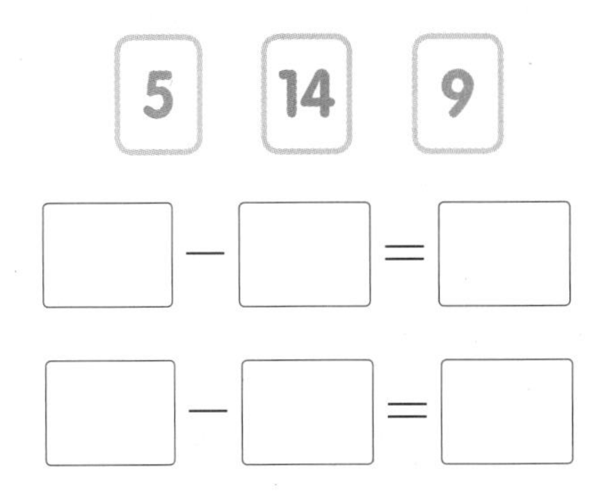

5 14 9

□ − □ = □

□ − □ = □

60 옆으로 뺄셈식이 되는 세 수를 찾아 (□ − □ = □)표 하세요.

13	4	12	(15 − 9 = 6)		
9	6	4	16	7	9
13	8	5	17	8	13
5	17	8	9	10	6
15	7	8	13	9	7

61 차가 7이 되도록 □ 안에 알맞은 수를 써넣으세요.

13 − □ = 7

14 − □ = 7

□ − □ = 7

• 답은 여러 가지가 될 수 있습니다.

4

개념 완성

응용력 기르기

응용유형 1 규칙에 따라 계산하기

규칙 에 따라 계산하여 ㉠에 알맞은 수를 구해 보세요.

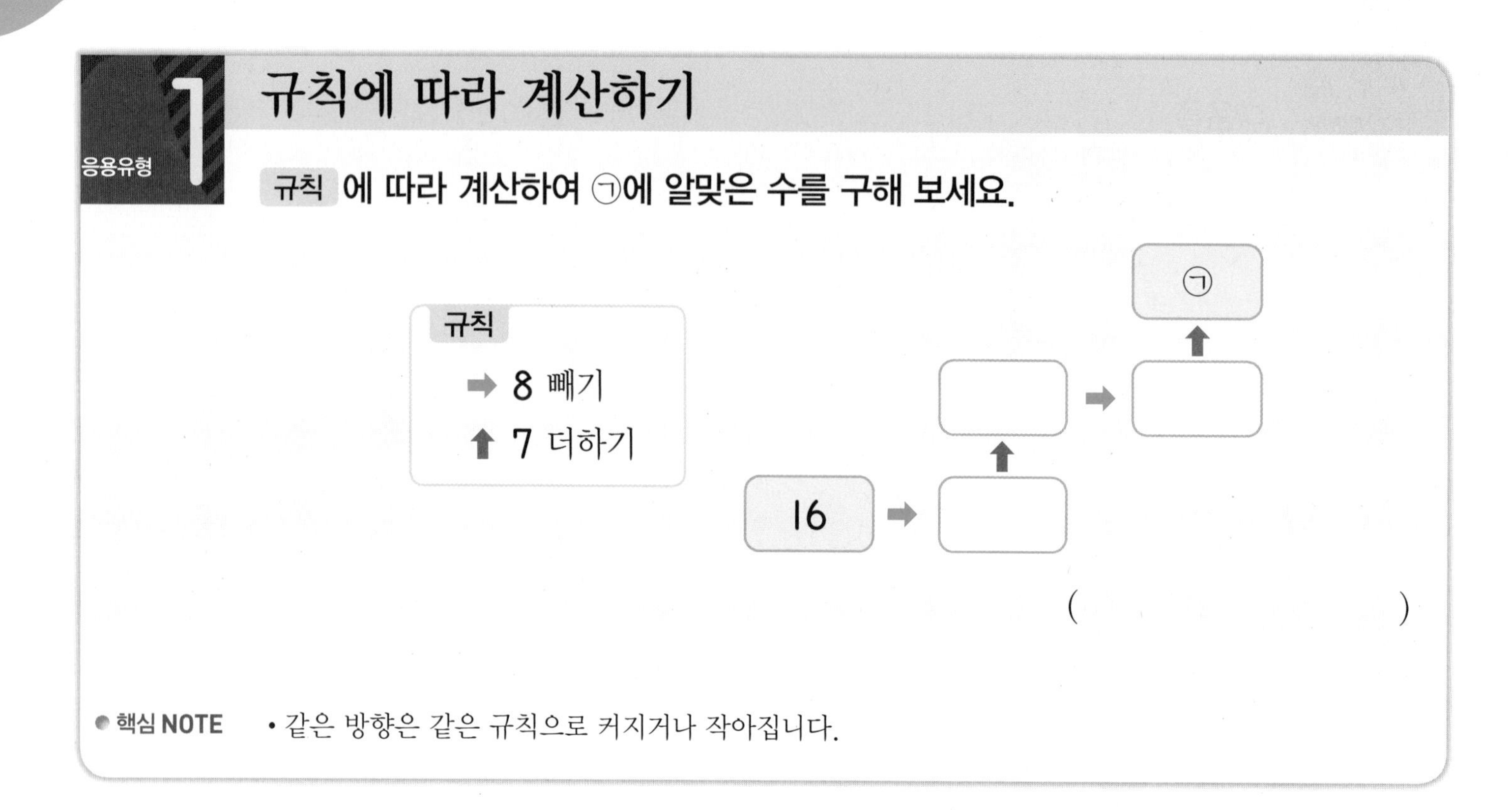

( )

● 핵심 NOTE • 같은 방향은 같은 규칙으로 커지거나 작아집니다.

1-1 규칙 에 따라 계산하여 ㉠에 알맞은 수를 구해 보세요.

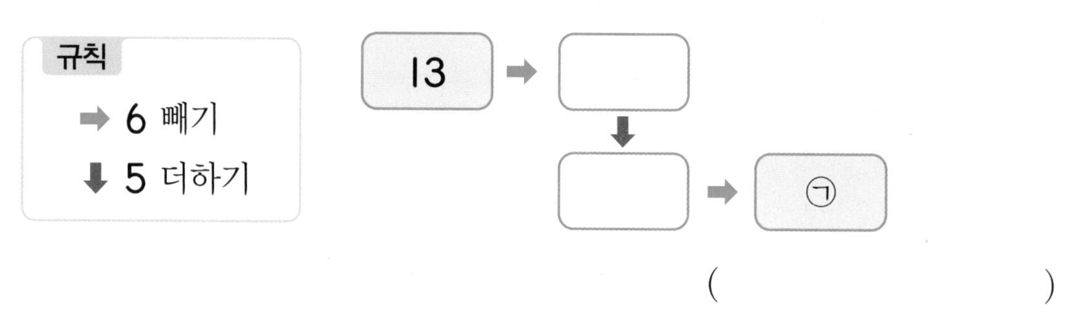

( )

1-2 규칙 에 따라 계산하여 ㉠에 알맞은 수를 구해 보세요.

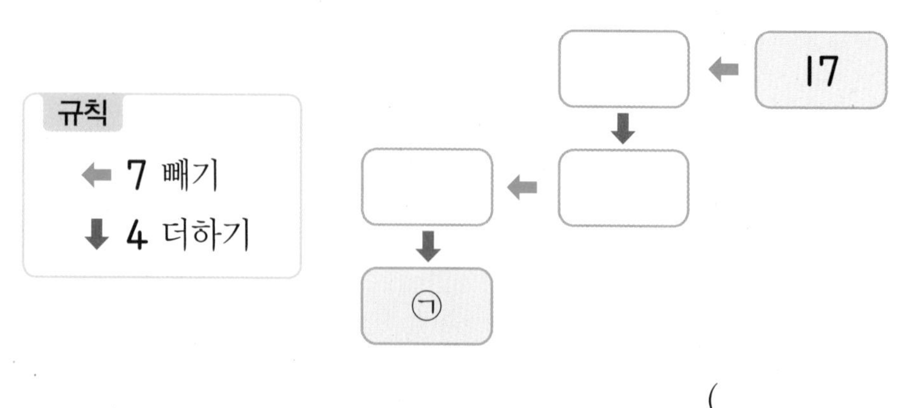

( )

응용유형 2 덧셈과 뺄셈의 활용

다음을 읽고 진석이가 가지고 있는 연필은 몇 자루인지 구해 보세요.

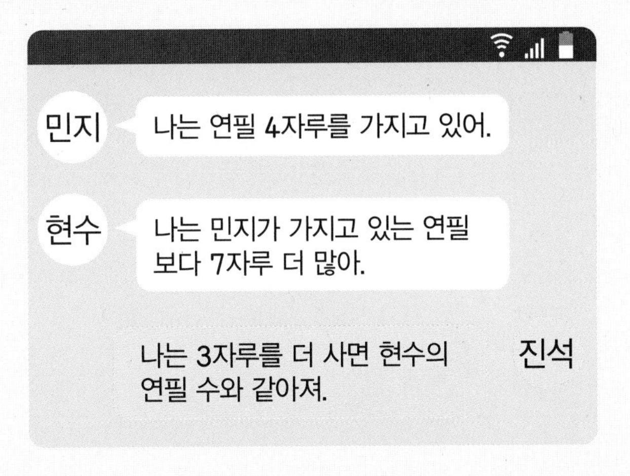

( )

● 핵심 NOTE • 현수가 가지고 있는 연필 수를 구한 다음 진석이가 가지고 있는 연필 수를 구합니다.

2-1 다음을 읽고 선희가 가지고 있는 지우개는 몇 개인지 구해 보세요.

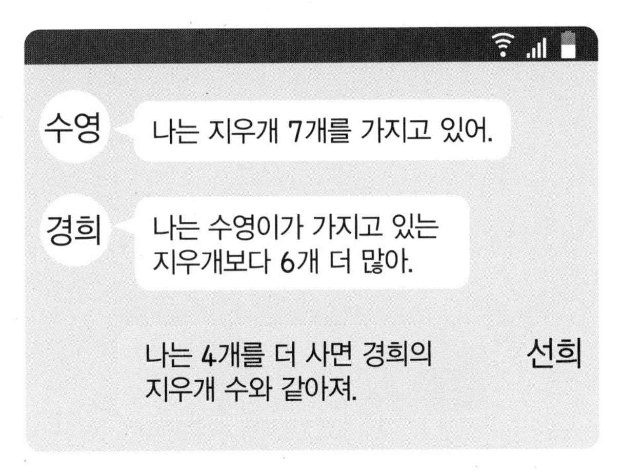

( )

2-2 다음을 읽고 은정이와 미주가 가지고 있는 공책은 모두 몇 권인지 구해 보세요.

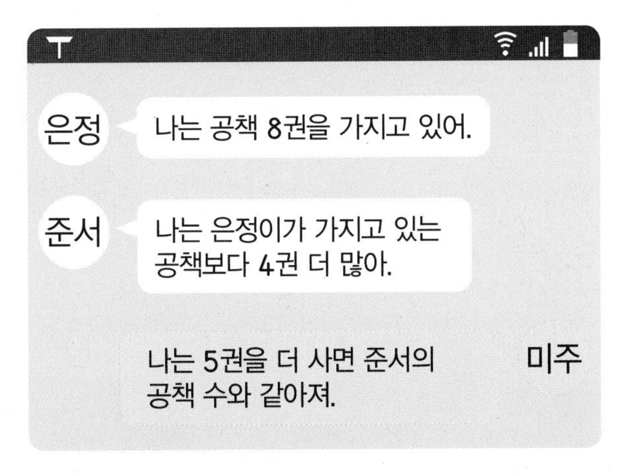

( )

응용유형 3 수 카드로 덧셈식과 뺄셈식 만들기

수 카드 중에서 두 장을 골라 합이 가장 큰 덧셈식으로 나타내 보세요.

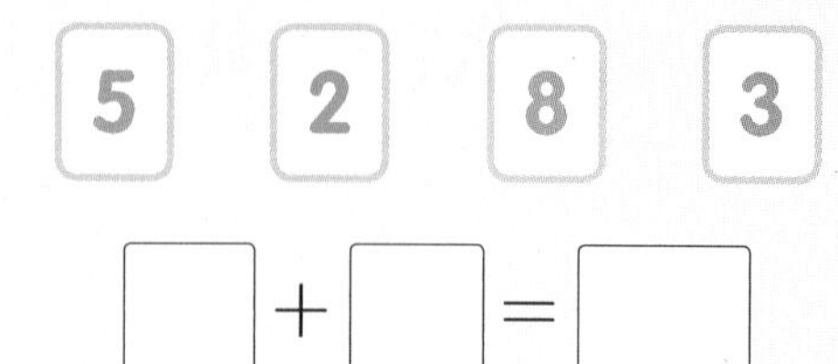

● 핵심 NOTE • 합이 가장 크려면 가장 큰 수와 둘째로 큰 수를 더해야 합니다.

3-1 수 카드 중에서 두 장을 골라 합이 가장 작은 덧셈식으로 나타내 보세요.

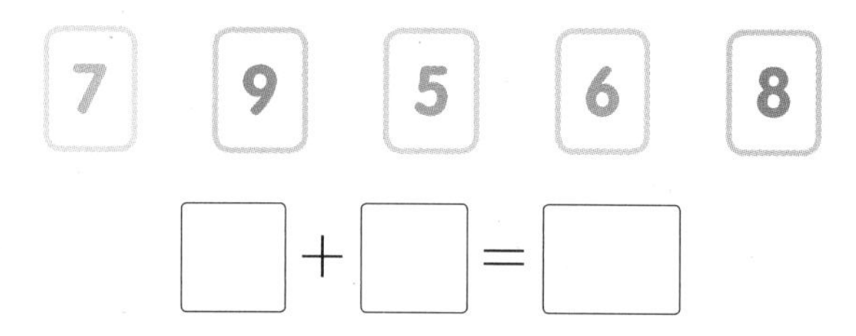

3-2 수 카드 중에서 두 장을 골라 차가 가장 큰 뺄셈식으로 나타내 보세요.

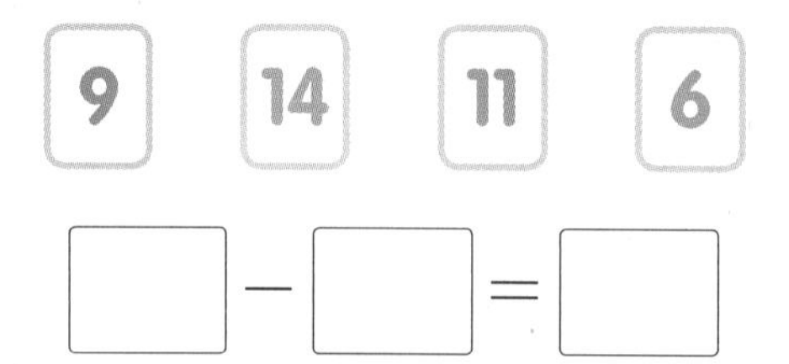

주머니에서 공 꺼내기

주머니에서 꺼낸 두 개의 공에 적힌 두 수의 합이 더 크면 이기는 놀이를 하고 있습니다. 지우는 8과 6을 꺼냈고, 민영이는 7을 꺼냈습니다. 민영이가 이기려면 어떤 공을 꺼내야 하는지 써 보세요.

1단계 지우가 꺼낸 공에 적힌 두 수의 합 구하기

2단계 민영이가 이기려면 어떤 공을 꺼내야 하는지 알아보기

(　　　　　　　)

● **핵심 NOTE**

1단계 먼저 지우가 꺼낸 공에 적힌 두 수의 합을 구합니다.

2단계 이미 7을 꺼냈으므로 민영이는 어떤 공을 꺼내야 하는지 생각해 봅니다.

4-1

주머니에서 꺼낸 두 개의 공에 적힌 두 수의 합이 더 크면 이기는 놀이를 하고 있습니다. 은서는 9와 4를 꺼냈고, 정민이는 8을 꺼냈습니다. 정민이가 이기려면 어떤 공을 꺼내야 하는지 모두 써 보세요.

(　　　　　　　)

단원 평가 Level 1

점수

확인

1 사탕은 모두 몇 개인지 △를 그려 구해 보세요.

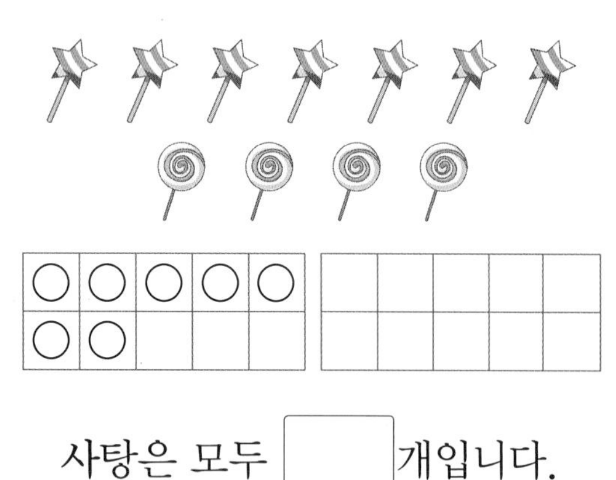

사탕은 모두 □개입니다.

2 □ 안에 알맞은 수를 써넣으세요.

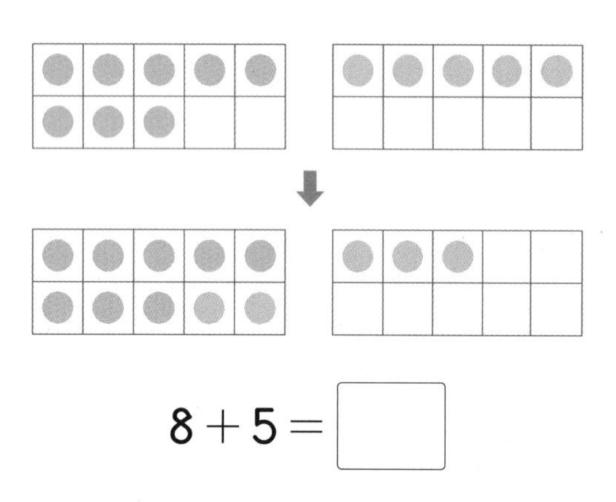

$8+5=\square$

3 케첩은 마요네즈보다 몇 개 더 많은지 하나씩 짝 지어 구해 보세요.

$11-8=\square$

4 관계있는 것끼리 이어 보세요.

$9+6$ ·	· $7+3+2$
$4+8$ ·	· $2+2+8$
$7+5$ ·	· $9+1+5$

5 □ 안에 알맞은 수를 써넣으세요.

$9+7=\square$

$7+9=\square$

6 차가 6인 것을 모두 찾아 ○표 하세요.

$11-7$	$13-6$	$15-9$	$12-6$
(　　)	(　　)	(　　)	(　　)

7 합이 13이 되는 두 수를 찾아 ○표 하세요.

6, 5	8, 6	9, 4

8 차가 7인 뺄셈을 모두 찾아 색칠해 보세요.

14－7	14－8	14－9
15－7	15－8	15－9
16－7	16－8	16－9

9 색이 같은 공에 쓰인 수의 합을 구해 보세요.

9 5 6
8 7 4

( )
( )
( )

10 덧셈을 해 보세요.

$8+9=\square$

$8+8=\square$

$8+7=\square$

$8+6=\square$

11 뺄셈을 해 보세요.

$18-9=\square$

$16-8=\square$

$14-7=\square$

$12-6=\square$

12 빈칸에 두 수의 차를 써넣으세요.

8	13

13 □ 안에 알맞은 수를 써넣으세요.

$14-\boxed{5}=9$

$14-\square=8$

$14-\square=7$

$14-\square=6$

14 빈칸에 알맞은 수를 써넣으세요.

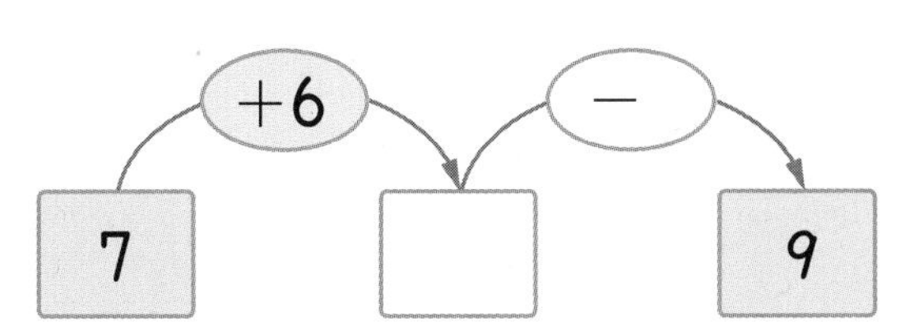

15 ○ 안에 >, =, <를 알맞게 써넣으세요.

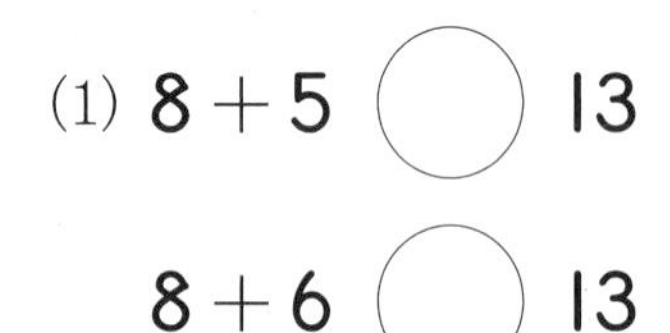

(2) $14 - 6$ ○ 8

$14 - 7$ ○ 8

16 영진이는 초콜릿을 12개 사서 그중 7개를 먹었습니다. 남은 초콜릿은 몇 개일까요?

식 ______________________

답 ______________

17 선영이는 구슬을 12개 가지고 있습니다. 준호는 선영이보다 3개 적게 가지고 있고, 윤정이는 준호보다 5개 많이 가지고 있습니다. 윤정이가 가지고 있는 구슬은 몇 개일까요?

( )

18 □ 안에 알맞은 수를 구해 보세요.

$16 - \square = 12 - 5$

( )

19 과일 상자에 사과가 6개, 배가 6개 들어 있습니다. 상자에 들어 있는 과일은 모두 몇 개인지 풀이 과정을 쓰고 답을 구해 보세요.

풀이 ______________________

답 ______________

20 다음 중 두 수를 골라 차가 가장 크게 되는 뺄셈식을 만들고 계산하려고 합니다. 풀이 과정을 쓰고 답을 구해 보세요.

9 12 7 15

풀이 ______________________

답 ______________

단원 평가 Level 2

점수

확인

1 □ 안에 알맞은 수를 써넣으세요.

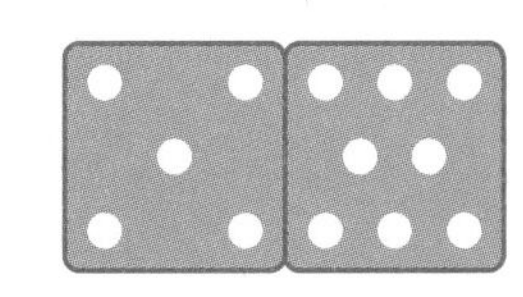

5 + 8 = □

2 남은 사탕은 몇 개인지 구해 보세요.

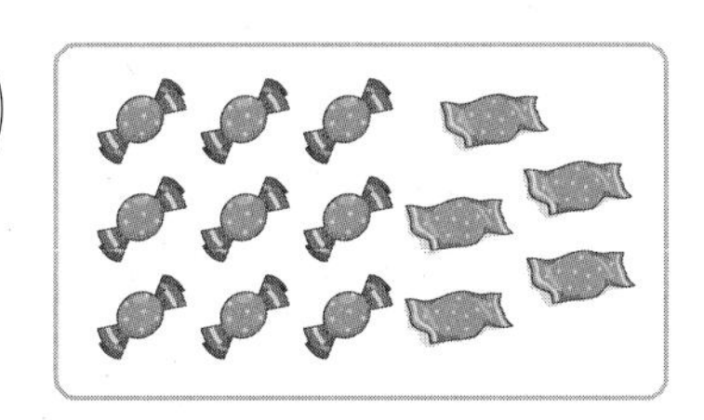

남은 사탕은 □ 개입니다.

3 □ 안에 알맞은 수를 써넣으세요.

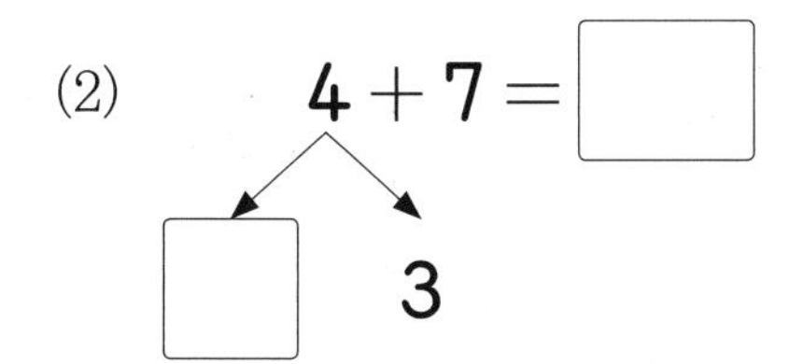

(1) 9 + 8 = □
□ 7

(2) 4 + 7 = □
□ 3

4 계산해 보세요.

(1) 9 + 6 = □

(2) 8 + 8 = □

(3) 11 − 9 = □

(4) 16 − 7 = □

5 뺄셈을 해 보세요.

12 − 7 = □

13 − 7 = □

14 − 7 = □

15 − 7 = □

6 합이 15인 것을 모두 찾아 ○표 하세요.

8 + 7	7 + 7	4 + 9	7 + 8
(　　)	(　　)	(　　)	(　　)

7 ○ 안에 $>$, $=$, $<$를 알맞게 써넣으세요.

(1) $8+4$ ○ $4+9$

(2) $15-7$ ○ $16-8$

8 계산 결과가 가장 큰 것의 기호를 써 보세요.

㉠ $8+5$	㉡ $4+7$
㉢ $9+7$	㉣ $6+9$

( )

9 관계있는 것끼리 이어 보세요.

$17-9$ •	• $12-2-3$
$12-5$ •	• $17-7-2$
$15-7$ •	• $15-5-2$

10 ㉠과 ㉡의 차는 얼마일까요?

$5+7=$㉠

$14-6=$㉡

( )

11 수 카드 3장으로 서로 다른 뺄셈식을 만들어 보세요.

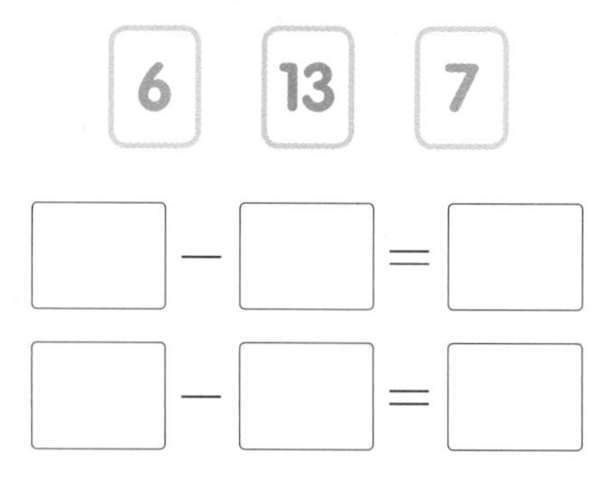

12 □ 안에 알맞은 수를 써넣으세요.

$9+6=15$

$\square+6=14$

$\square+6=13$

$\square+6=12$

13 □ 안에 알맞은 수를 써넣으세요.

$9+5=\square+7$

14 놀이터에서 어린이 7명이 놀고 있었는데 어린이 5명이 더 왔습니다. 지금 놀이터에서 놀고 있는 어린이는 모두 몇 명일까요?

식 ....

답 ....

15 빈칸에 알맞은 수를 써넣으세요.

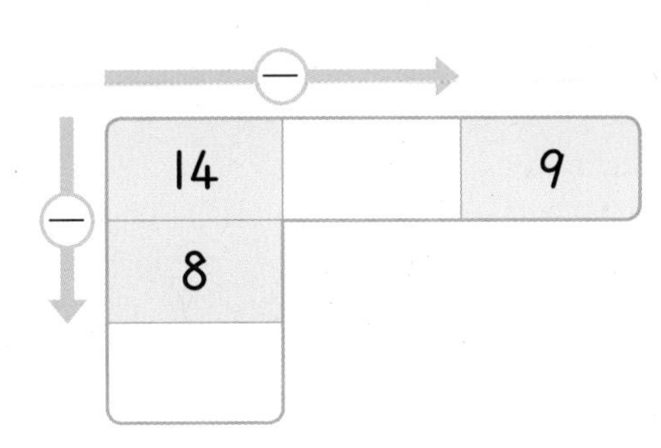

16 수민이는 딸기 17개 중에서 8개를 먹고, 동생에게 남은 딸기를 모두 주었습니다. 수민이가 동생에게 준 딸기는 몇 개일까요?

식

답

17 다음 수 중에서 두 수를 골라 합이 가장 크게 되는 덧셈식을 만들고 계산해 보세요.

8 4 1 6

식

답

18 ■ + ▲를 구해 보세요.

12 − ■ = 7
▲ + 6 = 14

( )

19 민지가 사용한 구슬은 몇 개인지 풀이 과정을 쓰고 답을 구해 보세요.

구슬 17개 중 9개를 팔찌 만드는 데 사용했어.

나는 12개를 가지고 있었는데 사용하고 남은 구슬의 수가 너와 같아.

지우 민지

풀이

답

20 수 카드 중 2장을 뽑아 가장 작은 십몇을 만들었습니다. 만든 수와 남은 수의 차는 얼마인지 풀이 과정을 쓰고 답을 구해 보세요.

1 6 3

풀이

답

5 규칙 찾기

수 카드를 규칙에 따라 놓으려고 해.

3, 5, 7, 3, 5, 7이 놓여 있으면

다음에 어떤 수 카드를 놓아야 할까?

규칙을 찾으면 다음을 알 수 있어!

1	2	3	4	5	6	7	8	9	10
11	12	13	14	15	16	17	18	19	■
21	22	23	24	25	26	27	28	29	30
31	32	33	34	35	36	37	38	39	40
41	42	43	44	45	46	47	48	49	50
51	52	53	54	55	56	57	58	59	60
61	62	63	64	65	66	67	68	69	70
71	72	73	74	75	76	77	78	79	80
81	82	83	84	85	86	87	88	89	90
91	92	93	94	95	●	97	98	99	100

■에 올 수는 20입니다.

오른쪽으로 1칸 갈 때마다 1씩 커지는 규칙이야!

●에 올 수는 96입니다.

아래쪽으로 1칸 갈 때마다 10씩 커지는 규칙이야!

1 규칙을 찾아볼까요

● **규칙 찾기**

➡ ★, ♥가 반복됩니다.
└ 되풀이된다는 뜻입니다.

➡ ♥, ♥가 반복됩니다.

➡ ★, ★, ★이 반복됩니다.

1 규칙을 찾아 빈칸에 알맞은 모양을 알아보세요.

(1) 

■, □이/가 반복됩니다.

따라서 빈칸에 알맞은 모양은 □입니다.

(2) 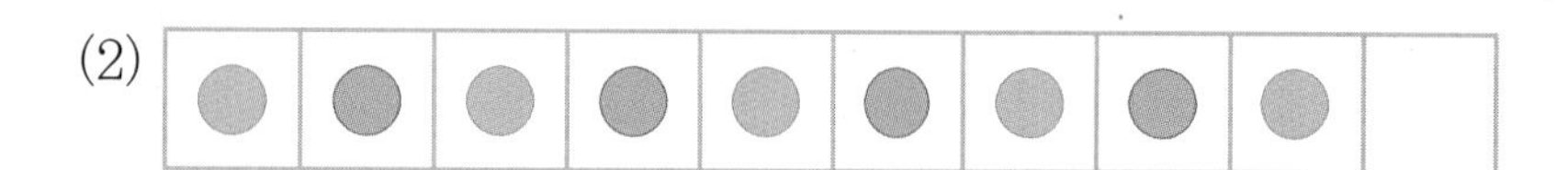

초록색, □이/가 반복됩니다.

따라서 빈칸에 알맞은 모양의 색은 □입니다.

(3) 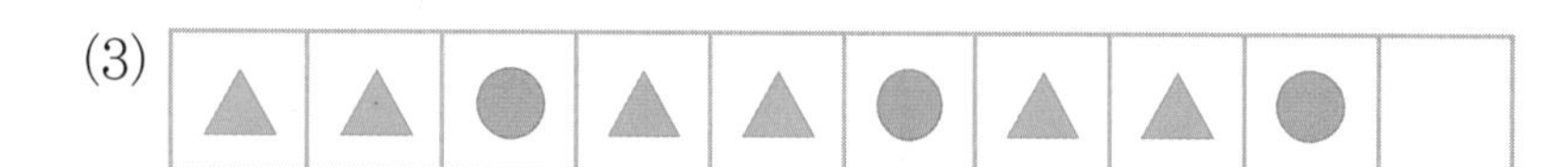

▲, □, □이/가 반복됩니다.

따라서 빈칸에 알맞은 모양은 □입니다.

2 보기 와 같이 반복되는 부분에 ◯ 표시해 보세요.

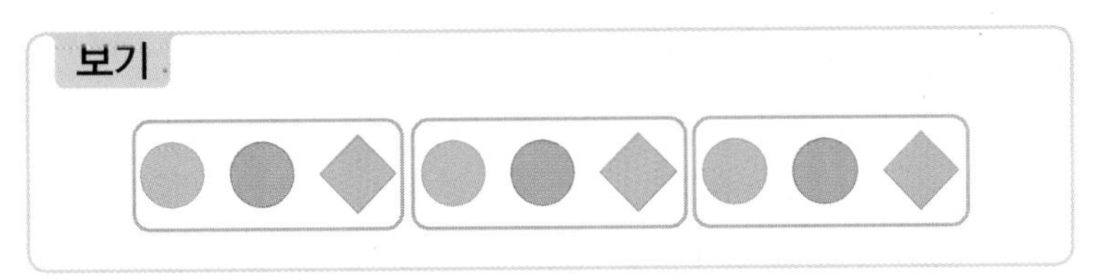

(1) ■ ◣ ■ ◣ ■ ◣ ■ ◣ ■ ◣ ■ ◣

(2) ▲ ★ ● ▲ ★ ● ▲ ★ ● ▲ ★ ●

▶ 반복되는 것을 묶어 보면 규칙을 쉽게 찾을 수 있습니다.

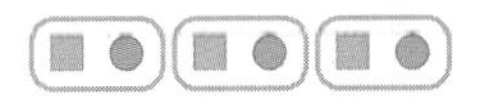

➡ ■와 ●가 반복되는 규칙입니다.

3 규칙을 찾아 빈칸에 알맞은 그림을 그리고 색칠해 보세요.

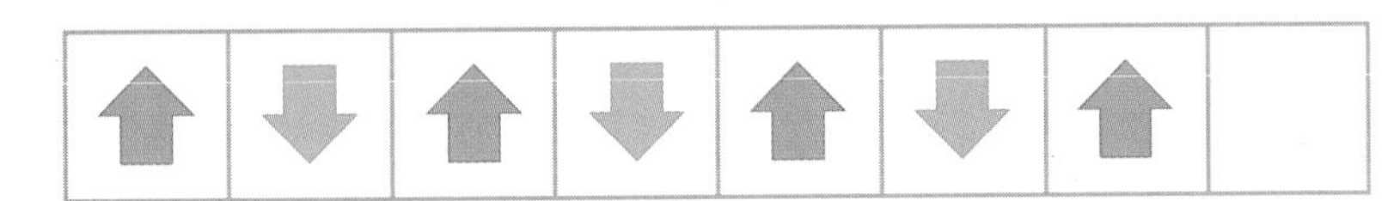

▶ 반복되는 모양을 찾아 규칙을 알아봅니다.

4 규칙을 찾아 써 보세요.

☀	☽	★	☀	☽	★	☀	☽

규칙 ....

5 공원의 나무를 보고 규칙을 찾아 써 보세요.

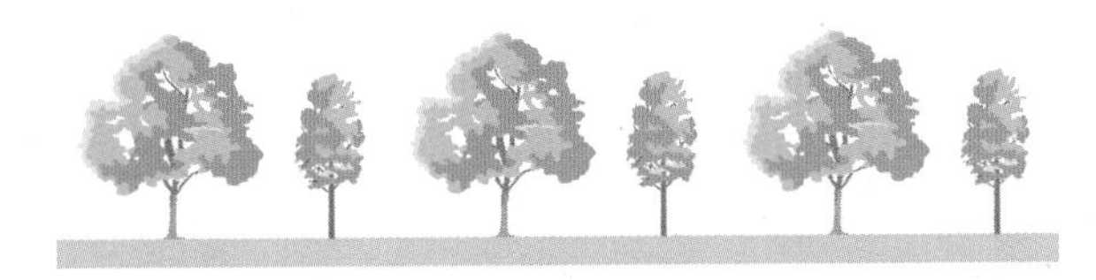

규칙 ....

▶ 규칙이 있는 부분만 설명하거나 구체적인 말을 넣어 설명해 봅니다.

2 규칙을 만들어 볼까요

- **두 가지 색으로 규칙 만들기**

➡ 분홍색, 초록색이 반복되는 규칙을 만들었습니다.

- **여러 가지 물건으로 규칙 만들기**

➡ 선인장, 선인장, 꽃이 반복되는 규칙을 만들었습니다.

- **규칙을 만들어 무늬 꾸미기**

첫째 줄은 파란색과 노란색,
둘째 줄은 노란색과 파란색,
셋째 줄은 파란색과 노란색이
반복되는 규칙을 만들어 무늬를 꾸몄습니다.

1 규칙을 만들어 꽃을 색칠해 보세요.

2 규칙에 따라 빈칸에 알맞게 색칠해 보세요.

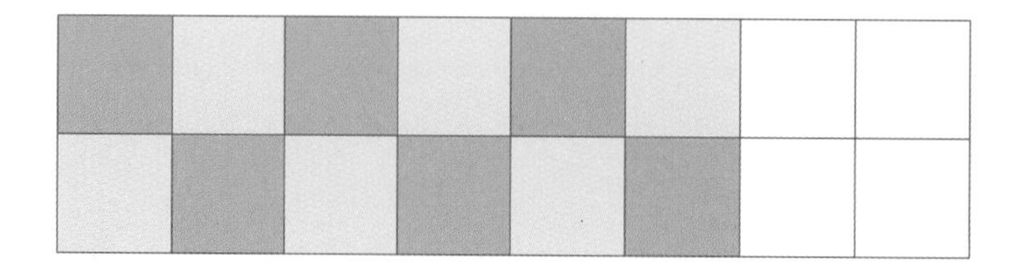

3 ✂, 붙임딱지로 규칙을 만들어 붙여 보세요.

붙임딱지

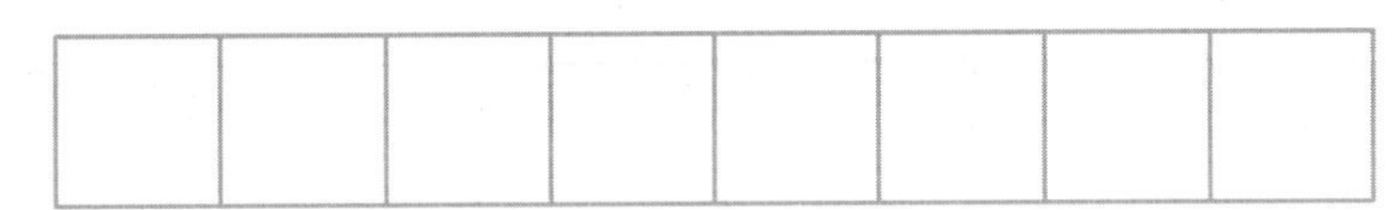

▶ 규칙을 스스로 만들어 붙임딱지를 붙여 봅니다.

4 규칙을 만들어 울타리를 색칠해 보세요.

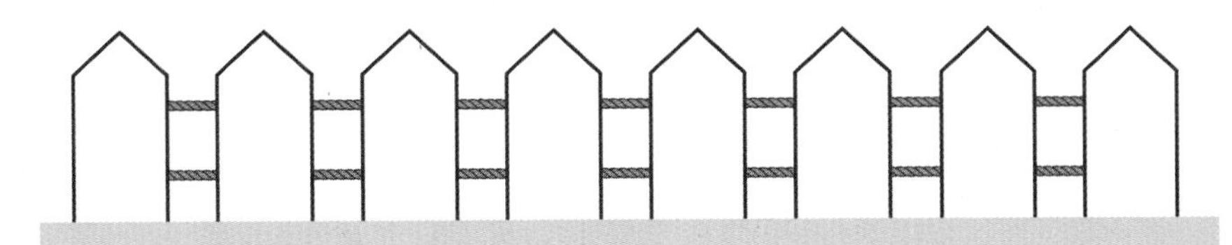

5 □, △ 모양으로 규칙을 만들어 구슬 팔찌를 꾸며 보세요.

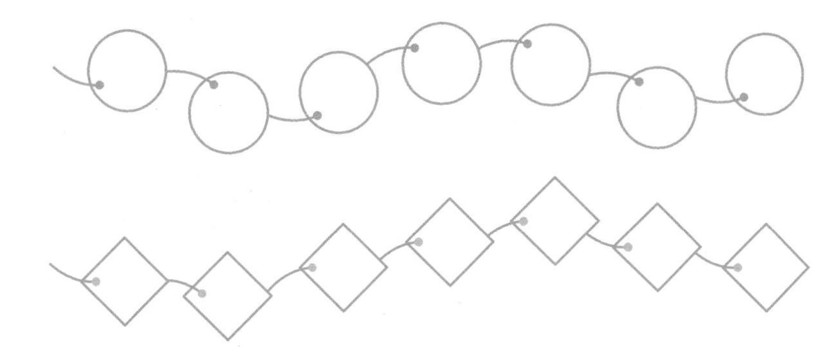

▶ 주어진 모양으로 규칙을 만들어 구슬 팔찌를 꾸며 봅니다.

6 규칙을 만들어 무늬를 색칠해 보세요.

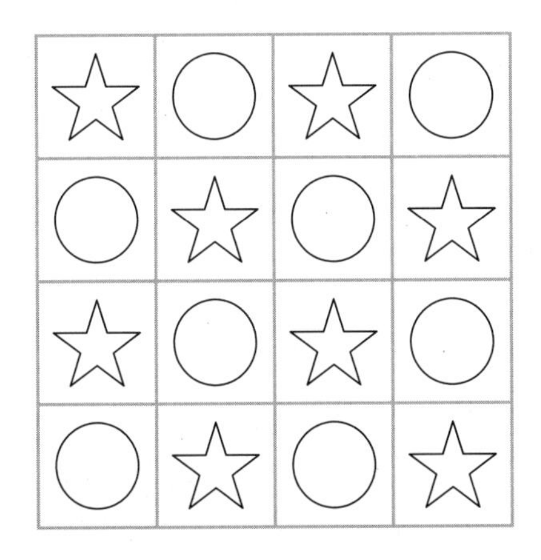

▶ 색을 선택해서 반복되는 규칙으로 무늬를 꾸며 봅니다.

개념 적용

기본기 다지기

1 규칙 찾기

1 반복되는 부분에 ◯ 표시해 보세요.

2 규칙을 찾아 알맞게 색칠해 보세요.

3 규칙을 찾아 빈칸에 알맞은 그림을 그리고 색칠해 보세요.

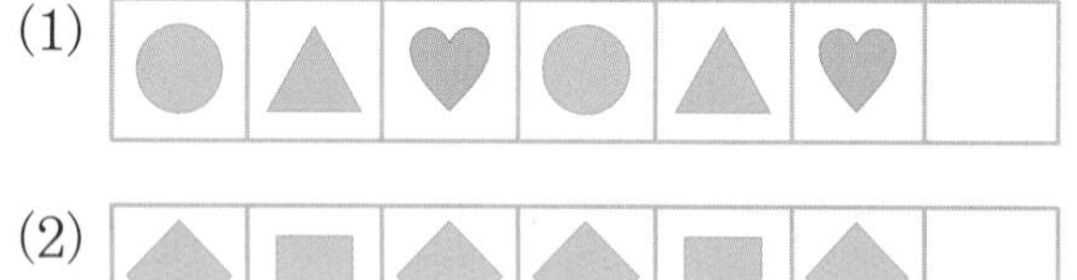

4 규칙을 찾아 빈칸에 알맞은 과일의 이름을 써 보세요.

(　　　　　　　)

[5~7] 규칙을 찾아 알맞게 색칠해 보세요.

5

6

7

8 규칙을 바르게 말한 사람을 찾아 이름을 써 보세요.

(　　　　　　　)

서술형

9 규칙을 찾아 빈칸에 알맞은 바둑돌의 색을 구하려고 합니다. 규칙을 쓰고 답을 구해 보세요.

○	○	●	○	○	●		○	●

규칙 ………………………………………………

………………………………………………

답 ………………………

10 규칙을 찾아 빈칸에 알맞은 그림과 비슷한 물건에 ○표 하세요.

●	▲	■	●	▲	■	●		■

삼각김밥

(　　　)　(　　　)　(　　　)

11 규칙에 따라 구슬을 꿰어서 만든 목걸이가 끊어졌습니다. 규칙을 찾아 ㉠, ㉡에 알맞은 구슬의 색을 차례로 써 보세요.

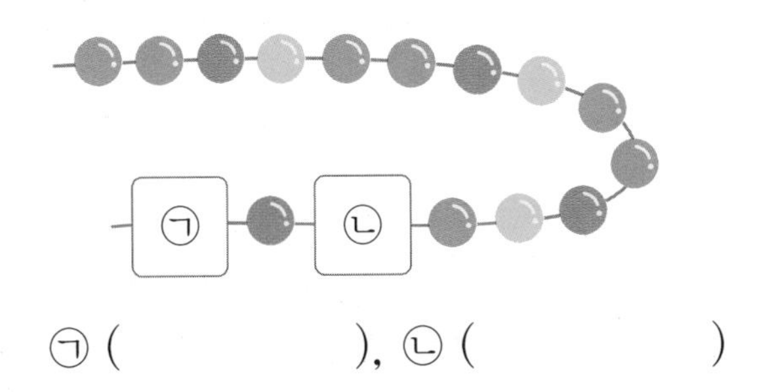

㉠ (　　　　　), ㉡ (　　　　　)

2 규칙 만들기(1)

12 두 가지 색으로 규칙을 만들어 색종이를 색칠해 보세요.

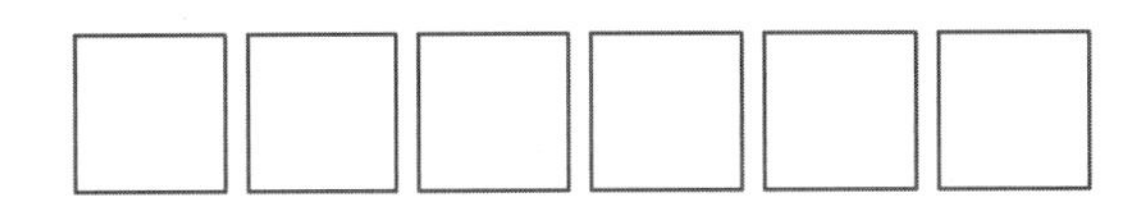

13 규칙을 만들어 아이스크림을 색칠해 보세요.

14 붙임딱지 ⚾, 🧤 붙임딱지로 규칙을 만들어 붙여 보세요.

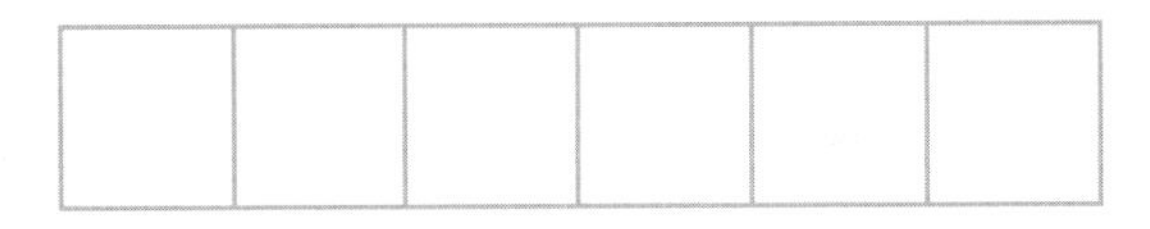

15 붙임딱지 , , 붙임딱지로 규칙을 만들어 3개의 도시락통에 똑같이 넣어 보세요.

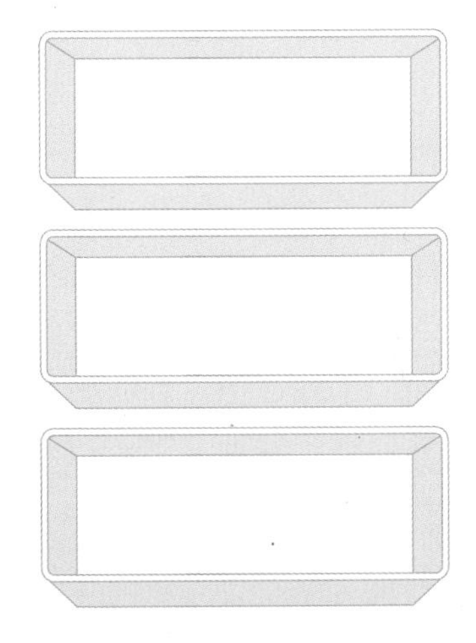

5

16 규칙을 만들어 주사위 눈을 그려 보세요.

(1) 이서가 설명하는 규칙으로 주사위 눈을 그려 보세요.

(2) 다른 규칙으로 주사위 눈을 그려 보세요.

3 규칙 만들기(2)

17 규칙에 따라 빈칸에 알맞게 색칠해 보세요.

18 ☆, ○ 모양으로 규칙을 만들어 보세요.

19 어떤 모양을 이용하여 만든 규칙적인 무늬인지 찾아 그려 보세요.

20 규칙에 따라 빈칸에 알맞은 모양을 그리고 색칠해 보세요.

21 나만의 규칙을 만들어 티셔츠를 색칠해 보세요.

22 보기 의 모양을 이용하여 규칙에 따라 무늬를 꾸며 보세요.

보기

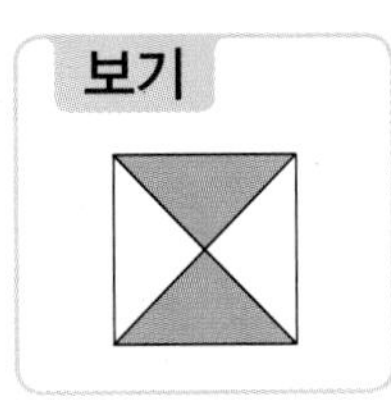

23 세 가지 붙임딱지 모양을 골라 규칙을 만들어 무늬를 꾸며 보세요.

붙임딱지

24 규칙에 따라 무늬를 완성하면 ★은 모두 몇 개인지 구해 보세요.

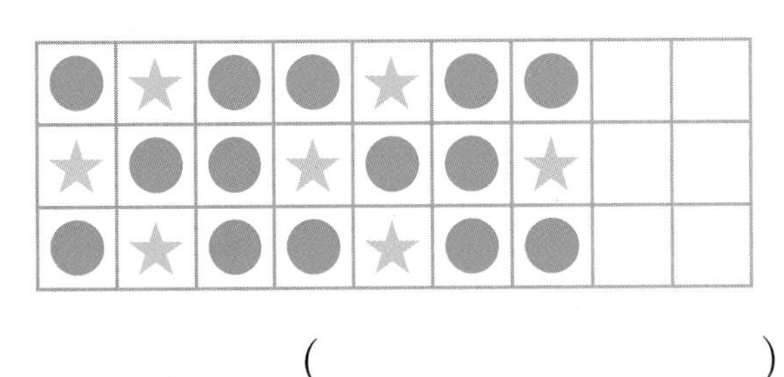

(　　　　　　　　　)

25 여러 가지 모양으로 규칙을 만들어 길을 꾸며 보세요.

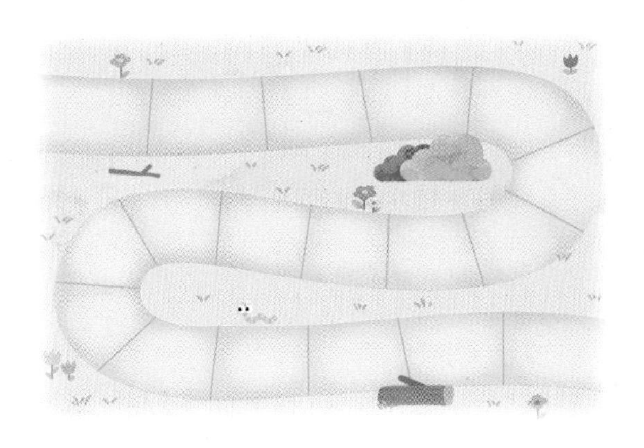

서술형

26 규칙에 따라 무늬를 완성하면 ♥는 ■보다 몇 개 더 많은지 풀이 과정을 쓰고 답을 구해 보세요.

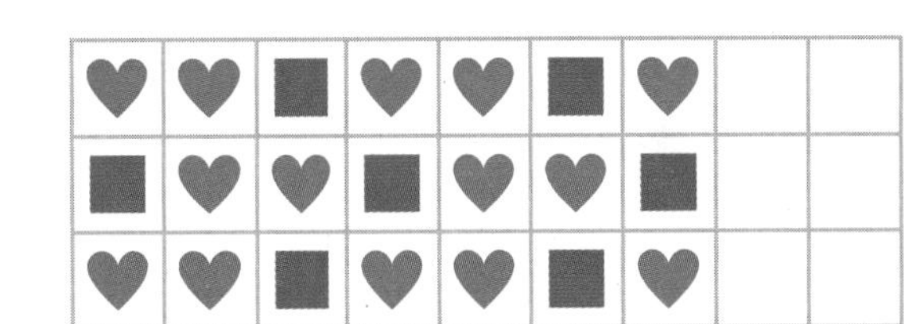

풀이

답

3 수 배열에서 규칙을 찾아볼까요

- **수 배열에서 규칙 찾기**

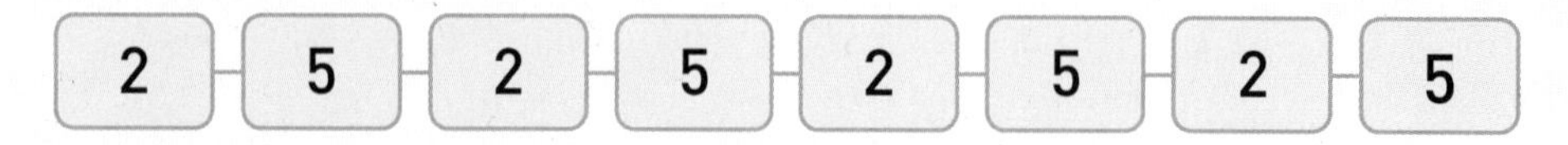

➡ 2, 5가 반복됩니다.

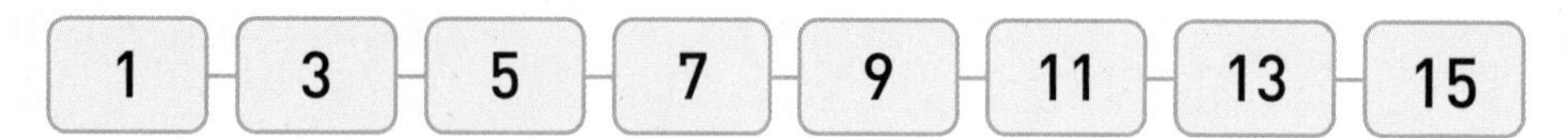

➡ 3, 3, 7이 반복됩니다.

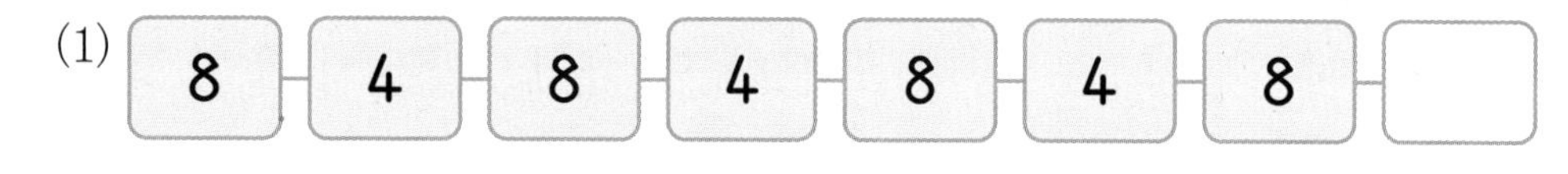

➡ 1부터 시작하여 2씩 커집니다.

1 규칙에 따라 빈칸에 알맞은 수를 알아보세요.

(1) 8 - 4 - 8 - 4 - 8 - 4 - 8 - □

□, □이/가 반복됩니다.

따라서 빈칸에 알맞은 수는 □입니다.

(2) 3 - 6 - 9 - 3 - 6 - 9 - 3 - □

□, □, □이/가 반복됩니다.

따라서 빈칸에 알맞은 수는 □입니다.

(3) 2 - 4 - 6 - 8 - 10 - 12 - 14 - □

□부터 시작하여 □씩 커집니다.

따라서 빈칸에 알맞은 수는 □입니다.

2 반복되는 규칙에 따라 빈칸에 알맞은 수를 써넣으세요.

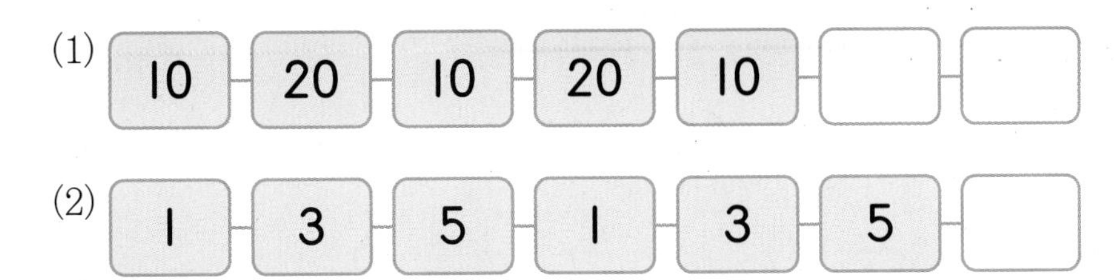

▶ 반복되는 수를 묶어 규칙을 찾아봅니다.

3 커지는 규칙에 따라 빈칸에 알맞은 수를 써넣으세요.

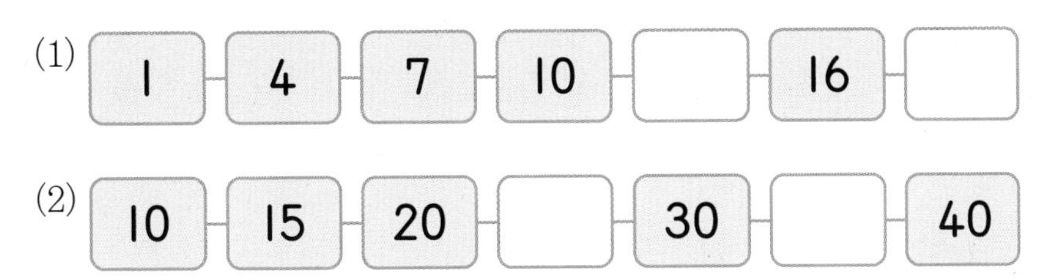

▶ 얼마씩 커지는지 알아봅니다.

4 규칙에 따라 빈칸에 알맞은 수를 써넣고 물음에 답하세요.

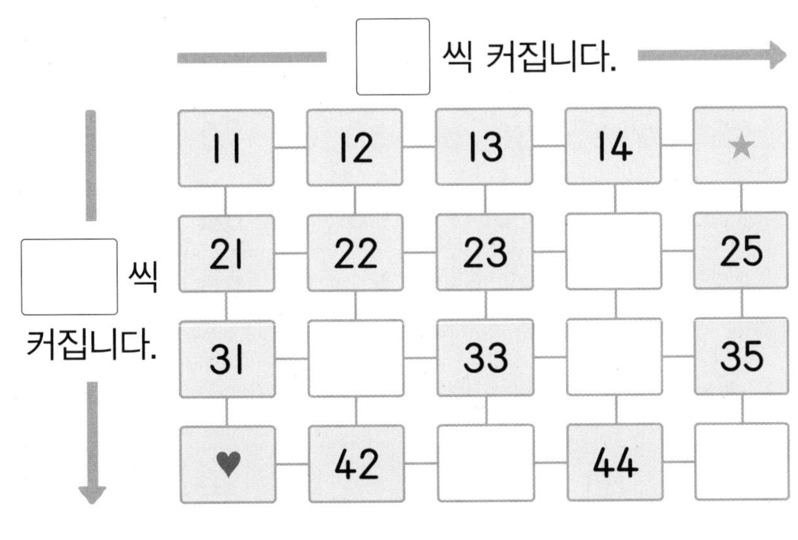

(1) ★에 알맞은 수는 무엇일까요?

(　　　　　　　　)

(2) ♥에 알맞은 수는 무엇일까요?

(　　　　　　　　)

▶ 오른쪽과 아래쪽으로 각각 어떤 규칙이 있는지 알아보고 빈칸에 알맞은 수를 구합니다.

5

4 수 배열표에서 규칙을 찾아볼까요

● **수 배열표에서 규칙 찾기**

1	2	3	4	5	6	7	8	9	10
11	12	13	14	15	16	17	18	19	20
21	22	23	24	25	26	27	28	29	30
31	32	33	34	35	36	37	38	39	40
41	42	43	44	45	46	47	48	49	50

➡ ——에 있는 수는 21부터 시작하여 → 방향으로 1씩 커집니다.

➡ ——에 있는 수는 5부터 시작하여 ↓ 방향으로 10씩 커집니다.

1 수 배열표에서 규칙을 알아보세요.

1	2	3	4	5	6	7	8	9	10
11	12	13	14	15	16	17	18	19	20
21	22	23	24	25	26	27	28	29	30
31	32	33	34	35	36	37	38	39	40
41	42	43	44	45	46	47	48	49	50
51	52	53	54	55	56	57	58	59	60
61	62	63	64	65	66	67	68	69	70
71	72	73	74	75	76	77	78	79	80
81	82	83	84	85	86	87	88	89	90
91	92	93	94	95					

(1) ——에 있는 수는 ☐부터 시작하여 → 방향으로 ☐씩 커집니다.

(2) ——에 있는 수는 ☐부터 시작하여 ↓ 방향으로 ☐씩 커집니다.

(3) 규칙에 따라 빈칸에 알맞은 수를 써넣으세요.

2 규칙을 찾아 빈칸에 알맞은 수를 써넣으세요.

▶ 가로와 세로에는 어떤 규칙이 있는지 찾아봅니다.

3 수 배열표를 보고 물음에 답하세요.

1	2	3	4	5	6	7	8	9	10
11	12	13	14	15	16	17	18	19	20
21	22	23	24	25	26	27	28	29	30
31	32	33	34	35	36	37	38	39	40
41	42	43	44	45	46	47	48	49	50
51	52	53	54	55	56	57	58	59	60
61	62	63	64	65	66	67	68	69	70
71	72	73	74	75	76	77	78	79	80
81	82	83	84	85	86	87	88	89	90
91	92	93	94	95	96	97	98	99	100

(1) ──── 에 있는 수에는 어떤 규칙이 있는지 써 보세요.

규칙 ....

(2) ──── 에 있는 수에는 어떤 규칙이 있는지 써 보세요.

규칙 ....

▶ → 방향으로 1씩 커지고,
↓ 방향으로 10씩 커집니다.

5 규칙을 여러 가지 방법으로 나타내 볼까요

● **규칙을 여러 가지 방법으로 나타내기**

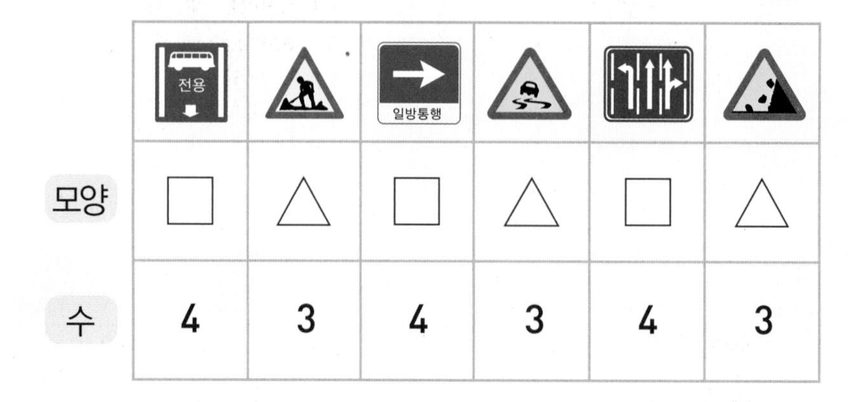

모양으로 나타내기: 교통 안전 표지판의 규칙을 □, △로 나타낼 수 있습니다.
수로 나타내기: 교통 안전 표지판의 규칙을 4, 3으로 나타낼 수 있습니다.

● 글자로 나타내기

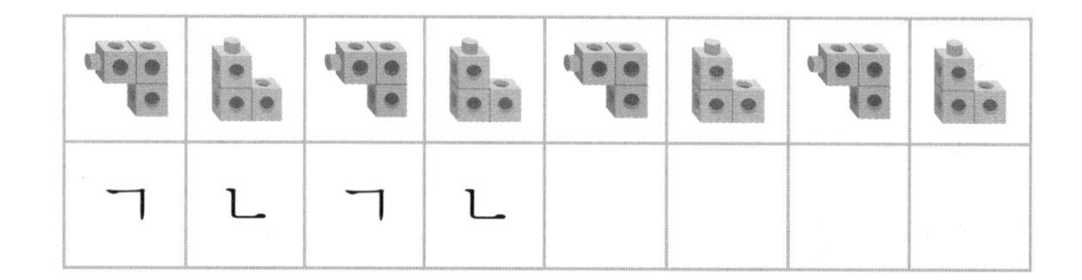

1 규칙을 찾아 여러 가지 방법으로 나타내 보세요.

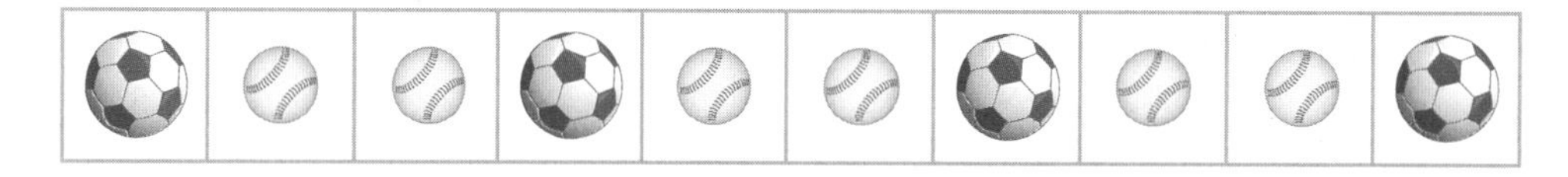

(1) 규칙을 찾아 쓴 것입니다. □ 안에 알맞은 말을 써넣으세요.

축구공, □, □이 반복됩니다.

(2) 축구공을 □, 야구공을 ○라 하여 규칙을 나타내 보세요.

□	○	○	□	○	○				

(3) 축구공을 1, 야구공을 2라 하여 규칙을 나타내 보세요.

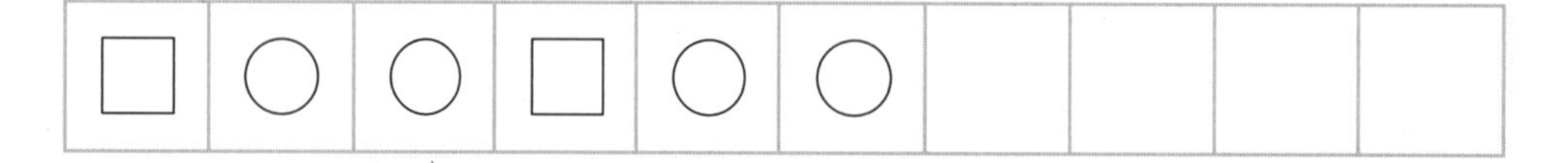

1	2	2							

2 규칙에 따라 ○, △로 나타내 보세요.

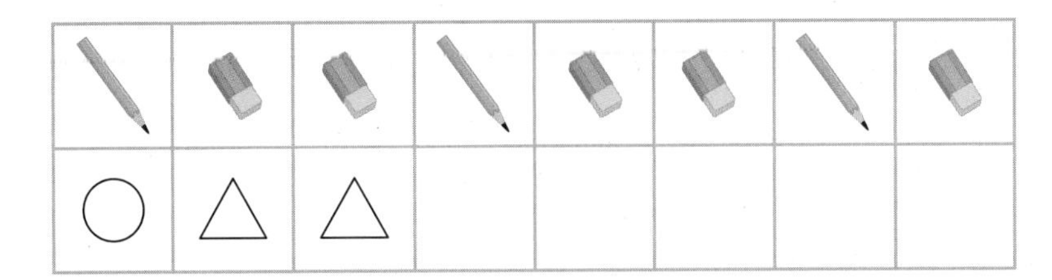

○	△	△					

▶ 연필, 지우개를 각각 어떤 모양으로 나타냈는지 알아봅니다.

3 규칙에 따라 빈칸에 알맞은 수를 써넣으세요.

2	4	2					

4 규칙을 찾아 빈칸을 완성해 보세요.

1	3	1	3	1			

▶ 규칙을 찾아 빈칸에 주사위를 그리고 수를 써넣습니다.

5 규칙에 따라 두 가지 방법으로 나타내 보세요.

△	○	□					
2	0	5					

4 수 배열에서 규칙 찾기

27 수 배열에서 규칙을 찾아 바르게 말한 사람의 이름을 써 보세요.

(   )

28 규칙에 따라 빈칸에 알맞은 수를 써넣으세요.

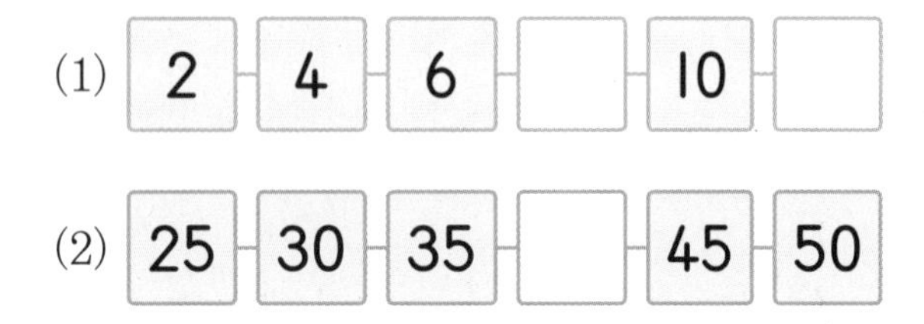

29 수 배열에서 규칙을 찾아 써 보세요.

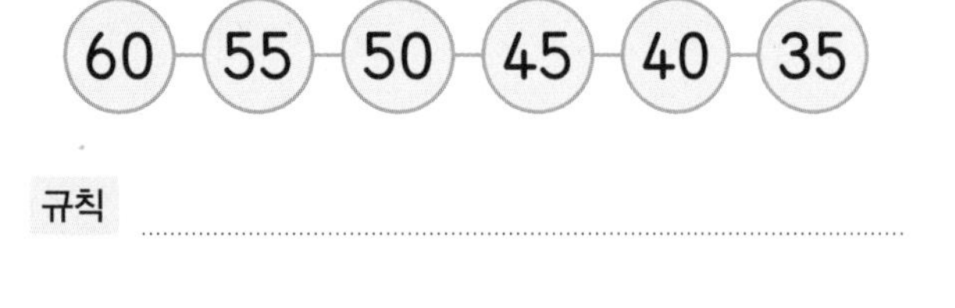

규칙

30 규칙을 만들어 빈칸에 알맞은 수를 써넣으세요.

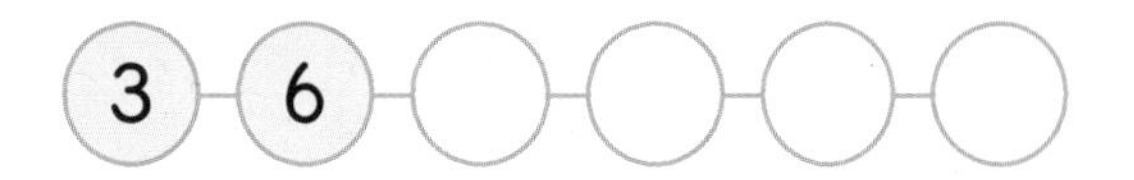

서술형

31 규칙을 찾아 빈칸에 알맞은 수를 구하려고 합니다. 규칙을 쓰고 답을 구해 보세요.

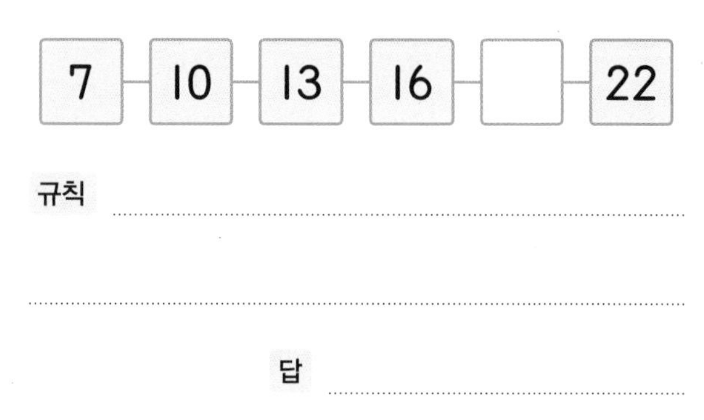

규칙

답

32 보기 와 같은 규칙으로 수를 쓸 때 ★에 알맞은 수는 얼마일까요?

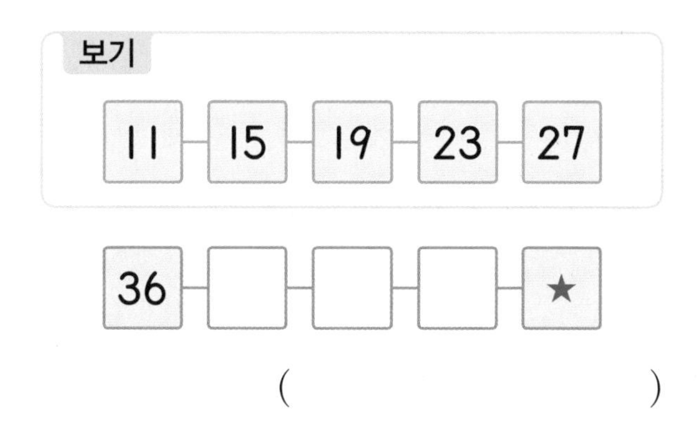

(   )

33 규칙에 따라 빈칸에 알맞은 수를 써넣으세요.

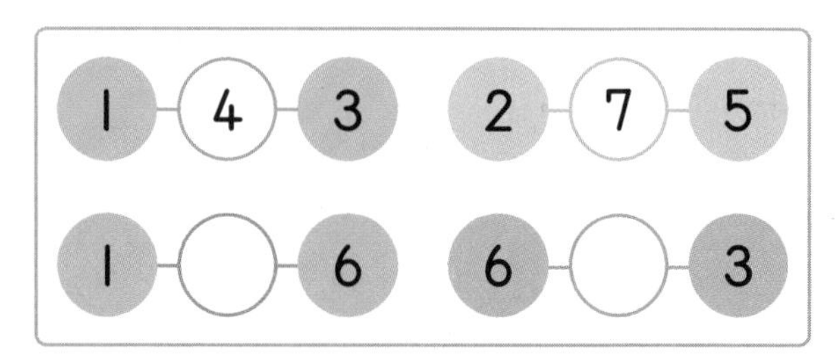

[34~35] 수 배열을 보고 물음에 답하세요.

34 □ 안에 알맞은 수를 써넣으세요.

➡ 1, 4, 7, 10은 □씩 커집니다.

35 다른 규칙을 찾아 써 보세요.

규칙 ....

36 수 배열을 보고 물음에 답하세요.

41	42	43	44	★
51	52	53	54	
♥				

(1) 빈칸에 알맞은 수를 써넣으세요.

(2) ★과 ♥에 알맞은 수를 구해 보세요.

★ (　　　　)

♥ (　　　　)

5 수 배열표에서 규칙 찾기

[37~38] 수 배열표를 보고 물음에 답하세요.

35	36	37	38	39
40	41	42	43	44
45	46	47	48	49
50	51	52	53	54

37 ━에 있는 수에는 어떤 규칙이 있는지 □ 안에 알맞은 수를 써넣으세요.

➡ 45부터 시작하여 → 방향으로 □씩 커집니다.

38 ━에 있는 수에는 어떤 규칙이 있는지 □ 안에 알맞은 수를 써넣으세요.

➡ 36부터 시작하여 ↓ 방향으로 □씩 커집니다.

39 규칙에 따라 색칠해 보세요.

11	12	13	14	15	16	17	18	19	20
21	22	23	24	25	26	27	28	29	30

[40~42] 수 배열표를 보고 물음에 답하세요.

51	52	53	54	55	56	57	58	59	60
61	62	63	64	65	66	67	68	69	70
71	72	73	74	75	76	77	78	79	80
81	82	83	84	85					

40 ▬에 있는 수에는 어떤 규칙이 있는지 써 보세요.

규칙 ....

41 색칠된 칸에 있는 수에는 어떤 규칙이 있는지 써 보세요.

규칙 ....

42 규칙에 따라 빈칸에 알맞은 수를 써넣으세요.

43 규칙에 따라 색칠하고 규칙을 써 보세요.

50	51	52	53	54	55	56	57	58	59
60	61	62	63	64	65	66	67	68	69
70	71	72	73	74	75	76	77	78	79

규칙 ....

44 수 배열표에서 ★에 알맞은 수는 얼마일까요?

49	50				54	
			59			
★						

( )

45 수 배열표의 일부분이 잘리고 지워졌습니다. 색칠된 칸에 있는 수에는 어떤 규칙이 있는지 써 보세요.

	76	77	78
		84	85
89			92
96	97	98	99

규칙 ....

46 서로 다른 규칙이 나타나게 빈칸에 알맞은 수를 써넣으세요.

3	2	1
6		
9		7

7	4	1
		2
	6	

6 규칙을 여러 가지 방법으로 나타내기

47 규칙에 따라 △, ○로 나타내 보세요.

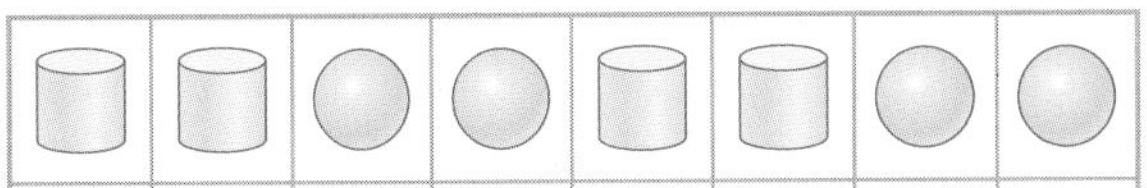

△	△	○					

48 규칙에 따라 빈칸에 알맞은 수를 써넣으세요.

2	4	2			

49 규칙에 따라 □ 안에 알맞은 행동을 한 사람의 이름을 써 보세요.

종우 도준

(   )

50 규칙에 따라 빈칸에 알맞은 수를 써넣고, 규칙을 써 보세요.

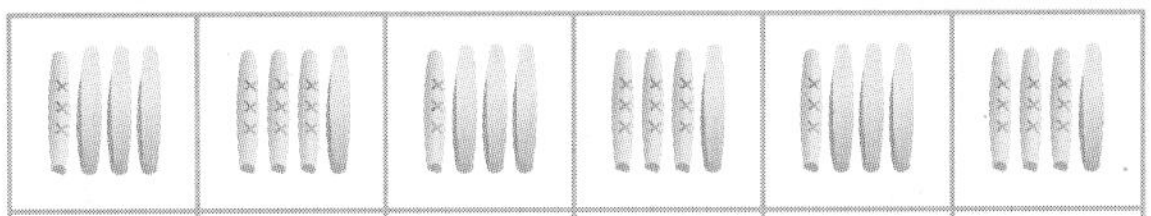

1	3	1			

규칙

51 규칙에 따라 두 가지 방법으로 나타내려고 합니다. 빈칸을 완성해 보세요.

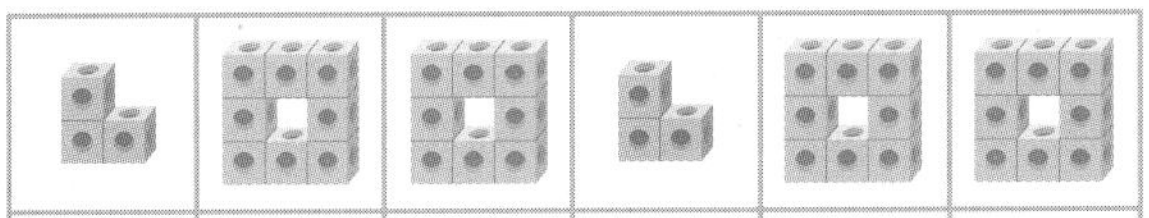

3	8	8			
ㄴ	ㅁ	ㅁ			

서술형

52 규칙에 따라 빈칸에 들어갈 펼친 손가락은 모두 몇 개인지 풀이 과정을 쓰고 답을 구해 보세요.

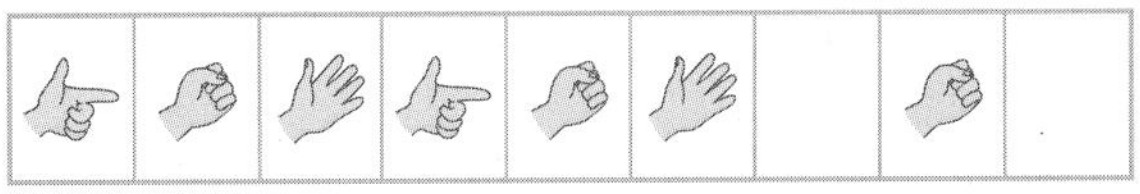

풀이

답

응용유형 1

규칙에 따라 색칠하기

규칙에 따라 빈칸에 알맞게 색칠해 보세요.

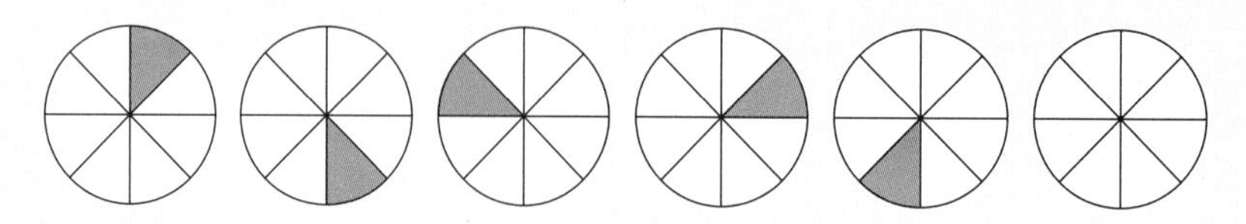

핵심 NOTE • 어떤 방향으로 몇 칸씩 건너뛰고 있는지 알아봅니다.

1-1 규칙에 따라 빈칸에 알맞게 색칠해 보세요.

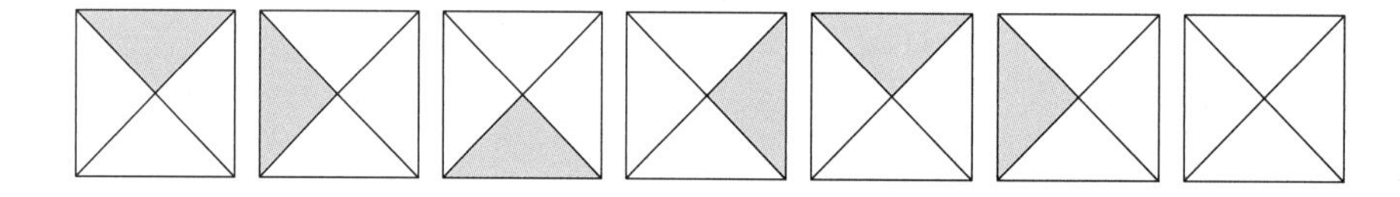

1-2 규칙에 따라 빈칸에 알맞게 색칠해 보세요.

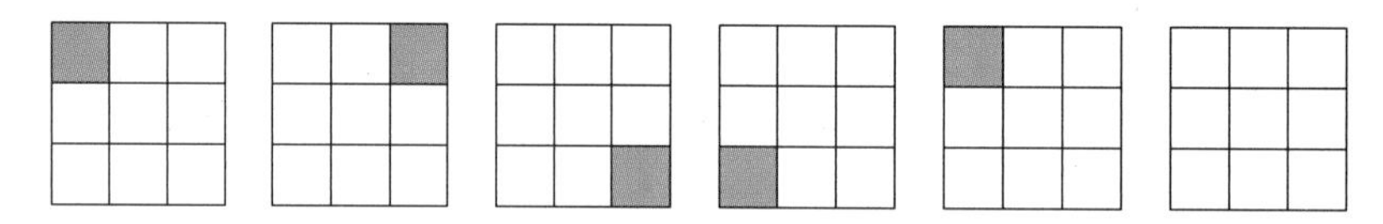

응용유형 2 잘못 놓은 수 카드 찾기

규칙에 따라 수 카드를 늘어놓았습니다. 잘못 놓은 수 카드의 수를 모두 써 보세요.

규칙

18부터 7씩 커지는 규칙

18 25 32 39 46 54 60 67 73

(　　　　　　　　)

● 핵심 NOTE
• 18부터 7씩 더해서 나오는 수를 써 봅니다.

2-1 규칙에 따라 수 카드를 늘어놓았습니다. 잘못 놓은 수 카드의 수를 모두 써 보세요.

규칙

45부터 3씩 작아지는 규칙

45 42 39 36 34 30 27 23 21

(　　　　　　　　)

2-2 규칙에 따라 수 카드를 늘어놓았습니다. 잘못 놓은 수 카드의 수를 써 보세요.

10 18 26 34 42 50 58 63 74

(　　　　　　　　)

찢어진 수 배열표 보고 규칙 찾기

수 배열표의 일부분이 찢어졌습니다. ★에 알맞은 수를 구해 보세요.

58	59	60	
66			
74			
			★

( )

● 핵심 NOTE • 수 배열표에서 → 방향과 ↓ 방향의 규칙을 찾아봅니다.

3-1 수 배열표의 일부분이 찢어졌습니다. ♥에 알맞은 수를 구해 보세요.

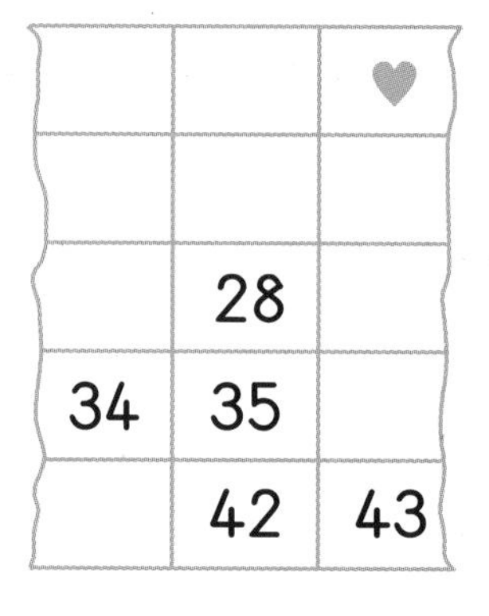

		♥
	28	
34	35	
	42	43

( )

3-2 수 배열표의 일부분이 찢어졌습니다. ▲와 ■에 알맞은 수를 구해 보세요.

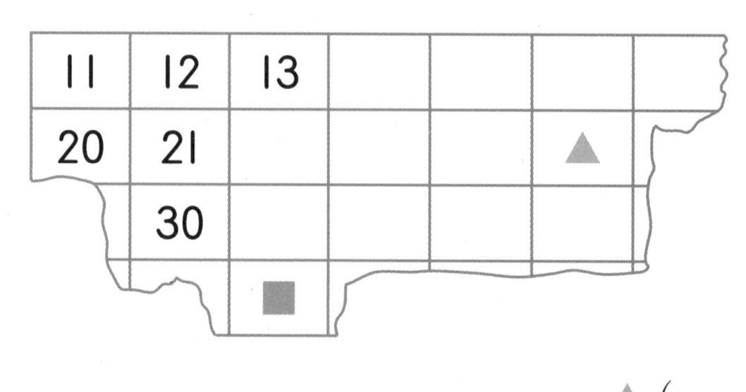

11	12	13				
20	21				▲	
	30					
		■				

▲ ( )

■ ( )

로봇으로 바닥 꾸미기

시작하기 버튼을 누르면 로봇이 명령을 3번 반복하여 바닥을 꾸밉니다. 로봇이 꾸민 바닥을 완성해 보세요.

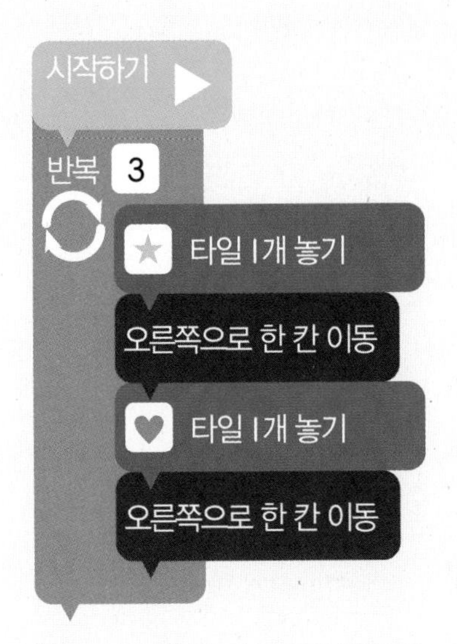

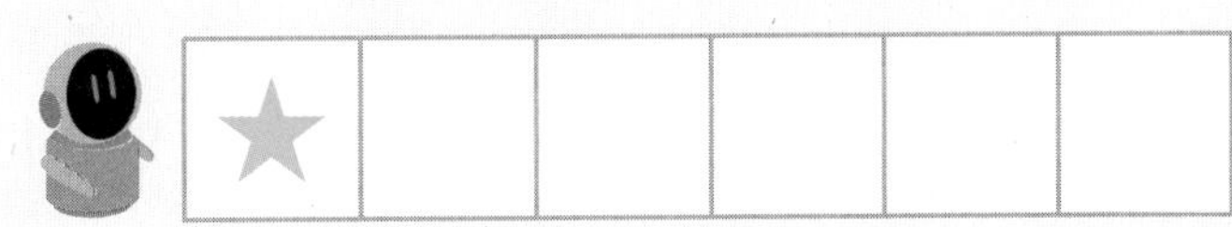

1단계 규칙 찾기

2단계 로봇이 꾸민 바닥 완성하기

● 핵심 NOTE

1단계 규칙을 찾아봅니다.

2단계 로봇이 꾸민 바닥을 완성해 봅니다.

5

단원 평가 Level 1

점수

확인

1 반복되는 부분에 ◯ 표시해 보세요.

2 규칙을 찾아 빈칸에 알맞은 그림을 그리고 색칠해 보세요.

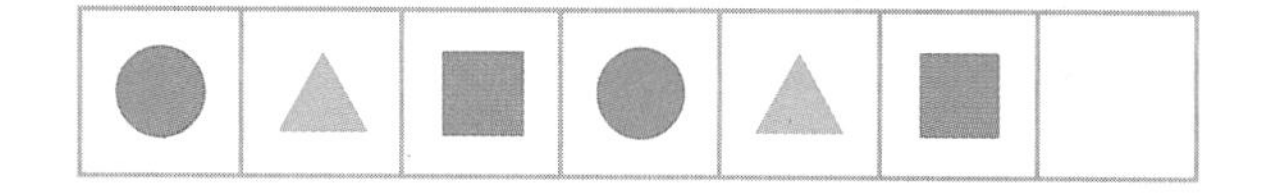

3 구슬(● ●)로 규칙을 만들어 보세요.

4 규칙에 따라 빈칸에 알맞게 색칠해 보세요.

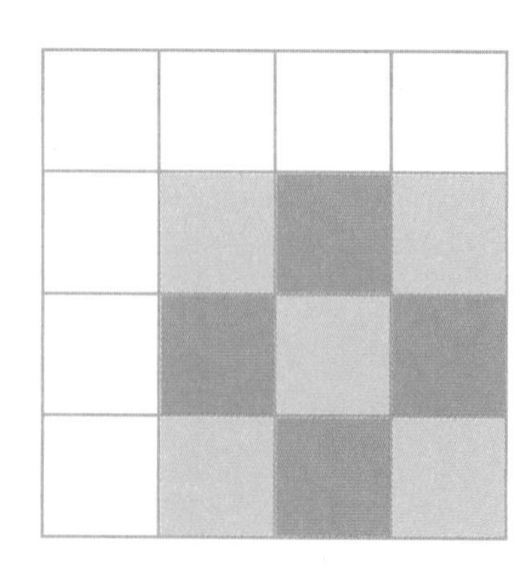

5 규칙에 따라 다음에 올 수를 구해 보세요.

(　　　　　　　　)

6 규칙에 따라 빈칸에 알맞은 수를 써넣으세요.

10	12	14	16	18	

7 규칙을 찾아 빈칸에 알맞은 수를 써넣으세요.

8 규칙을 찾아 써 보세요.

★	★	♥	★	★	♥	★

규칙 ....

....

9 규칙에 따라 빈칸에 알맞은 수를 써넣으세요.

자전거	세발자전거	자전거	세발자전거	자전거	세발자전거
2	3				

10 규칙에 따라 ○, △로 나타내 보세요.

수박	딸기	딸기	수박	딸기	딸기
○	△	△			

11 규칙에 따라 빈칸에 알맞은 수를 써넣으세요.

⚃	⚁	⚃	⚁	⚃	⚁
4	2	4			

[12~14] 수 배열표를 보고 물음에 답하세요.

1	2	3	4	5	6	7	8
9		11	12	13	14	15	16
17		19	20	21	22	23	24
25	26	27	28	29	30	31	32
33	34	35			38	39	40

12 ▬▬에 있는 수에는 어떤 규칙이 있는지 써 보세요.

규칙 ....

....

13 ▬▬에 있는 수에는 어떤 규칙이 있는지 써 보세요.

규칙 ....

....

14 규칙에 따라 빈칸에 알맞은 수를 써넣으세요.

15 규칙에 따라 빈칸에 알맞게 색칠해 보세요.

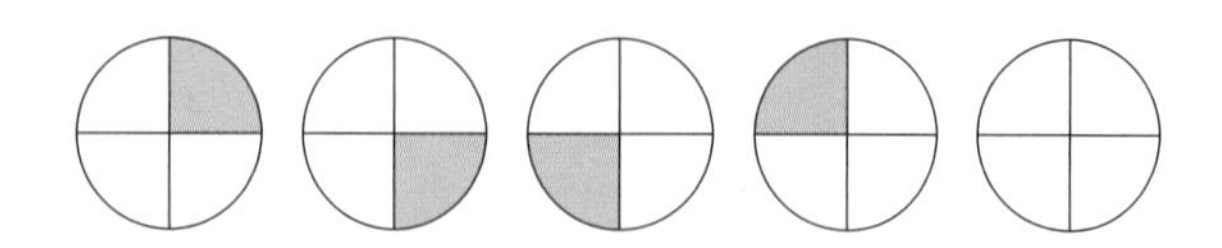

[16~18] 수 배열표를 보고 물음에 답하세요.

50	51	52	53	54	55	56
57	58	59		61	62	63
64	65	66	67	68	69	
71	72	73	74	75	76	77

16 규칙에 따라 색칠해 보세요.

17 색칠된 칸에 있는 수에는 어떤 규칙이 있는지 써 보세요.

규칙

18 규칙에 따라 빈칸에 알맞은 수를 써넣으세요.

19 신호등에서 찾을 수 있는 규칙을 찾아 다음 번에 켜질 불은 무슨 색인지 풀이 과정을 쓰고 답을 구해 보세요.

풀이

답

20 보기 와 같은 규칙에 따라 빈칸에 알맞은 수를 써넣으려고 합니다. 풀이 과정을 쓰고 알맞은 수를 써넣으세요.

보기

23 - 19 - 15 - 11 - 7

32 - ☐ - ☐ - ☐ - ☐

풀이

단원 평가 Level 2

점수

확인

1 규칙을 찾아 □ 안에 알맞은 말을 써넣으세요.

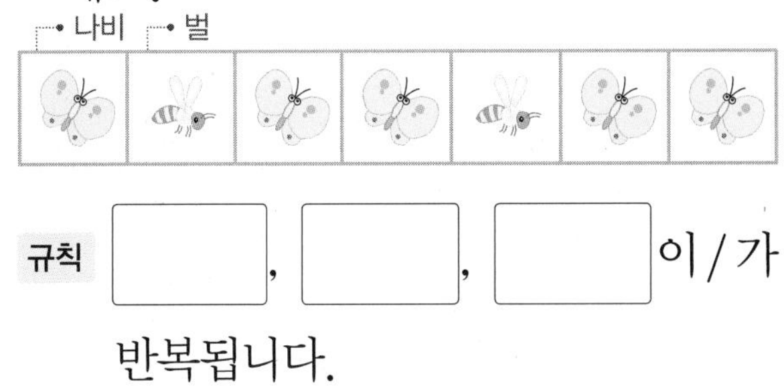

규칙 [ ], [ ], [ ] 이/가 반복됩니다.

2 규칙을 찾아 빈칸에 알맞은 그림에 ○표 하세요.

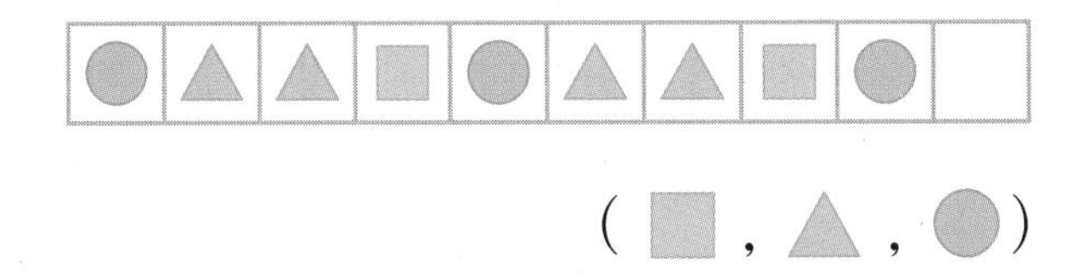

(■ , ▲ , ●)

3 규칙을 만들어 기차를 색칠해 보세요.

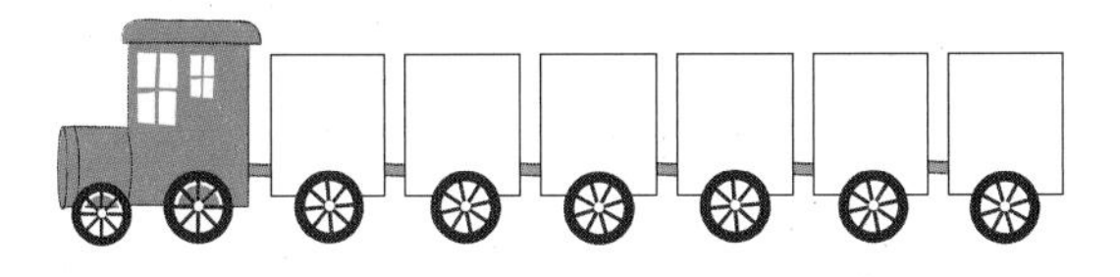

4 규칙에 따라 빈칸에 알맞게 색칠해 보세요.

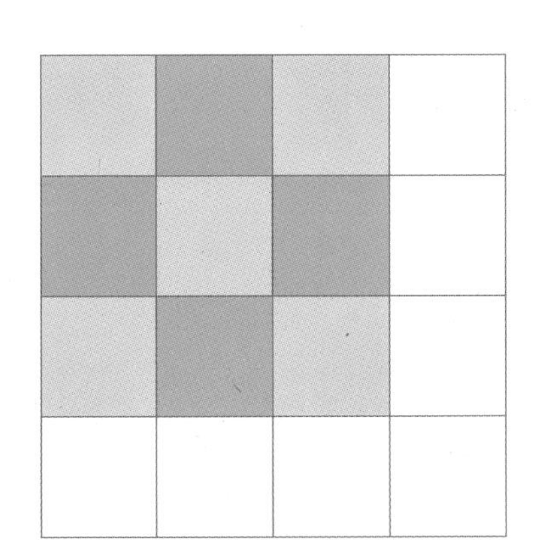

5 ○, ◇ 모양으로 규칙을 만들어 구슬 팔찌를 꾸며 보세요.

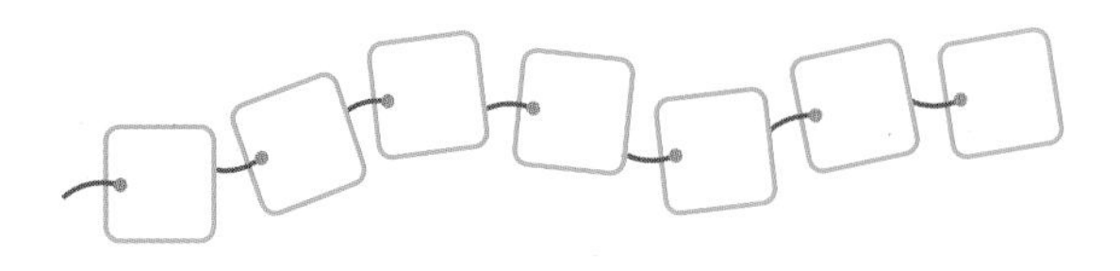

6 규칙에 따라 빈칸에 알맞은 수를 써넣으세요.

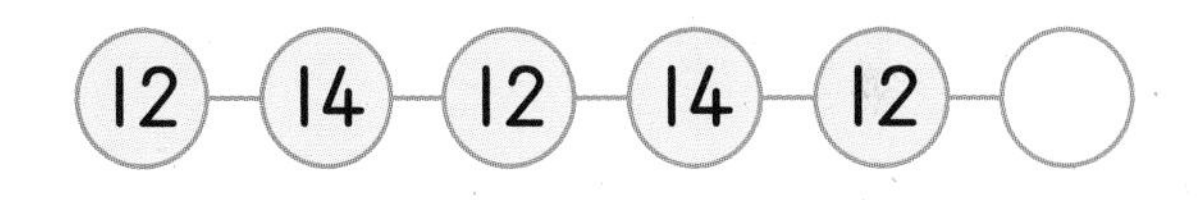

7 규칙을 찾아 바르게 말한 사람의 이름을 써 보세요.

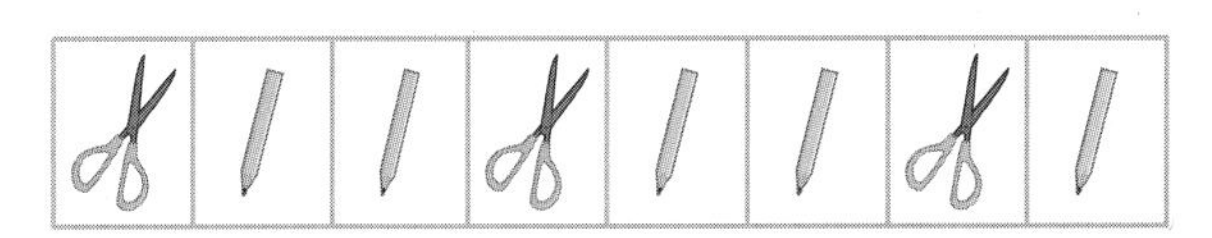

영미: 가위, 연필, 연필이 반복되고 있습니다.

민지: 가위, 연필이 반복되고 있습니다.

( )

8 규칙을 만들어 빈칸에 알맞은 수를 써넣으세요.

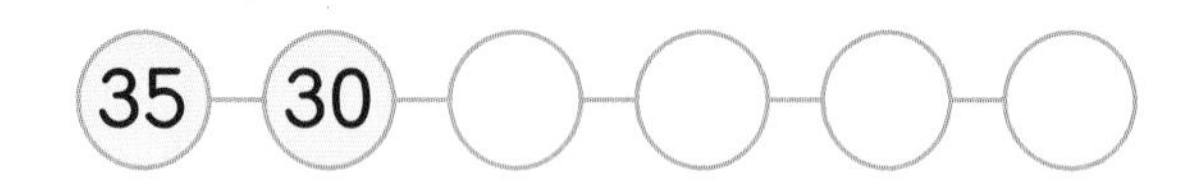

9 규칙에 따라 빈칸에 알맞은 수를 써넣으세요.

8	0	8			

10 규칙에 따라 빈칸에 들어갈 그림에서 펼친 손가락은 몇 개일까요?

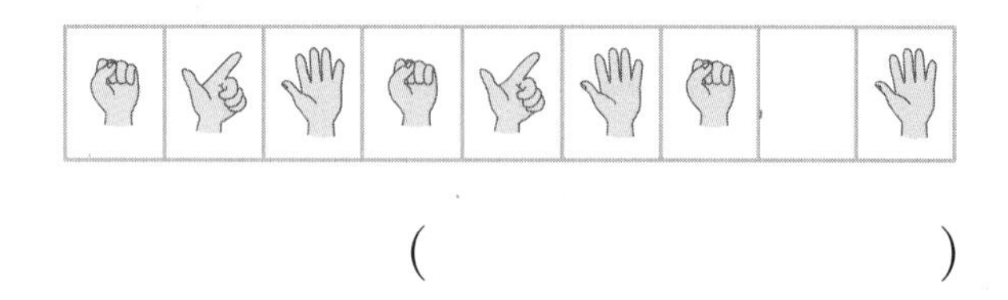

( )

11 규칙에 따라 두 가지 방법으로 나타내려고 합니다. 빈칸을 완성해 보세요.

4	3	4			
ㅏ	ㅣ	ㅏ			

[12~14] 수 배열표를 보고 물음에 답하세요.

31		33	34	35	36	37	38	39	40
41	42	43	44	45	46	47	48	49	
51	52	53	54	55	56	57	58	59	60
61	62	63	64	65		67	68	69	70

12 색칠된 칸에 있는 수에는 어떤 규칙이 있는지 써 보세요.

규칙 ....

13 ━━에 있는 수에는 어떤 규칙이 있는지 써 보세요.

규칙 ....

14 규칙에 따라 빈칸에 알맞은 수를 써넣으세요.

15 규칙에 따라 꾸민 포장지의 일부분이 찢어졌습니다. 찢어진 부분에서 ★은 모두 몇 개일까요?

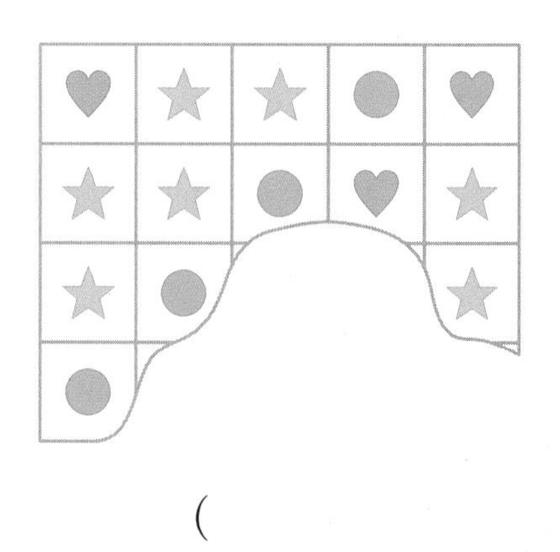

( )

16 39부터 4씩 작아지는 규칙으로 수들이 놓여 있을 때 ★에 알맞은 수는 얼마일까요?

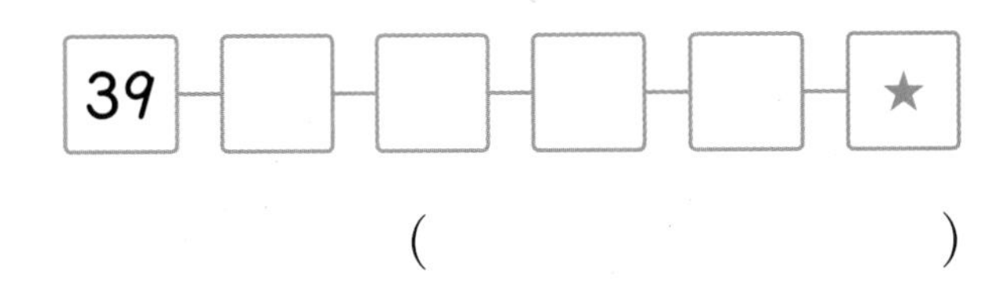

(　　　　　　　　)

17 규칙에 따라 빈칸에 알맞은 수를 써넣으세요.

1 - 4 - 5　　2 - 5 - 7

1 - ◯ - 8　　6 - ◯ - 9

18 수 배열표에서 ★에 알맞은 수는 얼마일까요?

			★			
18	19			22		
11	12	13	14			

(　　　　　　　　)

19 규칙을 찾아 빈칸에 알맞은 그림을 그리고 색칠하려고 합니다. 풀이 과정을 쓰고 알맞게 나타내 보세요.

◆ ◆ ♥ ◆ ◆ ♥ ◆ ◆ ♥ ☐

풀이 ....

20 수 배열에서 찾을 수 있는 규칙을 두 가지 써 보세요.

규칙1 ....

규칙2 ....

5

덧셈과 뺄셈(3)

수를 가르기하지 않고 바로 덧셈과 뺄셈을 할 수 있을까?

10개씩 묶음끼리, 낱개끼리

줄을 맞추어 각각 더하고 빼면 돼!

같은 자리에 있는 수끼리!

• 37 + 22

$$\begin{array}{r} 3\ 7 \\ +\ 2\ 2 \\ \hline 5\ 9 \end{array}$$

❷ 30+20=50

❶ 7+2=9

• 37 - 22

$$\begin{array}{r} 3\ 7 \\ -\ 2\ 2 \\ \hline 1\ 5 \end{array}$$

❷ 30-20=10

❶ 7-2=5

1 덧셈을 알아볼까요(1)

● 받아올림이 없는 (몇십몇)+(몇)

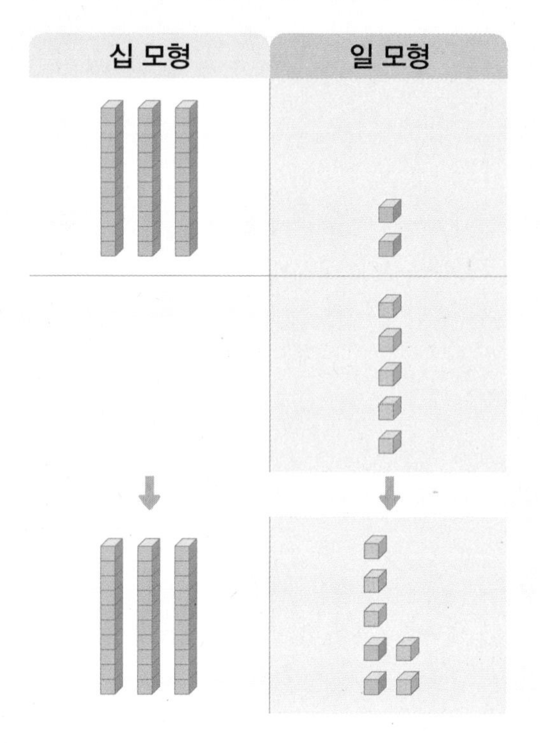

$$\begin{array}{r} 3\ 2 \\ +\ \ \ 5 \\ \hline \end{array} \rightarrow \begin{array}{r} 3\ 2 \\ +\ \ \ 5 \\ \hline 7 \end{array} \rightarrow \begin{array}{r} 3\ 2 \\ +\ \ \ 5 \\ \hline 3\ 7 \end{array}$$

일 모형끼리 줄을 맞추어 세로로 씁니다. → 일 모형끼리 더합니다. → 십 모형을 그대로 내려씁니다.

!

● 32 + 5를 이어 세기로 구하기

32 → 33 → 34 → ☐ → ☐ → ☐

1 수 모형을 보고 덧셈을 해 보세요.

(1)

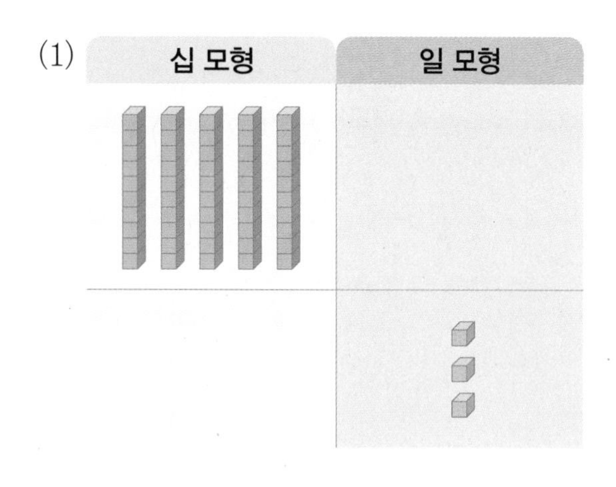

$$\begin{array}{r} 5\ 0 \\ +\ \ \ 3 \\ \hline \square\square \end{array}$$

(2)

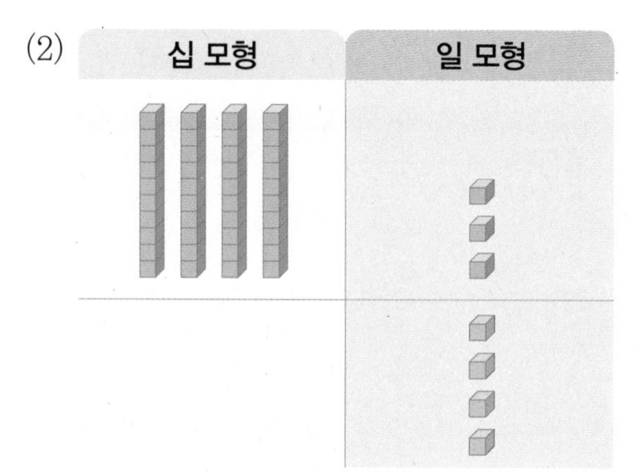

$$\begin{array}{r} 4\ 3 \\ +\ \ \ 4 \\ \hline \square\square \end{array}$$

정답과 풀이 37쪽

2 노란색 색종이가 20장, 초록색 색종이가 3장 있습니다. 색종이는 모두 몇 장인지 △를 그려 구해 보세요.

1학년 때 배웠어요

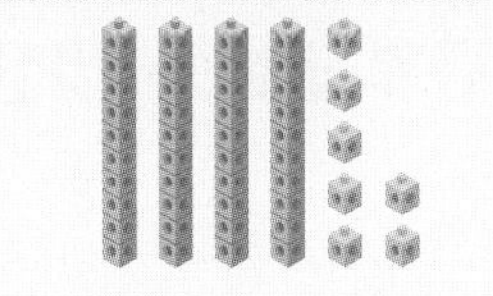

40과 7은 47입니다.

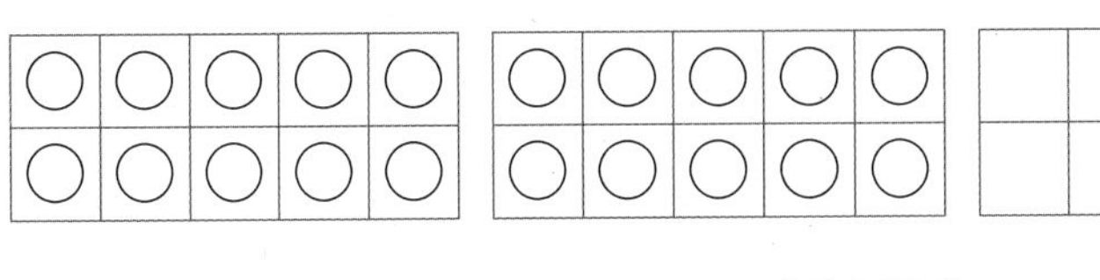

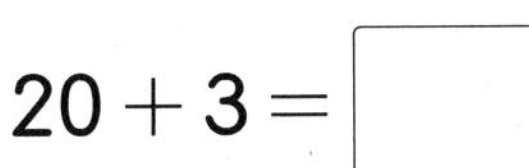

$20+3=\square$

3 □ 안에 알맞은 수를 써넣으세요.

▶ 10개씩 묶음의 수는 몇십을, 낱개의 수는 몇을 나타내므로 몇을 나타내는 수끼리 더해야 합니다.

(1)

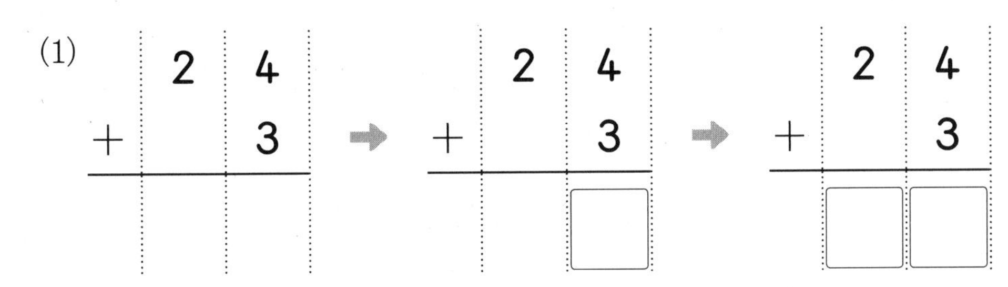

(2)

$$\begin{array}{rr} & 8\ 1 \\ + & 6 \\ \hline & \square \end{array} \Rightarrow \begin{array}{rr} & 8\ 1 \\ + & 6 \\ \hline & \square\ \square \end{array}$$

4 덧셈을 해 보세요.

▶ (몇)＋(몇십몇)은 (몇십몇)＋(몇)과 같은 방법으로 계산합니다.

(1) $\begin{array}{r} 70 \\ +\ \ 8 \\ \hline \end{array}$　(2) $\begin{array}{r} 65 \\ +\ \ 3 \\ \hline \end{array}$　(3) $\begin{array}{r} 6 \\ +\ 41 \\ \hline \end{array}$

5 □ 안에 알맞은 수를 써넣으세요.

(1) $35+2=\square$　(2) $66+3=\square$

2 덧셈을 알아볼까요(2)

- **(몇십몇)+(몇십몇)**

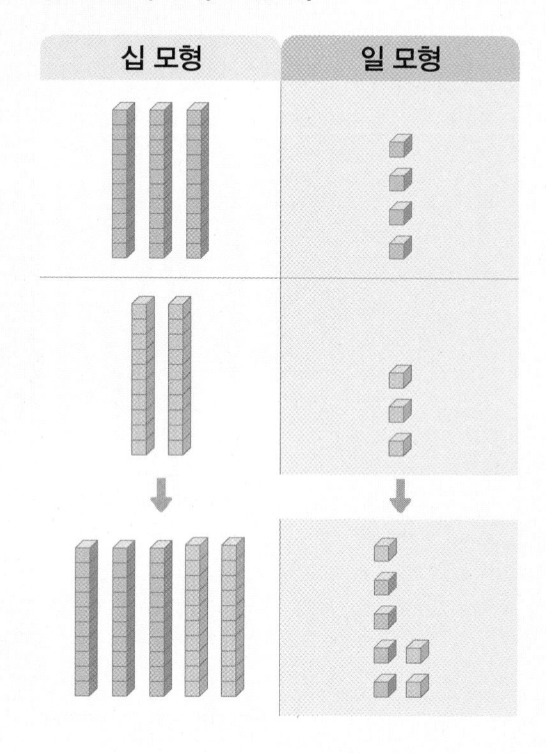

	3	4
+	2	3

일 모형끼리 줄을 맞추어 세로로 씁니다.

	3	4
+	2	3
		7

일 모형끼리 더합니다.

	3	4
+	2	3
	5	7

십 모형끼리 더합니다.

1 수 모형을 보고 덧셈을 해 보세요.

(1)

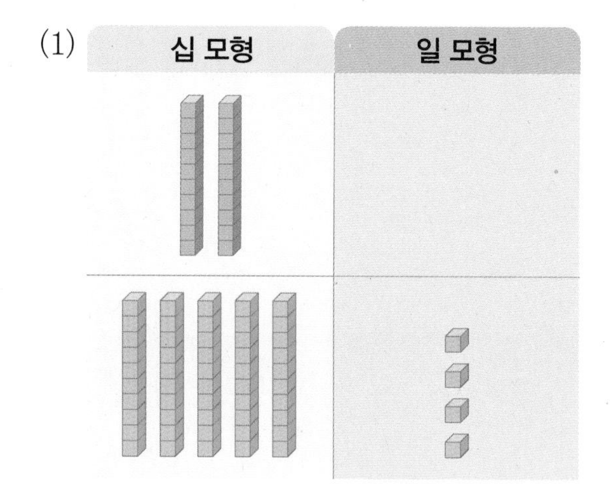

	2	0
+	5	4
	□	□

(2)

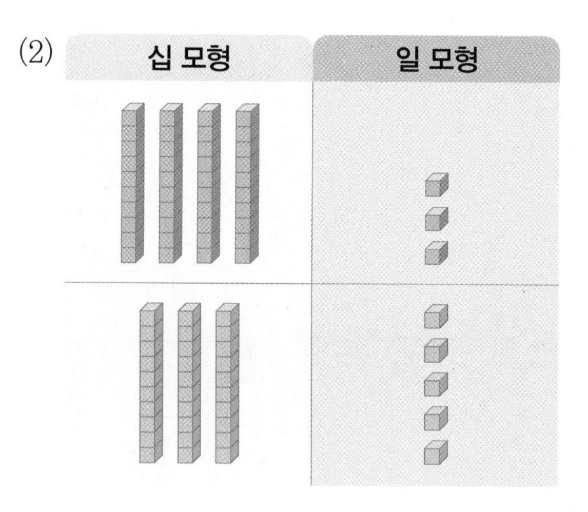

	4	3
+	3	5
	□	□

2 그림을 보고 □ 안에 알맞은 수를 써넣으세요.

30 + □ = □

> 30은 10개씩 묶음 3개이고, 20은 10개씩 묶음 2개입니다.

3 □ 안에 알맞은 수를 써넣으세요.

(1)
$$\begin{array}{r} 60 \\ +\ 10 \\ \hline \end{array} \Rightarrow \begin{array}{r} 60 \\ +\ 10 \\ \hline \square \end{array} \Rightarrow \begin{array}{r} 60 \\ +\ 10 \\ \hline \square\square \end{array}$$

(2)
$$\begin{array}{r} 51 \\ +\ 27 \\ \hline \end{array} \Rightarrow \begin{array}{r} 51 \\ +\ 27 \\ \hline \square \end{array} \Rightarrow \begin{array}{r} 51 \\ +\ 27 \\ \hline \square\square \end{array}$$

> 10개씩 묶음의 수는 몇십을, 낱개의 수는 몇을 나타내므로 몇십을 나타내는 수끼리, 몇을 나타내는 수끼리 더해야 합니다.

4 덧셈을 해 보세요.

(1)
$$\begin{array}{r} 5\ 0 \\ +\ 2\ 0 \\ \hline \end{array}$$

(2)
$$\begin{array}{r} 3\ 5 \\ +\ 3\ 0 \\ \hline \end{array}$$

(3)
$$\begin{array}{r} 2\ 1 \\ +\ 7\ 4 \\ \hline \end{array}$$

> (몇십) + (몇십)도 (몇십몇) + (몇십몇)과 같은 방법으로 계산합니다.

5 □ 안에 알맞은 수를 써넣으세요.

(1) 10 + 40 = □

(2) 22 + 16 = □

기본기 다지기

1 (몇십)+(몇), (몇십몇)+(몇)

1 그림을 보고 □ 안에 알맞은 수를 써넣으세요.

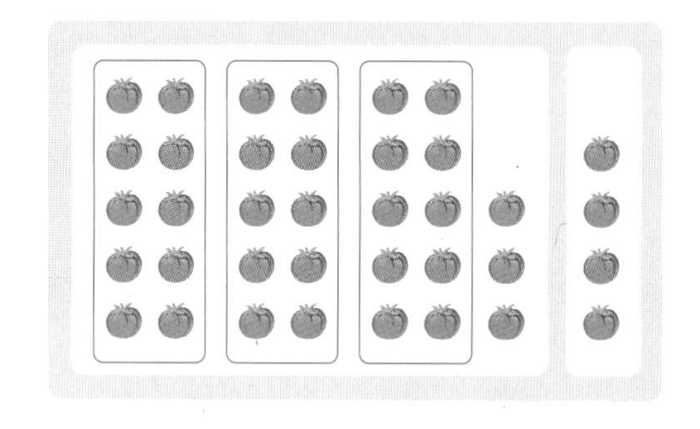

33+□=□

2 덧셈을 해 보세요.

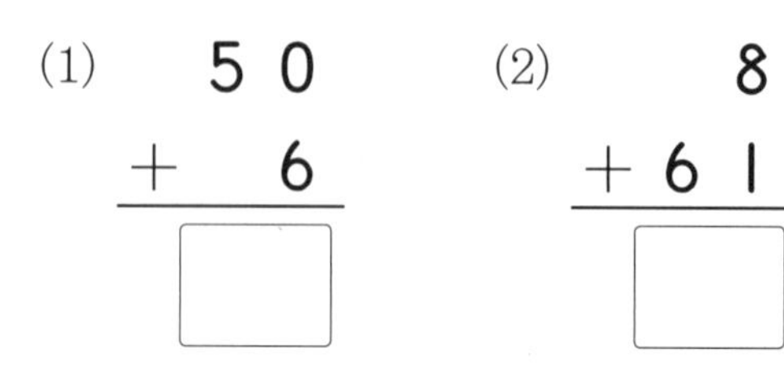

(1) 50 + 6 = □

(2) 8 + 61 = □

(3) 3+80=□

(4) 4+93=□

3 두 수의 합을 구해 보세요.

6　　70

(　　　　　　)

4 빈칸에 알맞은 수를 써넣으세요.

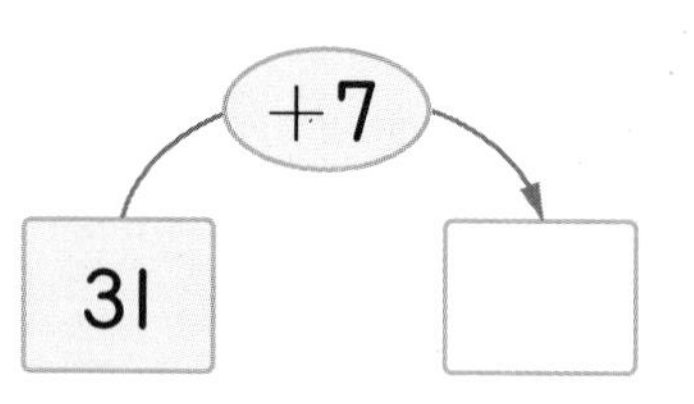

5 계산에서 틀린 곳을 찾아 바르게 계산해 보세요.

$$\begin{array}{r} 54 \\ +\ 3 \\ \hline 84 \end{array}$$ ➡ □

6 합이 같은 것끼리 이어 보세요.

60+7 •	• 50+9
56+3 •	• 61+6
33+5 •	• 35+3

7 나타내는 수를 구해 보세요.

43보다 3만큼 더 큰 수

(　　　　　　)

서술형

8 ㉠과 ㉡ 중에서 계산 결과가 더 큰 것은 어느 것인지 풀이 과정을 쓰고 답을 구해 보세요.

㉠ $90+8$　　㉡ $6+90$

풀이 ....

....

....

답 ....

9 합이 가장 큰 것을 찾아 ○표 하세요.

(　　) (　　) (　　)

10 슬기네 반 학생은 27명이었습니다. 오늘 2명이 전학을 왔습니다. 슬기네 반 학생은 모두 몇 명이 되었나요?

식 $27+\square=\square$

답 ....

11 지아는 붙임딱지를 14장 모았고, 은수는 지아보다 3장 더 많이 모았습니다. 은수가 모은 붙임딱지는 모두 몇 장일까요?

식 ....

답 ....

12 유나의 일기를 읽고 미술관에 있는 작품은 모두 몇 개인지 구해 보세요.

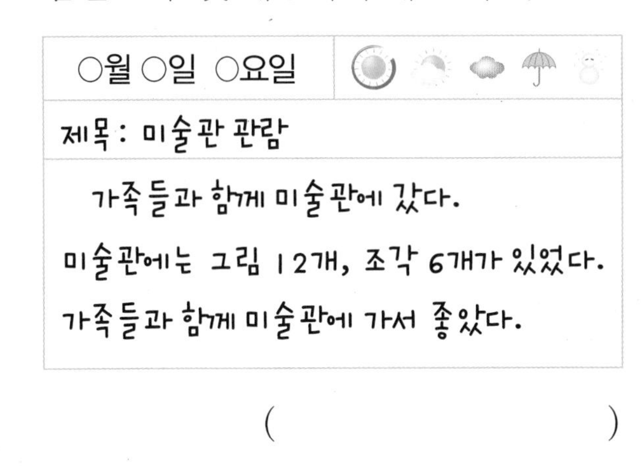

(　　　　　　)

13 빈칸에 알맞은 수를 써넣으세요.

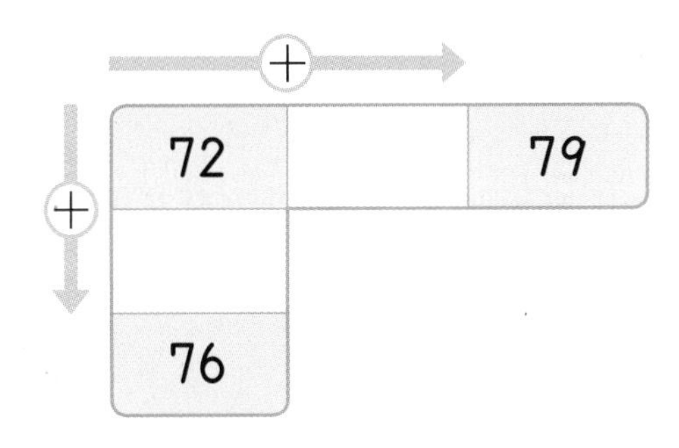

14 다음 수 카드 중에서 2장을 골라 합이 45가 되도록 덧셈식을 만들어 보세요.

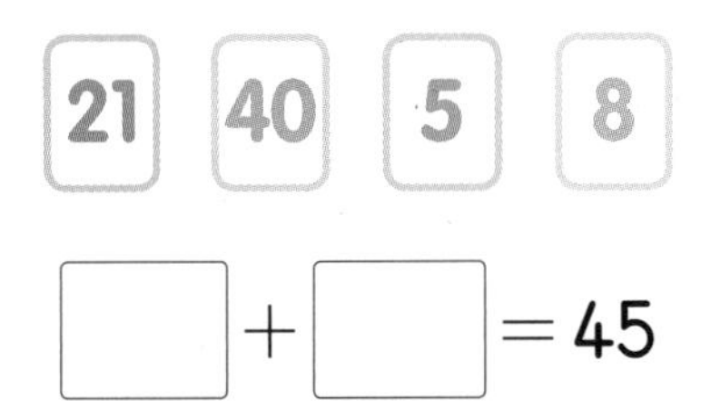

$\square+\square=45$

2 (몇십) + (몇십), (몇십몇) + (몇십몇)

15 그림을 보고 □ 안에 알맞은 수를 써넣으세요.

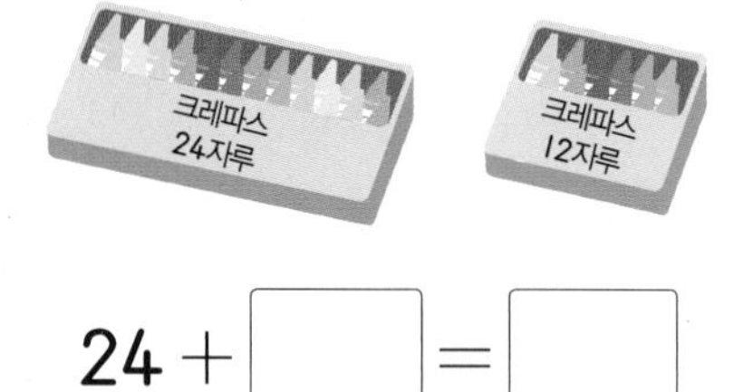

24 + □ = □

16 덧셈을 해 보세요.

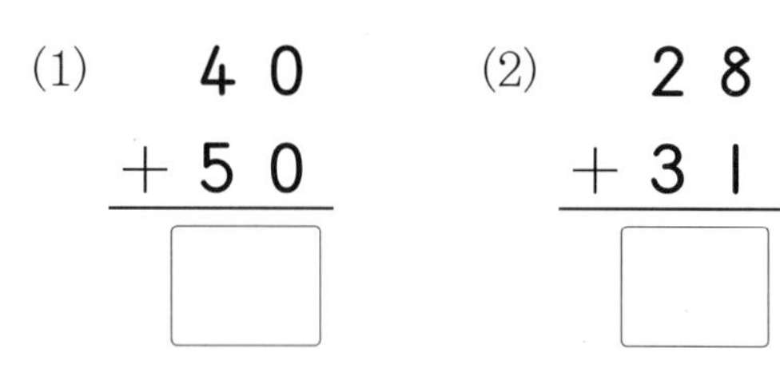

(1) 40 + 50 = □

(2) 28 + 31 = □

(3) 10 + 50 = □

(4) 31 + 53 = □

17 빈칸에 두 수의 합을 써넣으세요.

20	30

18 □ 안에 알맞은 수를 써넣으세요.

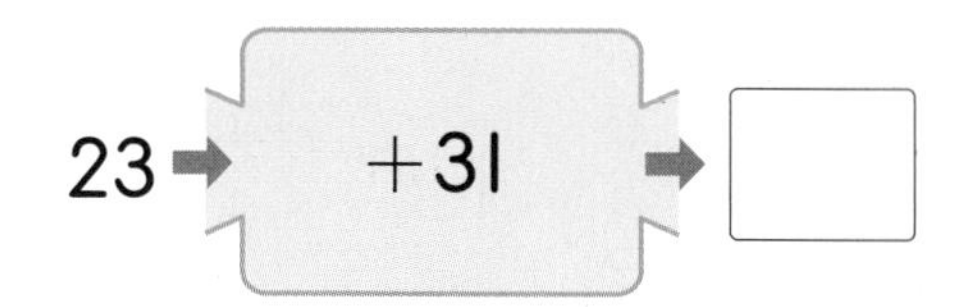

19 합이 더 큰 것을 찾아 색칠해 보세요.

[20~21] 그림을 보고 물음에 답하세요.

20 보라색 색연필과 파란색 색연필은 모두 몇 자루일까요?

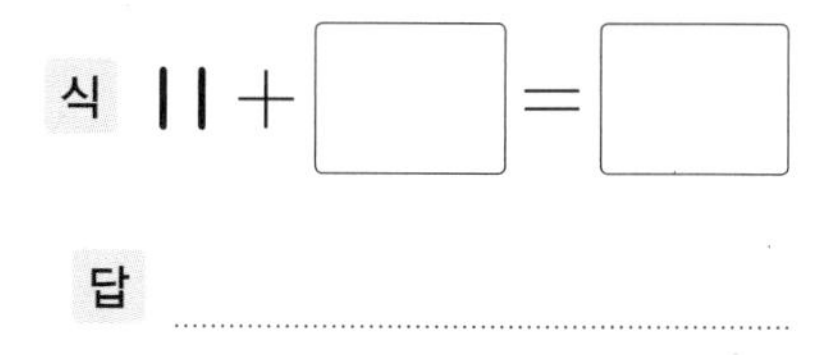

식 11 + □ = □

답 ....

21 두 가지 색의 색연필을 골라 더해 보세요.

.... 색연필과 .... 색연필은 모두 몇 자루일까요?

식 □ + □ = □

답 ....

22 합이 큰 순서대로 빈칸에 1, 2, 3을 써넣으세요.

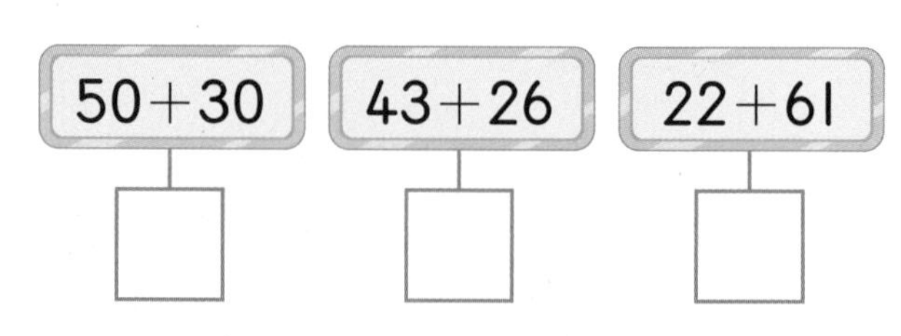

23 나타내는 수를 구해 보세요.

51보다 16만큼 더 큰 수

(   )

24 합이 다른 하나를 찾아 ○표 하세요.

43 + 15	27 + 32	34 + 25
( )	( )	( )

25 쿠키가 30개 들어 있는 봉지와 20개 들어 있는 봉지가 있습니다. 두 봉지에 들어 있는 쿠키는 모두 몇 개인지 구해 보세요.

식 ....

답 ....

26 현우는 동화책을 어제는 41쪽, 오늘은 24쪽 읽었습니다. 현우가 어제와 오늘 동화책을 모두 몇 쪽 읽었는지 구해 보세요.

식 ....

답 ....

27 같은 모양에 적힌 수의 합을 구해 보세요.

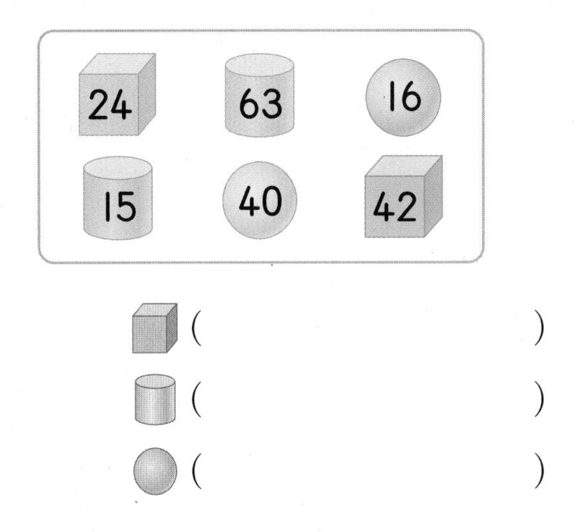

(상자 모양) (   )

(원기둥 모양) (   )

(공 모양) (   )

28 □ 안에 알맞은 수를 써넣으세요.

(1) 23 + □ = 63

(2) 39 + □ = 59

29 □ 안에 들어갈 수 있는 수에 ○표 하세요.

41 + □ > 58

(15 , 16 , 17 , 18)

30 유림이네 반 학생 수는 31명이고 상진이네 반 학생 수는 유림이네 반 학생 수보다 2명 더 많습니다. 유림이네 반과 상진이네 반 학생은 모두 몇 명일까요?

(   )

6

3 뺄셈을 알아볼까요(1)

- **(몇십몇)－(몇)**

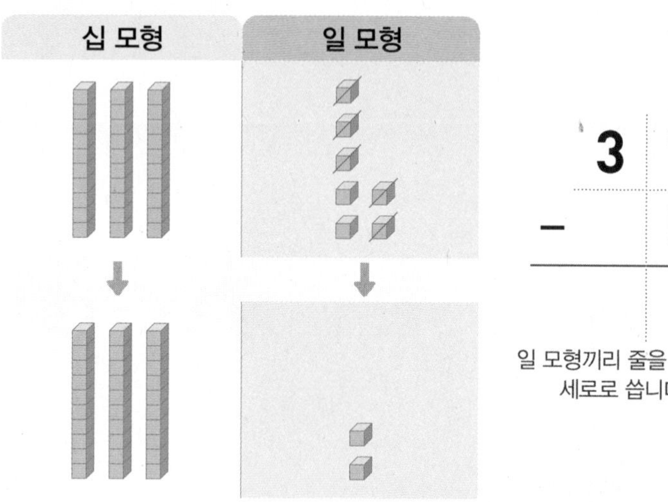

$$\begin{array}{r} 37 \\ -\ \ 5 \\ \hline \end{array} \rightarrow \begin{array}{r} 37 \\ -\ \ 5 \\ \hline 2 \end{array} \rightarrow \begin{array}{r} 37 \\ -\ \ 5 \\ \hline 32 \end{array}$$

일 모형끼리 줄을 맞추어 세로로 씁니다. → 일 모형끼리 뺍니다. → 십 모형을 그대로 내려씁니다.

- 37 － 5를 거꾸로 세어 구하기

☐ ☐ ☐ 35 36 37

1 수 모형을 보고 뺄셈을 해 보세요.

(1)

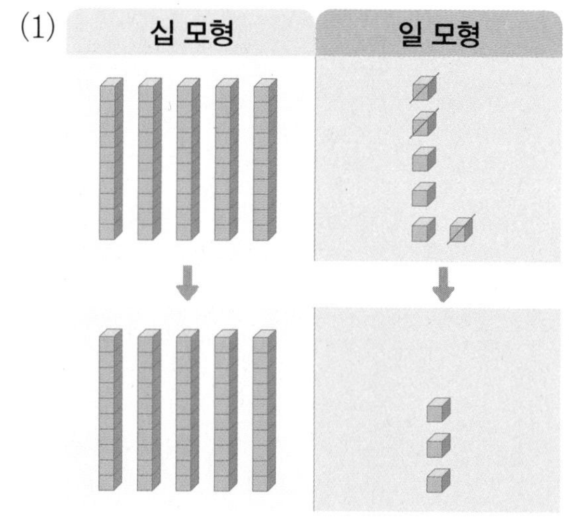

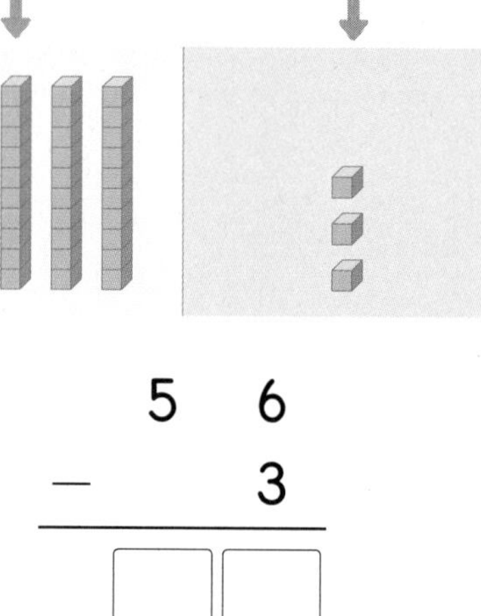

$$\begin{array}{r} 56 \\ -\ \ 3 \\ \hline \square\square \end{array}$$

(2)

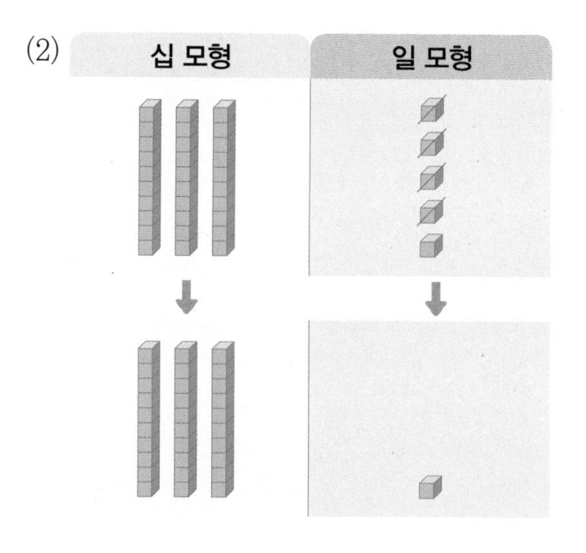

$$\begin{array}{r} 35 \\ -\ \ 4 \\ \hline \square\square \end{array}$$

2 형우는 사탕 17개 중 3개를 동생에게 주었습니다. 동생에게 준 사탕의 수만큼 ○를 /으로 지워 형우에게 남은 사탕의 수를 구해 보세요.

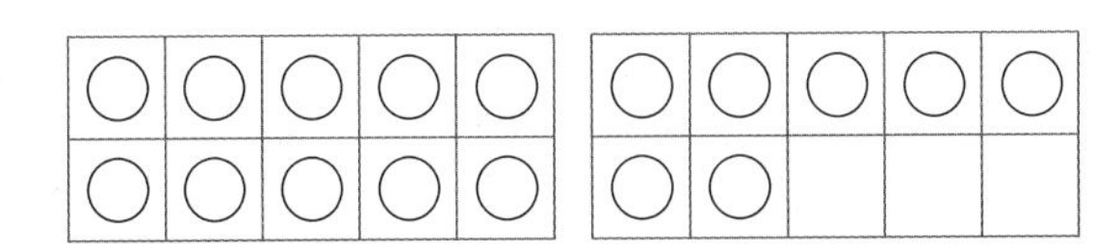

$17-3=$ □

3 □ 안에 알맞은 수를 써넣으세요.

> 10개씩 묶음의 수는 몇십을, 낱개의 수는 몇을 나타내므로 몇을 나타내는 수끼리 빼야 합니다.

(1)

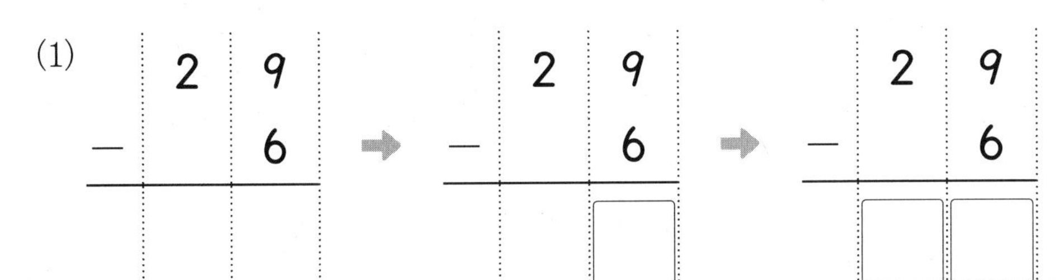

(2)

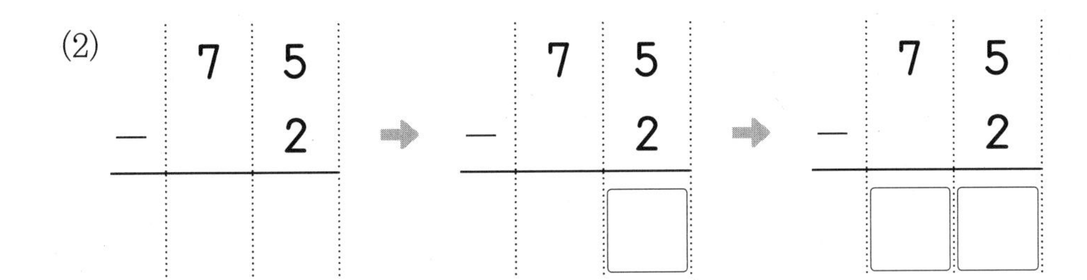

4 뺄셈을 해 보세요.

> (몇십몇) − (몇)은 낱개의 수끼리 빼서 낱개의 자리에 쓰고 10개씩 묶음의 수를 그대로 내려씁니다.

(1) $25-3=$ □

(2) $99-8=$ □

(3) $46-4=$ □

5 □ 안에 알맞은 수를 써넣으세요.

(1) $86-5=$ □　　(2) $38-3=$ □

4 뺄셈을 알아볼까요(2)

● 받아내림이 없는 (몇십몇) − (몇십몇)

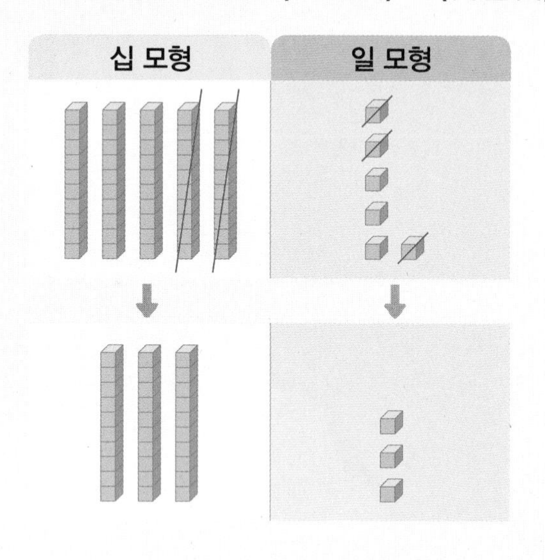

$$\begin{array}{r} 56 \\ -\ 23 \\ \hline \end{array} \rightarrow \begin{array}{r} 56 \\ -\ 23 \\ \hline 3 \end{array} \rightarrow \begin{array}{r} 56 \\ -\ 23 \\ \hline 33 \end{array}$$

일 모형끼리 줄을 맞추어 세로로 씁니다. → 일 모형끼리 뺍니다. → 십 모형끼리 뺍니다.

1 수 모형을 보고 뺄셈을 해 보세요.

(1)

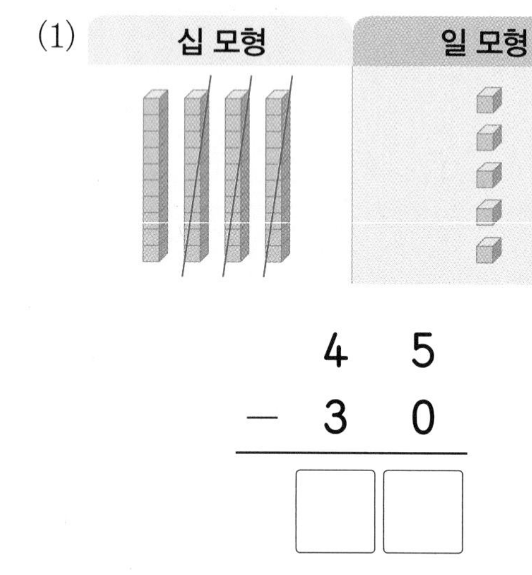

$$\begin{array}{r} 45 \\ -\ 30 \\ \hline \square\square \end{array}$$

(2)

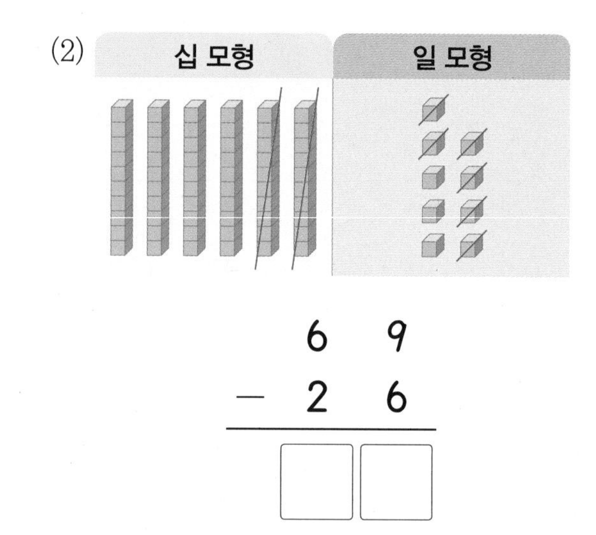

$$\begin{array}{r} 69 \\ -\ 26 \\ \hline \square\square \end{array}$$

2 연결 모형을 보고 □ 안에 알맞은 수를 써넣으세요.

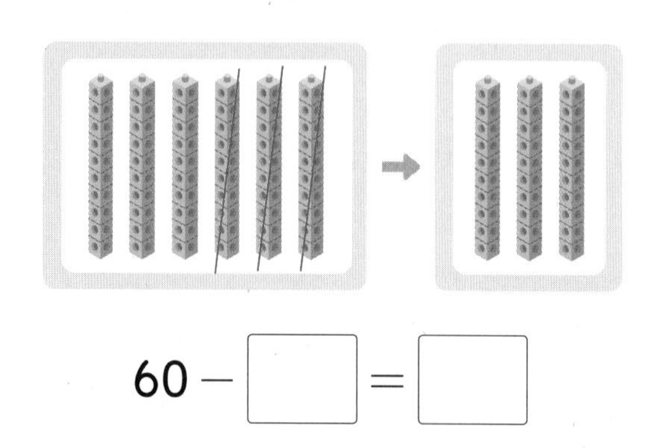

$60 - \square = \square$

3 그림을 보고 □ 안에 알맞은 수를 써넣으세요.

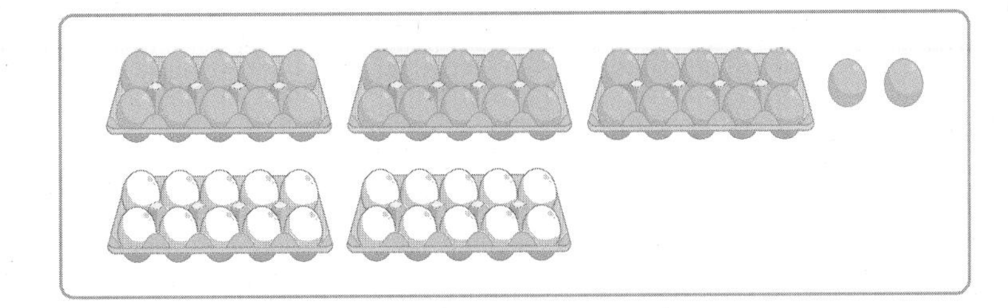

32 − □ = □

▶ 갈색 달걀의 수에서 흰색 달걀의 수를 빼는 뺄셈식을 만들어 봅니다.

4 □ 안에 알맞은 수를 써넣으세요.

(1)

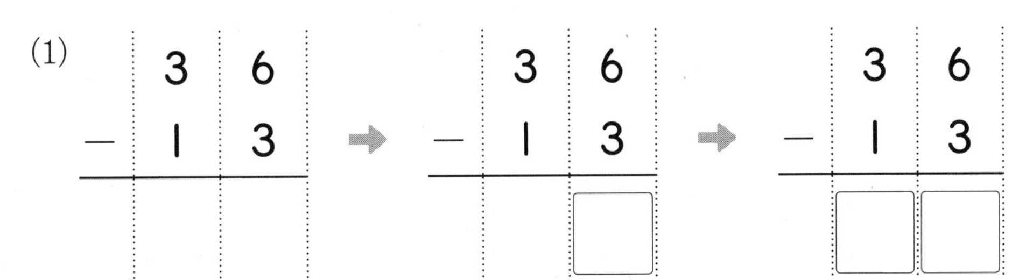

$$\begin{array}{r} 36 \\ -\ 13 \\ \hline \end{array} \rightarrow \begin{array}{r} 36 \\ -\ 13 \\ \hline \square \end{array} \rightarrow \begin{array}{r} 36 \\ -\ 13 \\ \hline \square\square \end{array}$$

(2)

$$\begin{array}{r} 87 \\ -\ 45 \\ \hline \end{array} \rightarrow \begin{array}{r} 87 \\ -\ 45 \\ \hline \square \end{array} \rightarrow \begin{array}{r} 87 \\ -\ 45 \\ \hline \square\square \end{array}$$

▶ 10개씩 묶음의 수는 몇십을, 낱개의 수는 몇을 나타내므로 몇십을 나타내는 수끼리, 몇을 나타내는 수끼리 빼야 합니다.

5 뺄셈을 해 보세요.

(1) $\begin{array}{r} 80 \\ -\ 30 \\ \hline \end{array}$　(2) $\begin{array}{r} 48 \\ -\ 20 \\ \hline \end{array}$　(3) $\begin{array}{r} 65 \\ -\ 52 \\ \hline \end{array}$

▶ (몇십) − (몇십)도 (몇십몇) − (몇십몇)과 같은 방법으로 계산합니다.

6 □ 안에 알맞은 수를 써넣으세요.

(1) 50 − 30 = □　(2) 69 − 24 = □

5 덧셈과 뺄셈을 해 볼까요

● **덧셈과 뺄셈하기**

$17+10=27$
$17+20=37$
$17+30=47$
$17+40=57$

같은 수에 10씩 커지는 수를 더하면
합도 10씩 커집니다.

$55-10=45$
$55-20=35$
$55-30=25$
$55-40=15$

같은 수에서 10씩 커지는 수를 빼면
차는 10씩 작아집니다.

1 덧셈을 해 보세요.

(1) $12+10=\square$

$12+20=\square$

$12+30=\square$

$12+40=\square$

(2) $53+10=\square$

$43+10=\square$

$33+10=\square$

$23+10=\square$

2 뺄셈을 해 보세요.

(1) $67-10=\square$

$67-20=\square$

$67-30=\square$

$67-40=\square$

(2) $31-20=\square$

$41-20=\square$

$51-20=\square$

$61-20=\square$

3 □ 안에 알맞은 수를 써넣으세요.

(1) $14 + 21 = \square$

$21 + 14 = \square$

(2) $42 + 36 = \square$

$36 + 42 = \square$

▶ 덧셈은 두 수의 위치가 바뀌어도 합이 같습니다.

4 그림을 보고 덧셈식과 뺄셈식으로 나타내 보세요.

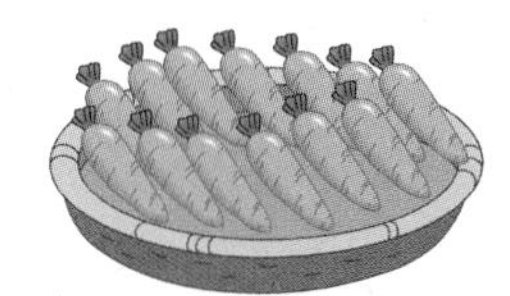
당근 13개

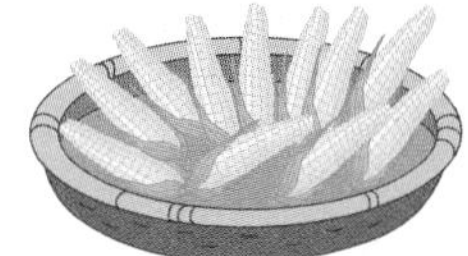
옥수수 11개

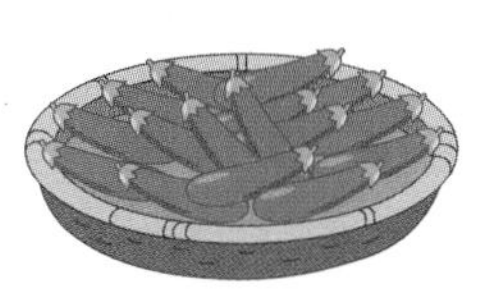
가지 16개

(1) 당근과 옥수수는 모두 몇 개인지 덧셈식으로 나타내 보세요.

$\square + \square = \square$

(2) 가지는 옥수수보다 몇 개 더 많은지 뺄셈식으로 나타내 보세요.

$\square - \square = \square$

▶ 모두 몇 개인지 구하는 것은 덧셈, 차이를 구하는 것은 뺄셈으로 나타냅니다.

5 두 수의 합과 차를 각각 구해 보세요.

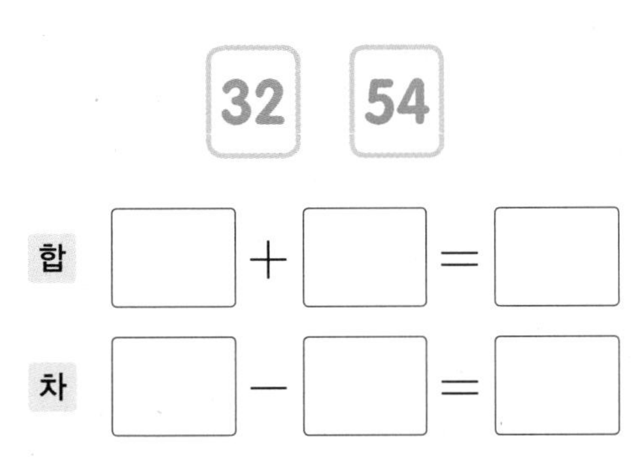

합 $\square + \square = \square$

차 $\square - \square = \square$

▶ 차는 큰 수에서 작은 수를 빼면 됩니다.

개념 적용

기본기 다지기

3 (몇십몇) − (몇)

31 연두색 젤리가 보라색 젤리보다 몇 개 더 많은지 □ 안에 알맞은 수를 써넣으세요.

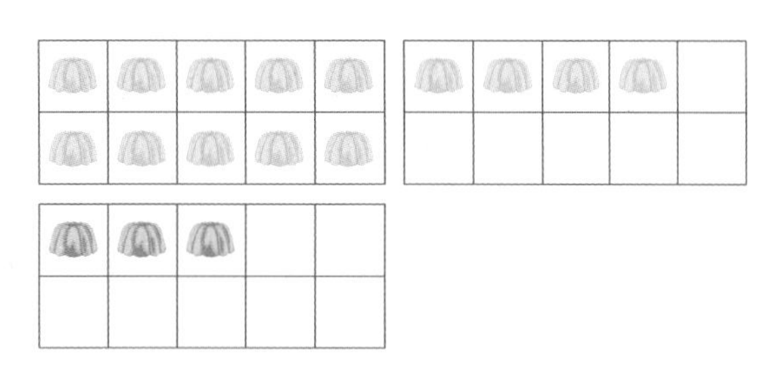

14 − □ = □

32 뺄셈을 해 보세요.

(1)
$$\begin{array}{r} 48 \\ -\ \ 3 \\ \hline \square \end{array}$$

(2)
$$\begin{array}{r} 65 \\ -\ \ 3 \\ \hline \square \end{array}$$

(3) 26 − 4 = □

(4) 77 − 3 = □

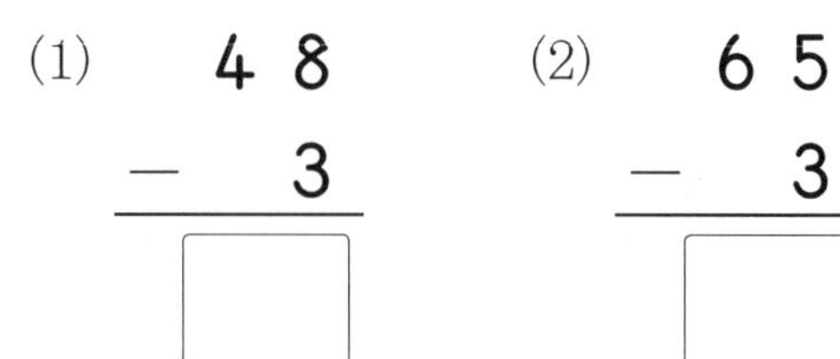

33 빈칸에 알맞은 수를 써넣으세요.

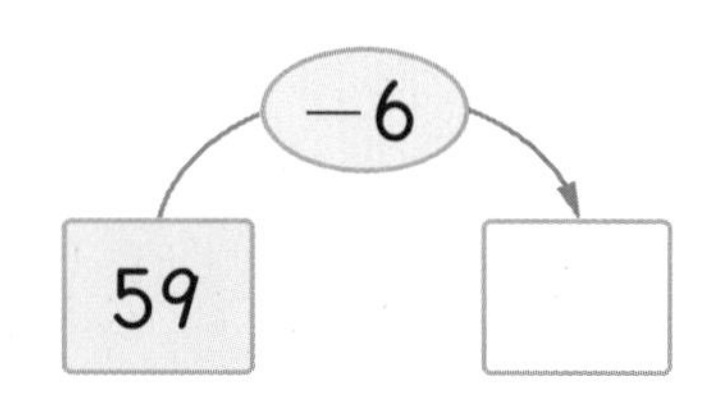

서술형

34 계산에서 틀린 곳을 찾아 까닭을 쓰고 바르게 계산해 보세요.

$$\begin{array}{r} 86 \\ -\ \ 5 \\ \hline 36 \end{array}$$ ➡ □

까닭 ....

35 차가 짝수인 것을 찾아 ○표 하세요.

74 − 2	79 − 8
(　　)	(　　)

36 낚싯대와 물고기를 알맞게 연결해 보세요.

37 나타내는 수를 구해 보세요.

29보다 8만큼 더 작은 수

(　　　　　　　　)

38 가장 큰 수와 가장 작은 수의 차를 구해 보세요.

49	8	86	3	15

□ − □ = □

39 새롬이는 풍선을 38개 불었는데 그중에서 5개가 터졌습니다. 터지지 않은 풍선은 몇 개일까요?

식 38 − □ = □

답

40 색종이를 유미는 17장, 지우는 6장 가지고 있습니다. 누가 색종이를 몇 장 더 많이 가지고 있을까요?

식

답

41 그림을 보고 □ 안에 알맞은 수를 써넣으세요.

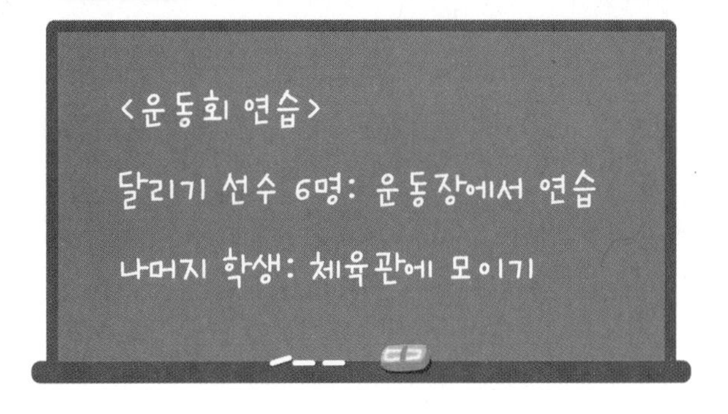

우리 반 학생 28명은 운동회 연습을 했다. 달리기 선수 6명은 운동장에서 연습하고 나머지 학생 □명은 체육관에서 연습했다.

42 수 카드 3장 중 2장을 골라 가장 큰 몇십몇을 만들었습니다. 만든 몇십몇과 남은 한 수의 차는 얼마일까요?

6　8　4

(　　　　　　　　)

43 □ 안에 들어갈 수 있는 수에 모두 ○표 하세요.

96 − □ > 92

(1 , 2 , 3 , 4 , 5)

4 (몇십) − (몇십), (몇십몇) − (몇십몇)

44 단풍잎은 은행잎보다 몇 장 더 많은지 □ 안에 알맞은 수를 써넣으세요.

30 − □ = □

45 뺄셈을 해 보세요.

(1)
```
  4 0
− 1 0
─────
  □
```

(2)
```
  8 5
− 2 3
─────
  □
```

(3) 70 − 30 = □

(4) 99 − 46 = □

46 빈칸에 두 수의 차를 써넣으세요.

26	49

47 짝 지은 두 수의 차를 구하여 그 차를 아래 빈칸에 써넣으세요.

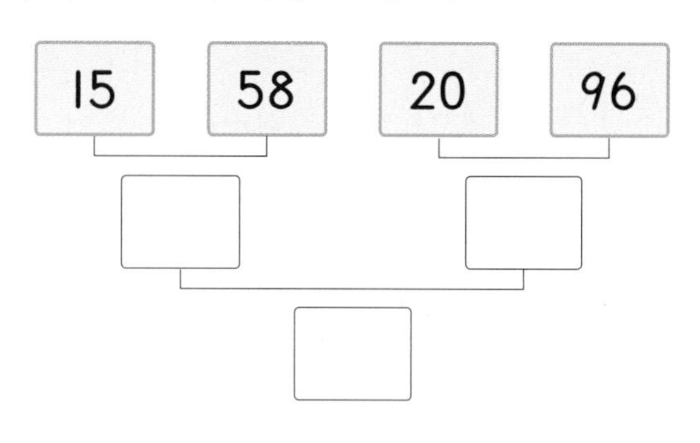

48 차가 같은 것끼리 이어 보세요.

79 − 50 •	• 99 − 56
50 − 30 •	• 89 − 60
98 − 55 •	• 60 − 40

49 □ 안에 알맞은 수를 써넣으세요.

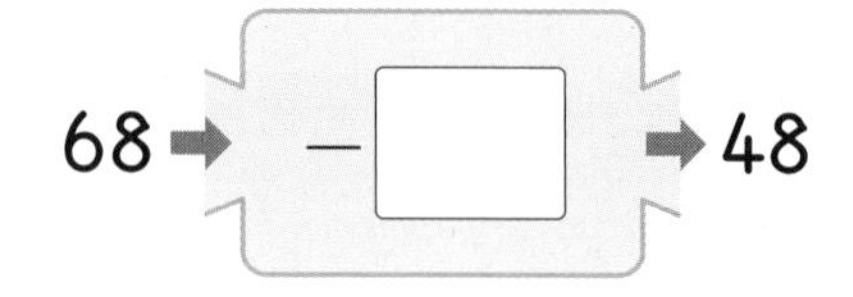

50 ○ 안에 >, =, <를 알맞게 써넣으세요.

80 − 50 ○ 97 − 71

51 □ 안에 알맞은 수를 써넣으세요.

$64 - 21 = 40 + \square$

52 지효는 딱지를 27장 가지고 있었습니다. 동생에게 몇 장을 주었더니 15장이 남았습니다. 동생에게 준 딱지는 몇 장일까요?

식 $27 - \square = \square$

답

53 꽃집에 장미가 68송이, 백합이 35송이 있습니다. 장미와 백합 중에서 어느 것이 몇 송이 더 많은지 구해 보세요.

식

답

54 차가 가장 크게 되도록 두 수를 골라 뺄셈식을 만들고 차를 구해 보세요.

61 24 77 95

식

답

[55~56] 물음에 답하세요.

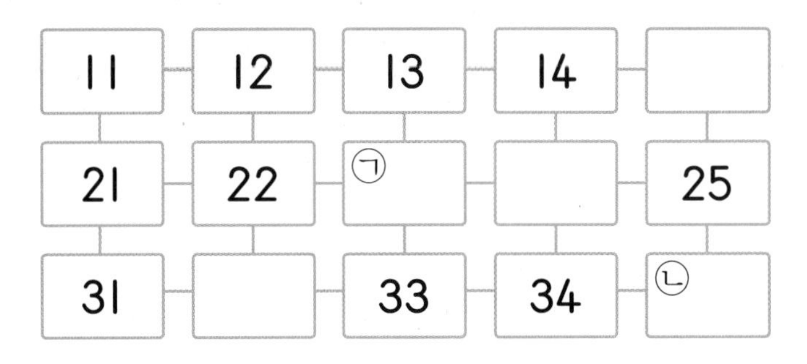

55 규칙에 따라 빈칸에 알맞은 수를 써넣으세요.

56 ㉡ − ㉠을 구해 보세요.

( )

57 그림을 보고 □ 안에 알맞은 수를 써넣으세요.

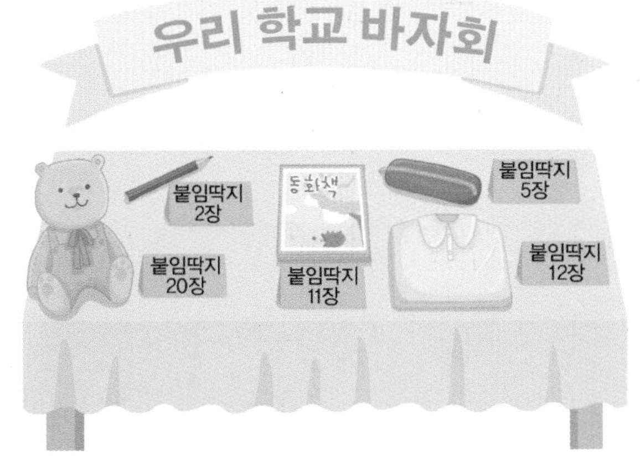

붙임딱지로 물건을 살 수 있는 우리 학교 바자회가 열렸다. 나는 붙임딱지 37장을 가지고 있었는데 인형을 샀더니 □장 남았다. 그리고 동화책을 샀더니 □장 남았다.

5 덧셈과 뺄셈하기

58 덧셈을 해 보세요.

$26+32=\square$

$32+26=\square$

$18+41=\square$

$41+18=\square$

59 뺄셈을 해 보세요.

$68-11=\square$

$68-12=\square$

$68-13=\square$

$68-14=\square$

60 □ 안에 알맞은 수를 써넣으세요.

(1) $56-32=\square$

$24+32=\square$

(2) $77-50=\square$

$50+27=\square$

61 그림을 보고 빈칸에 알맞은 수를 써넣으세요.

(1)

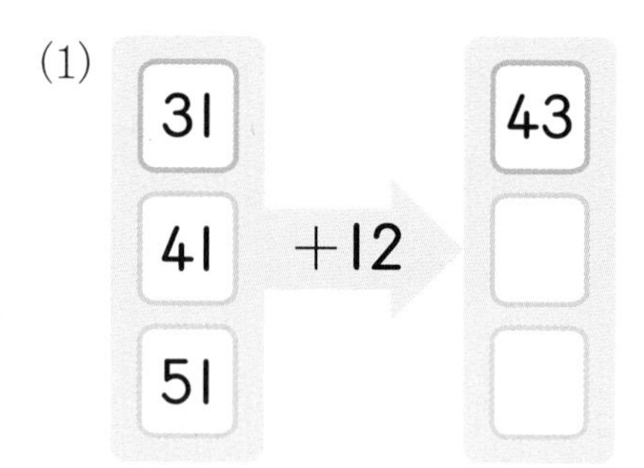

(2)

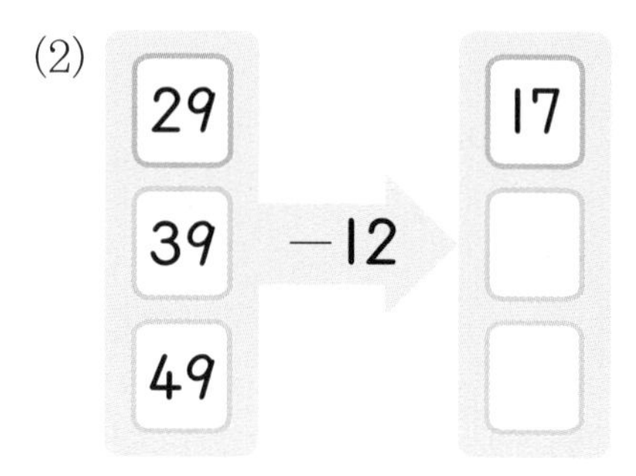

62 두 주머니에서 수를 하나씩 골라 식을 써 보세요.

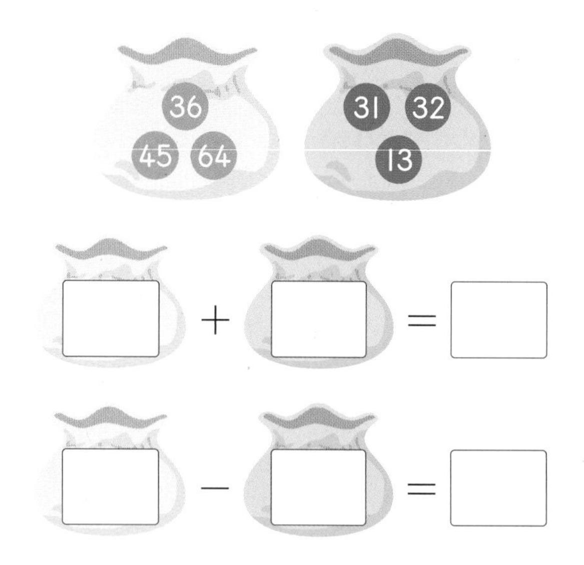

$\square+\square=\square$

$\square-\square=\square$

63 계산 결과가 큰 것부터 차례로 기호를 써 보세요.

㉠ $62+13$
㉡ $74-11$
㉢ $44+35$

(　　　　　　　)

64 ○ 안에 + 또는 − 를 알맞게 써넣으세요.

(1) 84 ○ 3 = 81

84 ○ 3 = 87

(2) 65 ○ 2 = 67

65 ○ 2 = 63

65 친구들이 말하는 수를 구해 보세요.

준서의 수 (　　　　　　　　)

은희의 수 (　　　　　　　　)

66 가로줄과 세로줄의 세 수의 합이 같도록 ○ 안에 알맞은 수를 써넣으세요.

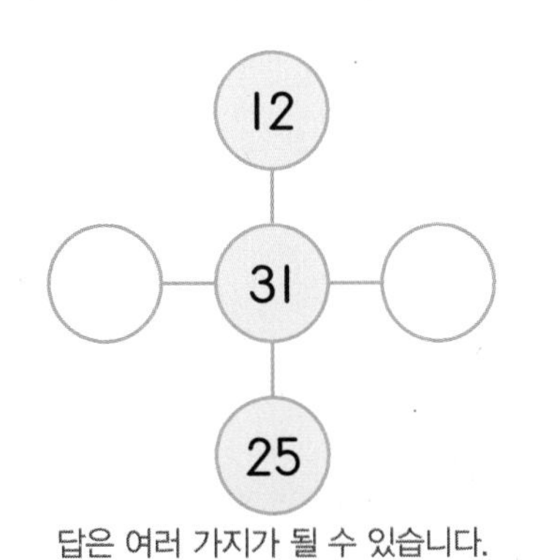

답은 여러 가지가 될 수 있습니다.

67 □ 안에 알맞은 수를 써넣으세요.

(1)

	3	□
+	2	4
	□	9

(2)

	□	9
−	1	□
	4	4

68 지우네 집에는 동화책이 65권, 과학책이 24권 있습니다. 물음에 답하세요.

(1) 지우네 집에 있는 동화책과 과학책은 모두 몇 권일까요?

식 ....

답 ....

(2) 어느 책이 몇 권 더 많을까요?

식 ....

답 ....

69 가장 큰 수와 가장 작은 수를 골라 두 수의 합과 차를 각각 구해 보세요.

33　54　65　60

합 (　　　　　　　　)

차 (　　　　　　　　)

70 수족관에 펭귄은 34마리 있고 물개는 펭귄보다 12마리 더 적게 있습니다. 수족관에 있는 펭귄과 물개는 모두 몇 마리일까요?

(　　　　　　　　)

개념 완성 응용력 기르기

응용유형 1 수 카드로 수 만들어 계산하기

수 카드를 한 번씩만 사용하여 몇십몇을 만들려고 합니다. 만들 수 있는 가장 큰 수와 가장 작은 수의 합을 구해 보세요.

1 5 3 2

( )

● 핵심 NOTE
- 가장 큰 수는 10개씩 묶음의 수를 가장 크게 만듭니다.
- 가장 작은 수는 10개씩 묶음의 수를 가장 작게 만듭니다.

1-1 수 카드를 한 번씩만 사용하여 몇십몇을 만들려고 합니다. 만들 수 있는 가장 큰 수와 가장 작은 수의 차를 구해 보세요.

5 2 7 4

( )

1-2 수 카드를 한 번씩만 사용하여 몇십몇을 만들려고 합니다. 만들 수 있는 가장 큰 수와 가장 작은 수의 합과 차를 구해 보세요.

8 1 3 2 4

합 ( )

차 ( )

응용유형 2 □ 안에 들어갈 수 있는 수 구하기

1부터 9까지의 수 중에서 □ 안에 들어갈 수 있는 수를 모두 구해 보세요.

$31 + \square < 36$

(　　　　　　　　　　)

핵심 NOTE
- 먼저 $31 + \square = 36$이 되는 □의 값을 구합니다.

2-1 1부터 9까지의 수 중에서 □ 안에 들어갈 수 있는 수를 모두 구해 보세요.

$68 - \square > 64$

(　　　　　　　　　　)

2-2 1부터 9까지의 수 중에서 □ 안에 들어갈 수 있는 수는 모두 몇 개인지 구해 보세요.

$79 - \square > 72$

(　　　　　　　　　　)

응용유형 3 모양이 나타내는 수 구하기

같은 모양은 같은 수를 나타냅니다. ▲가 나타내는 수를 구해 보세요.

$16 + ■ = 27$
$■ + ▲ = 55$

(　　　　　　　)

● 핵심 NOTE
• ■를 먼저 구한 후 ■가 나타내는 수를 둘째 식에 넣어 ▲를 구합니다.

3-1 같은 모양은 같은 수를 나타냅니다. ♥가 나타내는 수를 구해 보세요.

$⊙ + 20 = 41$
$♥ - ⊙ = 45$

(　　　　　　　)

3-2 같은 모양은 같은 수를 나타냅니다. ◆가 나타내는 수를 구해 보세요.

$89 - ● = 46$
$◆ - ● = 32$

(　　　　　　　)

빙고 놀이

빙고판에서 합이 64가 되는 두 수를 찾아 색칠해 보세요.

33	26	24
6	49	17
12	31	20

1단계 낱개의 수끼리의 합이 4가 되는 두 수 찾기

2단계 계산하여 확인하기

● 핵심 NOTE

1단계 낱개의 수끼리의 합이 4가 되는 두 수를 찾습니다.

2단계 계산하여 합이 맞는지 확인합니다.

4-1

빙고판에서 합이 55가 되는 두 수를 찾아 색칠해 보세요.

27	49	44
22	11	7
9	50	23

단원 평가 Level 1

점수

확인

1 그림을 보고 □ 안에 알맞은 수를 써넣으세요.

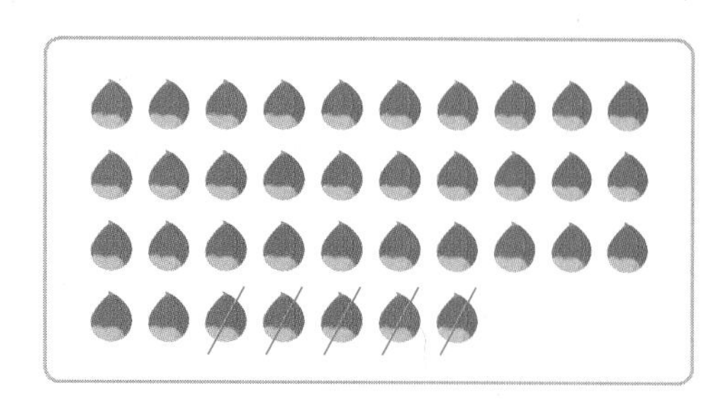

37 − □ = □

2 계산해 보세요.

(1)
$$\begin{array}{r} 36 \\ +\ \ 3 \\ \hline \end{array}$$

(2)
$$\begin{array}{r} 59 \\ -\ \ 7 \\ \hline \end{array}$$

(3) 53 + 36

(4) 58 − 33

3 □ 안에 알맞은 수를 써넣으세요.

4 빈칸에 두 수의 차를 써넣으세요.

21	84

5 빈칸에 알맞은 수를 써넣으세요.

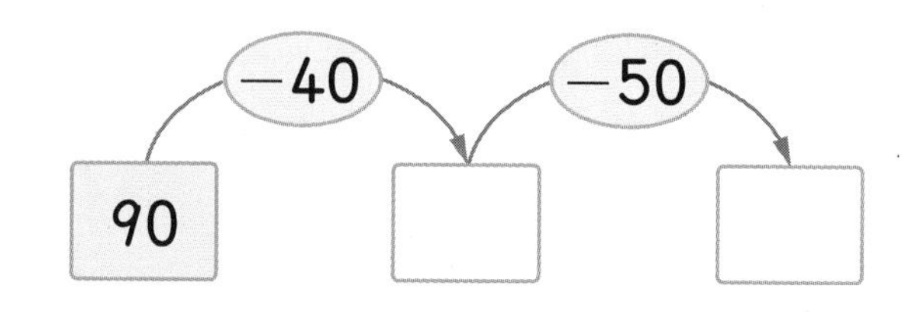

6 계산에서 틀린 곳을 찾아 바르게 계산해 보세요.

$$\begin{array}{r} 62 \\ +\ 3\ \ \\ \hline 92 \end{array}$$ ➡ □

7 ○ 안에 >, =, <를 알맞게 써넣으세요.

(1) 30 + 40 ○ 94 − 20

(2) 66 − 21 ○ 12 + 33

8 덧셈을 해 보세요.

$25+11=\square$

$35+11=\square$

$45+11=\square$

$55+11=\square$

9 그림을 보고 빈칸에 알맞은 수를 써넣으세요.

39		24
49	-15 →	
59		

10 두 수의 합과 차를 구해 보세요.

56 42

합 (   )

차 (   )

[11~12] 그림을 보고 물음에 답하세요.

도넛 22개

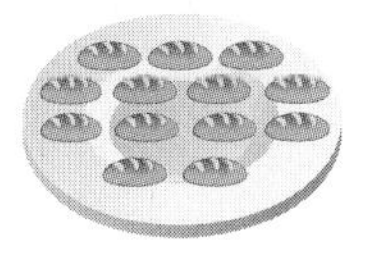

크림빵 13개

단팥빵 27개

11 도넛과 크림빵은 모두 몇 개인지 구해 보세요.

식

답

12 단팥빵은 크림빵보다 몇 개 더 많은지 구해 보세요.

식

답

13 민호네 반에는 안경을 쓴 학생이 5명, 안경을 쓰지 않은 학생이 23명 있습니다. 민호네 반 학생은 모두 몇 명일까요?

(   )

14 놀이터에 어린이가 18명 있었습니다. 그중에서 6명이 집으로 갔습니다. 놀이터에 남은 어린이는 몇 명일까요?

(   )

15 지윤이는 동화책을 어제는 25쪽 읽었고 오늘은 32쪽 읽었습니다. 지윤이가 어제와 오늘 읽은 동화책은 모두 몇 쪽일까요?

( )

16 □ 안에 알맞은 수를 써넣으세요.

(1)

$$\begin{array}{r} 5\ \square \\ +\ \square\ 4 \\ \hline 7\ 8 \end{array}$$

(2)

$$\begin{array}{r} \square\ 7 \\ -\ 3\ \square \\ \hline 5\ 7 \end{array}$$

17 1부터 9까지의 수 중 □ 안에 들어갈 수 있는 수를 모두 구해 보세요.

$57-\square>52$

( )

18 주현이는 10살입니다. 아버지는 주현이보다 35살 많고, 어머니는 아버지보다 3살 적습니다. 어머니는 몇 살일까요?

( )

19 두 수를 골라 덧셈식을 만들었을 때 가장 큰 합을 구하려고 합니다. 풀이 과정을 쓰고 답을 구해 보세요.

20　9　5　43

풀이

답

20 □ 안에 알맞은 수는 얼마인지 풀이 과정을 쓰고 답을 구해 보세요.

$50+\square=88-36$

풀이

답

단원 평가 Level 2

점수

확인

1 그림을 보고 □ 안에 알맞은 수를 써넣으세요.

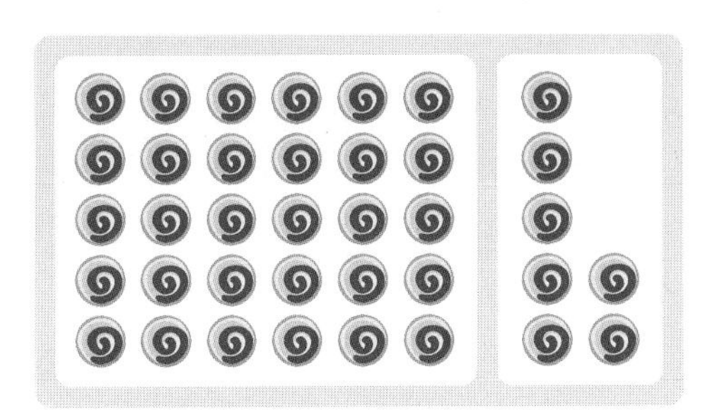

30 + □ = □

2 계산해 보세요.

(1)
```
  5 7
+   2
-----
```

(2)
```
  6 8
-   4
-----
```

(3) 30 + 30

(4) 75 − 44

3 빈칸에 알맞은 수를 써넣으세요.

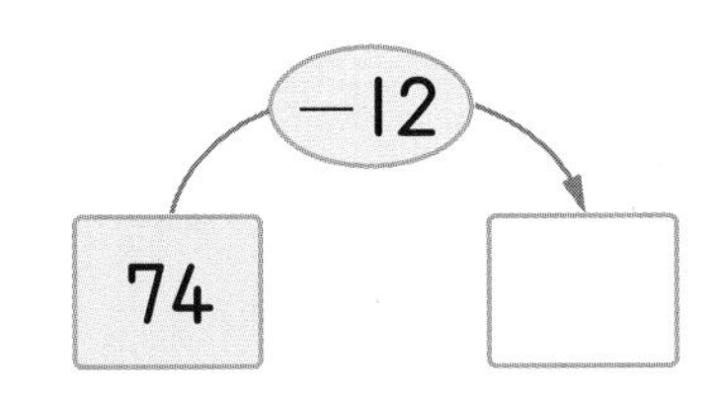

4 두 수의 차를 구해 보세요.

6 37

(　　　　　　)

5 계산 결과가 더 큰 것을 찾아 ○표 하세요.

79 − 12	62 + 14
(　　)	(　　)

6 나타내는 수를 구해 보세요.

20보다 15만큼 더 큰 수

(　　　　　　)

7 계산 결과가 홀수인 것에 ○표 하세요.

23 + 5	59 − 7	46 − 15
(　　)	(　　)	(　　)

6

8 뺄셈을 해 보세요.

$49 - 36 = \square$

$48 - 36 = \square$

$47 - 36 = \square$

9 □ 안에 알맞은 수를 써넣으세요.

$34 + 23 = \square$

$23 + 34 = \square$

10 □ 안에 알맞은 수를 써넣으세요.

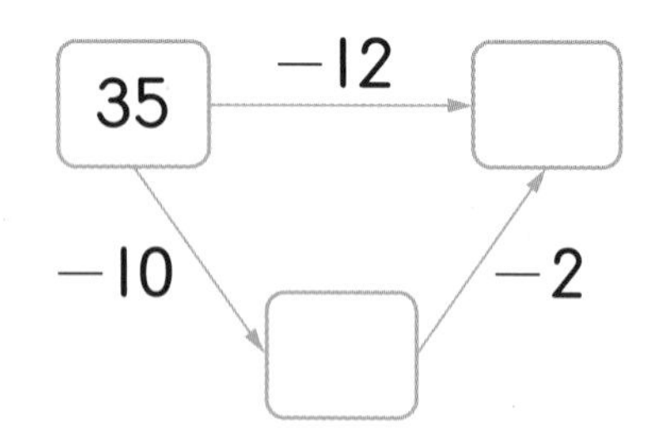

[11~12] 그림을 보고 물음에 답하세요.

11 토끼가 모두 몇 마리인지 구하는 덧셈식을 써 보세요.

$\square + \square = \square$

12 회색 토끼가 몇 마리인지 구하는 뺄셈식을 써 보세요.

$\square - \square = \square$

13 □ 안에 알맞은 수를 써넣으세요.

$21 + \square = 26$

14 통에 검은색 바둑돌이 20개, 흰색 바둑돌이 17개 들어 있습니다. 바둑돌은 모두 몇 개일까요?

(　　　　　　　　)

15 민수네 학교 1학년은 76명이고 2학년은 64명입니다. 1학년과 2학년 중에서 어느 학년이 몇 명 더 많은지 구해 보세요.

식 ……………………………………

답 ……………………………………

16 □ 안에 알맞은 수를 써넣으세요.

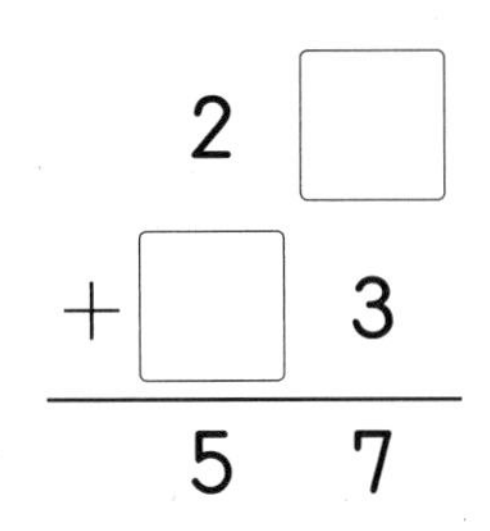

17 두 수를 골라 합이 가장 크게 되는 덧셈식을 만들어 보세요.

25 54 12 40

□ + □ = □

18 같은 모양은 같은 수를 나타냅니다. ●가 나타내는 수는 얼마일까요?

62 − ■ = 22

■ + ● = 47

(　　　　　　　　　　)

19 계산에서 틀린 곳을 찾아 까닭을 쓰고 바르게 계산해 보세요.

$$\begin{array}{r} 2 \\ +\ 7\ 3 \\ \hline 9\ 3 \end{array}$$ ➡ □

까닭 ……………………………………

……………………………………

……………………………………

20 수 카드 3장 중 2장을 골라 몇십몇을 만들고 남은 한 장으로 몇을 만들려고 합니다. 두 수의 차가 가장 크게 되는 뺄셈식을 만드는 풀이 과정을 쓰고 뺄셈식을 써 보세요.

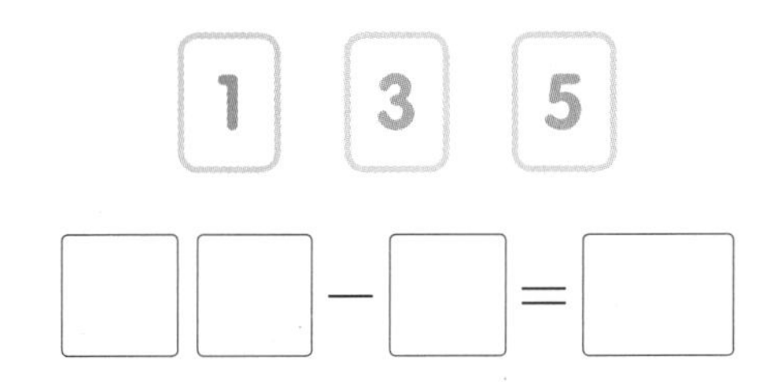

풀이 ……………………………………

……………………………………

……………………………………

6

사고력이 반짝

● 다음과 같이 쌓아 올린 장난감 고리를 위에서 볼 때 몇 개의 고리가 보이는지 써 보세요.

(　　　　　　　　　　　)

기본+응용 1-2 붙임딱지

문제의 쪽수, 번호에 알맞게 붙여 보세요!

5 규칙 찾기

135쪽 3번

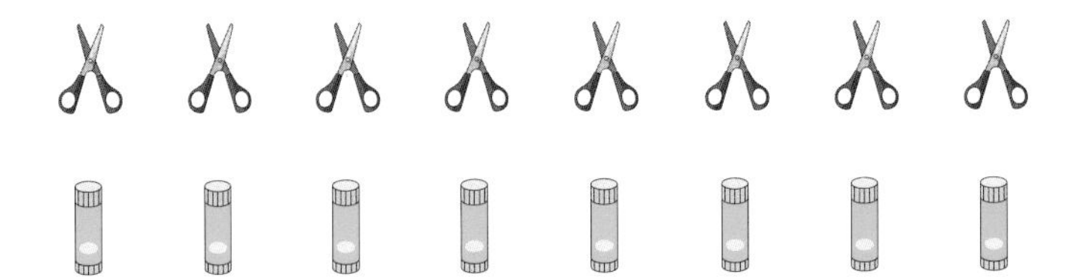

137쪽 14번

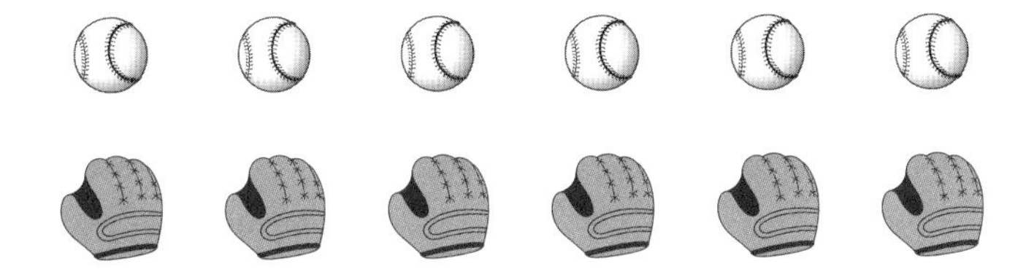

137쪽 15번

139쪽 23번

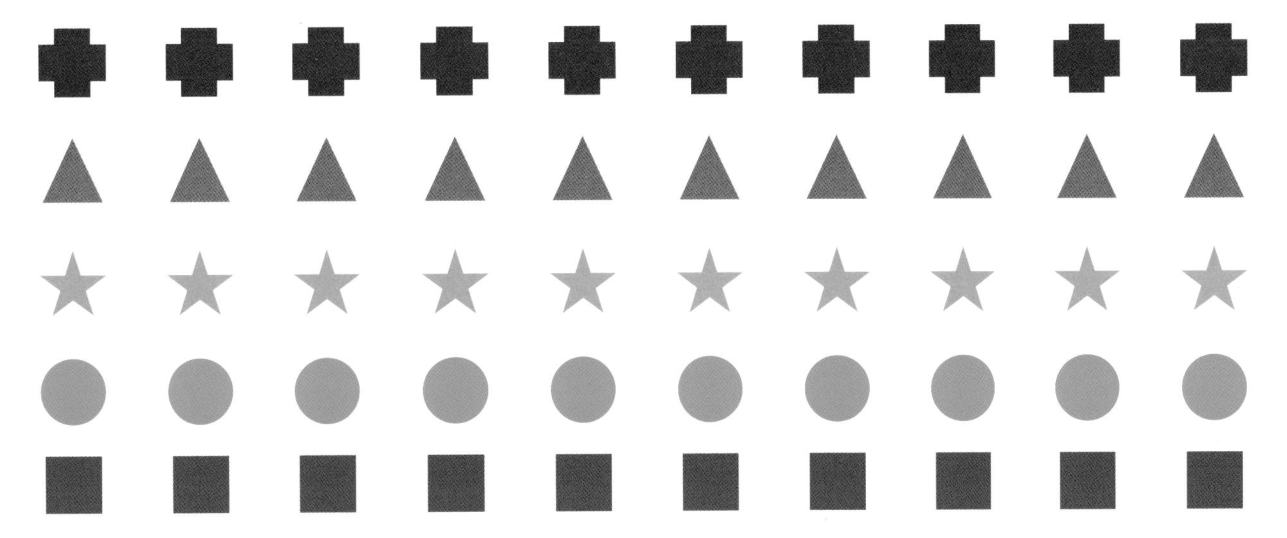

상위권의 기준

상위권의 기준

최상위
사고력

수학 좀 한다면

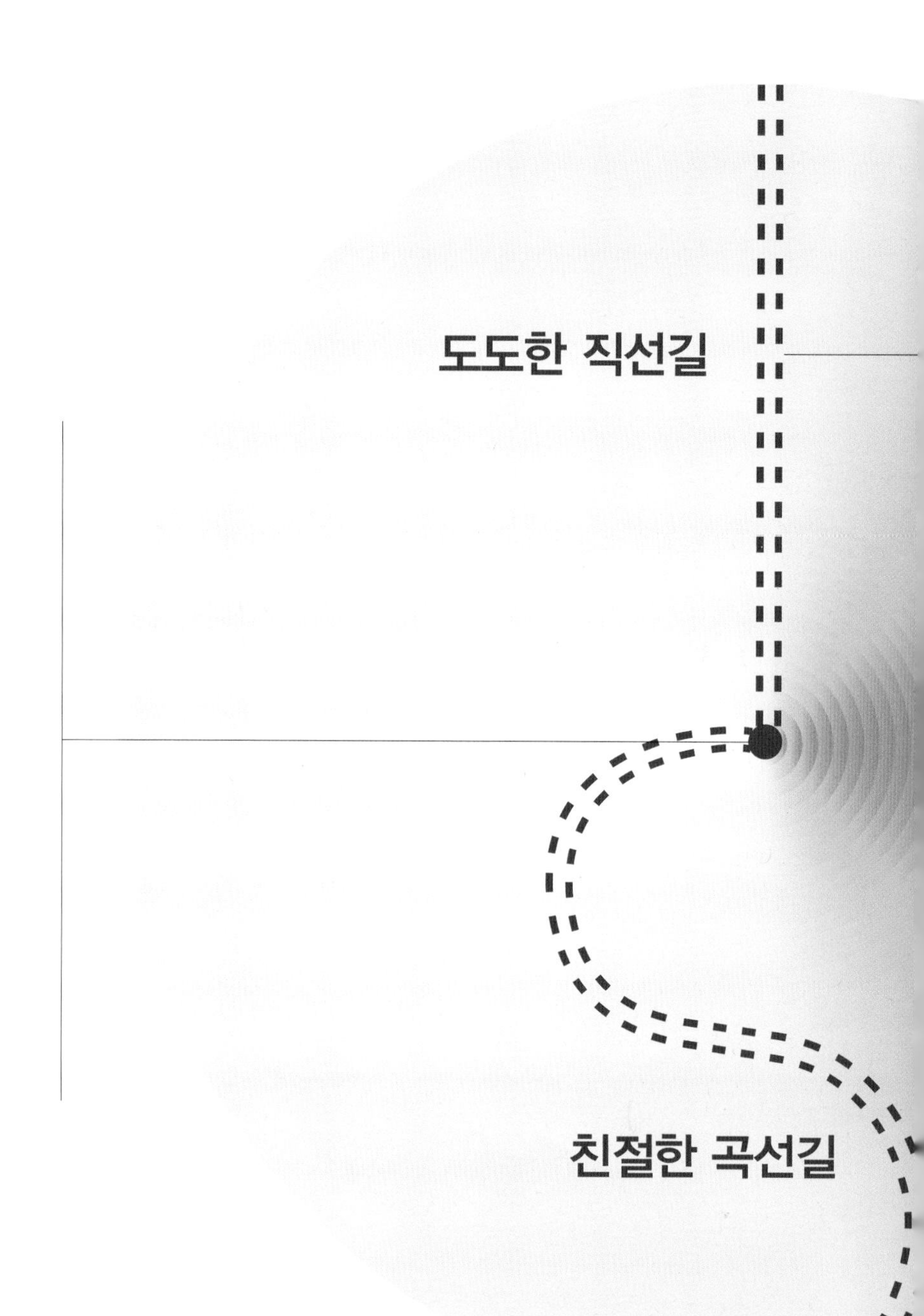

수학 좀 한다면

실력 보강 자료집

1-2

수학 좀 한다면

초등수학

실력 보강 자료집

1-2

• **서술형 문제** | 서술형 문제를 집중 연습해 보세요.

• **단원 평가** | 시험에·잘 나오는 문제를 한번 더 풀어 단원을 확실하게 마무리해요.

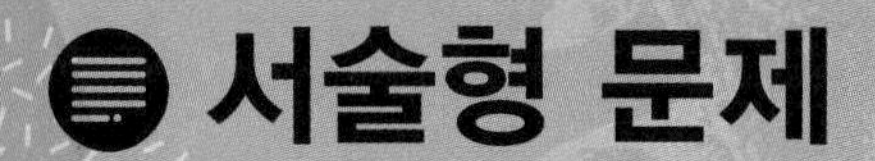

서술형 문제

1 색종이가 10장씩 묶음 8개 있습니다. 색종이의 수를 두 가지 방법으로 읽으려고 합니다. 풀이 과정을 쓰고 답을 구해 보세요.

풀이 예 10개씩 묶음 8개는 80이므로 색종이는 80장입니다.
80은 팔십 또는 여든이라고 읽습니다.

답 팔십, 여든

1+ 초콜릿이 10개씩 묶음 7개 있습니다. 초콜릿의 수를 두 가지 방법으로 읽으려고 합니다. 풀이 과정을 쓰고 답을 구해 보세요.

풀이

답

2 과일 가게에 사과가 93개, 배가 87개 있습니다. 사과와 배 중에서 어느 과일이 더 많은지 풀이 과정을 쓰고 답을 구해 보세요.

풀이 예 10개씩 묶음의 수를 비교하면 $9>8$이므로 93이 87보다 큽니다.
따라서 사과가 배보다 더 많습니다.

답 사과

2+ 지아네 집에 동화책이 76권, 위인전이 78권 있습니다. 동화책과 위인전 중에서 어느 책이 더 많은지 풀이 과정을 쓰고 답을 구해 보세요.

풀이

답

3 나타내는 수가 다른 하나를 찾아 기호를 쓰려고 합니다. 풀이 과정을 쓰고 답을 구해 보세요.

▶ 모두 수로 나타내 봅니다.

㉠ 일흔아홉
㉡ 79
㉢ 10개씩 묶음 9개와 낱개 7개
㉣ 칠십구

풀이

답

4 수를 잘못 읽은 사람은 누구인지 풀이 과정을 쓰고 답을 구해 보세요.

▶ 같은 수라도 상황에 따라 읽는 방법이 달라집니다.
예 10개 ➡ 열 개
10층 ➡ 십 층

유성: 우리 할머니는 올해 64(예순네)살입니다.
현지: 버스 번호는 87(여든칠)입니다.
민호: 사과 나무에 사과가 93(아흔세)개 있습니다.

풀이

답

5 10보다 크고 20보다 작은 홀수 중에서 가장 큰 수는 얼마인지 풀이 과정을 쓰고 답을 구해 보세요.

▶ 둘씩 짝을 지을 때 남는 것이 없는 수를 '짝수', 남는 것이 있는 수를 '홀수'라고 합니다.

풀이

답

6 지호와 예나가 말한 수 사이에 있는 수는 모두 몇 개인지 풀이 과정을 쓰고 답을 구해 보세요.

칠십칠 여든셋

지호 예나

풀이 ....

....

....

답 ....

▶ ■와 ▲ 사이에 있는 수에 ■, ▲는 포함되지 않습니다.

7 어떤 수보다 1만큼 더 작은 수는 89입니다. 어떤 수보다 1만큼 더 큰 수는 얼마인지 풀이 과정을 쓰고 답을 구해 보세요.

풀이 ....

....

....

답 ....

▶ ■가 ▲보다 1만큼 더 작은 수일 때 ▲는 ■보다 1만큼 더 큰 수입니다.

8 1부터 9까지의 수 중에서 □ 안에 들어갈 수 있는 수는 모두 몇 개인지 풀이 과정을 쓰고 답을 구해 보세요.

□4 > 61

풀이 ....

....

....

답 ....

▶ □4 > 61에서 □ 안에 6이 들어갈 수 있는지 없는지 알아봅니다.

9 케이크 한 개를 만드는 데 달걀이 10개 필요합니다. 달걀이 10개씩 6묶음과 낱개로 24개가 있다면 케이크를 몇 개까지 만들 수 있는지 풀이 과정을 쓰고 답을 구해 보세요.

풀이

답

▶ 낱개 ■▲개는 10개씩 묶음 ■개와 낱개 ▲개와 같습니다.

10 수 카드 4장 중에서 2장을 뽑아 몇십몇을 만들려고 합니다. 만들 수 있는 수 중에서 가장 작은 수는 얼마인지 풀이 과정을 쓰고 답을 구해 보세요.

6 9 7 5

풀이

답

▶ 10개씩 묶음의 수가 클수록 큰 수, 10개씩 묶음의 수가 작을수록 작은 수가 됩니다.

11 조건을 만족하는 수를 모두 구하려고 합니다. 풀이 과정을 쓰고 답을 구해 보세요.

- 66보다 크고 72보다 작습니다.
- 10개씩 묶음의 수가 낱개의 수보다 큽니다.

풀이

답

▶ 먼저 66보다 크고 72보다 작은 수를 모두 구해 봅니다.

단원 평가 Level 1

점수

확인

1 도넛의 수를 세어 □ 안에 알맞은 수를 써넣으세요.

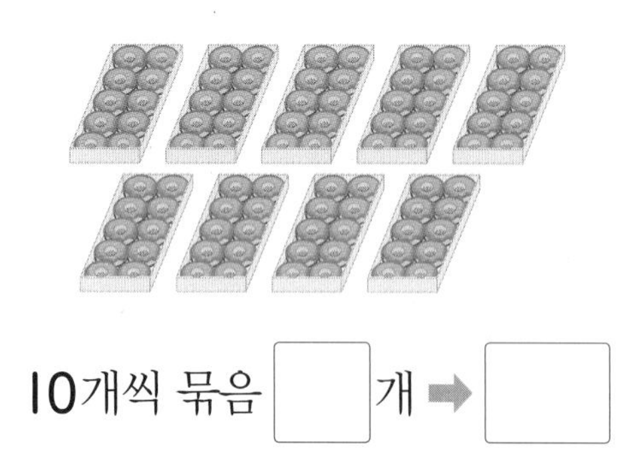

10개씩 묶음 □ 개 ➡ □

2 설명하는 수를 써 보세요.

- 99보다 1만큼 더 큰 수입니다.
- 10개씩 묶음이 10개인 수입니다.

( )

3 귤의 수를 세어 쓰고 두 가지 방법으로 읽어 보세요.

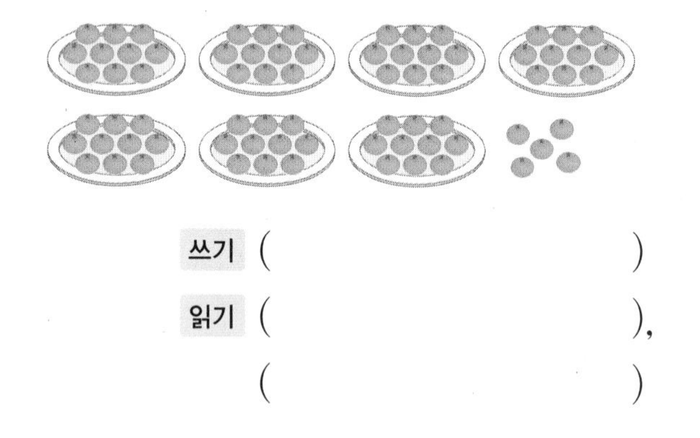

쓰기 ( )

읽기 ( ), ( )

4 같은 수끼리 이어 보세요.

80 ·	· 일흔
60 ·	· 여든
70 ·	· 예순
90 ·	· 아흔

5 마카롱 60개를 다음과 같은 상자의 한 칸에 한 개씩 담으려고 합니다. 마카롱을 모두 담으려면 몇 상자가 필요할까요?

( )

6 나타내는 수가 다른 하나는 어느 것일까요? ( )

① 85
② 팔십오
③ 여든다섯
④ 84보다 1만큼 더 큰 수
⑤ 10개씩 묶음 8개와 낱개 4개

7 명수는 구슬을 10개씩 묶음 9개와 낱개 3개를 가지고 있습니다. 명수가 가지고 있는 구슬은 모두 몇 개일까요?

( )

8 빈칸에 알맞은 수를 써넣으세요.

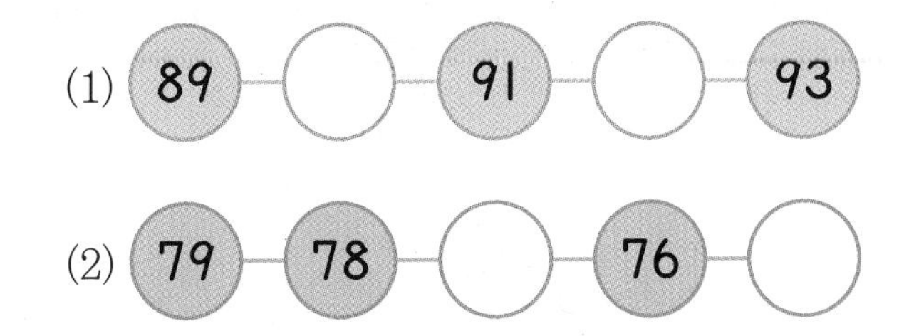

9 그림을 보고 현서와 같이 수를 넣어 이야기 해 보세요.

10 두 수의 크기를 비교하여 ○ 안에 >, <를 알맞게 써넣으세요.

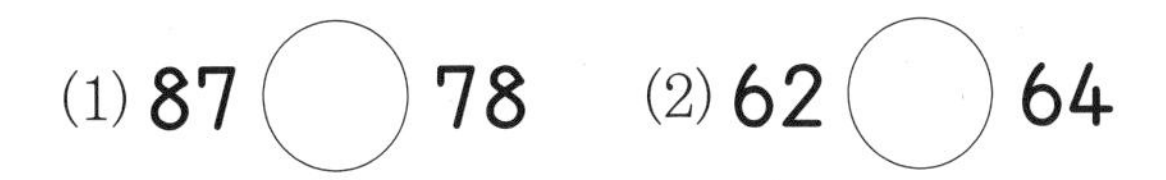

11 95와 100 사이에 있는 수를 모두 써 보세요.

(　　　　　　　　　　)

12 빈칸에 알맞은 수를 써넣으세요.

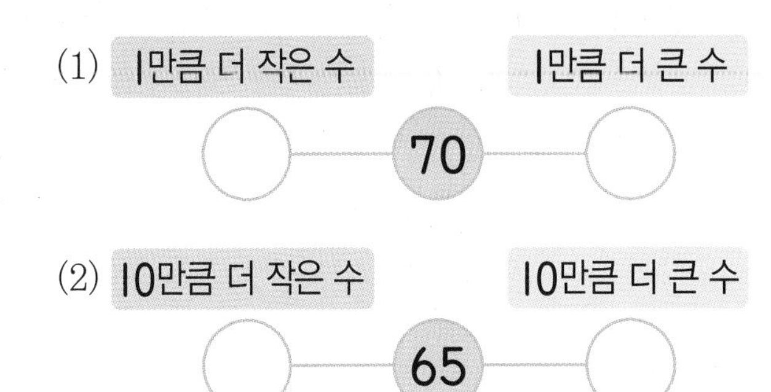

13 딸기의 수를 세어 □ 안에 써넣고, 짝수인지 홀수인지 써 보세요.

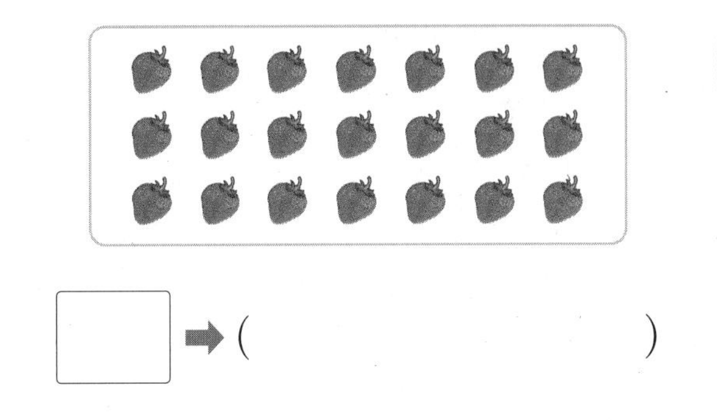

□ ➡ (　　　　　　　　　　)

14 정우는 과수원에서 사과를 일흔여섯 개 땄고, 수미는 74개 땄습니다. 누가 사과를 더 많이 땄을까요?

(　　　　　　　　　　)

15 가장 큰 수에 ○표, 가장 작은 수에 △표 하세요.

58	84	92	65	90

1

16 세 친구가 수 카드를 뽑았습니다. 홀수인 수 카드를 뽑은 사람은 누구일까요?

호영	수연	준민
24	19	36

(   )

17 동준이와 친구들이 가지고 있는 구슬의 수를 나타낸 것입니다. 구슬을 많이 가지고 있는 사람부터 차례로 이름을 써 보세요. (단, ■, ▲는 0부터 9까지의 수 중 하나입니다.)

이름	동준	나영	철호
구슬 수(개)	6■	70	5▲

(   )

18 1부터 9까지의 수 중에서 □ 안에 들어갈 수 있는 가장 큰 수를 구해 보세요.

□9<78

(   )

19 윤아는 사탕을 10개씩 9봉지 가지고 있었습니다. 이 중에서 10개씩 3봉지를 동생에게 주었습니다. 윤아에게 남은 사탕의 수를 두 가지 방법으로 읽으려고 합니다. 풀이 과정을 쓰고 답을 구해 보세요.

풀이 ....

답 ....

20 나는 어떤 수인지 풀이 과정을 쓰고 답을 구해 보세요.

- 나는 32보다 크고 36보다 작은 수입니다.
- 나는 짝수입니다.

풀이 ....

답 ....

단원 평가 Level 2

점수

확인

1 달걀이 한 묶음에 10개씩 있습니다. 달걀은 모두 몇 개일까요?

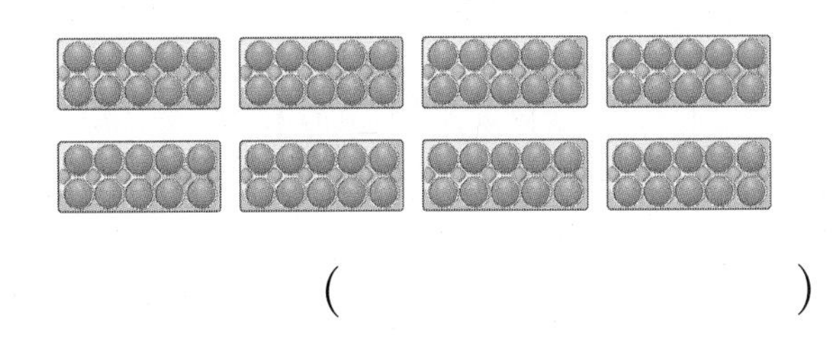

( )

2 □ 안에 알맞은 수를 써넣고 수를 두 가지 방법으로 읽어 보세요.

10개씩 묶음	낱개
7	6

➡ □

( )

3 나타내는 수가 다른 하나는 어느 것일까요? ( )

① 95보다 5만큼 더 큰 수
② 90보다 10만큼 더 큰 수
③ 80보다 20만큼 더 큰 수
④ 99보다 1만큼 더 작은 수
⑤ 10개씩 묶음 10개인 수

4 빈칸에 알맞은 수를 써넣으세요.

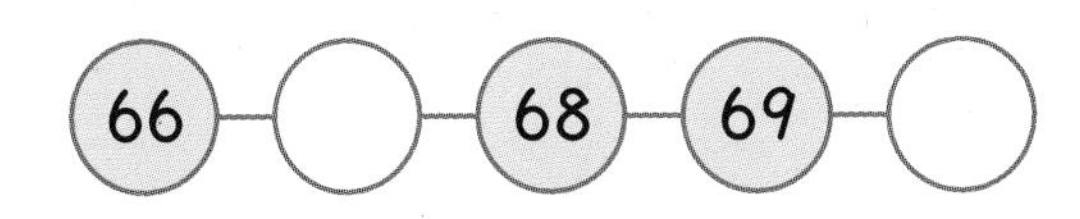

5 같은 수끼리 이어 보세요.

팔십팔 •	• 65 •	• 예순다섯
육십오 •	• 88 •	• 아흔아홉
구십구 •	• 99 •	• 여든여덟

6 학생 90명에게 사탕을 한 개씩 나누어 주려고 합니다. 한 봉지에 10개씩 들어 있는 사탕을 산다면 몇 봉지를 사야 할까요?

( )

7 수를 잘못 읽은 것을 찾아 기호를 써 보세요.

㉠ 내가 뽑은 번호표의 번호는 칠십사 번입니다.
㉡ 시장이 생긴지 예순오 년이 되었습니다.
㉢ 우리 이모는 쉰세 살입니다.

( )

8 다음 수보다 10만큼 더 큰 수를 구해 보세요.

10개씩 묶음 7개와 낱개 1개인 수

( )

1

9 그림을 보고 □ 안에 알맞은 수를 써넣고, 알맞은 말에 ○표 하세요.

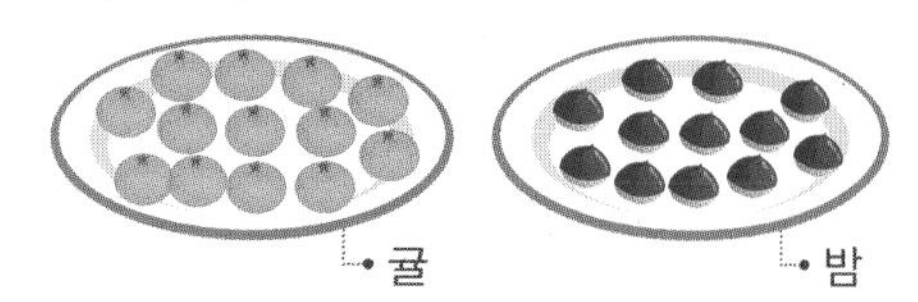

(1) 귤은 □개이고, 귤의 수는

(짝수 , 홀수)입니다.

(2) 밤은 □개이고, 밤의 수는

(짝수 , 홀수)입니다.

[10~11] 자리표를 보고 물음에 답하세요.

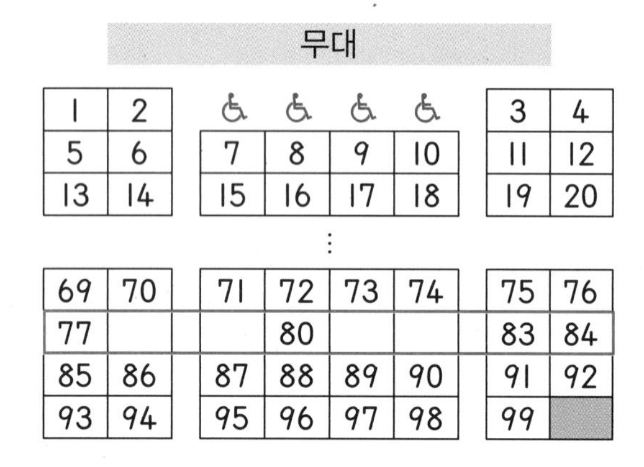

10 □에 알맞은 수를 써넣으세요.

77				80				83	84

11 ■에 알맞은 수를 써 보세요.

( )

12 주어진 수의 크기를 비교하여 □ 안에 알맞은 수를 써넣으세요.

(1) 64, 62 ➡ □ < □

(2) 58, 85 ➡ □ > □

13 왼쪽 수보다 큰 수를 모두 찾아 ○표 하세요.

83 — 90 76 82 / 59 85 69

14 21부터 39까지의 수 중에서 짝수는 모두 몇 개일까요?

( )

15 땅콩이 10개씩 묶음 8개와 낱개 13개가 있습니다. 땅콩은 모두 몇 개일까요?

( )

16 □ 안에 알맞은 수를 구해 보세요.

□보다 1만큼 더 큰 수는 60입니다.

( )

17 가장 큰 수는 어느 것일까요? ( )

① 육십구
② 일흔하나
③ 예순일곱
④ 69보다 1만큼 더 큰 수
⑤ 10개씩 묶음 6개와 낱개 14개

18 조건을 만족하는 수를 구해 보세요.

- 43보다 작은 수입니다.
- 10개씩 묶음이 4개입니다.
- 홀수입니다.

( )

19 수 카드 5장 중에서 2장을 골라 몇십몇을 만들려고 합니다. 만들 수 있는 수 중에서 가장 큰 수는 얼마인지 풀이 과정을 쓰고 답을 구해 보세요.

8 5 6 9 2

풀이

답

20 조개를 수지는 89개, 은주는 91개 주웠고 준민이는 수지보다 1개 더 많이 주웠습니다. 조개를 많이 주운 사람부터 차례로 이름을 쓰려고 합니다. 풀이 과정을 쓰고 답을 구해 보세요.

풀이

답

서술형 문제

1 바구니에 사과가 2개, 배가 4개, 감이 2개 들어 있습니다. 바구니에 들어 있는 과일은 모두 몇 개인지 풀이 과정을 쓰고 답을 구해 보세요.

풀이 예 (바구니에 들어 있는 과일의 수)

=(사과의 수)+(배의 수)+(감의 수)

$=2+4+2=8$(개)

답 8개

1+ 상자에 야구공이 3개, 탁구공이 2개, 테니스공이 4개 들어 있습니다. 상자에 들어 있는 공은 모두 몇 개인지 풀이 과정을 쓰고 답을 구해 보세요.

풀이

답

2 ㉠과 ㉡에 알맞은 수의 합은 얼마인지 풀이 과정을 쓰고 답을 구해 보세요.

7+㉠=10   10−㉡=5

풀이 예 7+㉠=10에서 $7+3=10$이므로 ㉠=3입니다.

10−㉡=5에서 $10-5=5$이므로 ㉡=5입니다.

따라서 ㉠+㉡=$3+5=8$입니다.

답 8

2+ ㉠과 ㉡에 알맞은 수의 차는 얼마인지 풀이 과정을 쓰고 답을 구해 보세요.

㉠+4=10   10−㉡=9

풀이

답

3 계산이 잘못된 까닭을 쓰고 바르게 계산해 보세요.

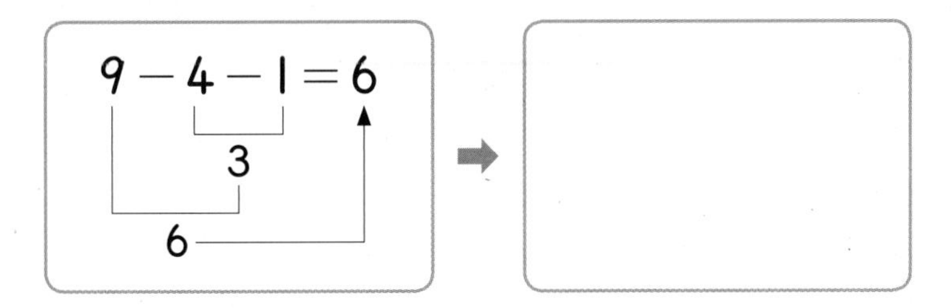

까닭

▶ 세 수의 뺄셈은 앞에서부터 순서대로 계산하지 않으면 계산 결과가 달라집니다.

4 계산 결과가 가장 큰 것을 찾아 기호를 쓰려고 합니다. 풀이 과정을 쓰고 답을 구해 보세요.

㉠ $5+5+6$　㉡ $6+1+2$
㉢ $2+5+3$　㉣ $4+8+2$

풀이

답

▶ 각각을 계산하여 결과를 비교해 봅니다.

5 □ 안에 알맞은 수는 얼마인지 풀이 과정을 쓰고 답을 구해 보세요.

$3+4+2=5+\square$

풀이

답

▶ 먼저 '＝' 왼쪽에 있는 덧셈을 계산해 봅니다.

6 가장 큰 수에서 나머지 두 수를 뺀 값은 얼마인지 풀이 과정을 쓰고 답을 구해 보세요.

5	3	9

풀이

답

▶ 세 수의 크기를 비교하여 가장 큰 수를 찾습니다.

7 화단에 빨간색 장미 6송이와 노란색 장미 4송이가 피어 있습니다. 그중에서 3송이가 시들었다면 시들지 않은 장미는 몇 송이인지 풀이 과정을 쓰고 답을 구해 보세요.

풀이

답

▶ (시들지 않은 장미의 수)
=(전체 장미의 수)
−(시든 장미의 수)

8 다음 중 합이 14가 되는 세 수를 찾아 쓰려고 합니다. 풀이 과정을 쓰고 답을 구해 보세요.

4	3	5	1	7

풀이

답

▶ 더해서 10이 되는 두 수에 ■를 더하여 1■를 만들 수 있습니다.

$\underbrace{▲+●}_{10}+■=10+■$
$=1■$

9 인수는 사탕 10개 중에서 몇 개를 친구에게 주고 나머지는 동생과 똑같이 나누어 가졌습니다. 인수가 가진 사탕이 2개라면 친구에게 준 사탕은 몇 개인지 풀이 과정을 쓰고 답을 구해 보세요.

▶ 인수와 동생이 똑같이 나누어 가졌으므로 동생이 가진 사탕 수를 알 수 있습니다.

풀이

답

10 수 카드 두 장을 골라 뺄셈식을 완성하려고 합니다. 완성된 뺄셈식을 모두 구하는 풀이 과정을 쓰고 답을 구해 보세요.

▶ 먼저 8에서 몇을 빼야 1이 되는지 생각해 봅니다.

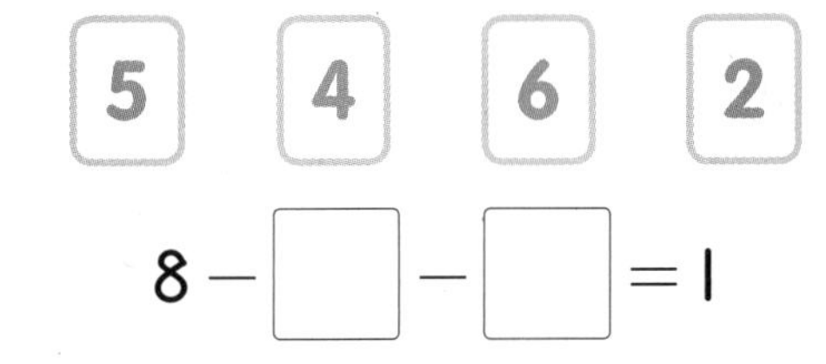

8 − □ − □ = 1

풀이

답

11 어떤 수에서 3을 빼야 할 것을 잘못하여 더했더니 10이 되었습니다. 바르게 계산하면 얼마인지 풀이 과정을 쓰고 답을 구해 보세요.

▶ 어떤 수를 □라고 하여 잘못 계산한 식을 세워 봅니다.

풀이

답

단원 평가 Level ❶

점수

확인

1 그림을 보고 세 수의 덧셈을 해 보세요.

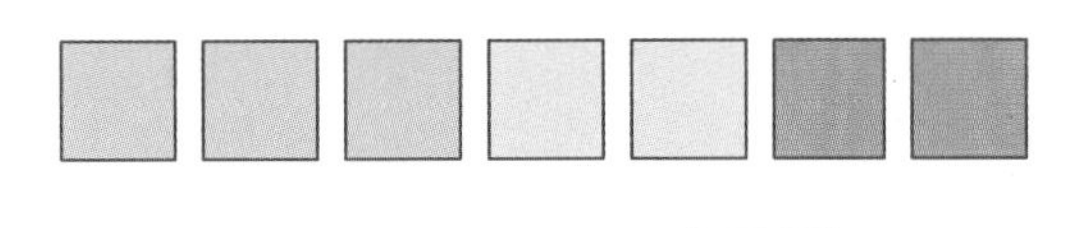

$3+2+2=\square$

2 계산해 보세요.

(1) $5+1+3=\square$

(2) $8-5-2=\square$

3 쓰러져 있는 볼링핀은 몇 개인지 뺄셈식을 만들어 보세요.

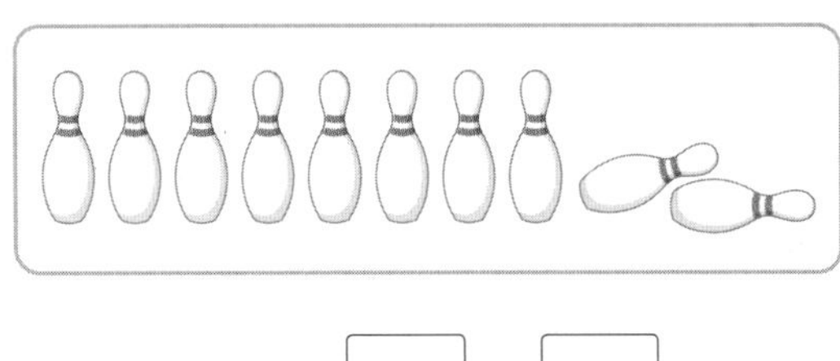

$10-\square=\square$

4 합이 10이 되는 칸에 모두 색칠해 보세요.

1+8	4+6	5+3
2+5	7+2	9+1

5 계산 결과를 찾아 이어 보세요.

9−2−1 •	• 4
7−1−2 •	• 7
2+3+2 •	• 6

6 ㉠에 알맞은 수를 구해 보세요.

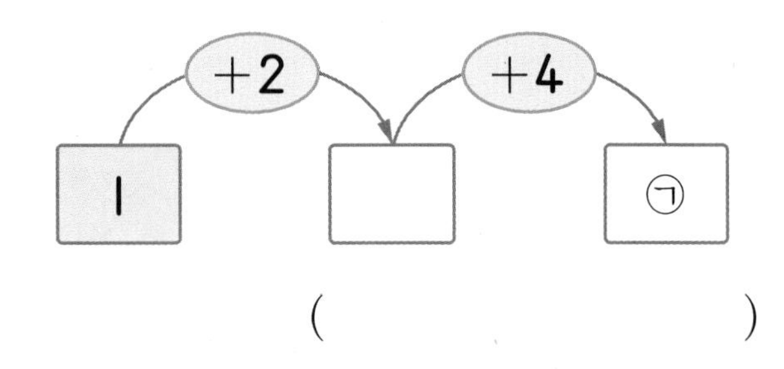

(　　　　　　　)

7 10을 만들어 덧셈을 해 보세요.

$2+8+3=13$

(1) $6+4+5=\square$

(2) $7+1+9=\square$

8 계산 결과가 다른 하나를 찾아 기호를 써 보세요.

㉠ 5+3+1　　㉡ 10−1

㉢ 3+4+1　　㉣ 2+1+6

(　　　　　　　)

9 □ 안에 알맞은 수를 써넣으세요.

(1) $5+\square=10$

(2) $\square+2=10$

10 소영이는 구슬 7개를 가지고 있었습니다. 영주가 소영이에게 구슬 3개를 주었다면 지금 소영이가 가지고 있는 구슬은 모두 몇 개일까요?

식 ....

답 ....

11 보기 와 같이 주어진 수를 이용하여 덧셈식과 뺄셈식을 만들어 보세요.

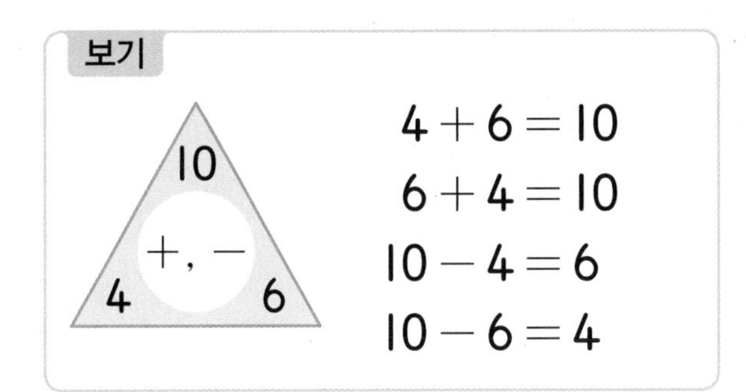

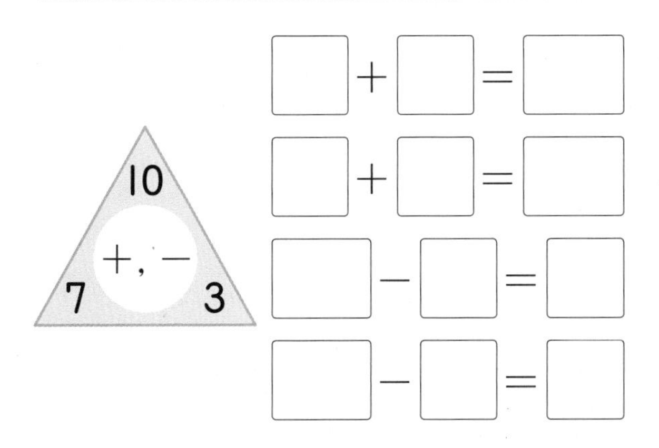

12 놀이터에 남자 어린이 4명과 여자 어린이 2명이 있었는데 여자 어린이 3명이 더 왔습니다. 지금 놀이터에 있는 어린이는 모두 몇 명일까요?

(　　　　　)

13 ○ 안에 > 또는 <를 알맞게 써넣으세요.

$5+4+6 \bigcirc 1+9+7$

14 투호 놀이에서 화살을 주하는 10개, 은우는 8개 넣었습니다. 누가 화살을 몇 개 더 많이 넣었을까요?

(　　　　　), (　　　　　)

15 같은 모양은 같은 수를 나타낼 때 □ 안에 알맞은 수를 구해 보세요.

$3+6=★$
$\square+★=10$

(　　　　　)

16 □ 안에 알맞은 수가 가장 큰 것을 찾아 기호를 써 보세요.

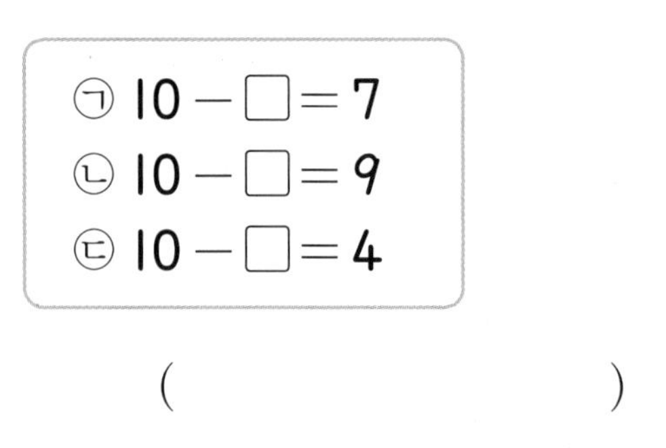
㉠ $10-\square=7$
㉡ $10-\square=9$
㉢ $10-\square=4$

(　　　　　　　)

17 식이 맞도록 ○ 안에 + 또는 −를 알맞게 써넣으세요.

(1) $5 \bigcirc 1 \bigcirc 2=2$

(2) $2 \bigcirc 3 \bigcirc 2=7$

18 수 카드 두 장을 골라 덧셈식을 완성해 보세요.

4　5　6　7

$\square+3+\square=16$

19 어떤 수에서 2를 빼고 3을 더 뺐더니 3이 되었습니다. 어떤 수는 얼마인지 풀이 과정을 쓰고 답을 구해 보세요.

풀이

답

20 연서는 동화책 9권, 위인전 2권, 만화책 8권을 읽었습니다. 연서가 읽은 책은 모두 몇 권인지 풀이 과정을 쓰고 답을 구해 보세요.

풀이

답

단원 평가 Level 2

점수

확인

1 그림을 보고 세 수의 뺄셈을 해 보세요.

$9-3-2=\square$

2 그림을 보고 □ 안에 알맞은 수를 써넣으세요.

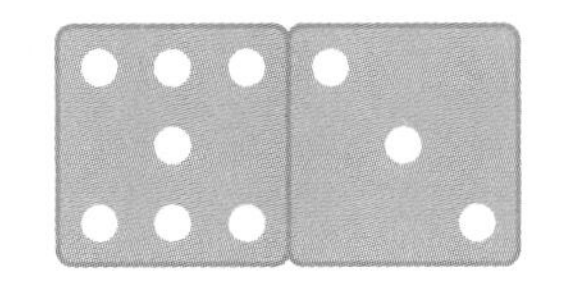

$7+\square=10$ $\quad 10-7=\square$

$\square+7=10$ $\quad 10-\square=7$

3 □ 안에 알맞은 수를 써넣으세요.

(1) $3+2+1=\square$

(2) $8-1-2=\square$

4 계산 결과를 찾아 이어 보세요.

5+5+6 •	• 13
7+6+4 •	• 16
3+9+1 •	• 17

5 계산 결과가 큰 것부터 차례로 기호를 써 보세요.

㉠ $4+3+2$ ㉡ $10-2$
㉢ $1+9$ ㉣ $1+4+6$

( )

6 더해서 10이 되는 두 수를 찾고, 10이 되는 덧셈식을 써 보세요.

8	6	3	7
2	1	9	4
4	3	4	5
5	5	6	2

$10=8+2$

7 □ 안에 알맞은 수를 써넣으세요.

(1) $10-\square=8$

(2) $\square-1=9$

8 어머니께서 당근 7개 중에서 2개는 주스를, 3개는 케이크를 만드는 데 사용하셨습니다. 남은 당근은 몇 개일까요?

( )

2

9 □ 안에 알맞은 수를 써넣으세요.

$6+4=2+\square$

10 밑줄 친 두 수의 합이 10이 되도록 ○ 안에 수를 써넣고 식을 완성해 보세요.

(1) $5+\bigcirc+8=\square$

(2) $\bigcirc+3+6=\square$

11 보기 와 같은 규칙으로 계산하여 빈칸에 알맞은 수를 써넣으세요.

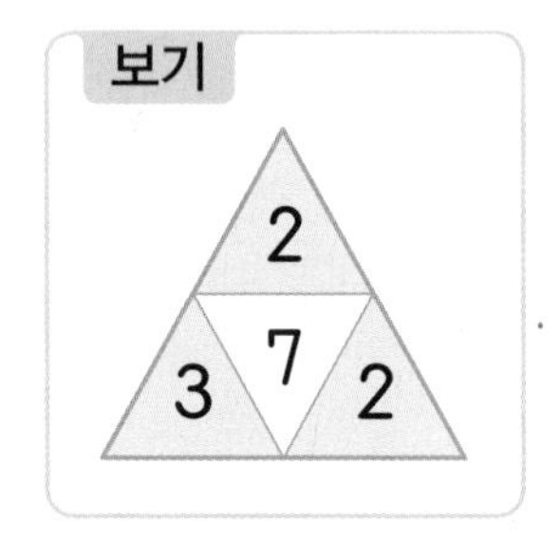

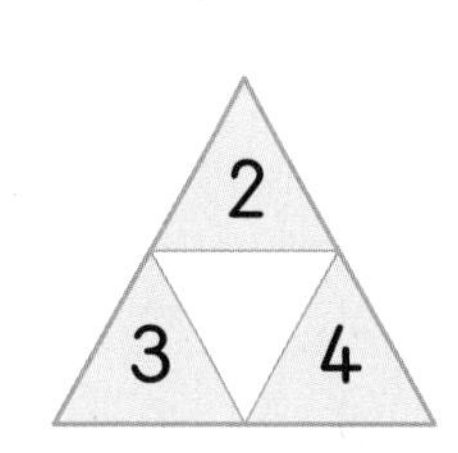

12 빈칸에 알맞은 수를 써넣으세요.

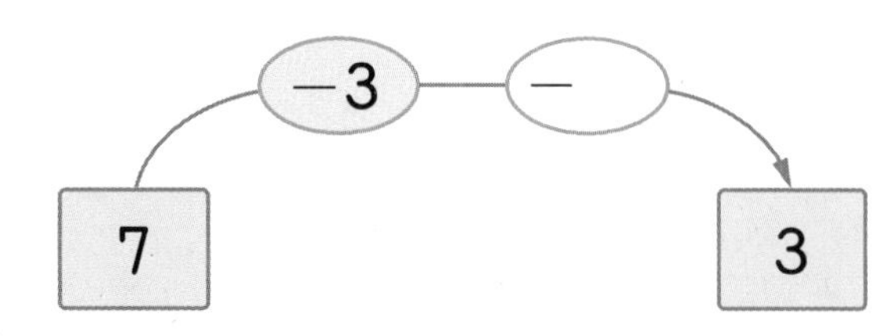

13 합이 13이 되는 세 수를 찾아 써 보세요.

4	8	5	2	3

(　　　　　　　　　)

14 □ 안에 알맞은 수를 써넣어 일기를 완성해 보세요.

○월 ○일 ○요일　　　날씨: 맑음

현지, 민호와 함께 고리 던지기 놀이를 했다.

현지는 □개, 민호는 □개를 성공해서 모두 10개를 걸었다.

나는 7개를 성공해서 걸린 고리는 모두 □개가 되었다.

내가 1등을 해서 무척 기뻤다.

15 혜수와 지석이는 초콜릿을 10개씩 가지고 있었습니다. 초콜릿을 혜수는 5개 먹었고, 지석이는 6개 먹었습니다. 남은 초콜릿은 누가 더 많을까요?

(　　　　　　　　　)

16 수 카드 4, 2, 1, 9 중에서 3장을 골라 다음과 같은 뺄셈을 만들려고 합니다. 계산 결과가 가장 클 때의 값은 얼마인지 구해 보세요.

$\square - \square - \square$

(　　　　　　　)

17 같은 모양은 같은 수를 나타냅니다. ■에 알맞은 수를 구해 보세요.

$10 = ■ + ■ + 2$

(　　　　　　　)

18 1부터 9까지의 수 중에서 □ 안에 들어갈 수 있는 가장 큰 수를 구해 보세요.

$3+2+\square<8$

(　　　　　　　)

19 2반이 다른 반과 축구 경기를 한 결과입니다. 2반이 넣은 골은 모두 몇 골인지 풀이 과정을 쓰고 답을 구해 보세요.

2반	1반
3	1

2반	3반
1	3

2반	4반
2	2

풀이

답

20 □ 안에 알맞은 수가 가장 큰 것을 찾아 기호를 쓰려고 합니다. 풀이 과정을 쓰고 답을 구해 보세요.

㉠ $\square + 8 = 10$　㉡ $3 + \square = 10$
㉢ $10 - 6 = \square$　㉣ $\square + 10 = 10$

풀이

답

서술형 문제

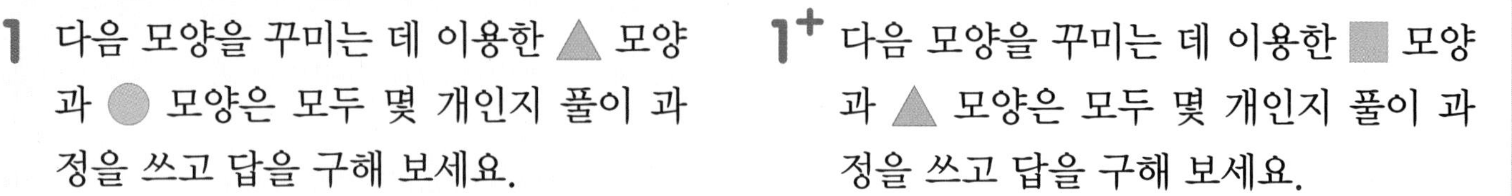

1 다음 모양을 꾸미는 데 이용한 ▲ 모양과 ● 모양은 모두 몇 개인지 풀이 과정을 쓰고 답을 구해 보세요.

풀이 예 ▲ 모양 2개, ● 모양 7개를 이용했습니다.

따라서 이용한 ▲ 모양과 ● 모양은 모두

$2+7=9$(개)입니다.

답 9개

1+ 다음 모양을 꾸미는 데 이용한 ■ 모양과 ▲ 모양은 모두 몇 개인지 풀이 과정을 쓰고 답을 구해 보세요.

풀이

답

2 윤서가 3시를 나타낸 것입니다. 틀린 까닭을 쓰고 오른쪽 시계에 바르게 나타내 보세요.

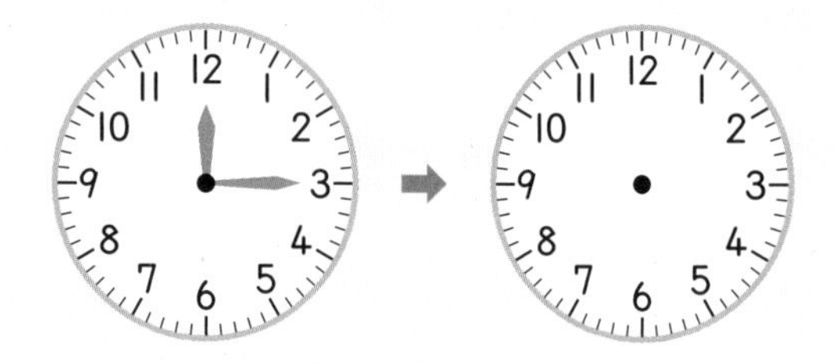

까닭 예 3시는 짧은바늘이 3을 가리키고, 긴바늘이 12를 가리키도록 그려야 하는데 짧은바늘과 긴바늘의 위치가 바뀌었습니다.

2+ 진우가 9시를 나타낸 것입니다. 틀린 까닭을 쓰고 오른쪽 시계에 바르게 나타내 보세요.

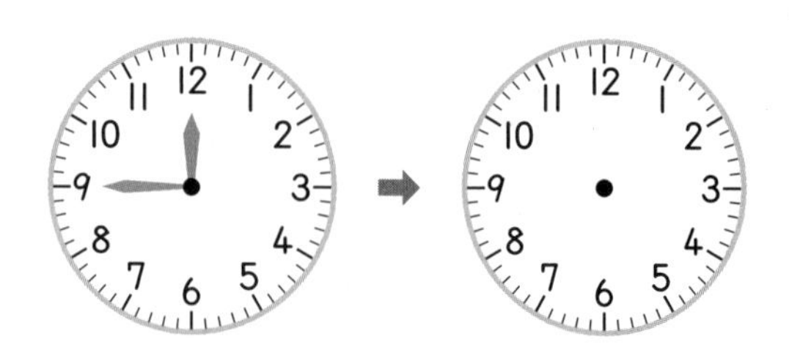

까닭

3 ▲ 모양의 물건은 모두 몇 개인지 풀이 과정을 쓰고 답을 구해 보세요.

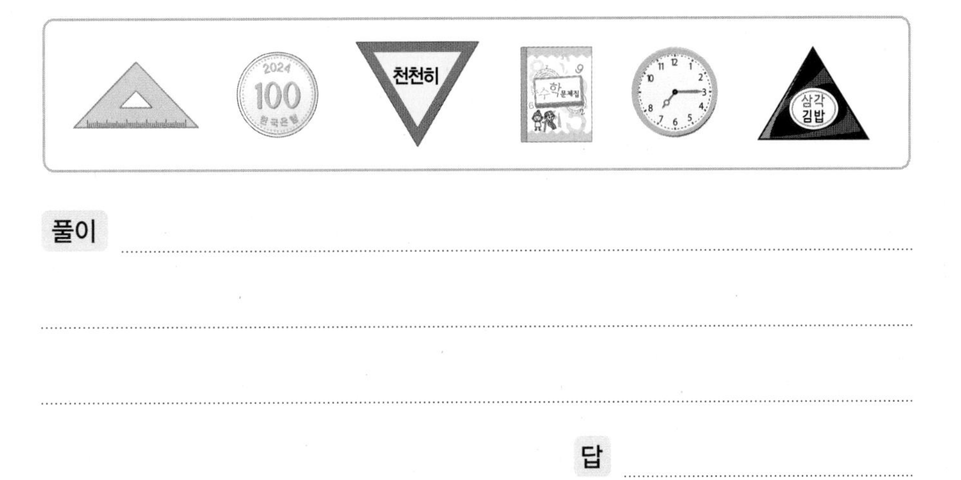

풀이

답

▶ 주어진 물건은 각각 어떤 모양인지 알아봅니다.

4 오른쪽 그림을 보고 영재가 일어난 시각은 몇 시 몇 분인지 풀이 과정을 쓰고 답을 구해 보세요.

풀이

답

▶ 긴바늘과 짧은바늘의 위치를 보고 시각을 써 봅니다.

5 다음 모양에서 찾을 수 있는 뾰족한 부분은 모두 몇 군데인지 풀이 과정을 쓰고 답을 구해 보세요.

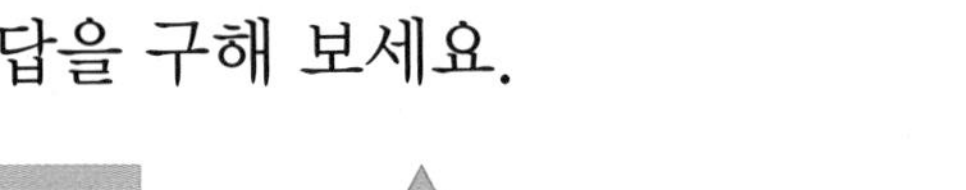
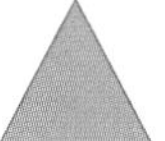

풀이

답

▶ ■ 모양과 ▲ 모양의 공통점은 뾰족한 부분이 있는 것입니다.

6 진서가 같은 모양끼리 모은 것입니다. 잘못 모은 물건을 찾아 기호를 쓰려고 합니다. 풀이 과정을 쓰고 답을 구해 보세요.

㉠ ㉡ ㉢ ㉣

풀이

답

▶ 모양이 다른 물건을 찾아봅니다.

7 오른쪽 모양을 꾸미는 데 가장 적게 이용한 모양에 ○표 하려고 합니다. 풀이 과정을 쓰고 답을 구해 보세요.

풀이

답 ■, ▲, ●

▶ 모양을 꾸미는 데 이용한 ■, ▲, ● 모양의 수를 각각 세어 봅니다.

8 오른쪽 종이를 선을 따라 잘랐을 때 생기는 ■ 모양과 ▲ 모양 중에서 어떤 모양이 몇 개 더 많은지 풀이 과정을 쓰고 답을 구해 보세요.

풀이

답

▶ 선을 따라 자르면 ■ 모양과 ▲ 모양이 각각 몇 개 생기는지 세어 봅니다.

9 민혁이와 유진이가 오늘 낮에 운동을 끝낸 시각입니다. 운동을 더 일찍 끝낸 사람은 누구인지 풀이 과정을 쓰고 답을 구해 보세요.

▶ 두 사람이 운동을 끝낸 시각을 각각 구해 봅니다.

민혁

유진

풀이

답

10 상규는 거울에 비친 시계를 보았습니다. 이 시계가 나타내는 시각은 몇 시 몇 분인지 풀이 과정을 쓰고 답을 구해 보세요.

▶ 거울에 비친 시계는 왼쪽과 오른쪽이 바뀌어 보입니다.

풀이

답

11 설명하는 시각을 쓰려고 합니다. 풀이 과정을 쓰고 답을 구해 보세요.

▶ 긴바늘이 6을 가리키면 몇 시 30분을 나타냅니다.

- 5시와 7시 사이의 시각입니다.
- 긴바늘이 6을 가리킵니다.
- 6시보다 늦은 시각입니다.

풀이

답

단원 평가 Level 1

점수

확인

1 여러 가지 모양 중에서 ■, ▲, ● 모양을 찾아 색연필로 따라 그리고 각각의 수를 세어 보세요.

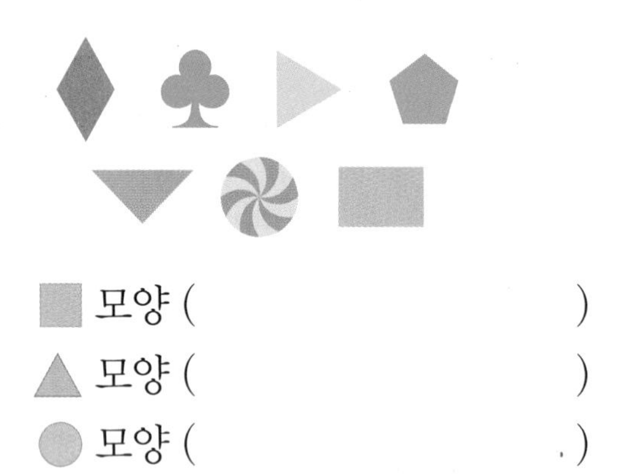

■ 모양 (　　　　　　)
▲ 모양 (　　　　　　)
● 모양 (　　　　　　)

2 같은 모양끼리 이어 보세요.

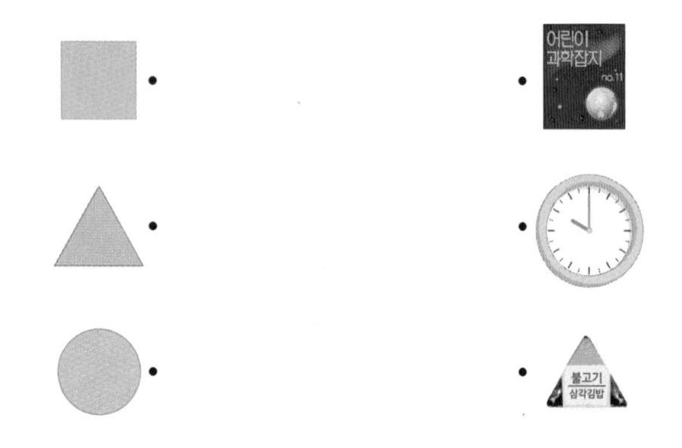

3 색종이를 보고 □ 안에 알맞은 수를 써넣으세요.

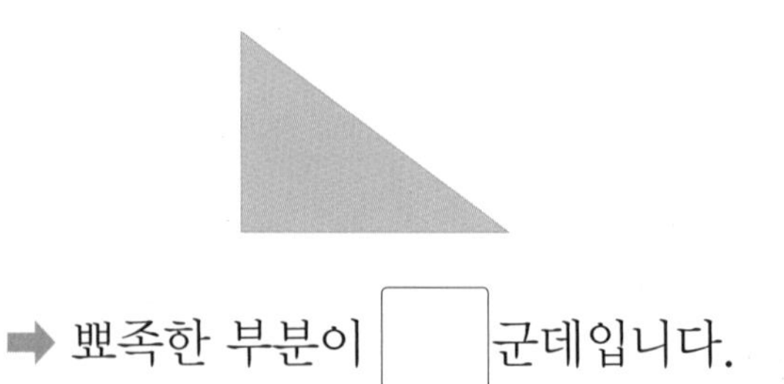

➡ 뾰족한 부분이 □군데입니다.

4 다음 모양을 꾸미는 데 이용한 ▲ 모양은 몇 개일까요?

(　　　　　　)

5 설명하는 모양의 물건에 ○표 하세요.

뾰족한 부분이 없습니다.

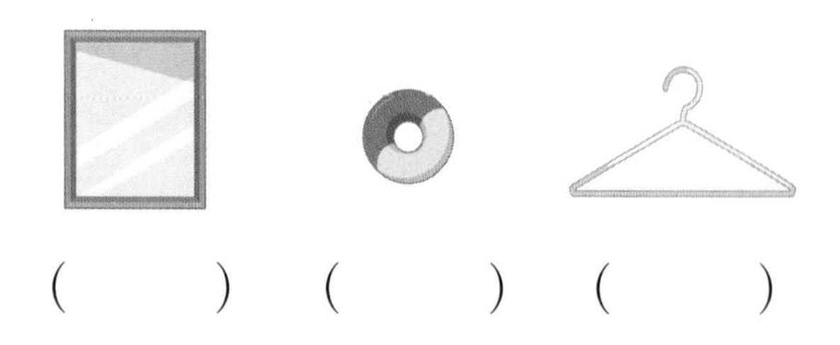

(　　) (　　) (　　)

6 시각을 써 보세요.

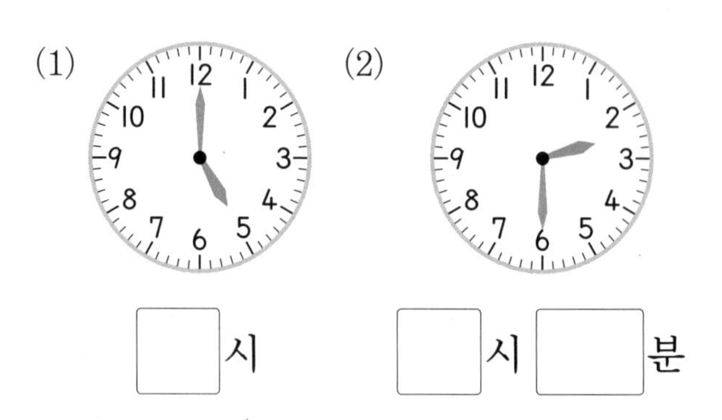

(1) □시　(2) □시 □분

7 그림을 보고 시계의 짧은바늘을 그려 보세요.

8 지금 시각은 10시입니다. 시계의 긴바늘은 어떤 수를 가리킬까요?

( )

9 나타내는 시각이 다른 하나를 찾아 기호를 써 보세요.

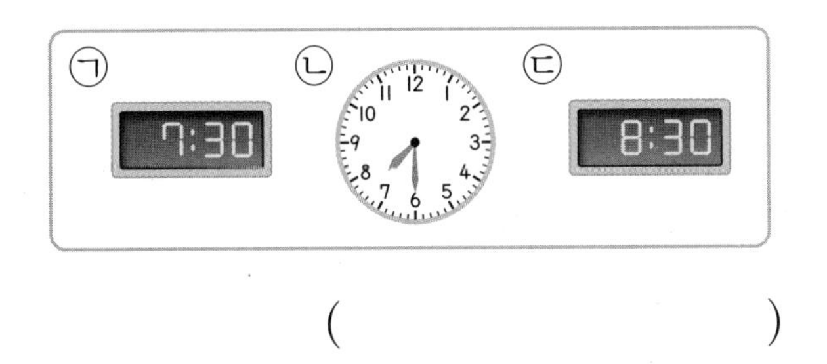

( )

[10~11] 소희의 계획표입니다. 물음에 답하세요.

학교 가기	8시	학원 가기	1시 30분
간식 먹기	5시 30분	운동하기	7시

10 오른쪽 시계가 나타내는 시각에 소희는 무엇을 하는지 써 보세요.

( )

11 소희가 간식을 먹는 시각에 알맞게 긴바늘과 짧은바늘을 그려 넣으세요.

12 세진, 태호, 준현이가 학교에 도착한 시각입니다. 9시 30분에 도착한 사람은 누구일까요?

( )

13 오른쪽 물건의 아래 부분에 물감을 묻혀 찍었을 때 나오는 모양을 찾아 기호를 써 보세요.

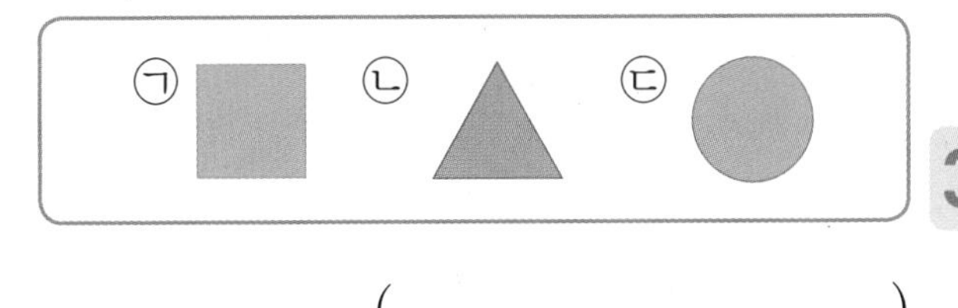

( )

14 다음은 태극기입니다. 태극기에 없는 모양에 ○표 하세요.

(■ , ▲ , ●)

15 설명하는 시각을 써 보세요.

- 3시와 4시 사이의 시각입니다.
- 긴바늘이 6을 가리킵니다.

( )

16 혜주는 11시에 운동을 시작하여 12시 30분에 끝냈습니다. 각각의 시각에 알맞게 긴바늘과 짧은바늘을 그려 넣으세요.

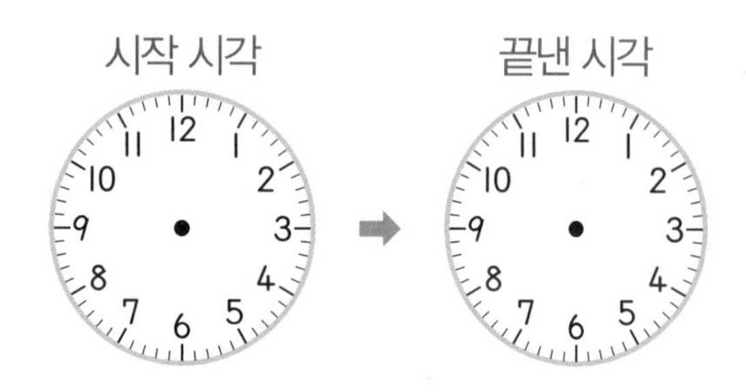

17 다음 모양을 꾸미는 데 이용한 ■, ▲, ● 모양은 각각 몇 개인지 구해 보세요.

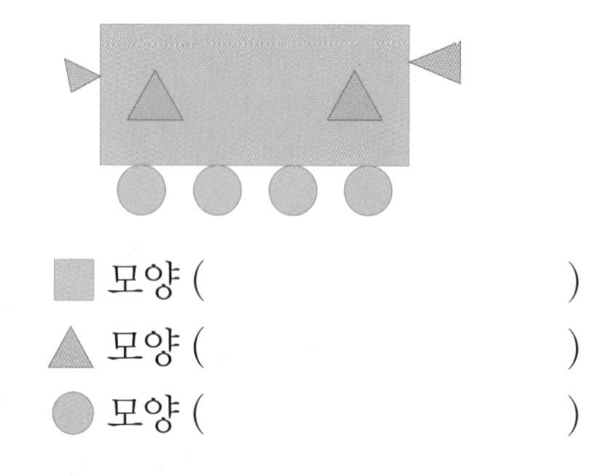

■ 모양 (　　　　　　　　)
▲ 모양 (　　　　　　　　)
● 모양 (　　　　　　　　)

18 종이를 선을 따라 자르면 ▲ 모양이 몇 개 생길까요?

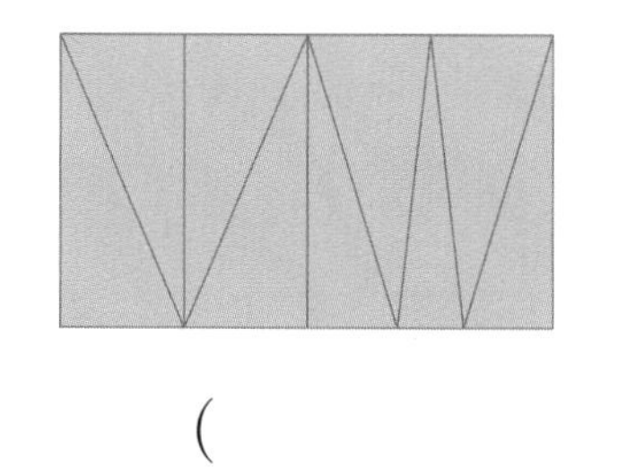

(　　　　　　　　)

19 ■ 모양을 가장 많이 이용한 모양을 찾아 기호를 쓰려고 합니다. 풀이 과정을 쓰고 답을 구해 보세요.

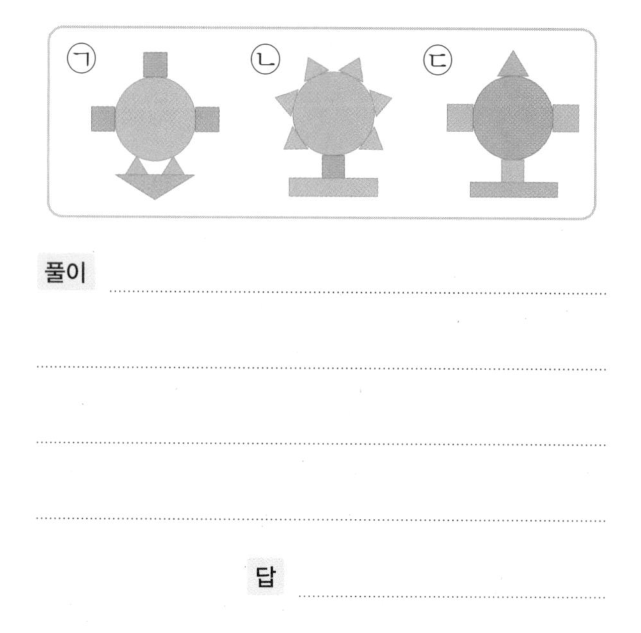

풀이 ....

답 ....

20 오늘 준희와 찬영이가 학원에 도착한 시각입니다. 학원에 먼저 도착한 사람은 누구인지 풀이 과정을 쓰고 답을 구해 보세요.

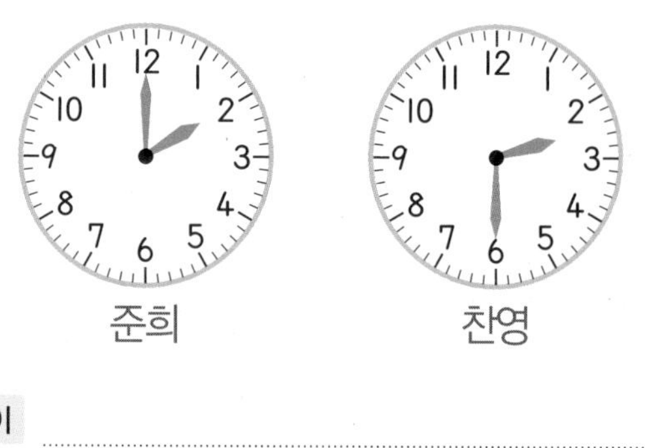

풀이 ....

답 ....

단원 평가 Level 2

점수

확인

1 ▲ 모양을 찾아 ○표 하세요.

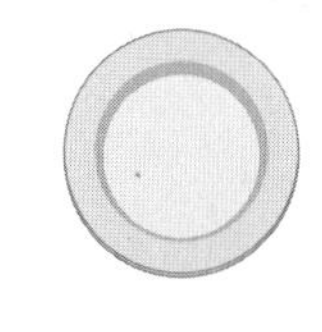

( ) ( ) ( )

2 같은 모양의 블록을 모은 것입니다. 잘못 모은 사람은 누구일까요?

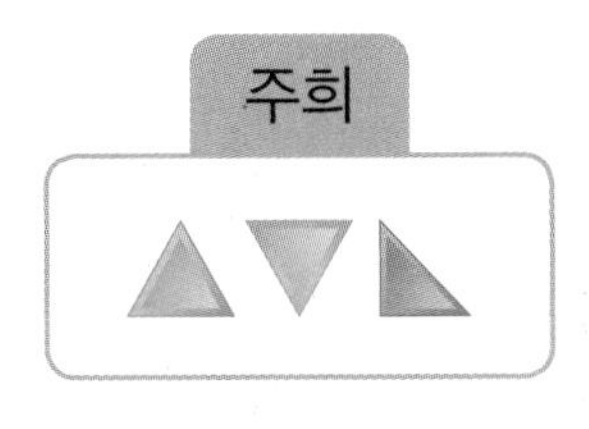

( )

3 설명에 맞는 모양을 찾아 ○표 하세요.

뾰족한 부분이 4군데입니다.

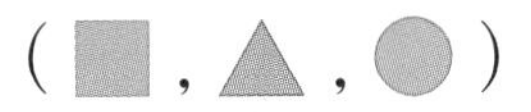

4 ■, ▲, ● 모양을 모두 찾아 기호를 써넣으세요.

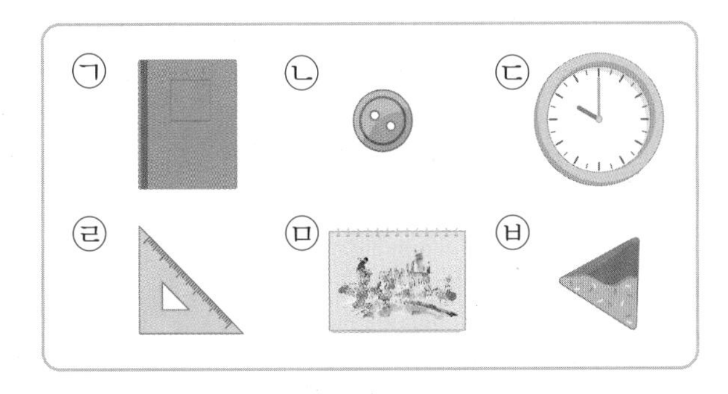

■ 모양	▲ 모양	● 모양

5 여러 가지 물건을 찰흙 위에 찍었습니다. 찍힌 모양으로 알맞은 것을 이어 보세요.

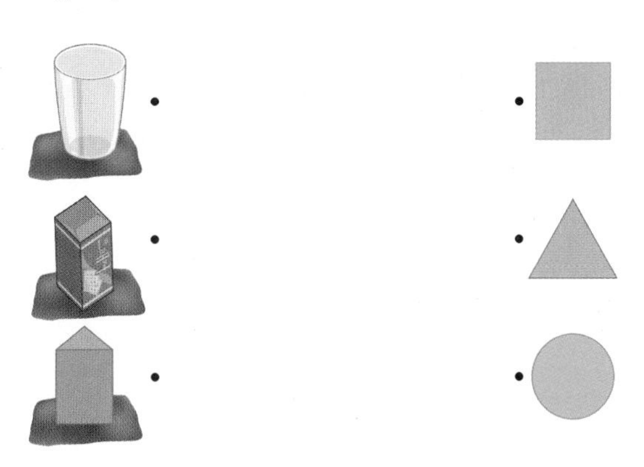

6 시계를 보고 시각을 써 보세요.

□시 □시 □분

7 같은 시각끼리 이어 보세요.

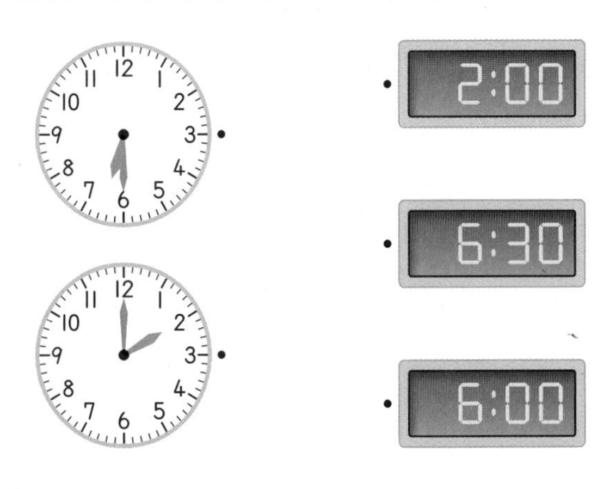

3

8 서아가 시각을 잘못 읽은 것입니다. 바르게 읽어 보세요.

(　　　　　　　　)

9 점심시간의 시작 시각과 마침 시각을 시계에 나타내 보세요.

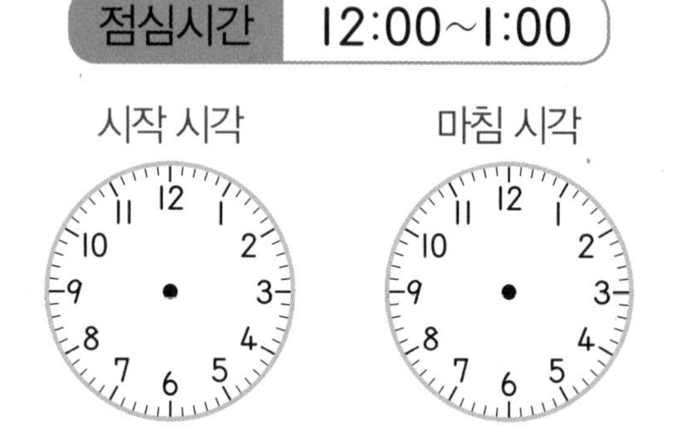

10 시계에 4시 30분을 나타내고, 이번 주 토요일 그 시각에 하고 싶은 일을 써 보세요.

....

....

11 뾰족한 부분이 없는 쿠키는 모두 몇 개일까요?

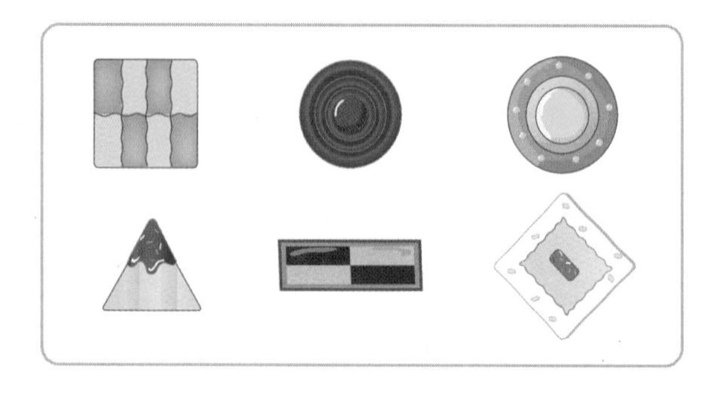

(　　　　　　　　)

12 왼쪽 시계에서 30분이 지난 시각을 시계에 나타내고, 시각을 써 보세요.

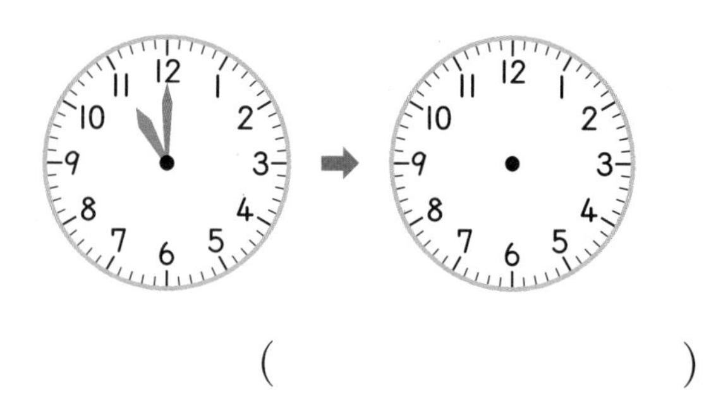

(　　　　　　　　)

13 다음 물건에서 어떤 모양의 물건이 가장 많은지 ○표 하세요.

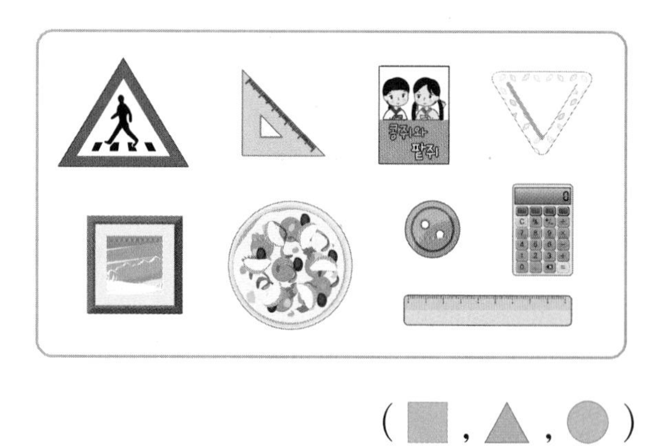

(■ , ▲ , ●)

14 다음 두 모양을 꾸미는 데 이용한 ■ 모양은 모두 몇 개일까요?

(　　　　　　　　)

15 설명하는 시각을 써 보세요.

- 8시 30분보다 늦고 10시보다 빠른 시각입니다.
- 긴바늘이 12를 가리킵니다.

(　　　　　　　　)

16 다음 모양을 꾸미는 데 이용한 ■, ▲, ● 모양은 각각 몇 개인지 구해 보세요.

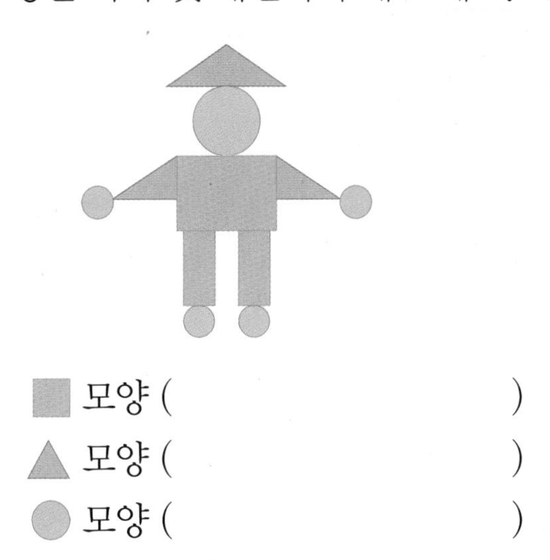

■ 모양 (　　　　　　　　　　)

▲ 모양 (　　　　　　　　　　)

● 모양 (　　　　　　　　　　)

17 거울에 비친 시계입니다. 이 시계가 나타내는 시각은 몇 시 몇 분인지 구해 보세요.

(　　　　　　　　　　)

18 주어진 모양으로 꾸밀 수 있는 모양에 ○표 하세요.

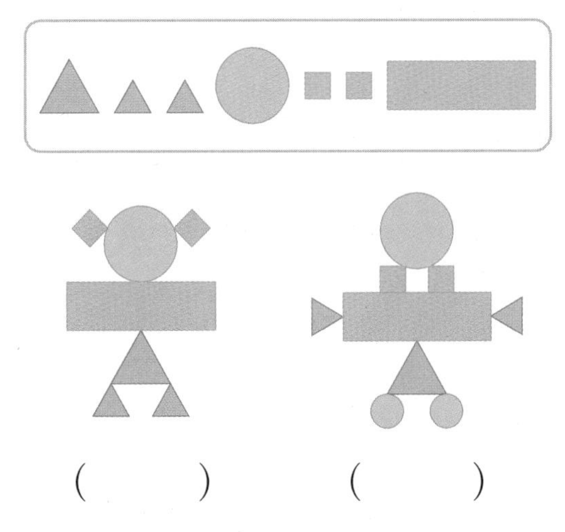

(　　　)　　(　　　)

19 유정이는 ▲ 모양을 5개 가지고 있습니다. 다음 모양을 꾸미는 데 더 필요한 ▲ 모양은 몇 개인지 풀이 과정을 쓰고 답을 구해 보세요.

풀이 ....

....

....

....

답 ....

20 성윤이가 오늘 낮 동안에 한 일입니다. 가장 먼저 한 일은 무엇인지 풀이 과정을 쓰고 답을 구해 보세요.

풀이 ....

....

....

....

답 ....

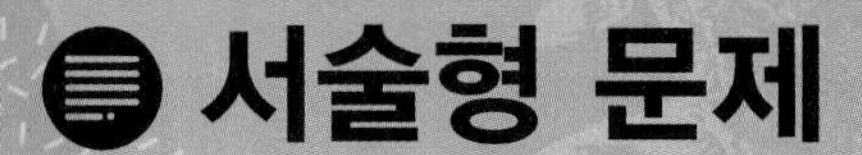

서술형 문제

1 우산꽂이에 빨간색 우산이 8개, 노란색 우산이 7개 꽂혀 있습니다. 우산꽂이에 꽂혀 있는 우산은 모두 몇 개인지 풀이 과정을 쓰고 답을 구해 보세요.

풀이 예 (우산꽂이에 꽂혀 있는 우산의 수)

=(빨간색 우산의 수)+(노란색 우산의 수)

=8+7=15(개)

답 15개

1+ 꽃병에 장미가 5송이, 튤립이 6송이 꽂혀 있습니다. 꽃병에 꽂혀 있는 꽃은 모두 몇 송이인지 풀이 과정을 쓰고 답을 구해 보세요.

풀이

답

2 가장 큰 수와 가장 작은 수의 차는 얼마인지 풀이 과정을 쓰고 답을 구해 보세요.

9	12	14	8

풀이 예 가장 큰 수는 14이고, 가장 작은 수는 8입니다.

따라서 가장 큰 수와 가장 작은 수의 차는

14−8=6입니다.

답 6

2+ 가장 큰 수와 가장 작은 수의 차는 얼마인지 풀이 과정을 쓰고 답을 구해 보세요.

11	9	16	15

풀이

답

3 태하가 $12-5$를 계산한 것입니다. 잘못 계산한 까닭을 쓰고 바르게 계산해 보세요.

$12-5=3$

10 2

까닭 ....

....

....

바른 계산

▶ 연결 모형을 그려 보면 계산 방법을 쉽게 알 수 있습니다.

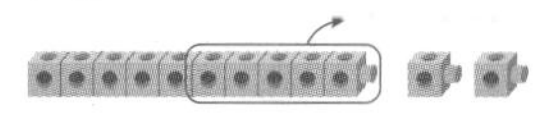

4 차가 같은 뺄셈식을 말한 것입니다. □ 안에 알맞은 수는 얼마인지 풀이 과정을 쓰고 답을 구해 보세요.

풀이 ....

....

....

답 ....

▶ 빼지는 수와 빼는 수가 어떻게 변하는지 알아봅니다.

5 덧셈을 하고, 계산 결과를 보고 알게 된 점을 설명해 보세요.

$6+4=$ □

$6+5=$ □

$6+6=$ □

$6+7=$ □

설명 ....

....

....

▶ 더해지는 수와 더하는 수가 변함에 따라 계산 결과가 어떻게 달라지는지 알아봅니다.

6 □ 안에 알맞은 수는 얼마인지 풀이 과정을 쓰고 답을 구해 보세요.

$8+3=\square+6$

풀이

답

▶ 먼저 8+3을 계산해 봅니다.

7 고리 던지기 놀이를 하여 윤지는 7점과 5점을, 현수는 4점과 9점을 얻었습니다. 더 높은 점수를 얻은 사람은 누구인지 풀이 과정을 쓰고 답을 구해 보세요.

풀이

답

▶ 윤지와 현수의 점수를 각각 구하여 비교해 봅니다.

8 지우는 7살이고, 언니는 지우보다 6살 더 많습니다. 오빠는 언니보다 4살 더 적다면 오빠는 몇 살인지 풀이 과정을 쓰고 답을 구해 보세요.

풀이

답

▶ 먼저 언니의 나이를 구해 봅니다.

9 수 카드 중에서 2장을 골라 차가 가장 크게 되는 뺄셈식을 구하려고 합니다. 풀이 과정을 쓰고 답을 구해 보세요.

12 8 15 9

풀이

답

▶ 차가 가장 크려면 어떤 수에서 어떤 수를 빼야 하는지 생각해 봅니다.

10 운동장에 남자 어린이는 4명 있고, 여자 어린이는 남자 어린이보다 3명 더 많이 있습니다. 운동장에 있는 어린이는 모두 몇 명인지 풀이 과정을 쓰고 답을 구해 보세요.

풀이

답

▶ (운동장에 있는 어린이의 수)
=(남자 어린이의 수)
+(여자 어린이의 수)

11 1부터 9까지의 수 중에서 □ 안에 들어갈 수 있는 수는 모두 몇 개인지 풀이 과정을 쓰고 답을 구해 보세요.

$11-\square>13-5$

풀이

답

▶ 먼저 13−5를 계산하고 >를 =로 바꾸어서 □ 안에 알맞은 수를 구해 봅니다.

단원 평가 Level 1

점수

확인

1 그림을 보고 □ 안에 알맞은 수를 써넣으세요.

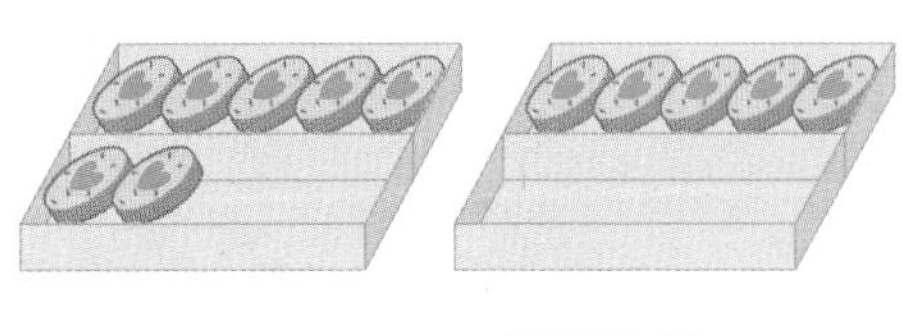

7 + 5 = □

2 □ 안에 알맞은 수를 써넣으세요.

(1)

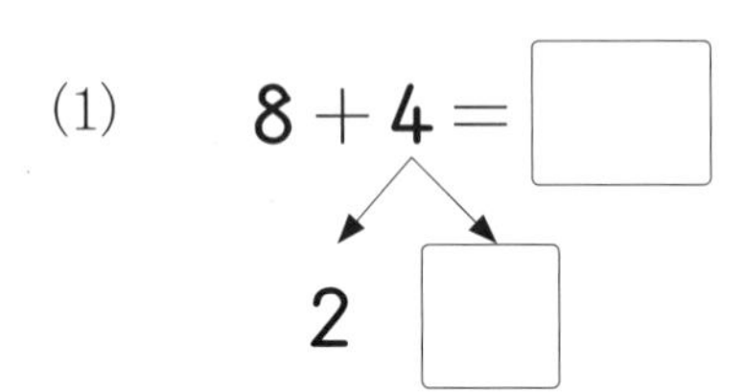

(2)

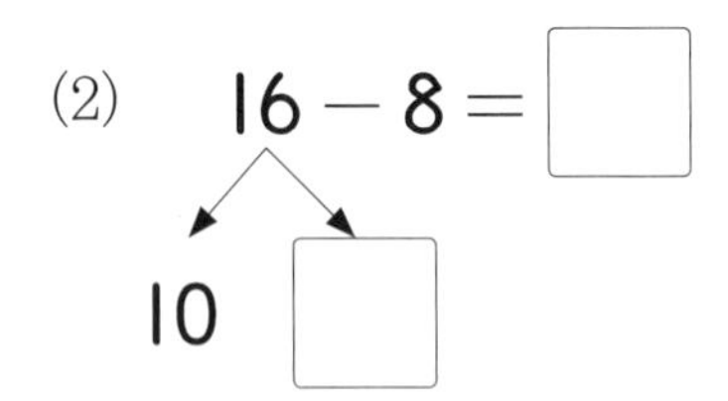

3 □ 안에 알맞은 수를 써넣으세요.

11 − 4 = □

11 − 5 = □

11 − 6 = □

11 − 7 = □

빼지는 수가 같을 때 빼는 수가 □씩 커지면 차는 □씩 작아집니다.

4 빈칸에 알맞은 수를 써넣으세요.

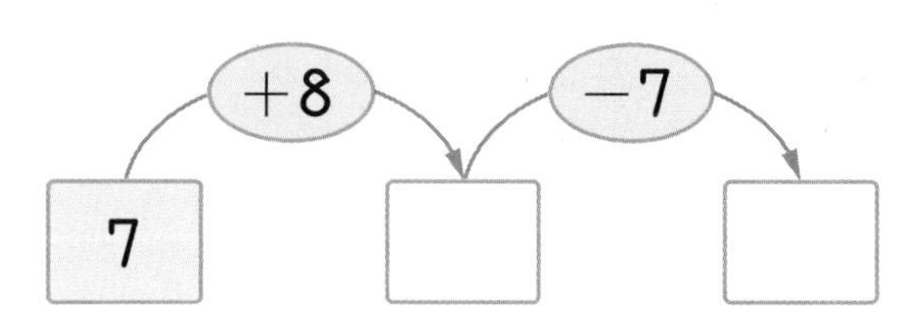

5 차가 같은 것끼리 이어 보세요.

13 − 5 •	• 13 − 6
15 − 8 •	• 12 − 4
18 − 9 •	• 15 − 6

[6~7] 그림을 보고 물음에 답하세요.

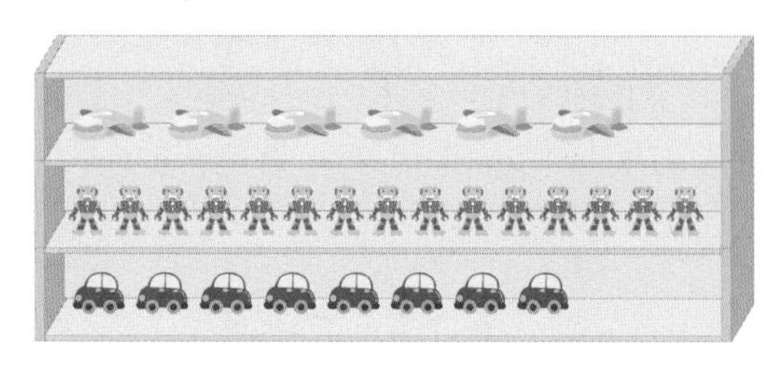

6 (비행기)와 (자동차)는 모두 몇 개인지 식으로 나타내 보세요.

□ + □ = □

7 (로봇)은 (비행기)보다 몇 개 더 많은지 식으로 나타내 보세요.

□ − □ = □

8 다음 빙고판에서 합이 13인 곳에 모두 색칠해 보세요.

$9+4$	$8+4$	$7+4$
$9+5$	$8+5$	$7+5$
$9+6$	$8+6$	$7+6$

9 계산 결과를 비교하여 ○ 안에 >, =, <를 알맞게 써넣으세요.

$13-4$ ○ $2+9$

10 계산 결과가 가장 작은 것을 찾아 기호를 써 보세요.

㉠ $5+8$ ㉡ $8+8$
㉢ $9+3$ ㉣ $7+7$

( )

11 ㉠과 ㉡의 차는 얼마일까요?

$3+8=$ ㉠
$12-5=$ ㉡

( )

12 정환이는 제기차기를 하였습니다. 처음에는 8번 차고 다음에는 9번 찼다면 정환이는 제기를 모두 몇 번 찼을까요?

식 ....

답 ....

13 □ 안에 알맞은 수를 써넣어 덧셈식을 완성해 보세요.

$9+7=16$
$7+\square=16$

14 □ 안에 알맞은 수를 써넣으세요.

$12-9=\square-8$

15 희영이는 가지고 있던 연필 15자루 중 9자루를 알뜰 시장에서 팔았습니다. 남은 연필은 몇 자루일까요?

( )

16 수 카드 4장 중에서 3장을 골라 뺄셈식을 만들어 보세요.

9 14 5 6

$\square - \square = \square$

17 약속 에 따라 계산하여 ㉠에 알맞은 수를 구해 보세요.

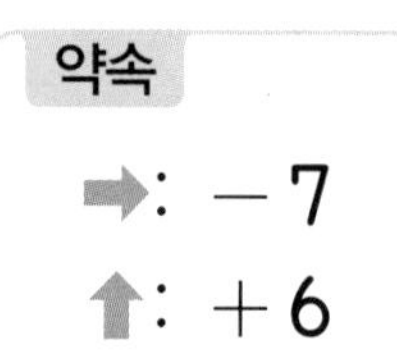

15 ➡ □ ⬆ □ ➡ □ ⬆ ㉠

(　　　　　　　　)

18 1부터 9까지의 수 중에서 □ 안에 들어갈 수 있는 가장 큰 수를 구해 보세요.

$15 - \square > 8$

(　　　　　　　　)

19 가장 큰 수와 가장 작은 수의 합은 얼마인지 풀이 과정을 쓰고 답을 구해 보세요.

4 9 2 7

풀이

답

20 윤재와 민서는 수 카드를 2장 골라서 카드에 적힌 두 수의 차가 큰 사람이 이기는 놀이를 하였습니다. 다음과 같이 카드를 골랐을 때, 이긴 사람은 누구인지 풀이 과정을 쓰고 답을 구해 보세요.

윤재: 16 7
민서: 14 6

풀이

답

단원 평가 Level 2

점수

확인

1 □ 안에 알맞은 수를 써넣으세요.

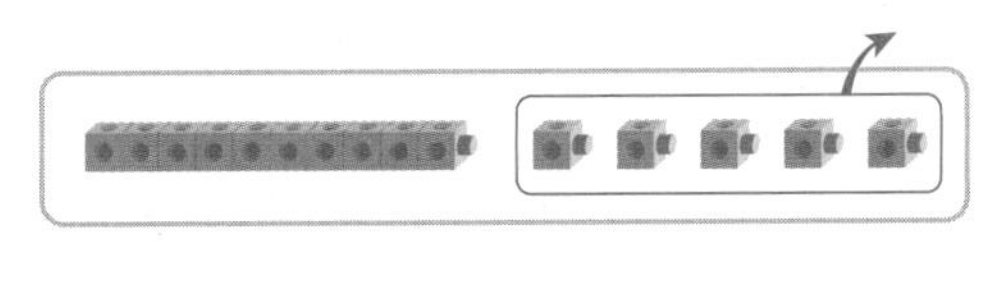

$15-5=$ □

2 □ 안에 알맞은 수를 써넣으세요.

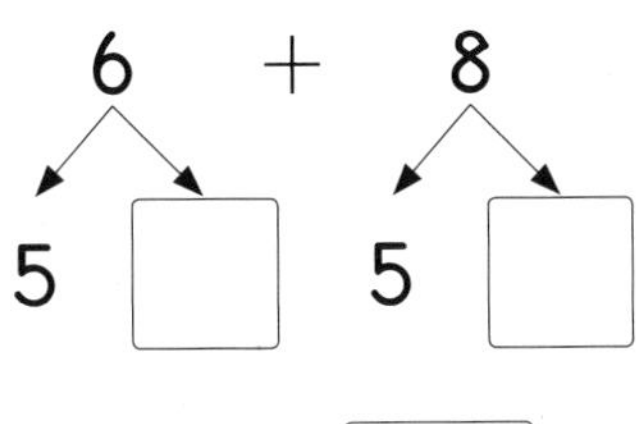

$6+8=$ □

3 □ 안에 알맞은 수를 써넣으세요.

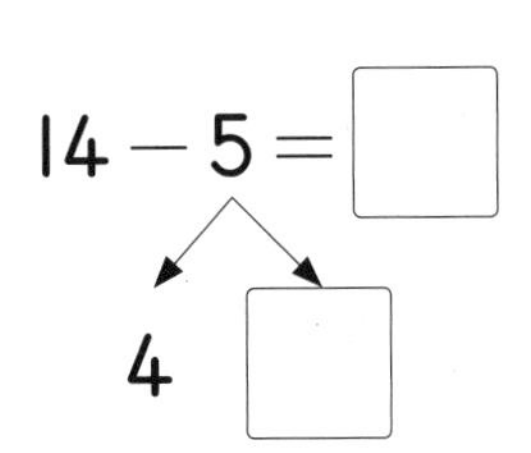

4 □ 안에 알맞은 수를 써넣으세요.

$9+7=$ □

$8+7=$ □

$7+7=$ □

5 계산 결과를 찾아 이어 보세요.

$9+8$ •	• 13
$6+7$ •	• 17
$7+9$ •	• 16

6 동우와 수지는 $13-8$을 서로 다른 방법으로 계산하였습니다. 바르게 계산한 사람의 이름을 써 보세요.

동우: $13-8=10-8+3$
$=2+3=5$

수지: $13-8=13-3+5$
$=10+5=15$

(　　　　　　　　)

7 ○ 안에 >, =, <를 알맞게 써넣으세요.

(1) $16-9$ ○ 7

$16-8$ ○ 7

(2) $5+7$ ○ 12

$5+6$ ○ 12

8 준원이는 고리 13개를 던져 7개가 걸렸습니다. 걸리지 않은 고리는 몇 개일까요?

식 ....

답 ....

9 영우는 사탕을 8개 가지고 있었는데 형이 8개를 더 주었습니다. 영우가 가지고 있는 사탕은 모두 몇 개일까요?

(　　　　　　)

[10~11] 식을 보고 물음에 답하세요.

$15-8$	$7+4$	$16-8$	$5+9$
$3+7$	$14-9$	$8+4$	$11-2$
$6+6$	$9+2$	$12-5$	$17-9$

10 $4+8$과 합이 같은 것을 모두 찾아 빨간색으로 색칠해 보세요.

11 $13-6$과 차가 같은 것을 모두 찾아 파란색으로 색칠해 보세요.

12 계산 결과가 큰 것부터 차례로 기호를 써 보세요.

㉠ $11-5$　㉡ $4+9$
㉢ $6+5$　㉣ $17-8$

(　　　　　　)

13 합이 11이 되도록 □ 안에 알맞은 수를 써넣으세요.

$2+\square=11$

$3+\square=11$

$\square+\square=11$

14 ㉠과 ㉡ 사이에 있는 수를 구해 보세요.

㉠ $12-6$　㉡ $11-3$

(　　　　　　)

15 수 카드 4장 중에서 2장을 골라 합이 가장 작은 덧셈식을 만들어 보세요.

6　7　8　9

$\square+\square=\square$

16 준서가 사용한 색종이의 수를 구해 보세요.

(　　　　　　　　)

17 같은 모양은 같은 수를 나타냅니다. ♥가 나타내는 수를 구해 보세요.

$12 - 7 = ●$
$13 - ● = ♥$

(　　　　　　　　)

18 주머니에서 꺼낸 두 개의 공에 적힌 두 수의 합이 크면 이기는 놀이를 하고 있습니다. 민호는 3, 9를 꺼냈고, 수찬이는 7을 꺼냈습니다. 수찬이가 이기려면 어떤 수가 적힌 공을 꺼내야 할지 모두 써 보세요.

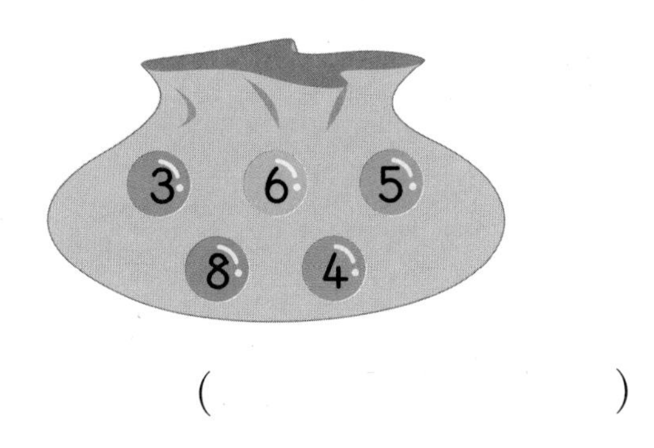

(　　　　　　　　)

19 밤을 재민이는 4개, 호경이는 재민이보다 5개 더 많이 먹었습니다. 재민이와 호경이가 먹은 밤은 모두 몇 개인지 풀이 과정을 쓰고 답을 구해 보세요.

풀이 ……………………………………

답 ……………………

20 □ 안에 알맞은 수가 더 작은 것을 찾아 기호를 쓰려고 합니다. 풀이 과정을 쓰고 답을 구해 보세요.

㉠ $7 + \square = 15$　　㉡ $11 - \square = 2$

풀이 ……………………………………

답 ……………………

서술형 문제

1 규칙에 따라 빈칸에 알맞은 수를 구하려고 합니다. 풀이 과정을 쓰고 답을 구해 보세요.

11	13	15	17		21

풀이 예 오른쪽으로 갈수록 2씩 커집니다.

따라서 빈칸에 알맞은 수는 17보다 2만큼 더 큰 수이므로 19입니다.

답 19

1+ 규칙에 따라 빈칸에 알맞은 수를 구하려고 합니다. 풀이 과정을 쓰고 답을 구해 보세요.

30	28	26	24		20

풀이

답

2 규칙을 잘못 말한 사람은 누구인지 풀이 과정을 쓰고 답을 구해 보세요.

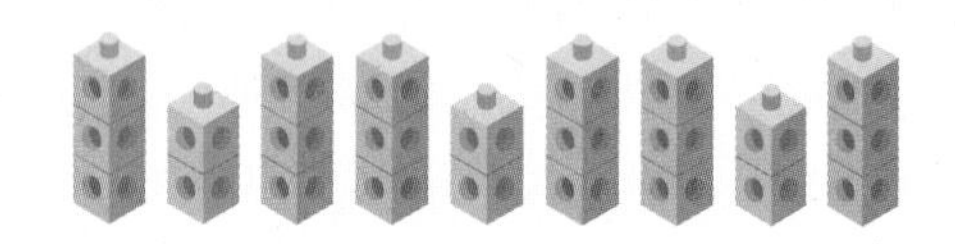

지성: 색이 빨간색, 파란색, 빨간색이 반복돼.
예은: 개수가 3개, 3개, 2개씩 반복돼.

풀이 예 개수가 3개, 2개, 3개씩 반복되므로 규칙을 잘못 말한 사람은 예은이입니다.

답 예은

2+ 규칙을 잘못 말한 사람은 누구인지 풀이 과정을 쓰고 답을 구해 보세요.

유나: 색이 초록색, 보라색, 초록색이 반복돼.
도윤: 모양이 네모, 네모, 세모가 반복돼.

풀이

답

3 두 가지 모양을 골라 규칙을 만들고, 만든 규칙을 써 보세요.

★ ♥ ■ ▲ ●

규칙 ....

....

▸ 규칙을 자유롭게 정한 다음, 정한 규칙에 맞게 고른 모양을 그려 봅니다.

4 규칙에 따라 빈칸에 알맞은 바둑돌은 무슨 색인지 구하려고 합니다. 풀이 과정을 쓰고 답을 구해 보세요.

●	○	○	●	○	○		○	○

풀이 ....

....

....

답 ....

▸ 검은색 바둑돌과 흰색 바둑돌이 어떤 규칙으로 놓여 있는지 알아봅니다.

5 규칙 에 따라 수 카드를 늘어놓았습니다. 잘못 놓은 수 카드의 수를 모두 쓰려고 합니다. 풀이 과정을 쓰고 답을 구해 보세요.

규칙
100부터 4씩 작아집니다.

100 97 92 88 84 80 76 71

풀이 ....

....

....

답 ....

▸ 100부터 거꾸로 4씩 뛰어 세기를 해 봅니다.

6 규칙에 따라 빈칸에 알맞은 수를 쓰려고 합니다. ㉠과 ㉡에 알맞은 두 수의 합은 얼마인지 풀이 과정을 쓰고 답을 구해 보세요.

▶ 타조와 강아지를 각각 어떤 수로 나타냈는지 알아봅니다.

2	2	4	㉠		㉡

풀이

답

7 규칙에 따라 빈칸에 알맞게 색칠을 하려고 합니다. 풀이 과정을 쓰고 빈칸에 알맞게 색칠해 보세요.

▶ 색칠된 두 칸이 어느 방향으로 몇 칸씩 움직이는지 알아봅니다.

풀이

8 보기 와 같은 규칙으로 수를 쓸 때 ★에 알맞은 수는 얼마인지 풀이 과정을 쓰고 답을 구해 보세요.

▶ 먼저 보기 의 규칙을 찾아봅니다.

보기

29 - 32 - 35 - 38 - 41

53 - □ - □ - □ - ★

풀이

답

9 규칙에 따라 빈칸에 들어갈 주사위 눈의 수의 합은 몇 개인지 풀이 과정을 쓰고 답을 구해 보세요.

▶ 주사위 눈의 수가 몇 개인 그림이 반복되는지 알아봅니다.

풀이

답

10 선우는 규칙적으로 무늬를 꾸미고 있습니다. 완성된 그림에는 ● 모양이 모두 몇 개인지 풀이 과정을 쓰고 답을 구해 보세요.

▶ 규칙을 찾아 무늬를 완성해 봅니다.

풀이

답

11 수 배열표의 일부분입니다. 색칠한 칸에 알맞은 수는 얼마인지 풀이 과정을 쓰고 답을 구해 보세요.

12	13	
24		
36		

▶ → 방향과 ↓ 방향의 규칙을 찾아 빈칸에 알맞은 수들을 써 봅니다.

풀이

답

단원 평가 Level 1

점수

확인

1 반복되는 부분에 ○표 하고 규칙을 찾아 써 보세요.

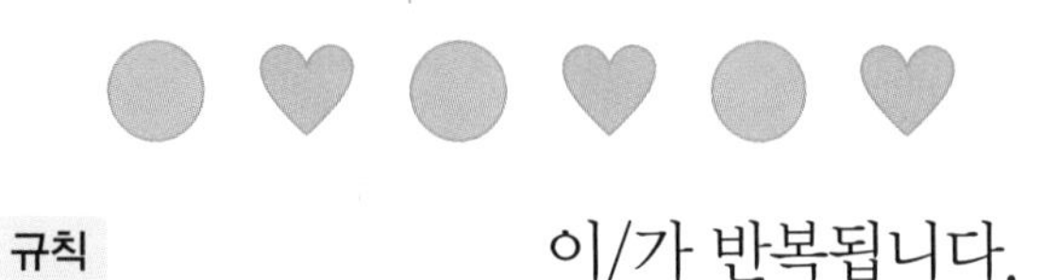

규칙 ....이/가 반복됩니다.

2 이서가 말한 규칙대로 물건을 놓은 사람은 누구일까요?

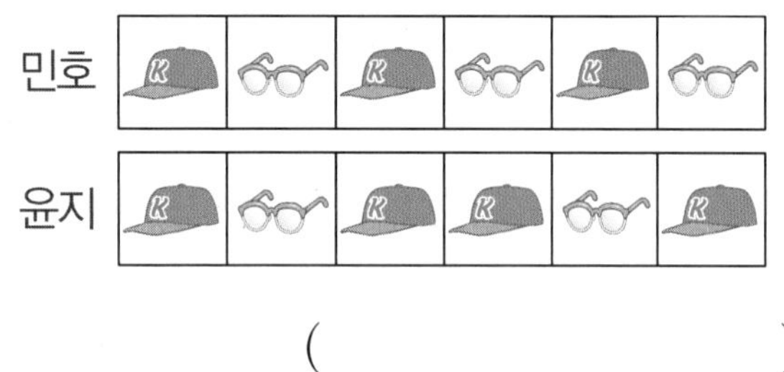

(　　　　　　　　)

3 수 배열에서 규칙을 찾아 □ 안에 알맞은 수를 써넣으세요.

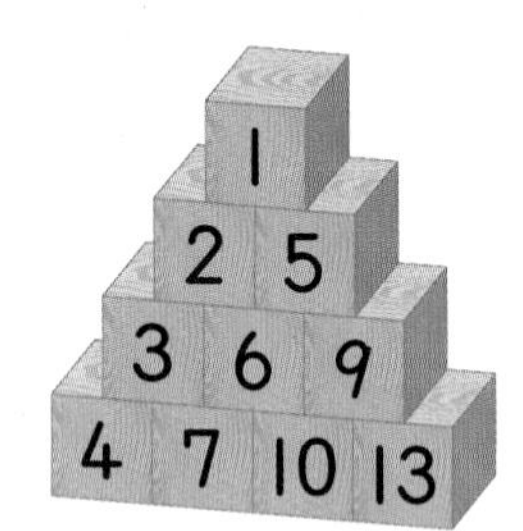

(1) ↙ 방향으로 □ 씩 커집니다.

(2) ↘ 방향으로 □ 씩 커집니다.

4 규칙에 따라 빈칸에 알맞은 모양을 그려 넣으세요.

↑	→	↑	→			↑

5 규칙에 따라 알맞게 색칠해 보세요.

6 책꽂이의 책을 보고 규칙을 찾아 써 보세요.

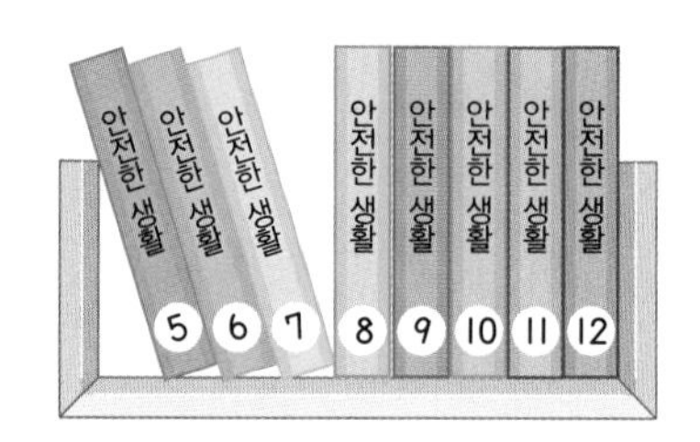

규칙 ....

....

7 규칙에 따라 빈칸에 알맞은 수를 써넣으세요.

(1) 24 - 28 - 32 - □ - 40 - □

(2)

8 규칙에 따라 빈칸을 알맞게 색칠해 보세요.

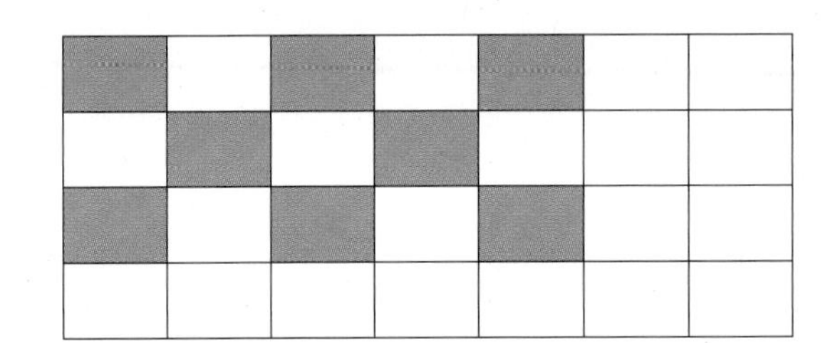

9 ♡, ◇ 모양으로 규칙을 만들어 무늬를 꾸미고 만든 규칙을 써 보세요.

규칙 ....

....

10 바둑돌을 놓은 규칙을 써 보세요.

규칙 ....

....

11 보기 와 같은 규칙으로 □ 안에 알맞은 모양을 그려 넣으세요.

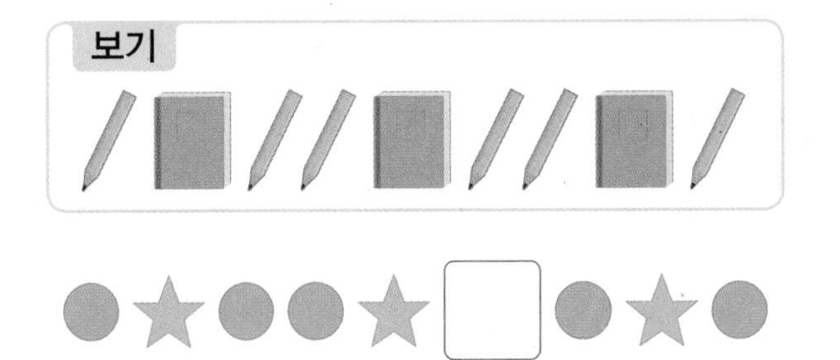

●★●●★□●★●

12 규칙에 따라 주사위의 눈을 그리고 빈칸에 알맞은 수를 써넣으세요.

⚁	⚁	⚃	⚁		⚃	
2	2	4	2	2		

13 48부터 7씩 작아지는 규칙으로 수들이 놓여 있을 때 ★에 알맞은 수는 얼마일까요?

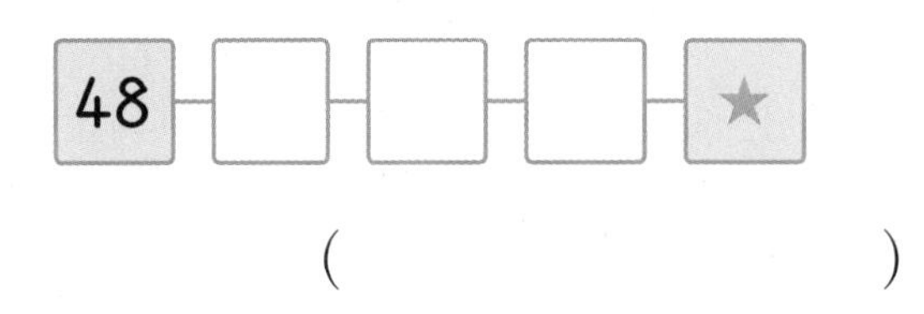

(   )

[14~15] 수 배열표를 보고 물음에 답하세요.

11	12	13	14	15	16
17	18	19	20	21	22
23	24	25	26	27	28
	30	31			34
35	36			♥	
	42		44		

14 규칙을 써 보세요.

(1) ➡에 있는 수는 ....

(2) ⬇에 있는 수는 ....

15 ♥에 알맞은 수를 구해 보세요.

(   )

16 색칠된 칸에 있는 수들의 규칙을 쓰고 그 규칙에 따라 나머지 부분을 색칠해 보세요.

57	58	59	60	61	62	63
64	65	66	67	68	69	70
71	72	73	74	75	76	77
78	79	80	81	82	83	84

규칙

17 규칙에 따라 두 가지 방법으로 나타내려고 합니다. 빈칸을 알맞게 채우세요.

💡	💡	💡	💡	💡	💡
○	×	○	×		
1	2	1	2		

18 규칙에 따라 꾸민 포장지의 일부분이 찢어졌습니다. 찢어진 부분에서 ◆는 모두 몇 개일까요?

♥	◆	◆	♥	◆	◆
♥	◆		♥	◆	◆
♥					◆

(　　　　　　　　)

19 하연이는 규칙에 따라 실에 모양을 끼워 목걸이를 만들려고 합니다. □ 안에 알맞은 모양은 무엇인지 풀이 과정을 쓰고 알맞은 모양을 그려 보세요.

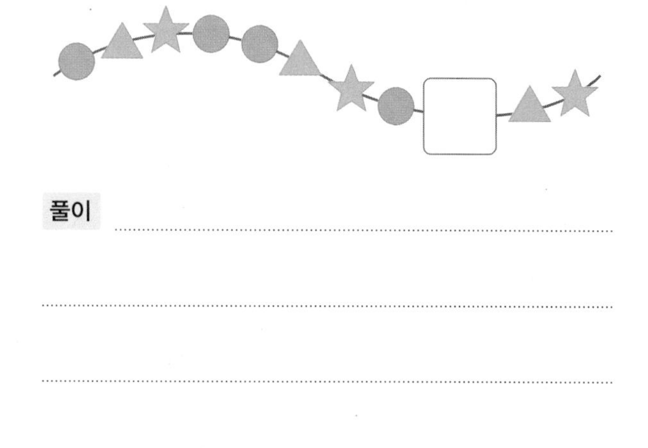

풀이

20 규칙에 따라 빈칸에 알맞은 수를 써넣을 때, ㉠과 ㉡에 알맞은 두 수의 차는 얼마인지 풀이 과정을 쓰고 답을 구해 보세요.

㉠ — 9 — 11 — 13 — ㉡

풀이

답

단원 평가 Level 2

점수

확인

1 그림을 보고 규칙을 찾아 써 보세요.

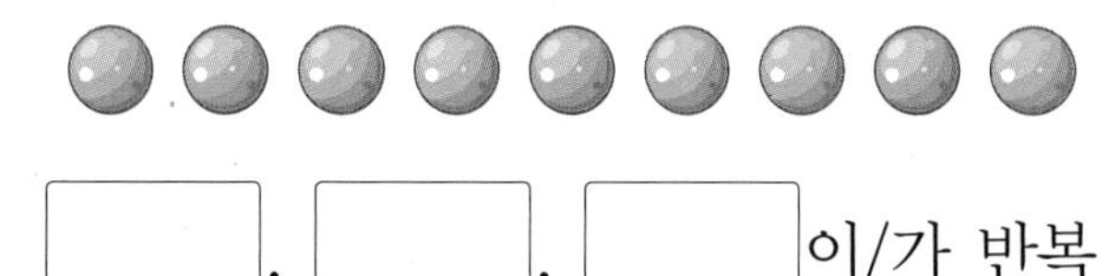

[ ], [ ], [ ] 이/가 반복됩니다.

2 규칙에 따라 빈칸에 알맞은 모양을 그려 넣으세요.

○	×	×	○	○	×	×	○		

3 규칙을 바르게 말한 사람의 이름을 써 보세요.

윤호: 색이 분홍색, 노란색, 분홍색이 반복돼.

서준: 모양이 네모, 동그라미, 동그라미가 반복돼.

(　　　　　　　　)

4 규칙에 따라 빈칸에 알맞은 수를 써넣으세요.

(1)

1	8	1	1	8	1		

(2)

4	5	4	5		5		

5 은미가 가지고 있는 종이테이프에서 규칙을 찾아 써 보세요.

규칙 ....

6 두 가지 색으로 규칙을 만들어 색칠해 보세요.

7 여러 가지 물건으로 규칙을 만든 것입니다. 같은 규칙으로 만든 두 사람은 누구와 누구일까요?

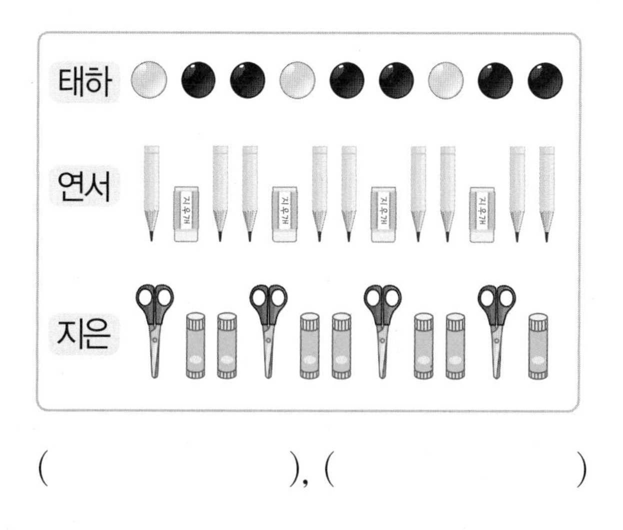

(　　　　　　), (　　　　　　)

8 규칙에 따라 ㉠에 알맞은 수를 구해 보세요.

14	18	22	26				㉠

( )

9 규칙을 찾아 ★과 ♥에 알맞은 수를 각각 구해 보세요.

52	53					58	59
60			63	64		66	
★		70					
		78					♥

★ ( ), ♥ ( )

10 규칙에 따라 연결 모형을 놓았습니다. 찾을 수 있는 규칙을 두 가지 써 보세요.

규칙1

규칙2

11 서로 다른 규칙이 나타나게 빈칸에 알맞은 수를 써넣으세요.

3	2	
6		4
	8	7

1	4	7
2		8
	6	

12 규칙을 찾아 여러 가지 방법으로 나타내 보세요.

수						
모양						

[13~14] 수 배열표를 보고 물음에 답하세요.

51	52		54	55	56	57	58	59	60
61	62	63		65	66	67	68	69	70
71	72	73	74		76	77	78	79	80
81	82	83	84	85		87	88	89	90
91	92	93	94	95	96		98	99	100

13 ▒에 있는 수에는 어떤 규칙이 있는지 써 보세요.

규칙

14 규칙에 따라 ▒에 알맞은 수를 써넣으세요.

15 규칙에 따라 깃발을 이어 놓으려고 합니다. 규칙을 찾아 빈칸의 깃발의 색을 차례로 써 보세요.

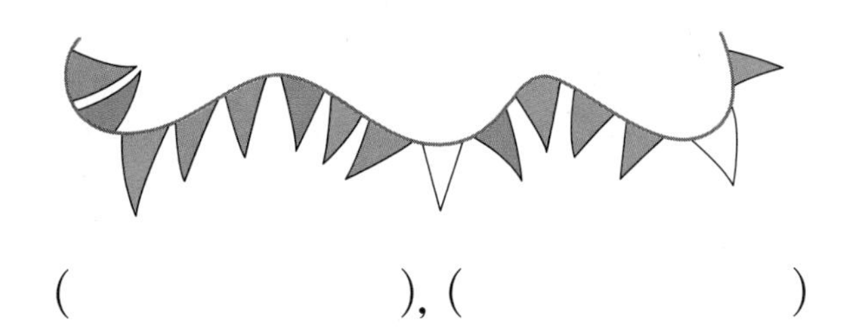

( ), ( )

16 규칙에 따라 수를 이용하여 나타낼 때 ㉠에 알맞은 수는 얼마일까요?

■	△	○	■	△
○	■	△	○	■
△	○	■	△	○

➡

3	2	1	3	2
1				
		㉠		

( )

17 규칙에 따라 빈칸에 알맞은 수를 써넣으세요.

1	3	2	2	5	3
3		4	4		5

18 규칙에 따라 빈칸에 알맞은 모양을 그리고 색칠해 보세요.

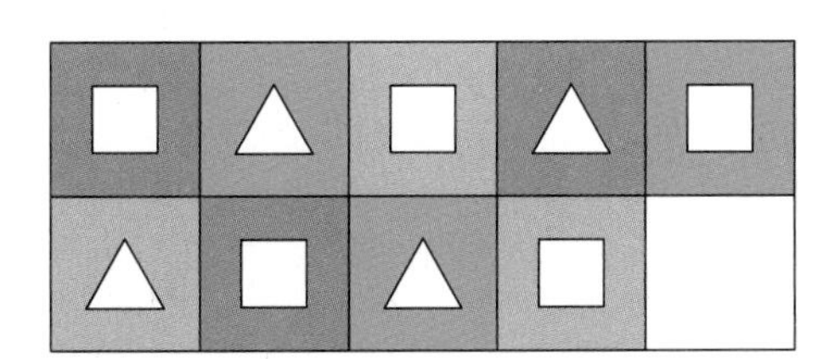

19 수 배열표의 일부분입니다. ♥에 알맞은 수는 얼마인지 풀이 과정을 쓰고 답을 구해 보세요.

26	27	28	29		31
35	36		38		
	45	46			
				♥	

풀이

답

20 서윤이네 모둠 친구들이 규칙을 만들어 몸으로 나타낸 것입니다. 잘못 나타낸 친구는 누구인지 풀이 과정을 쓰고 답을 구해 보세요.

풀이

답

서술형 문제

1 사탕이 노란색 바구니에는 20개, 파란색 바구니에는 60개 들어 있습니다. 두 바구니에 들어 있는 사탕은 모두 몇 개인지 풀이 과정을 쓰고 답을 구해 보세요.

풀이 예 (두 바구니에 들어 있는 사탕의 수)
=(노란색 바구니에 들어 있는 사탕의 수)
+(파란색 바구니에 들어 있는 사탕의 수)
$=20+60=80$(개)

답 80개

1+ 귤이 빨간색 상자에는 40개, 초록색 상자에는 30개 들어 있습니다. 두 상자에 들어 있는 귤은 모두 몇 개인지 풀이 과정을 쓰고 답을 구해 보세요.

풀이

답

2 계산 결과가 더 큰 것을 들고 있는 사람은 누구인지 풀이 과정을 쓰고 답을 구해 보세요.

풀이 예 유미: $28-5=23$
연우: $46-24=22$
따라서 $23>22$이므로 계산 결과가 더 큰 것을 들고 있는 사람은 유미입니다.

답 유미

2+ 계산 결과가 더 큰 것을 들고 있는 사람은 누구인지 풀이 과정을 쓰고 답을 구해 보세요.

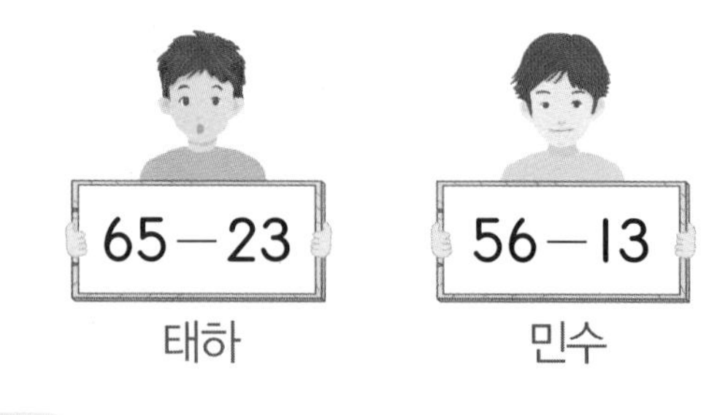

풀이

답

3 계산이 잘못된 까닭을 쓰고 바르게 계산해 보세요.

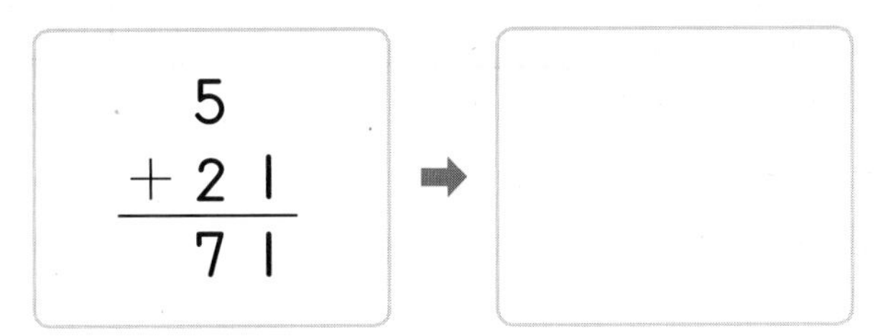

까닭

▶ 5+21에서 5는 낱개의 수이고 2는 10개씩 묶음의 수입니다.

4 뺄셈을 하고, 계산 결과를 보고 알게 된 점을 설명해 보세요.

$67-24=\square$

$66-24=\square$

$65-24=\square$

설명

▶ 빼지는 수와 빼는 수가 변함에 따라 계산 결과가 어떻게 달라지는지 알아봅니다.

5 운동장에 남학생이 37명, 여학생이 25명 있습니다. 남학생과 여학생 중에서 누가 몇 명 더 많은지 풀이 과정을 쓰고 답을 구해 보세요.

풀이

답

▶ 남학생 수와 여학생 수의 크기를 비교하여 큰 수에서 작은 수를 뺍니다.

6 두 덧셈의 계산 결과가 같을 때 □ 안에 알맞은 수는 얼마인지 풀이 과정을 쓰고 답을 구해 보세요.

$27+41$	$\square+27$

풀이

답

▶ 덧셈의 성질을 이용하면 식을 계산하지 않고 쉽게 구할 수 있습니다.
■+▲=▲+■

7 수 카드 3장 중에서 2장을 골라 가장 큰 몇십몇을 만들었습니다. 이 수와 남은 한 수의 합은 얼마인지 풀이 과정을 쓰고 답을 구해 보세요.

5 2 7

풀이

답

▶ 10개씩 묶음의 수가 클수록 큰 수입니다.

8 ㉠과 ㉡이 나타내는 수의 합은 얼마인지 풀이 과정을 쓰고 답을 구해 보세요.

㉠ 31보다 3만큼 더 큰 수
㉡ 50보다 20만큼 더 작은 수

풀이

답

▶ ■보다 ▲만큼 더 큰 수
➡ ■+▲
■보다 ▲만큼 더 작은 수
➡ ■−▲

정답과 풀이 60쪽

9 과일 가게에 사과는 47개 있고 배는 사과보다 5개 더 적게 있습니다. 과일 가게에 있는 사과와 배는 모두 몇 개인지 풀이 과정을 쓰고 답을 구해 보세요.

▶ 먼저 배의 수를 구해 봅니다.

풀이 ______________________________

답 ______________

10 선우는 가지고 있던 구슬 78개 중에서 33개를 현호에게 주었습니다. 선우가 다시 문구점에서 구슬 21개를 샀다면 지금 선우가 가지고 있는 구슬은 몇 개인지 풀이 과정을 쓰고 답을 구해 보세요.

▶ 먼저 현호에게 주고 남은 구슬의 수를 구해 봅니다.

풀이 ______________________________

답 ______________

6

11 1부터 9까지의 수 중에서 □ 안에 들어갈 수 있는 수를 모두 구하려고 합니다. 풀이 과정을 쓰고 답을 구해 보세요.

$77-\square>72$

▶ $77-\square=72$가 되는 □의 값을 생각해 봅니다.

풀이 ______________________________

답 ______________

단원 평가 Level 1

점수

확인

1 계산해 보세요.

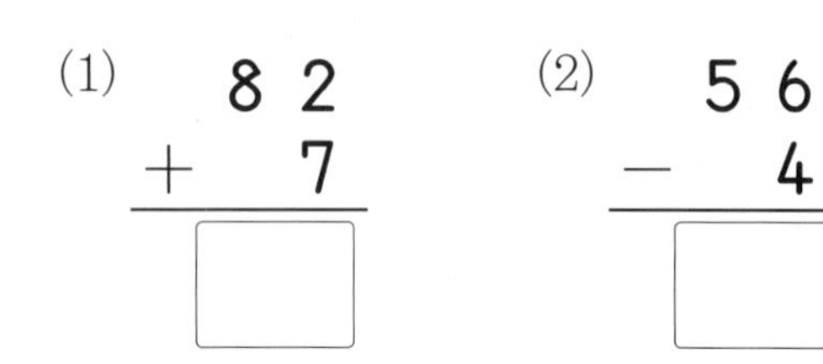

(3) $20 + 60 =$ □

(4) $90 - 20 =$ □

2 빈칸에 알맞은 수를 써넣으세요.

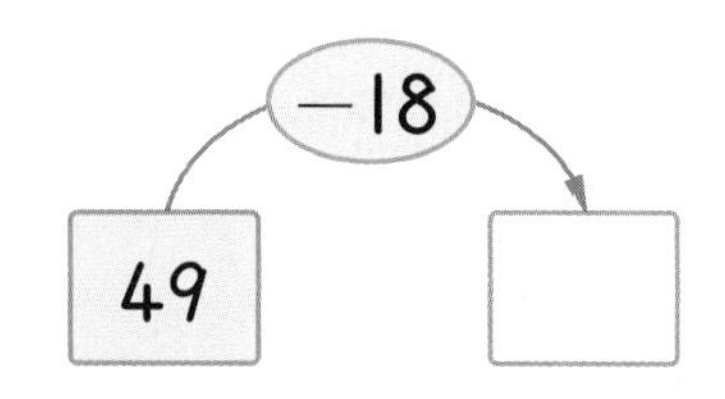

3 빈칸에 두 수의 합을 써넣으세요.

14	33

4 그림을 보고 빈칸에 알맞은 수를 써넣으세요.

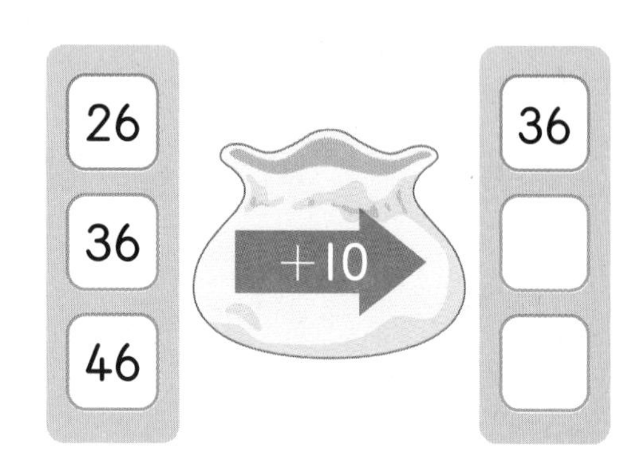

5 그림을 보고 덧셈식을 만들어 계산해 보세요.

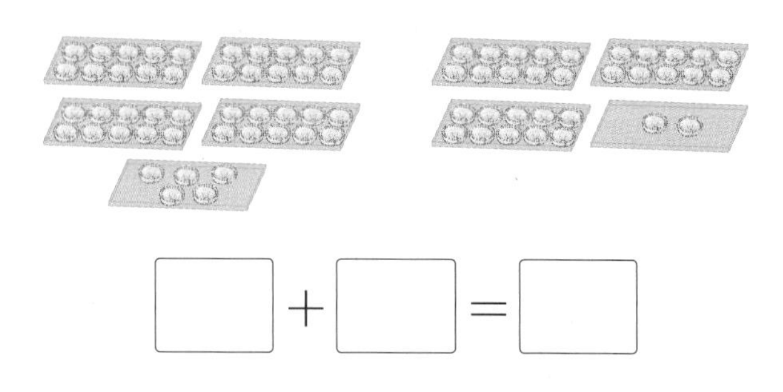

□ + □ = □

6 주하는 초콜릿 59개 중에서 23개를 동생에게 주었습니다. 주하에게 남은 초콜릿은 몇 개인지 구해 보세요.

식 □ − □ = □

답 ....

7 짝 지은 두 수의 차를 구하여 그 차를 아래 빈칸에 써넣으세요.

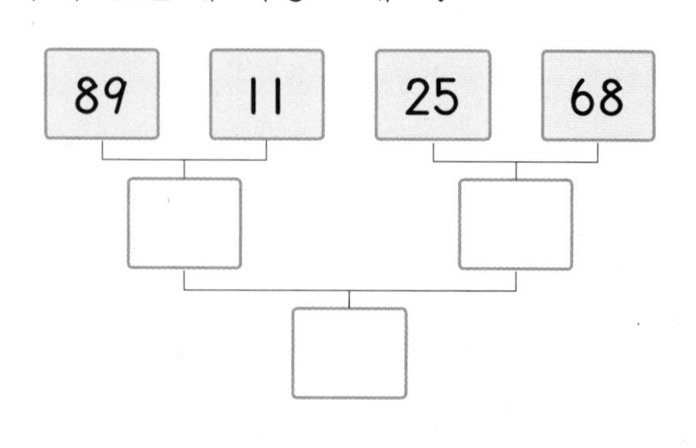

정답과 풀이 61쪽

8 다음이 나타내는 수를 구해 보세요.

54보다 11만큼 더 작은 수

( )

9 운동장에 남학생과 여학생이 각각 43명씩 있습니다. 운동장에 있는 학생은 모두 몇 명일까요?

( )

10 계산 결과가 가장 작은 것은 어느 것일까요? ( )

① $10+30$ ② $66-30$
③ $12+17$ ④ $24+4$
⑤ $35-3$

11 가장 큰 수와 가장 작은 수의 합을 구해 보세요.

12	69	86	58

( )

12 같은 모양에 적힌 수의 합을 각각 구해 보세요.

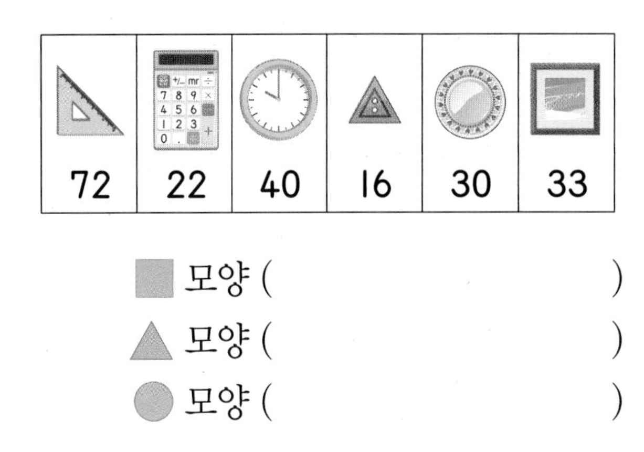

■ 모양 ( )
▲ 모양 ( )
● 모양 ( )

13 □ 안에 알맞은 수를 구해 보세요.

$32+\square=68$

( )

14 □ 안에 알맞은 수를 써넣으세요.

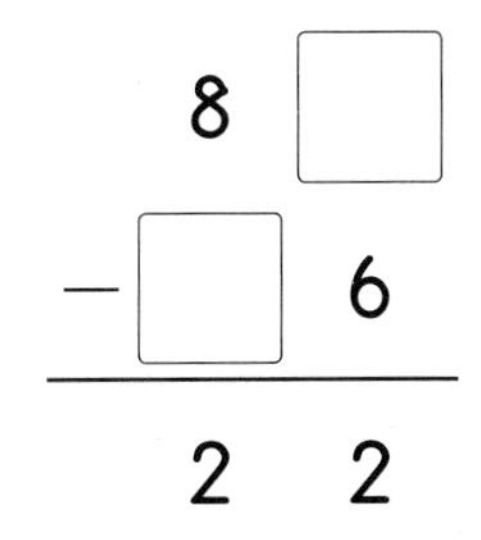

15 차가 43인 두 수를 찾아 ○표 하세요.

12	56	65	99

16 그림을 보고 이야기를 완성해 보세요.

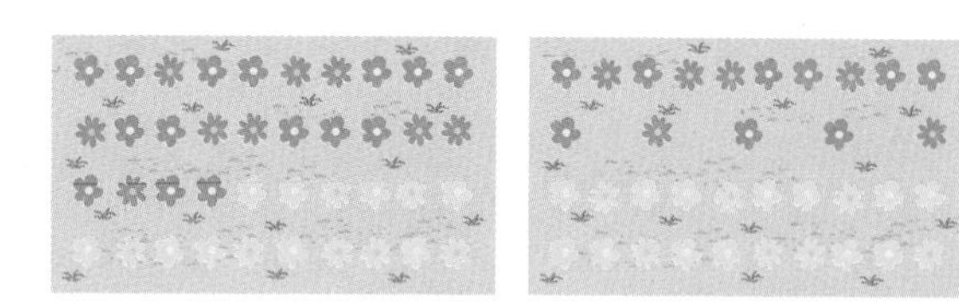

따뜻한 봄이 되자 꽃이 피기 시작했어요.

빨간색 꽃은 □ 송이, 노란색 꽃은

□ 송이가 피었지요.

이제 나비와 꿀벌들이 춤을 추며 찾아올 거예요.

17 지선이네 반과 민욱이네 반 중에서 누구네 반 학생 수가 몇 명 더 많을까요?

지선이네 반		민욱이네 반	
남학생	여학생	남학생	여학생
16명	13명	12명	14명

( ), ( )

18 같은 모양은 같은 수를 나타냅니다. ■와 ▲에 알맞은 수를 각각 구해 보세요.

$$\begin{array}{r} ■▲ \\ +\ ■2 \\ \hline 68 \end{array}$$

■ ( ), ▲ ( )

19 색종이를 경수는 10장씩 묶음 3개와 낱개 7장을 가지고 있고 성연이는 경수보다 6장 더 적게 가지고 있습니다. 성연이가 가지고 있는 색종이는 몇 장인지 풀이 과정을 쓰고 답을 구해 보세요.

풀이

답

20 수 카드 3장을 한 번씩 모두 사용하여 다음과 같은 뺄셈을 만들려고 합니다. 차가 가장 크게 될 때의 차는 얼마인지 풀이 과정을 쓰고 답을 구해 보세요.

4 3 8 □□−□

풀이

답

단원 평가 Level 2

점수

확인

1 계산해 보세요.

(1)
$$\begin{array}{r} 26 \\ +\ 32 \\ \hline \end{array}$$

(2)
$$\begin{array}{r} 59 \\ -\ 17 \\ \hline \end{array}$$

(3) $34+5$

(4) $79-30$

2 계산이 틀린 곳을 찾아 바르게 계산해 보세요.

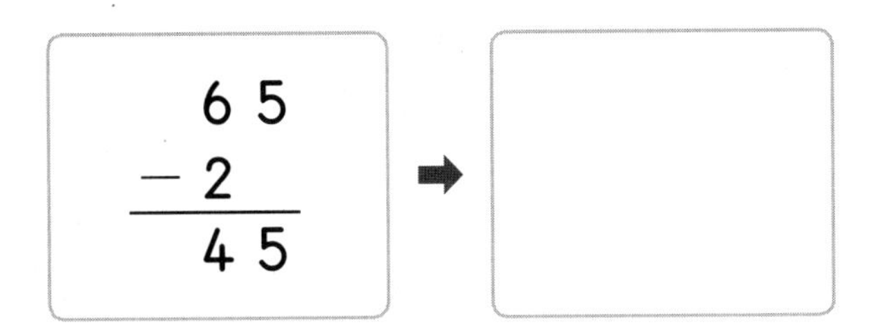

3 합이 같은 것끼리 이어 보세요.

36+12 ·	· 21+24
24+21 ·	· 25+22
16+31 ·	· 31+17

4 수 카드 2장을 골라 덧셈식과 뺄셈식을 만들어 계산해 보세요.

23

덧셈식 □ + □ = □

뺄셈식 □ − □ = □

5 ○ 안에 >, =, <를 알맞게 써넣으세요.

$16-3$ ○ 12

$16-4$ ○ 12

$16-5$ ○ 12

[6~7] 사탕의 수를 보고 물음에 답하세요.

6 오렌지 맛 사탕과 레몬 맛 사탕은 모두 몇 개인지 덧셈식으로 나타내 보세요.

7 포도 맛 사탕은 박하 맛 사탕보다 몇 개 더 많은지 뺄셈식으로 나타내 보세요.

8 정민이네 반 학생은 32명이었습니다. 오늘 3명이 전학을 왔습니다. 정민이네 반 학생은 모두 몇 명이 되었나요?

식 ....

답 ....

6

9 상자에 귤이 36개 있었습니다. 그중에서 몇 개를 먹었더니 20개가 남았습니다. 먹은 귤은 몇 개일까요?

(　　　　　　　　)

10 계산 결과가 큰 것부터 차례로 기호를 써 보세요.

㉠ $46+3$	㉡ $67-15$
㉢ $58-4$	㉣ $20+30$

(　　　　　　　　)

11 ○ 안에 + 또는 −를 알맞게 써넣으세요.

(1) 93 ○ 2 = 91

(2) 93 ○ 2 = 95

12 차가 가장 크게 되도록 두 수를 골라 뺄셈식을 만들고 차를 구해 보세요.

72　45　59　88

식 ....

답 ....

13 같은 그림은 같은 수를 나타냅니다. 식을 보고 그림이 나타내는 수를 구해 보세요.

20 + 2 =

\+ =

\+ =

= □

= □

= □

14 □ 안에 알맞은 수를 써넣으세요.

$$\begin{array}{r} 3\ \square \\ +\ 4\ 6 \\ \hline \square\ 9 \end{array}$$

15 0부터 9까지의 수 중에서 □ 안에 들어갈 수 있는 가장 작은 수를 구해 보세요.

$87-34<5\square$

(　　　　　　　　)

16 빈칸에 알맞은 수를 써넣으세요.

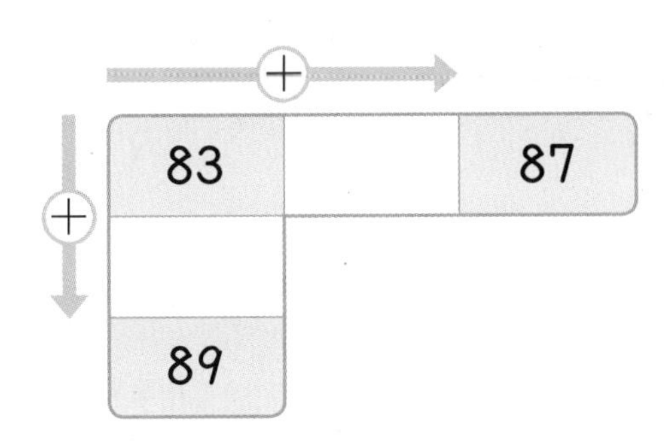

17 지수의 일기를 완성해 보세요.

○월 ○일 ○요일 날씨: 맑음

우리 반 교실에서 알뜰 시장이 열렸다. 선생님께서 알뜰 시장에서 사용할 수 있는 쿠폰을 25장씩 나누어 주셨다. 나는 동화책과 연필을 사서 쿠폰 ☐장을 사용했고 ☐장이 남았다. 나에게 필요 없는 물건이라도 함부로 버리지 않아야겠다고 생각했다.

18 가로줄과 세로줄의 세 수의 합이 같도록 ○ 안에 알맞은 수를 써넣으세요.

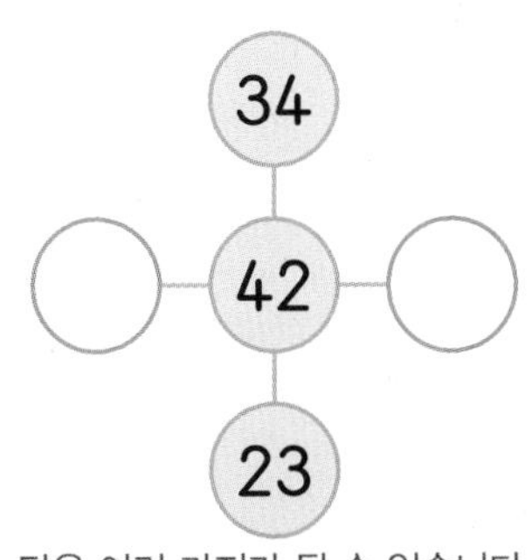

답은 여러 가지가 될 수 있습니다.

19 윤아는 86쪽짜리 동화책을 어제는 32쪽 읽었고 오늘은 24쪽 읽었습니다. 이 동화책을 모두 읽으려면 몇 쪽을 더 읽어야 하는지 풀이 과정을 쓰고 답을 구해 보세요.

풀이

답

20 어떤 수에서 21을 빼야 할 것을 잘못하여 더했더니 67이 되었습니다. 바르게 계산하면 얼마인지 풀이 과정을 쓰고 답을 구해 보세요.

풀이

답

최상위를 위한

심화 학습 서비스 제공!

문제풀이 동영상 + 상위권 학습 자료

(QR 코드 스캔 혹은 디딤돌 홈페이지 참고)

한걸음 한걸음 디딤돌을 걷다 보면
수학이 완성됩니다.

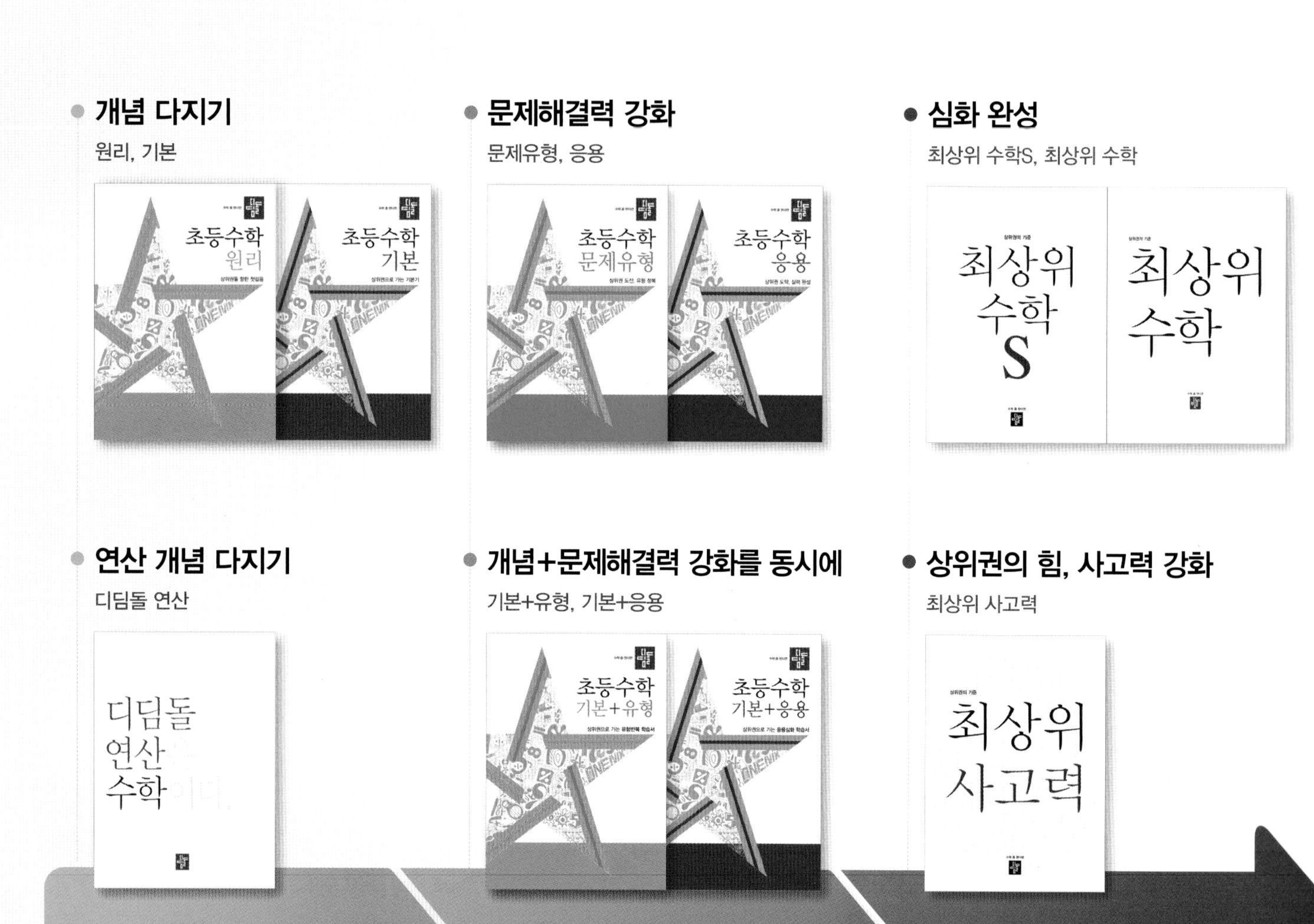

학습 능력과 목표에 따라
맞춤형이 가능한 디딤돌 초등 수학

수능까지 연결되는 독해 로드맵

디딤돌 독해력은 수능까지 연결되는 체계적인 라인업을 통하여
수능에서 요구하는 핵심 독해 원리에 대한 이해는 물론,
단계 별로 심화되며 연결되는 학습의 과정을 통해
깊이 있고 종합적인 독해 사고의 능력까지 기를 수 있도록 도와줍니다.

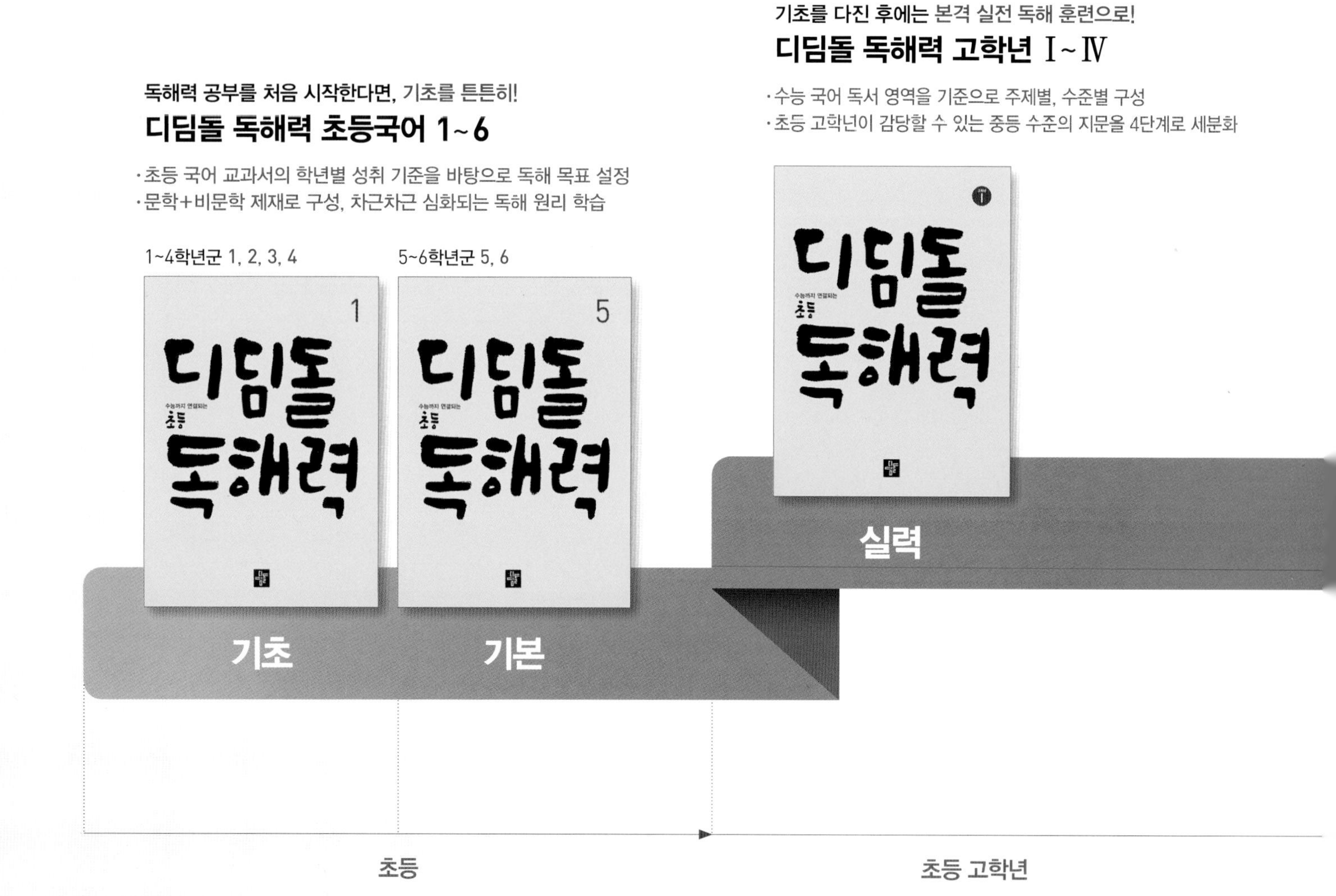

기본+응용 | 정답과 풀이

1-2

수학 좀 한다면

디딤돌

정답과 풀이

1 100까지의 수

1학년 1학기에 배운 50까지의 수를 확장하여 100까지의 수를 알아봅니다. 십진법의 원리에 따라 두 자리 수의 구성 방법을 이해하는 것은 자연수의 구성을 이해하는 데 기초가 됩니다. 10개씩 묶음의 수와 낱개의 수를 이용하여 99까지의 수를 구성하고 100을 도입하여 수 체계가 형성되도록 합니다. 또 두 자리 수의 크기 비교에 부등호 >, <를 도입하고, 짝수와 홀수를 직관적으로 이해하도록 합니다.

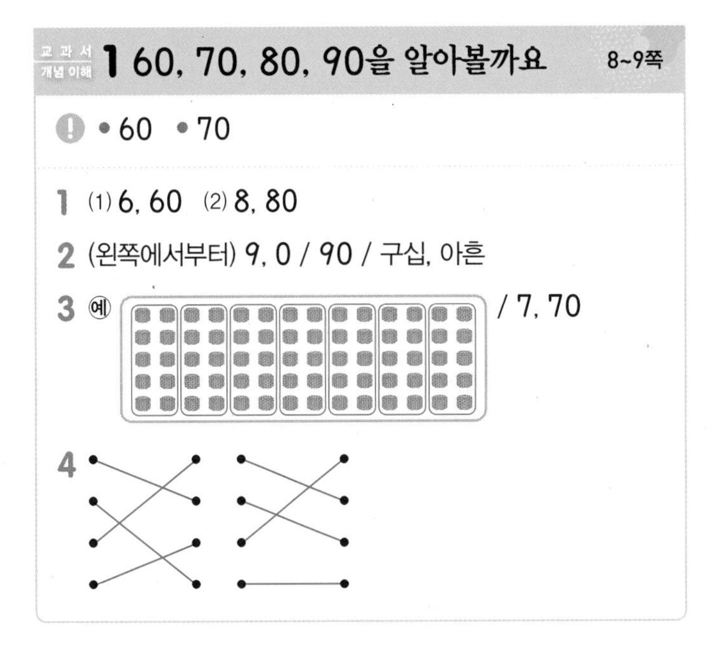

교과서 개념 이해 1 60, 70, 80, 90을 알아볼까요 8~9쪽

❗ • 60 • 70

1 (1) 6, 60 (2) 8, 80

2 (왼쪽에서부터) 9, 0 / 90 / 구십, 아흔

3 예 / 7, 70

4

1 10개씩 묶음 ■개는 ■0입니다.

2 10개씩 묶음 9개는 90입니다.
90은 구십 또는 아흔이라고 읽습니다.

3 10개씩 묶음 7개는 70입니다.

4 60(육십, 예순), 70(칠십, 일흔), 80(팔십, 여든), 90(구십, 아흔)

교과서 개념 이해 2 99까지의 수를 알아볼까요 10~11쪽

1 (1) 7, 3 / 73 (2) 5, 7 / 57

2 67 / 육십칠, 예순일곱

3

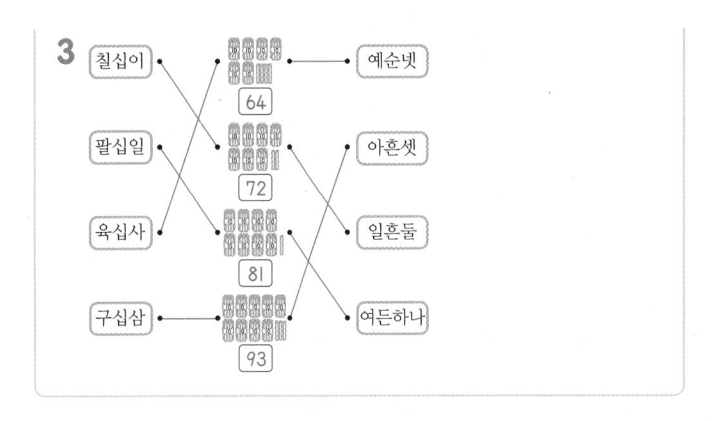

1 10개씩 묶음 ■개와 낱개 ▲개는 ■▲입니다.

2 10개씩 묶음 6개와 낱개 7개이므로 67입니다.
67은 육십칠 또는 예순일곱이라고 읽습니다.

3 10개씩 묶음 6개와 낱개 4개 ➡ 64(육십사, 예순넷)
10개씩 묶음 7개와 낱개 2개 ➡ 72(칠십이, 일흔둘)
10개씩 묶음 8개와 낱개 1개 ➡ 81(팔십일, 여든하나)
10개씩 묶음 9개와 낱개 3개 ➡ 93(구십삼, 아흔셋)

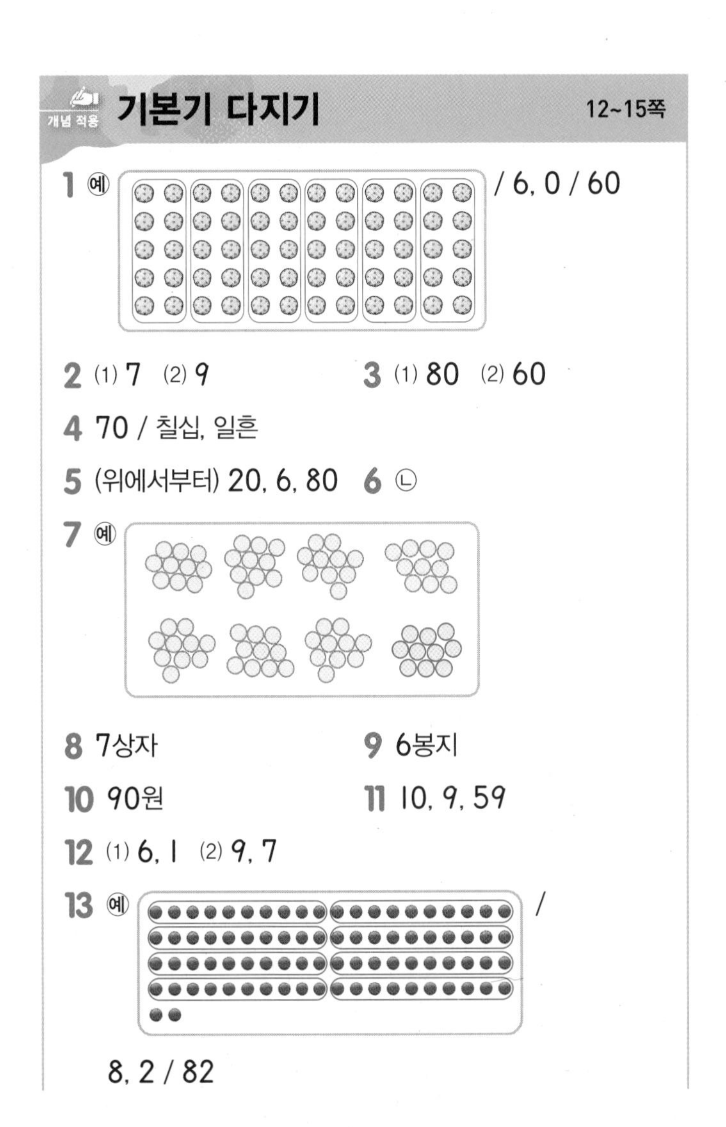

개념 적용 기본기 다지기 12~15쪽

1 예 / 6, 0 / 60

2 (1) 7 (2) 9

3 (1) 80 (2) 60

4 70 / 칠십, 일흔

5 (위에서부터) 20, 6, 80

6 ㉡

7 예

8 7상자

9 6봉지

10 90원

11 10, 9, 59

12 (1) 6, 1 (2) 9, 7

13 예 /
8, 2 / 82

14 88 / 팔십팔, 여든여덟

15 (1) 80 (2) 8

16 예순넷에 ○표

17 8봉지, 9개

18 예 5, 6 /
56 / 오십육, 쉰여섯 / 65 / 육십오, 예순다섯

19 50, 12 / 6, 62

20 94권

21

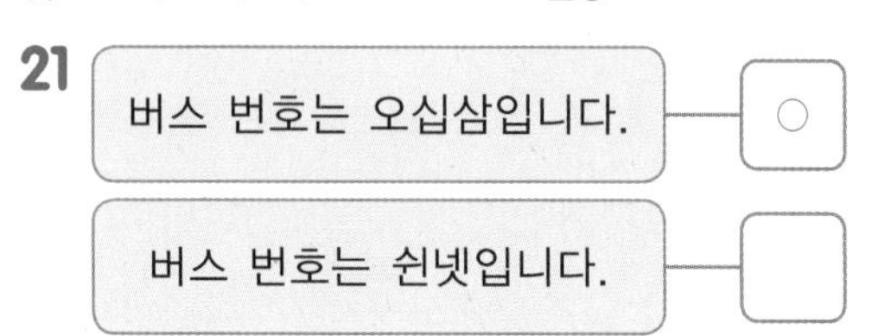

22 예 도넛 가게는 시장로 팔십육에 있습니다.

23 74

24

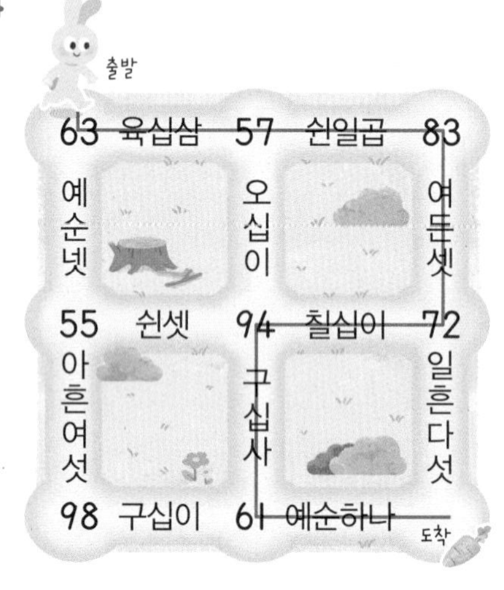

25 민우

1 10개씩 묶음 ■개는 ■0입니다.

2 ■0은 10개씩 묶음 ■개입니다.

3 (1) 10개씩 묶음 8개, 낱개 0개는 80과 0이므로 80입니다.
(2) 10개씩 묶음 6개, 낱개 0개는 60과 0이므로 60입니다.

4 10개씩 묶음 7개는 70입니다.
70은 칠십 또는 일흔이라고 읽습니다.

5 10개씩 묶음 2개는 20, 10개씩 묶음 6개는 60이므로 10개씩 묶음 8개는 80입니다.

6 ㉠, ㉢, ㉣은 90이고, ㉡은 80입니다.

7 10개씩 묶음 7개이므로 70입니다.
따라서 70에서 80이 되려면 10개씩 묶음 1개를 더 그려야 합니다.

8 한 상자에 도넛을 10개씩 담을 수 있으므로 도넛 70개를 모두 담으려면 7상자가 필요합니다.

9 예순 ➡ 60
60은 10개씩 묶음 6개이므로 6봉지를 사야 합니다.

서술형
10 예 10개씩 묶음 9개는 90입니다. 따라서 10원짜리 동전 9개는 90원입니다.

단계	문제 해결 과정
①	10개씩 묶음 9개를 몇십으로 나타냈나요?
②	동전은 모두 얼마인지 구했나요?

11 10개씩 묶음 5개와 낱개 9개는 59입니다.

12 (1) 61: 6 — 10개씩 묶음의 수, 1 — 낱개의 수
(2) 97: 9 — 10개씩 묶음의 수, 7 — 낱개의 수

13 10개씩 묶음 8개와 낱개 2개이므로 82입니다.

14 10개씩 묶음 8개와 낱개 8개는 88입니다.
88은 팔십팔 또는 여든여덟이라고 읽습니다.

15 (1) 85에서 8은 10개씩 묶음의 수이므로 80을 나타냅니다.
(2) 58에서 8은 낱개의 수이므로 8을 나타냅니다.

★ 학부모 지도 가이드

1학년 교과 과정에서는 십의 자리, 일의 자리 용어를 사용하지 않으므로 10개씩 묶음의 수, 낱개의 수라고 표현합니다. 두 자리 수에서 숫자가 놓인 자리에 따라 값이 달라진다는 것은 십진법의 기본 개념을 이해하는 것으로 매우 중요합니다. 따라서 같은 숫자라도 놓인 자리에 따라 나타내는 수가 어떻게 다른지 반드시 이해할 수 있도록 지도합니다.

16 10개씩 묶음 7개와 낱개 4개 ➡ 74 ➡ 칠십사
예순넷 ➡ 64

17 89는 10개씩 묶음 8개와 낱개 9개입니다.
따라서 한 봉지에 10개씩 담으면 8봉지가 되고, 9개가 남습니다.

19 10개씩 묶음 5개와 낱개 12개는 10개씩 묶음 6개와 낱개 2개와 같습니다.

서술형
20 예 10권씩 묶음 9개와 낱권 4권은 90과 4이므로 94입니다. 따라서 동화책은 모두 94권입니다.

단계	문제 해결 과정
①	10권씩 묶음 9개와 낱권 4권을 몇십몇으로 나타냈나요?
②	동화책은 모두 몇 권인지 구했나요?

21 53은 오십삼 또는 쉰셋이라고 읽습니다.

23 일흔네 살 ➡ 74살

25 사과는 10개씩 묶음 8개와 낱개 6개로 86개입니다.
86은 팔십육 또는 여든여섯이라고 읽습니다.

교과서 개념 이해 3 수의 순서를 알아볼까요 16~17쪽

1

51	52	53	54	55	56	57	58	59	60
61	62	63	64	65	66	67	68	69	70
71	72	73	74	75	76	77	78	79	80
81	82	83	84	85	86	87	88	89	90
91	92	93	94	95	96	97	98	99	100

(1) 84, 86 (2) 65 (3) 100

2 93, 95, 98, 100 / 93, 95 / 98, 100

3 (1) 69, 71 (2) 85

4 59, 60, 61

5

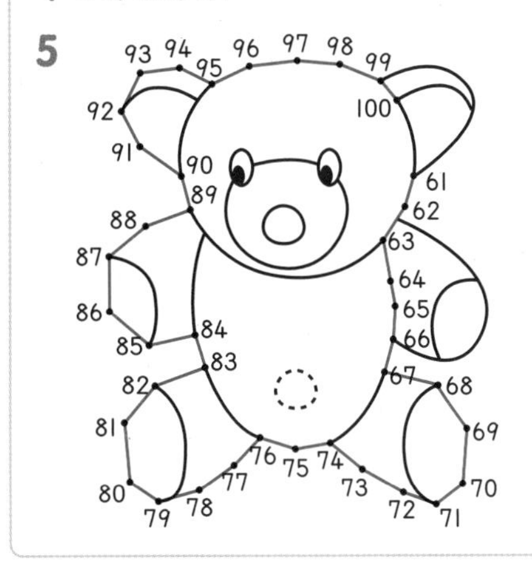

2 • 94보다 1만큼 더 작은 수는 94 바로 앞의 수이므로 93이고, 94보다 1만큼 더 큰 수는 94 바로 뒤의 수이므로 95입니다.
• 99보다 1만큼 더 작은 수는 99 바로 앞의 수이므로 98이고, 99보다 1만큼 더 큰 수는 99 바로 뒤의 수이므로 100입니다.

3 수를 순서대로 쓰면 오른쪽으로 갈수록 1씩 커집니다.

4 58과 62 사이의 수는 59, 60, 61입니다.

교과서 개념 이해 4 수의 크기를 비교해 볼까요 18~19쪽

1 (1) $<$, 작습니다에 ○표 (2) $>$, 큽니다에 ○표

2 (위에서부터) $>$, 53 / 53, 큽니다에 ○표 / 53, 작습니다에 ○표

3 (1) $>$ (2) $>$

4 61, 59

5 ( )(○)(△)

3 (1) 80 → 80과 0, 79 → 70과 9 ➡ $80>79$
(2) 55 → 50과 5, 51 → 50과 1 ➡ $55>51$

4 $68>62$, $81>62$, $61<62$, $59<62$
따라서 62보다 작은 수는 61, 59입니다.

5 71, 74, 63에서 10개씩 묶음의 수를 비교하면 $7>6$이므로 63이 가장 작습니다.
71, 74에서 낱개의 수를 비교하면 $1<4$이므로 가장 큰 수는 74입니다.

교과서 개념 이해 5 짝수와 홀수를 알아볼까요 20~21쪽

❗ • 짝수 • 홀수

1 (1) 홀수에 ○표

(2)  짝수에 ○표

(3)  홀수에 ○표

2 (1) 8, 짝수에 ○표 (2) 13, 홀수에 ○표

3 20, 8, 14에 ○표

4

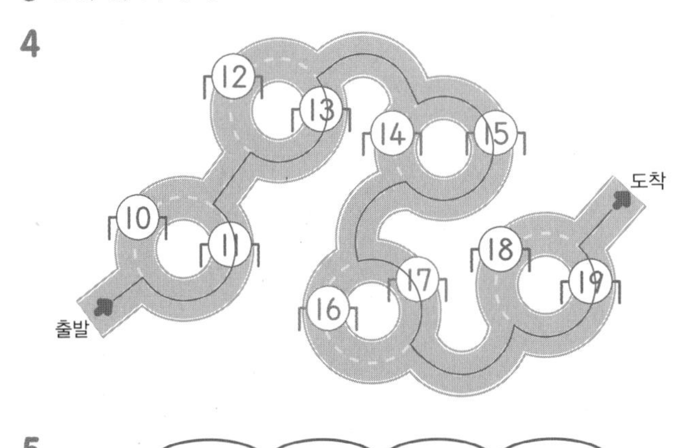

5 21 22 23 24 25 26 27 28 29 30

2 (1) 농구공 8개는 둘씩 짝을 지을 수 있으므로 짝수입니다.
(2) 야구공 13개는 둘씩 짝을 지을 수 없으므로 홀수입니다.

3 20, 8, 14와 같이 둘씩 짝을 지을 수 있는 수를 짝수라고 합니다.

4 11, 13, 15, 17, 19와 같이 둘씩 짝을 지을 수 없는 수를 홀수라고 합니다.

5 이웃하지 않는 짝수와 홀수를 잇지 않았더라도 짝수는 짝수끼리, 홀수는 홀수끼리 이었으면 정답으로 인정합니다.

개념 적용 기본기 다지기 22~25쪽

26 (1) 85 (2) 89

27 (1) 60, 61 (2) 81, 79 (3) 95, 97, 98

28 79, 81

29 79

30 ㉡

31 75

32 88, 89, 90

33

41	42	43	44	45	46
52	51	50	49	48	47
53	54	55	56	57	58
64	63	62	61	60	59
65	66	67	68	69	70

34 (1) 90, 91, 92 / 91 (2) 56, 57, 58 / 57

35

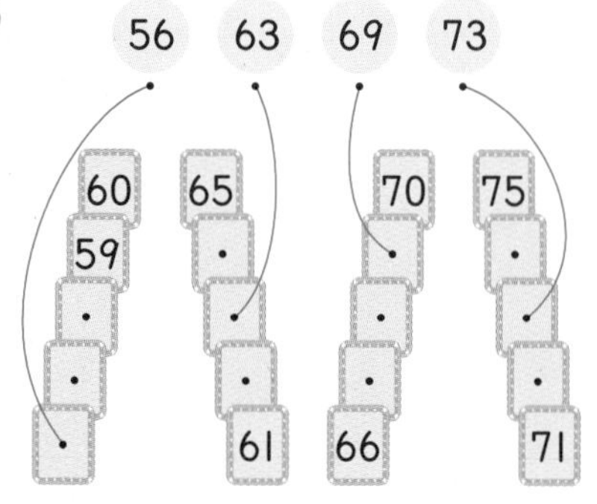

36 4명

37 58, 70 / 70에 ○표

38 작습니다에 ○표 / 큽니다에 ○표

39 (1) < (2) >

40 78, 89에 ○표

41 (1) 81, 85 (2) 93, 68

42 서희

43 유미

44 69에 ○표, 53에 △표

45 ㉠, ㉢, ㉣, ㉡

46 70, 81

47 7, 8, 9에 ○표

48

7 3 6 4

49 17, 홀수에 ○표

50 홀수에 ○표

51

12 20 9	
8 13 5	
16 2 14	○

52 3개

53 24, 26 / 17, 39

54 24

26 (1) 84 바로 뒤의 수는 85입니다.
(2) 90 바로 앞의 수는 89입니다.

27 수를 순서대로 쓰면 1씩 커지고, 순서를 거꾸로 하여 쓰면 1씩 작아집니다.

29 78 바로 뒤의 수는 79입니다.

30 ㉡ 90보다 1만큼 더 큰 수는 91입니다.

31 10개씩 묶음 7개와 낱개 6개인 수는 76입니다.
76보다 1만큼 더 작은 수는 76 바로 앞의 수인 75입니다.

32 87부터 순서대로 쓰면
87−88−89−90−91이므로 87과 91 사이의 수는 88, 89, 90입니다.

33 41부터 70까지의 수를 ㄹ자 모양으로 써넣은 규칙입니다.

35 56부터 75까지의 수를 표시할 수 있으므로 주어진 수의 자리를 찾아 이어 봅니다.

서술형
36 예 57과 62 사이에 있는 수는 58, 59, 60, 61입니다. 따라서 57째와 62째 사이에 서 있는 학생은 모두 4명입니다.

단계	문제 해결 과정
①	57과 62 사이에 있는 수를 구했나요?
②	57째와 62째 사이에 서 있는 학생 수를 구했나요?

37 10개씩 묶음 5개와 낱개 8개는 58이고, 10개씩 묶음 7개는 70입니다.
10개씩 묶음의 수가 58은 5개, 70은 7개이므로 70이 58보다 큽니다.

39 (1) 64 < 86
6 < 8
(2) 77 > 71
7 > 1

40 94는 90과 4이므로 10개씩 묶음의 수가 9보다 작은 수를 모두 찾으면 78, 89입니다.
97, 95는 94와 10개씩 묶음의 수가 9로 같지만 낱개의 수가 더 크므로 94보다 큰 수입니다.

41 (1) 85는 80과 5, 81은 80과 1입니다. 10개씩 묶음의 수가 같으므로 낱개의 수가 더 큰 85가 81보다 큽니다. 따라서 기호가 벌어진 쪽에 85를 씁니다.
(2) 68은 60과 8, 93은 90과 3이므로 10개씩 묶음의 수가 더 큰 93이 68보다 큽니다. 따라서 기호가 벌어진 쪽에 93을 씁니다.

서술형
42 예 10개씩 묶음의 수를 비교하면 6 < 7이므로 70이 65보다 큽니다. 따라서 서희가 우표를 더 많이 모았습니다.

단계	문제 해결 과정
①	65와 70의 크기를 비교했나요?
②	누가 우표를 더 많이 모았는지 구했나요?

43 82는 78보다 크므로 지우가 이서보다 구슬을 더 많이 가지고 있습니다. 유미가 가지고 있는 구슬의 수는 90이므로 82보다 큽니다.
따라서 구슬을 가장 많이 가지고 있는 친구는 유미입니다.

44 69, 53, 62에서 10개씩 묶음의 수를 비교하면 6 > 5이므로 53이 가장 작습니다.
69, 62에서 낱개의 수를 비교하면 9 > 2이므로 69가 가장 큽니다.

45 ㉡ 68, ㉢ 81, ㉣ 80
10개씩 묶음의 수를 비교하면 가장 큰 수는 90이고, 가장 작은 수는 68입니다.
10개씩 묶음의 수가 8인 수의 낱개의 수를 비교하면 1 > 0이므로 81 > 80입니다.
따라서 큰 수부터 차례로 기호를 쓰면 ㉠, ㉢, ㉣, ㉡입니다.

46 74와 놓여져 있는 수의 크기를 각각 비교합니다.
74는 70보다 크고 81보다 작으므로 74 수 카드는 70과 81 사이에 놓아야 합니다.

47 낱개의 수를 비교하면 6 < 9이므로 □ 안에 들어갈 수 있는 수는 7이거나 7보다 커야 합니다.
따라서 □ 안에 들어갈 수 있는 수는 7, 8, 9입니다.

48 4와 6은 짝수, 3과 7은 홀수입니다.

49 아이스크림은 10개씩 묶음 1개와 낱개 7개이므로 17개이고, 17은 둘씩 짝을 지을 수 없으므로 홀수입니다.

50 짝이 없는 학생이 1명 있으므로 학생 수는 홀수입니다.

51 • 12와 20은 짝수, 9는 홀수입니다.
• 8은 짝수, 13과 5는 홀수입니다.
• 16, 2, 14는 모두 짝수입니다.

52 낱개의 수가 1, 3, 5, 7, 9이면 홀수입니다. 따라서 홀수는 19, 21, 35로 모두 3개입니다.

53 4개의 수를 짝수와 홀수로 나눈 후 크기를 비교하여 ○ 안에 써넣습니다. 두 수의 크기를 비교할 때에는 기호가 벌어진 쪽에 큰 수를 써야 합니다.

54 10보다 크고 25보다 작은 짝수는 12, 14, 16, 18, 20, 22, 24입니다. 이 중에서 가장 큰 수는 24입니다.

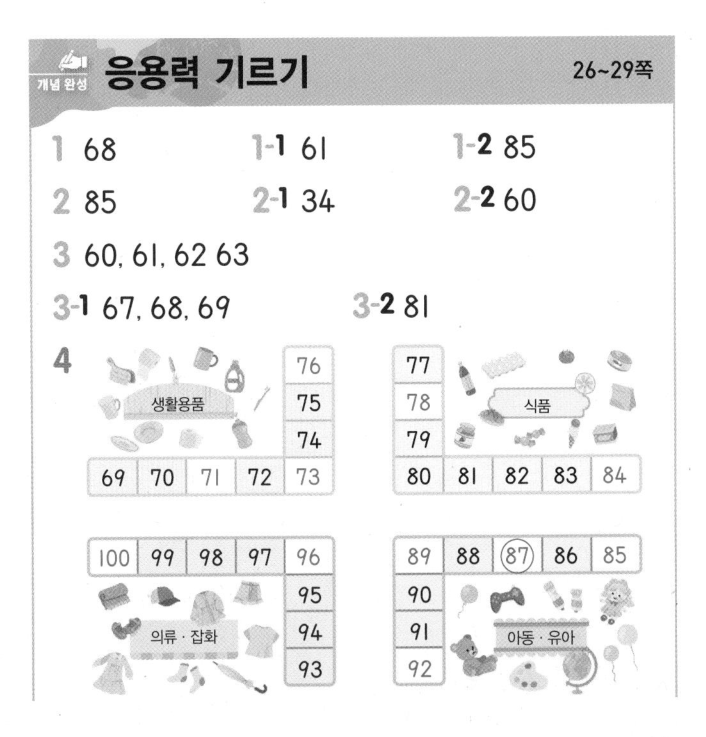

1단계 예 69부터 100까지 수의 순서대로 번호를 써넣습니다.

2단계 예 85와 89 사이의 수는 86, 87, 88이고, 이 중에서 홀수는 87입니다.
따라서 민지 엄마의 가게는 87번입니다.

1 어떤 수는 70보다 1만큼 더 작은 수이므로 70 바로 앞의 수인 69입니다.
따라서 69보다 1만큼 더 작은 수는 69 바로 앞의 수인 68입니다.

1-1 어떤 수는 59보다 1만큼 더 큰 수이므로 59 바로 뒤의 수인 60입니다.
따라서 60보다 1만큼 더 큰 수는 60 바로 뒤의 수인 61입니다.

1-2 어떤 수는 81보다 2만큼 더 큰 수이므로 81－82－83에서 83입니다.
따라서 83보다 2만큼 더 큰 수는 83－84－85에서 85입니다.

2 10개씩 묶음의 수에 가장 큰 수인 8을 놓고 낱개의 수에 둘째로 큰 수인 5를 놓습니다.
따라서 만들 수 있는 수 중에서 가장 큰 수는 85입니다.

2-1 10개씩 묶음의 수에 가장 작은 수인 3을 놓고 낱개의 수에 둘째로 작은 수인 4를 놓습니다.
따라서 만들 수 있는 수 중에서 가장 작은 수는 34입니다.

2-2 10개씩 묶음의 수에 가장 작은 수인 0을 놓을 수 없으므로 둘째로 작은 수인 6을 놓고 낱개의 수에 0을 놓습니다.
따라서 만들 수 있는 수 중에서 가장 작은 수는 60입니다.

3 55보다 크고 64보다 작은 수는 56, 57, 58, 59, 60, 61, 62, 63입니다.
이 중에서 10개씩 묶음의 수가 낱개의 수보다 큰 수는 60, 61, 62, 63입니다.

3-1 66보다 크고 72보다 작은 수는 67, 68, 69, 70, 71입니다.
이 중에서 10개씩 묶음의 수가 낱개의 수보다 작은 수는 67, 68, 69입니다.

3-2 76보다 크고 83보다 작은 수는 77, 78, 79, 80, 81, 82입니다.
이 중에서 10개씩 묶음의 수와 낱개의 수의 차가 7인 수는 81입니다.

1단원 단원 평가 Level ①

30~32쪽

1 7, 70
2 8, 5 / 85
3 100 / 백
4
5 홀수
6 (1) $<$ (2) $>$
7 80, 82
8 ②
9 12, 14, 16, 18, 20
10 6개
11 91
12 ③
13 54, 60, 87, 91
14 92, 85에 ○표
15 예린
16 ㉣
17 4봉지
18 7, 8, 9
19 3개
20 7

1 10개씩 묶음 ■개는 ■0입니다.

2 10개씩 묶음 8개와 낱개 5개는 80과 5이므로 85입니다.

3 99보다 1만큼 더 큰 수는 100이라 쓰고 백이라고 읽습니다.

4 10개씩 묶음 6개 ➡ 60 ➡ 육십, 예순
10개씩 묶음 9개 ➡ 90 ➡ 구십, 아흔

5 풍선 5개는 둘씩 짝을 지을 수 없으므로 홀수입니다.

6 (1) 72 → 70과 2, 75 → 70과 5
10개씩 묶음의 수는 7로 같고 낱개의 수는 2와 5이므로 낱개의 수가 더 큰 75가 72보다 큽니다.
(2) 92 → 90과 2, 85 → 80과 5
10개씩 묶음의 수가 더 큰 92가 85보다 큽니다.

7 수를 순서대로 쓰면 오른쪽으로 갈수록 1씩 커집니다.

8 ② 87보다 1만큼 더 큰 수는 88입니다.

9 낱개의 수가 0, 2, 4, 6, 8인 수를 모두 찾아보면 12, 14, 16, 18, 20입니다.

10 낱개의 수가 1, 3, 5, 7, 9인 수를 모두 찾아보면 25, 27, 29, 31, 33, 35이므로 모두 6개입니다.

11 수를 순서대로 쓰면 87, 88, 89, 90, 91입니다. 따라서 ㉠에 알맞은 수는 91입니다.

12 ③ 10개씩 묶음의 수가 7, 8이므로 10개씩 묶음의 수가 더 큰 80이 70보다 큽니다. ➡ 70<80

13 10개씩 묶음의 수를 비교하여 작은 수부터 차례로 쓰면 54, 60, 87, 91입니다.

14 81은 10개씩 묶음의 수가 8, 낱개의 수가 1입니다. 따라서 81보다 큰 수는 10개씩 묶음의 수가 9로 더 큰 92와 10개씩 묶음의 수가 8이고 낱개의 수가 5로 더 큰 85입니다.

15 10개씩 묶음의 수가 더 큰 71이 65보다 크므로 줄넘기를 더 많이 한 사람은 예린입니다.

16 ㉠ 65, ㉡ 61, ㉢ 62, ㉣ 67
10개씩 묶음의 수는 6으로 모두 같고 낱개의 수는 5, 1, 2, 7이므로 낱개의 수가 가장 큰 ㉣ 67이 가장 큽니다.

17 90개는 10개씩 9봉지입니다. 귤이 5봉지 있으므로 9봉지가 되려면 4봉지가 더 있어야 합니다.

18 □ 안에 6을 넣으면 66=66이므로 6□가 66보다 크려면 □ 안에 6보다 큰 수를 넣어야 합니다. 따라서 □ 안에 들어갈 수 있는 수는 7, 8, 9입니다.

서술형
19 예 67부터 71까지의 수를 순서대로 쓰면 67, 68, 69, 70, 71입니다. 따라서 67보다 크고 71보다 작은 수는 68, 69, 70으로 모두 3개입니다.

평가 기준	배점
67부터 71까지의 수를 순서대로 썼나요?	2점
67보다 크고 71보다 작은 수를 모두 구했나요?	2점
67보다 크고 71보다 작은 수의 개수를 구했나요?	1점

서술형
20 예 90보다 3만큼 더 큰 수는 93입니다.
93은 100보다 7만큼 더 작은 수입니다.

평가 기준	배점
90보다 3만큼 더 큰 수를 구했나요?	2점
100보다 얼마만큼 더 작은 수인지 구했나요?	3점

1단원 단원 평가 Level ❷ 33~35쪽

1 90 / 구십, 아흔
2 (1) 6 (2) 8, 4
3 오십칠, 쉰일곱에 ○표
4 ③
5 88, 90
6 19, 21 / 14, 34, 42
7 69, 68
8 (1) < (2) >
9 (위에서부터) 6, 2 / 71 / 8, 7
10 ㉣
11 78에 ○표, 76에 △표
12 ㉢
13

51	52	53	54	55	56
66	67	68	69	70	57
65	74	73	72	71	58
64	63	62	61	60	59

14 95, 74
15 6개, 4마리
16 3명
17 53
18 76
19 35
20 석훈

1 10개씩 묶음 9개 ➡ 90(구십, 아흔)

2 (1) ■0은 10개씩 묶음 ■개입니다.
(2) ■▲는 10개씩 묶음 ■개와 낱개 ▲개입니다.

3 57은 오십칠 또는 쉰일곱이라고 읽습니다.

4 ③ 90보다 1만큼 더 큰 수는 91입니다. 100은 90보다 10만큼 더 큰 수입니다.

6 낱개의 수가 1, 3, 5, 7, 9인 수는 둘씩 짝을 지을 수 없으므로 홀수입니다.

7 수의 순서를 거꾸로 하여 쓰면 오른쪽으로 갈수록 1씩 작아집니다.

8 (1) 65<82 (6<8) (2) 99>97 (9>7)

9 • 62는 60과 2이므로 10개씩 묶음 6개와 낱개 2개입니다.

- 10개씩 묶음 7개와 낱개 1개는 70과 1이므로 71입니다.
- 여든일곱은 87이므로 10개씩 묶음 8개와 낱개 7개입니다.

10 ㉠, ㉡, ㉢ ➡ 83
㉣ 예순셋 ➡ 63

11 77보다 1만큼 더 큰 수는 77 바로 뒤의 수인 78이고 1만큼 더 작은 수는 77 바로 앞의 수인 76입니다.

12 ㉠ 91, ㉡ 70, ㉢ 69
10개씩 묶음의 수를 비교하면 가장 작은 수는 ㉢입니다.

13 수의 순서에 따라 51부터 ㄹ 모양으로 수를 써넣습니다.

14 10개씩 묶음의 수가 가장 큰 95와 93 중에서 낱개의 수가 더 큰 95가 더 큽니다.
10개씩 묶음의 수가 가장 작은 79와 74 중에서 낱개의 수가 더 작은 74가 더 작습니다.
따라서 가장 큰 수는 95, 가장 작은 수는 74입니다.

15 64는 10개씩 묶음 6개와 낱개 4개입니다. 따라서 어항은 6개가 되고, 금붕어는 4마리가 남습니다.

16 78부터 82까지의 수를 차례로 쓰면 78, 79, 80, 81, 82입니다. 따라서 78번과 82번 사이에 서 있는 학생은 79번, 80번, 81번으로 모두 3명입니다.
참고 | 77 ⑦⑧ 79 80 81 ⑧② 83
78과 82 사이의 수
➡ 78과 82는 포함되지 않습니다.

17 낱개 13개는 10개씩 묶음 1개와 낱개 3개와 같습니다. 따라서 10개씩 묶음 4개와 낱개 13개는 10개씩 묶음 5개, 낱개 3개와 같으므로 53입니다.

18 57과 80 사이의 수 중에서 10개씩 묶으면 낱개가 6개인 수는 66, 76입니다.
이 중에서 10개씩 묶음의 수가 낱개의 수보다 큰 수는 76입니다.

서술형
19 예 34보다 크고 50보다 작은 홀수는 35, 37, 39, 41, 43, 45, 47, 49입니다.
이 중에서 가장 작은 수는 35입니다.

평가 기준	배점
34보다 크고 50보다 작은 홀수를 구했나요?	3점
34보다 크고 50보다 작은 홀수 중에서 가장 작은 수를 구했나요?	2점

서술형
20 예 근호가 모은 딱지는 10장씩 묶음 6개와 낱장 9장이므로 69장입니다.
96 > 69이므로 석훈이가 딱지를 더 많이 모았습니다.

평가 기준	배점
근호가 모은 딱지 수를 구했나요?	2점
누가 딱지를 더 많이 모았는지 구했나요?	3점

2 덧셈과 뺄셈(1)

세 수의 덧셈과 뺄셈, 10의 덧셈과 뺄셈을 학습합니다. 10의 덧셈과 뺄셈은 1학년 1학기에서 학습한 10 가르기하기, 10 모으기하기를 식으로 나타낸 것입니다. 다양한 형태의 덧셈과 뺄셈 문제로 10의 보수를 완벽하게 익혀 받아올림, 받아내림 학습을 준비하고 수 감각을 기를 수 있도록 합니다. 또한 10이 되는 두 수를 이용한 세 수의 덧셈은 후속하는 (몇)+(몇)=(십몇), (십몇)−(몇)=(몇), 받아올림이 있는 덧셈, 받아내림이 있는 뺄셈으로 확장됩니다.

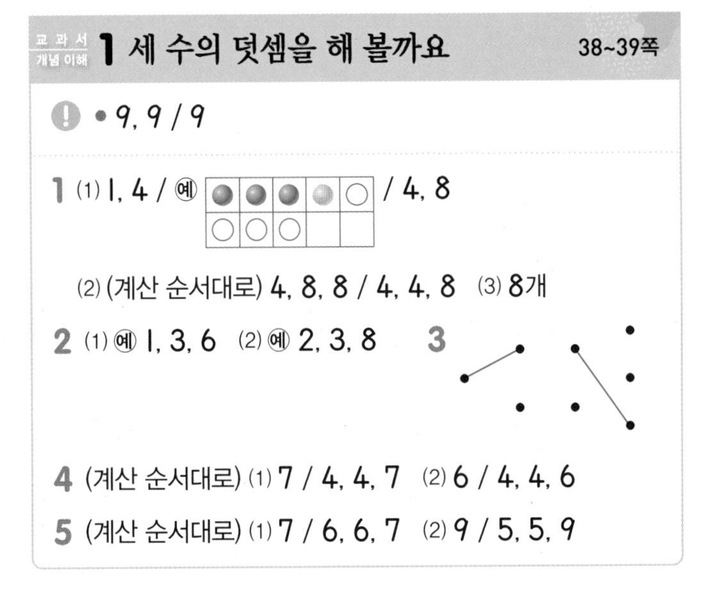

교과서 개념 이해 1 세 수의 덧셈을 해 볼까요 38~39쪽

• 9, 9 / 9

1 (1) 1, 4 / 예 / 4, 8
(2) (계산 순서대로) 4, 8, 8 / 4, 4, 8 (3) 8개

2 (1) 예 1, 3, 6 (2) 예 2, 3, 8

3

4 (계산 순서대로) (1) 7 / 4, 4, 7 (2) 6 / 4, 4, 6

5 (계산 순서대로) (1) 7 / 6, 6, 7 (2) 9 / 5, 5, 9

2 (1) 2와 1을 더하면 3이 되고, 그 수에 3을 더하면 6이 됩니다.
(2) 3과 2를 더하면 5가 되고, 그 수에 3을 더하면 8이 됩니다.

3 파란색 컵 4개, 초록색 컵 3개, 빨간색 컵 2개를 모두 더하는 덧셈식은 4+3+2입니다. 4와 3을 더하면 7이 되고, 그 수에 2를 더하면 9가 됩니다.

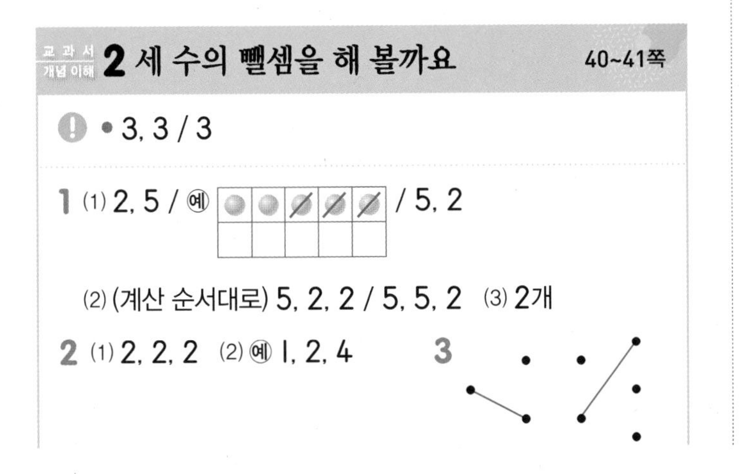

교과서 개념 이해 2 세 수의 뺄셈을 해 볼까요 40~41쪽

• 3, 3 / 3

1 (1) 2, 5 / 예 / 5, 2
(2) (계산 순서대로) 5, 2, 2 / 5, 5, 2 (3) 2개

2 (1) 2, 2, 2 (2) 예 1, 2, 4

3

4 (계산 순서대로) (1) 1 / 2, 2, 1 (2) 2 / 6, 6, 2

5 (계산 순서대로) (1) 7, 4, 4 (2) 3, 1, 1

2 (1) 6대에서 2대와 2대가 나가면 6−2−2=2로 뺄셈식을 만들 수 있습니다.
(2) 7대에서 1대와 2대가 나가면 7−1−2=4 또는 7−2−1=4로 뺄셈식을 만들 수 있습니다.

3 6개에서 1개와 2개를 덜어 내는 뺄셈식은 6−1−2입니다.
6에서 1을 빼면 5가 되고, 그 수에서 2를 더 빼면 3이 됩니다.

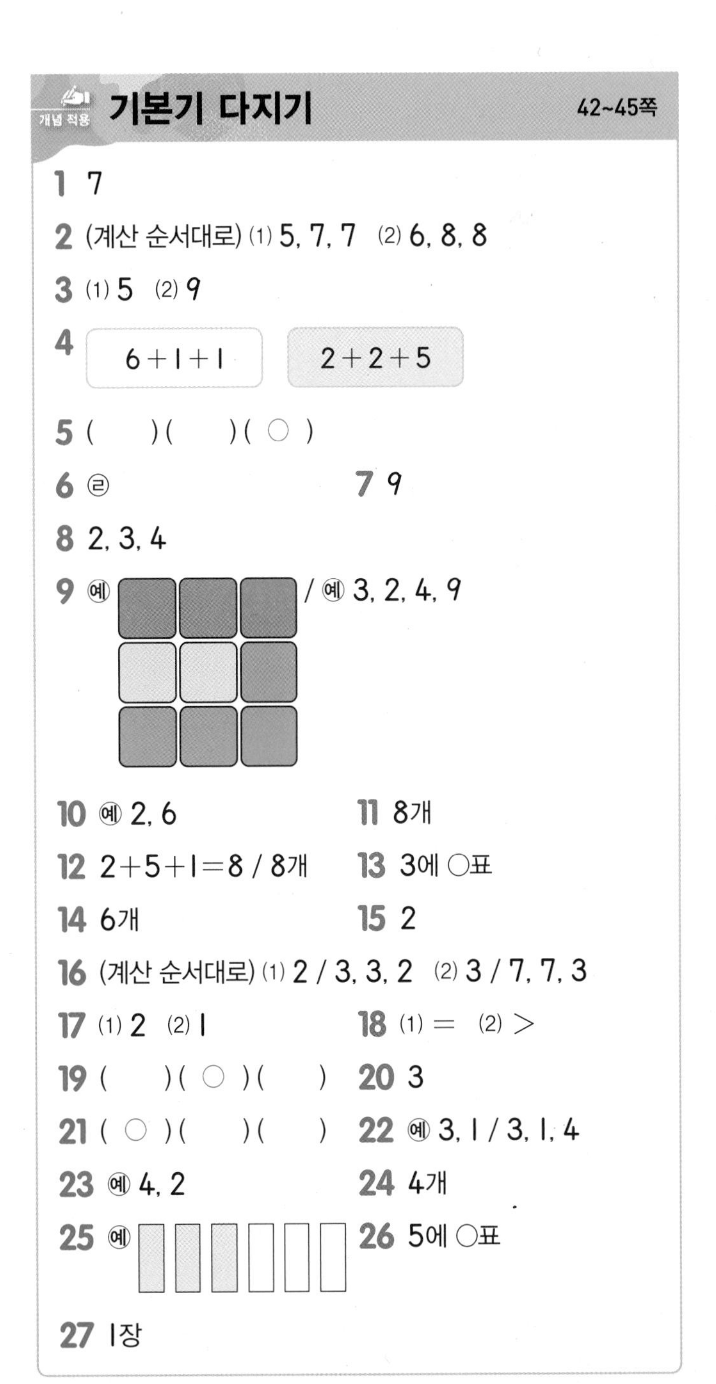

개념 적용 기본기 다지기 42~45쪽

1 7

2 (계산 순서대로) (1) 5, 7, 7 (2) 6, 8, 8

3 (1) 5 (2) 9

4 6+1+1 2+2+5

5 ( )( )(○)

6 ㉣

7 9

8 2, 3, 4

9 예 / 예 3, 2, 4, 9

10 예 2, 6

11 8개

12 2+5+1=8 / 8개

13 3에 ○표

14 6개

15 2

16 (계산 순서대로) (1) 2 / 3, 3, 2 (2) 3 / 7, 7, 3

17 (1) 2 (2) 1

18 (1) = (2) >

19 ( )(○)( )

20 3

21 (○)( )( )

22 예 3, 1 / 3, 1, 4

23 예 4, 2

24 4개

25 예

26 5에 ○표

27 1장

1 2와 4를 더하면 6이 되고, 그 수에 1을 더하면 7이 됩니다.

3 (1) 2와 1을 더하면 3이 되고, 그 수에 2를 더하면 5가 됩니다.
(2) 1과 4를 더하면 5가 되고, 그 수에 4를 더하면 9가 됩니다.

4 $6+1+1=7+1=8$
$2+2+5=4+5=9$
$8<9$이므로 $2+2+5$의 계산 결과가 더 큽니다.

5 $2+3+2=7$, $3+3+3=9$, $6+0+2=8$이므로 계산 결과가 짝수인 것은 $6+0+2$입니다.

6 세 수의 덧셈은 순서를 바꾸어 더해도 결과는 같습니다.

7 보기 는 $3+3+1=7$을 계산하여 가운데에 써넣은 것입니다.
따라서 $1+3+5=9$이므로 가운데에 9를 써넣습니다.

8 $2+3+1=6$이고, 합은 1씩 커지고 있습니다.
왼쪽 식에 $2+3$이 모두 있으므로 □ 안의 수는 1씩 커집니다.

9 세 가지 색으로 카드를 색칠하고 색깔별로 세어서 덧셈식으로 나타내면 됩니다.

10 두 장의 카드의 수를 합하여 8이 되는 두 수는 2와 6입니다. ➡ $2+6+1=9$ 또는 $6+2+1=9$

11 (처음 바구니에 들어 있던 공의 수)
$=3+1+4=4+4=8$(개)

13 $4+1+\square<9$ ➡ $5+\square<9$에서 $5+4=9$이므로 □ 안에는 4보다 작은 수가 들어갈 수 있습니다.
따라서 □ 안에 들어갈 수 있는 수 중에서 가장 큰 수는 3입니다.

서술형
14 예 주영이가 넣은 투호는 2개, 3개, 1개이므로
$2+3+1=6$(개)입니다.

단계	문제 해결 과정
①	덧셈식을 바르게 세웠나요?
②	주영이가 넣은 투호의 수를 구했나요?

15 7에서 3을 빼면 4가 되고, 그 수에서 2를 더 빼면 2가 됩니다.

17 (1) 5에서 2를 빼면 3이 되고, 그 수에서 1을 더 빼면 2가 됩니다.
(2) 6에서 2를 빼면 4가 되고, 그 수에서 3을 더 빼면 1이 됩니다.

18 (1) $8-1-3=4$, $7-1-2=4$이므로
$8-1-3=7-1-2$입니다.
(2) $6-1-3=2$, $9-1-7=1$이므로
$6-1-3>9-1-7$입니다.

19 $8-1-5=2$, $7-0-4=3$, $9-4-1=4$이므로 계산 결과가 홀수인 것은 $7-0-4$입니다.

20 4, 9, 2를 수의 순서대로 쓰면 2, 4, 9이므로 가장 큰 수는 9입니다.
➡ $9-4-2=3$ 또는 $9-2-4=3$

21 $8-1-1=6$, $7-2-1=4$, $9-3-1=5$
따라서 계산 결과가 가장 큰 것은 $8-1-1$입니다.

22 반죽 8덩어리 중에서 빵을 만들 때 사용한 반죽의 수와 과자를 만들 때 사용한 반죽의 수를 순서대로 뺍니다.

23 7에서 순서대로 빼었을 때 1이 나오는 두 장의 수 카드는 2와 4입니다.
➡ $7-4-2=1$ 또는 $7-2-4=1$

24 (남아 있는 젤리 수)$=9-2-3=7-3=4$(개)

25 음악 소리의 크기를 줄였으므로 뺄셈식으로 나타냅니다. 6에서 2를 뺀 다음 1을 뺍니다.
$6-2-1=3$(칸)

26 $9-1-\square<4$ ➡ $8-\square<4$에서 $8-4=4$이므로 □ 안에는 4보다 큰 수가 들어갈 수 있습니다.
따라서 □ 안에 들어갈 수 있는 수 중에서 가장 작은 수는 5입니다.

서술형
27 예 처음에 있던 색종이의 수에서 종이비행기와 종이배를 접은 색종이의 수를 뺍니다.
$8-3-4=5-4=1$(장)

단계	문제 해결 과정
①	뺄셈식을 바르게 세웠나요?
②	남은 색종이의 수를 구했나요?

교과서 개념 이해 3 10이 되는 더하기를 해 볼까요 46~47쪽

1 9, 8 / 7, 6 / 5, 4 / 3, 2 / 1
2 7, 8, 9, 10 / 10
3 (선 잇기) / 6 / 2, 8 또는 8, 2 / 3, 7 또는 7, 3
4 (1) 6, 4 또는 4, 6 (2) 1, 9 또는 9, 1

1 1, 2, 3, ..., 9에 9, 8, 7, ..., 1을 더하면 모두 10입니다.

2 초록색 구슬 4개에 노란색 구슬 6개를 더하면 10개가 됩니다.

3 ★ 학부모 지도 가이드

□+□=10의 덧셈식과 10=□+□의 덧셈식이 같은 의미임을 이해하는 과정을 통해 등호의 의미를 알 수 있도록 지도합니다.

4 (1) 초록색 6칸과 주황색 4칸을 더하면 10칸이 됩니다.
(2) 초록색 1칸과 주황색 9칸을 더하면 10칸이 됩니다.

교과서 개념 이해 4 10에서 빼기를 해 볼까요 48~49쪽

1 1, 2 / 3, 4 / 5, 6 / 7, 8 / 9

2 9, 10 / 3, 7

3 7, 3

4 (1) 5 (2) 4, 6

5 2, 8

1 10에서 1, 2, 3, ..., 9를 빼면 뺄셈 결과는 9, 8, 7, ..., 1이 됩니다.

2 구슬 10개에서 3개를 빼면 $10-3=7$입니다.

4 (1) 전체 10칸에서 5칸을 빼면 $10-5=5$입니다.
(2) 전체 10칸에서 4칸을 빼면 $10-4=6$입니다.

5 컵케이크 10개에서 2개를 빼면 $10-2=8$입니다.

교과서 개념 이해 5 10을 만들어 더해 볼까요 50~51쪽

1 10, 3, 13

2 1, 10, 11

3 예 6, 4, 3, 13

4 (1) 10, 15 (2) 10, 18 (3) 10, 13

5 (계산 순서대로) (1) 5+5에 ○표, 10, 17, 17
(2) 7+3에 ○표, 10, 16, 16

6 

1 연결 모형 5개와 5개로 10을 만들고 3개를 더 더하므로 $10+3=13$입니다.

2 연결 모형 6개와 4개로 10을 만들고 1개를 더 더하므로 $1+10=11$입니다.

3 빨간색 구슬 6개와 노란색 구슬 4개로 10을 만들고 보라색 구슬 3개를 더 더하면 13이 됩니다.

4 세 수의 덧셈에서 10이 되는 두 수를 먼저 더하면 더 쉽게 계산할 수 있습니다.

6 $1+9+4=10+4=14$
$2+4+6=2+10=12$

개념 적용 기본기 다지기 52~55쪽

28 (1) 6 (2) 9, 1

29 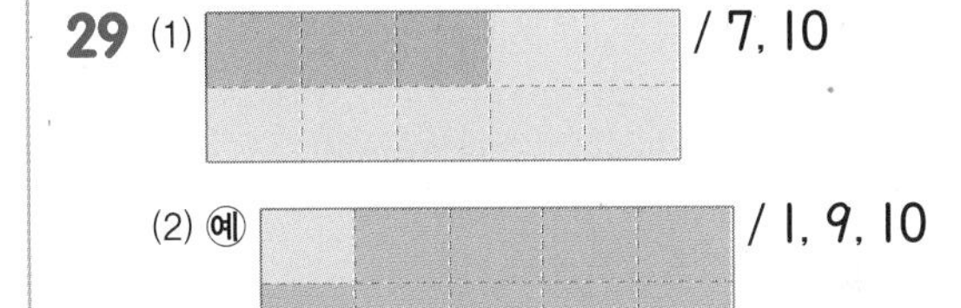
(1) / 7, 10
(2) 예 / 1, 9, 10

30 (1) 10 (2) 5

31 7, 3에 ○표

32 (1) 4 (2) 2

33 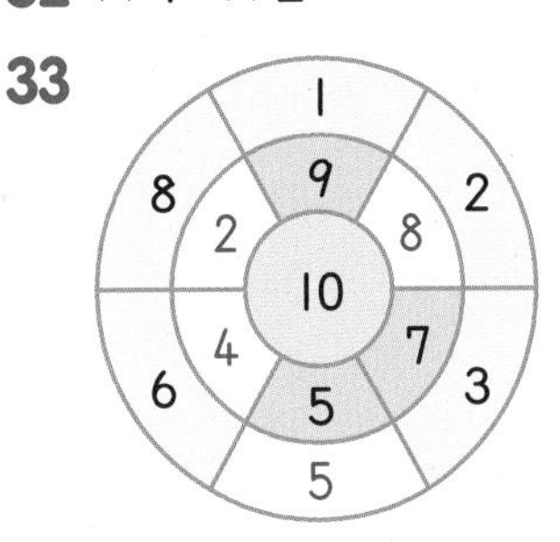

34 $6+4=10$ / 10자루

35 예

○	○	○	○	○
○	△	△	△	△

/ 예 ○ 모양 6개와 △ 모양 4개로 덧셈식을 만들면 $6+4=10$입니다.

36 예

3	2	5	5	4
3	2	4	7	1
1	8	2	1	3
9	4	6	1	2

$10=1+9$, $10=2+8$, $10=3+7$, $10=4+6$, $10=6+4$, $10=7+3$, $10=8+2$, $10=9+1$

37 (1) 6 (2) 1

38 3, 7

39 ( )(○)( )

40 (1) 8 (2) 1 (3) 10

41 예

♥	♥	♥	♥	♥
♥	♥	♥	♥	♥

/ 예 ♥ 모양 10개에서 1개를 빼면 $10-1=9$입니다.

42 7, 신 / 4, 나 / 9, 는 / 6, 하 / 8, 루

43 3, 7
44 수영
45 (계산 순서대로) 10, 13, 13
46 (○)(   )(○)
47 (1) 6, 4에 ○표, 13 (2) 5, 5에 ○표, 18
(3) 1, 9에 ○표, 17
48 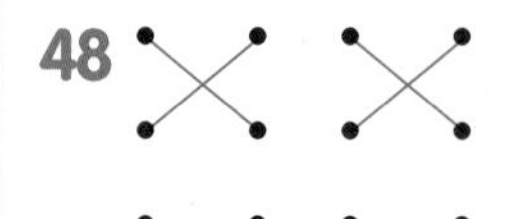
49 8, 15 / 4, 6, 12
50 (1) 4, 12 (2) 7, 18 (3) 5, 16
51 <
52 5
53 2, 6, 8

30 (2) ●●●●●○○○○○ ➡ [5]$+5=10$

31 $7+3=10$이므로 7과 3에 ○표 합니다.

32 두 수를 바꾸어 더해도 합은 같습니다.

33 $1+9=10$, $3+7=10$이므로 바깥 부분과 안쪽 부분의 수를 더하여 10이 되는 수를 찾습니다.
➡ $2+8=10$, $5+5=10$, $6+4=10$, $8+2=10$

34 (민희의 연필 수)$=6+4=10$(자루)

서술형
35

단계	문제 해결 과정
①	두 가지 모양을 그려 덧셈식을 만들었나요?
②	바르게 설명했나요?

36 10이 되는 두 수를 찾아 묶고, 이를 이용하여 $10=\square+\square$의 덧셈식을 씁니다.

38 펼친 손가락의 수는 전체 손가락 10개에서 접은 손가락의 수를 빼면 됩니다.

39 빼지는 수가 10으로 같으므로 빼는 수가 가장 작을 때 두 수의 차는 가장 큽니다.

40 (1) ○○ØØØØØØØØ ➡ $10-$[8]$=2$
(2) ○○○○○○○○○Ø ➡ $10-$[1]$=9$
(3) ○○○ØØØØØØØ ➡ [10]$-7=3$

서술형
41

단계	문제 해결 과정
①	/을 그려 뺄셈식을 만들었나요?
②	바르게 설명했나요?

42 ★학부모 지도 가이드
계산 결과를 글자로 대치해 보면서 대입에 대한 개념을 느껴보는 문제입니다.

43 공깃돌 10개에서 3개가 보이므로 주머니에 남아 있는 공깃돌은 7개입니다.

44 (준우에게 남은 색종이 수)$=10-7=3$(장)
(수영이에게 남은 색종이 수)$=10-6=4$(장)
$3<4$이므로 남은 색종이는 수영이가 더 많습니다.

45 세 수의 덧셈은 더하는 순서를 바꾸어도 결과는 같으므로 10이 되는 두 수를 먼저 더합니다.

47 (1) $\underline{6+4}+3=10+3=13$
(2) $8+\underline{5+5}=8+10=18$
(3) $\underline{1}+7+\underline{9}=10+7=17$

48 $4+4+6=4+10=14$
$1+9+5=10+5=15$
$7+3+6=10+6=16$

49 • 길을 따라가면 바나나가 2개, 8개, 5개 있습니다. 10을 만들어 더하면 바나나의 수는 15개입니다.
➡ $\underline{2+8}+5=15$
• 길을 따라가면 바나나가 2개, 4개, 6개 있습니다. 10을 만들어 더하면 바나나의 수는 12개입니다.
➡ $2+\underline{4+6}=12$

50 (1) 6과 더해서 10이 되는 수는 4입니다.
➡ $2+6+4=2+10=12$
(2) 3과 더해서 10이 되는 수는 7입니다.
➡ $7+3+8=10+8=18$
(3) 5와 더해서 10이 되는 수는 5입니다.
➡ $5+5+6=10+6=16$

51 $1+9+2=10+2=12$,
$4+6+4=10+4=14$ ➡ $12<14$

52 $4+6=10$이므로 $10+\square=15$에서 $\square=5$입니다.
$8+2=10$이므로 $\square+10=15$에서 $\square=5$입니다.
$9+1=10$이므로 $10+\square=15$에서 $\square=5$입니다.

서술형
53 예 먼저 합이 10이 되는 두 수를 찾아보면 2와 8입니다. 따라서 2와 8에 6을 더하면 16이 됩니다.

단계	문제 해결 과정
①	합이 10이 되는 두 수를 찾았나요?
②	합이 16인 세 수를 찾았나요?

개념 완성 응용력 기르기 56~59쪽

1 2, 8 또는 8, 2

1-1 7, 3 또는 3, 7　　1-2 예 9, 1, 3

2 1, 2　　2-1 1, 2, 3　　2-2 3

3 7　　3-1 6　　3-2 10

4 1단계 예 세로줄(↓)에서 $1+㉠+9=15$, $10+㉠=15$, $㉠=5$입니다.

2단계 예 가로줄(→)에서 $5+㉠+㉡=15$이고 $㉠=5$이므로 $5+5+㉡=15$, $10+㉡=15$, $㉡=5$입니다.

/ 5, 5

4-1 3, 1

1 합이 10이 되는 두 수를 골라야 하므로 수 카드 2와 8을 골라 덧셈식을 완성합니다.

1-1 합이 10이 되는 두 수를 골라야 하므로 수 카드 7과 3을 골라 덧셈식을 완성합니다.

1-2 9와 1의 합이 10이므로 합이 13이 되는 수 카드는 9, 1, 3입니다.
$9+3+1=13$, $3+9+1=13$, $3+1+9=13$, $1+9+3=13$, $1+3+9=13$과 같이 덧셈식을 완성할 수 있습니다.

2 $9-1-□>5$ ➡ $8-□>5$에서 $8-3=5$이므로 □ 안에는 3보다 작은 1, 2가 들어갈 수 있습니다.

2-1 $3+2+□<9$ ➡ $5+□<9$에서 $5+4=9$이므로 □ 안에는 4보다 작은 1, 2, 3이 들어갈 수 있습니다.

2-2 $8-2-□>2$ ➡ $6-□>2$에서 $6-4=2$이므로 □ 안에는 4보다 작은 1, 2, 3이 들어갈 수 있습니다.
따라서 □ 안에 들어갈 수 있는 가장 큰 수는 3입니다.

3 $●+5=10$에서 $5+5=10$이므로 $●=5$입니다.
$■-2=●$에서 $●=5$이므로 $■-2=5$입니다.
따라서 $■-2=5$에서 $7-2=5$이므로 $■=7$입니다.

3-1 $●-3=7$에서 $10-3=7$이므로 $●=10$입니다.
$■+4=●$에서 $●=10$이므로 $■+4=10$입니다.
따라서 $■+4=10$에서 $6+4=10$이므로 $■=6$입니다.

3-2 $●+●=8$에서 $4+4=8$이므로 $●=4$입니다.
$■-6=●$에서 $●=4$이므로 $■-6=4$입니다.
따라서 $■-6=4$에서 $10-6=4$이므로 $■=10$입니다.

4-1

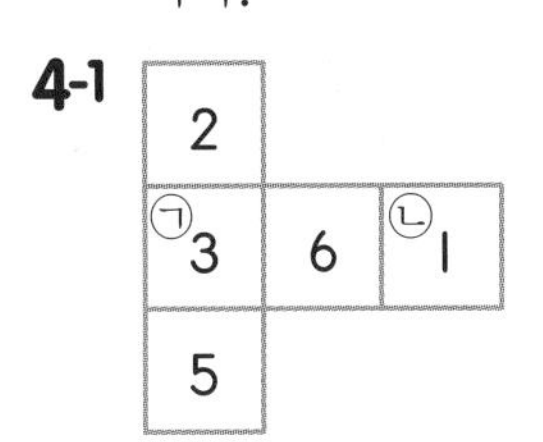

세로줄(↓)에서 $2+㉠+5=10$, $7+㉠=10$, $㉠=3$입니다.
가로줄(→)에서 $㉠+6+㉡=10$이고 $㉠=3$이므로 $3+6+㉡=10$, $9+㉡=10$, $㉡=1$입니다.

2단원 단원 평가 Level 1 60~62쪽

1 예 3, 2, 4, 9　　2 3, 3

3 (1) 7 (2) [주사위 그림] / 8, 2

4 (　)(　)(○)　　5 5, 15

6 (위에서부터) 7, 5, 4, 9　　7 (1) 9 (2) 3

8 9+1, 1+9에 ○표　　9 (1) 4 (2) 8

10 (1) 10, 12 (2) 10, 14 (3) 10, 15

11 (1) $4+6=10$ 또는 $6+4=10$
(2) $10-4=6$ 또는 $10-6=4$

12 (위에서부터) =, =, <

13 (1) 8+2에 ○표, 17 (2) 3+7에 ○표, 16

14 10송이　　15 2

16 +, +　　17 8, 9

18 8층　　19 6살

20 4

1 3과 2를 더하면 5가 되고, 그 수에 4를 더하면 9가 됩니다.

2 8에서 2를 빼면 6이 되고, 그 수에서 3을 더 빼면 3이 됩니다.

3 (1) 점이 3개, 7개이므로 $3+7=10$입니다.
(2) 왼쪽에 점이 8개이고 $8+2=10$이므로 오른쪽에 점 2개를 그립니다.

4 빼지는 수가 10으로 같으므로 빼는 수가 가장 클 때 두 수의 차는 가장 작습니다.
$10-2=8$, $10-4=6$, $10-9=1$

5 연결 모형 10개에 5개를 더하면 15개가 되므로 $10+5=15$입니다.

6 합이 10이 되는 더하기는 $1+9$, $2+8$, $3+7$, $4+6$, $5+5$, $6+4$, $7+3$, $8+2$, $9+1$이 있습니다.

7 (1) $3+5+1=9$ (3+5 → 8, 8+1 → 9)
(2) $9-2-4=3$ (9−2 → 7, 7−4 → 3)

8 $2+7=9$, $9+1=10$, $4+3=7$, $1+9=10$
덧셈은 두 수를 바꾸어 더해도 합이 같습니다.
➡ $9+1=1+9$

9 (2) 10이 2가 되려면 8을 빼야 하므로 □ 안에 알맞은 수는 8입니다.

10 세 수의 덧셈에서 10이 되는 두 수를 먼저 더하면 더 쉽게 계산할 수 있습니다.

11 초록색 ● 4개와 주황색 ● 6개로 덧셈식과 뺄셈식을 만들 수 있습니다.
덧셈식: $4+6=10$, $6+4=10$
뺄셈식: $10-4=6$, $10-6=4$

12 세 수의 뺄셈은 반드시 앞에서부터 차례로 계산해야 합니다.
$9-3-5=6-5=1$

13 합이 10이 되는 두 수를 찾아 먼저 더하고 나머지 수를 더합니다.

14 (정원에 핀 장미의 수)
=(빨간색 장미의 수)+(노란색 장미의 수)
$=7+3=10$(송이)

15 2, 8, 4를 수의 순서대로 쓰면 2, 4, 8이므로 가장 큰 수는 8입니다.
➡ $8-4-2=2$ 또는 $8-2-4=2$

16 계산 결과가 주어진 수 중 가장 큰 수인 6보다 크므로 + 기호를 넣어야 합니다.
첫째 ○ 안에 + 기호를 넣으면 $6+2=8$이므로 8○1=9에서 $8+1=9$입니다.
➡ $6+2+1=9$

17 $8+2+7<□+3+7$ ➡ $17<□+10$
따라서 □ 안에는 7보다 큰 수인 8, 9가 들어갈 수 있습니다.

18 예진이는 $(2+3)$층에 살고, 동명이는 $(2+3+3)$층에 삽니다.
따라서 동명이는 $2+3+3=5+3=8$(층)에 살고 있습니다.
주의 | 더 높은 층수인 3층과 3층만 더하는 것이 아니고 시우가 사는 2층도 더해야 합니다.

서술형
19 예 (형의 나이)$=8+2=10$(살)
(동생의 나이)$=10-4=6$(살)

평가 기준	배점
형의 나이를 구했나요?	2점
동생의 나이를 구했나요?	3점

서술형
20 예 10−㉠=9에서 $10-1=9$이므로 ㉠=1이고
㉡+7=10에서 $3+7=10$이므로 ㉡=3입니다.
따라서 ㉠과 ㉡의 합은 $1+3=4$입니다.

평가 기준	배점
㉠과 ㉡의 값을 각각 구했나요?	3점
㉠과 ㉡의 합을 구했나요?	2점

2단원 단원 평가 Level ❷ 63~65쪽

1 9
2 (1) 8 (2) 0
3 (1) 7 (2) 3
4 (1) 2 (2) 9
5 6, 6
6 (1) 8 (2) 5
7 (○)(   )(○)
8 (1) 5, 17 (2) 4, 13
9 ㉠
10 >
11 7개
12 $8-2-3=3$ / 3명
13 2
14 7
15 4
16 −, −
17 ㉡
18 9
19 4, 3, 6
20 14개

1 2와 4를 더하면 6이 되고, 그 수에 3을 더하면 9가 됩니다.

2 (1) $1+4+3=8$ (5, 8) (2) $9-2-7=0$ (7, 0)

3 (1) 10에서 7을 빼면 3이 되므로 $10-7=3$입니다.
(2) 10에서 3을 빼면 7이 되므로 $10-3=7$입니다.

4 두 수를 바꾸어 더해도 합은 같습니다.

5 4와 더해서 10이 되는 수는 6이므로 상자 속의 구슬은 6개입니다. ➡ $6+4=10$, $10-6=4$

6 (1) $8+4+6=8+10$
(2) $3+5+7=10+5$

8 (1) 5와 더해서 10이 되는 수는 5입니다.
$5+5+7=10+7=17$
(2) 6과 더해서 10이 되는 수는 4입니다.
$3+6+4=3+10=13$

9 ㉠ $2+2+2=6$, ㉡ $5+1+1=7$,
㉢ $7+0+2=9$이므로 계산 결과가 짝수인 것은 ㉠입니다.

10 $9-6-2$, $9-7-2$에서 9와 2는 같으므로 7보다 작은 수인 6을 뺀 쪽이 더 큽니다.
$9-6-2=1$, $9-7-2=0$
➡ $9-6-2>9-7-2$

11 (남은 도넛의 수)
=(처음 도넛의 수)−(도윤이가 먹은 도넛의 수)
$=10-3=7$(개)

12 (지금 엘리베이터에 타고 있는 사람 수)
$=8-2-3=6-3=3$(명)

13 $3+2+3=8$이고, 8은 10보다 2만큼 더 작은 수입니다.

14 ♥$=4+6=10$, ◆$=10-7=3$
➡ ♥−◆$=10-3=7$

15 $1+3=4$, $4+\square<9$에서 $4+5=9$이므로 □ 안에는 5보다 작은 1, 2, 3, 4가 들어갈 수 있습니다.
따라서 □ 안에 들어갈 수 있는 가장 큰 수는 4입니다.

16 계산 결과가 주어진 수 중 가장 큰 수인 6보다 작으므로 − 기호를 넣어야 합니다.
첫째 ○ 안에 − 기호를 넣으면 $6-2=4$이므로 4○1=3에서 $4-1=3$입니다.
➡ $6-2-1=3$

17 ㉠ $10-8=2$, □$=2$
㉡ $4+6=10$이므로 □$=6$입니다.
㉢ $10-3=7$이므로 □$=3$입니다.
따라서 □ 안에 들어갈 수 중 가장 큰 것은 ㉡입니다.

18 더해서 10이 되는 똑같은 두 수는 5와 5입니다.
➡ $5+5=10$, ●$=5$
10에서 몇을 빼서 6이 되는 몇은 4입니다.
➡ $10-$◆$=6$, ◆$=4$
따라서 ●+◆$=5+4=9$입니다.

서술형
19 예 먼저 합이 10이 되는 두 수를 찾아보면 4와 6입니다. 따라서 4와 6에 3을 더하면 13이 됩니다.

평가 기준	배점
합이 10이 되는 두 수를 찾았나요?	2점
합이 13인 세 수를 찾았나요?	3점

서술형
20 예 (처음 상자에 들어 있던 과자의 수)
=(어제 먹은 과자의 수)+(오늘 먹은 과자의 수)
+(남은 과자의 수)
$=4+7+3=4+10=14$(개)

평가 기준	배점
상자에 들어 있던 과자의 수를 구하는 식을 세웠나요?	3점
상자에 들어 있던 과자의 수를 구했나요?	2점

3 모양과 시각

기본적인 평면도형의 모양을 알아보는 학습입니다. 1학년 1학기에 입체도형의 모양을 직관적으로 파악하였다면 이 단원에서는 입체도형을 포함한 주변 대상들이 가지는 모양의 일부분에 주목하여 평면도형의 모양을 직관적으로 파악하게 됩니다. 또한 시각을 배우는 이번 단원에서 학생들의 생활 경험과 하루 생활 등을 소재로 시각과 관련지어 다양한 방법으로 의사소통을 할 수 있도록 합니다.

2 교통 표지판과 동전은 ● 모양, 삼각김밥은 ▲ 모양, 스케치북은 ■ 모양입니다.

3 휴대 전화와 창문은 ■ 모양, 교통 표지판은 ▲ 모양, 접시는 ● 모양입니다.

4 지우개와 사전은 ■ 모양, 단추는 ● 모양, 삼각자는 ▲ 모양입니다.

5 ■, ▲, ● 모양을 찾아 같은 모양끼리 이어 봅니다.

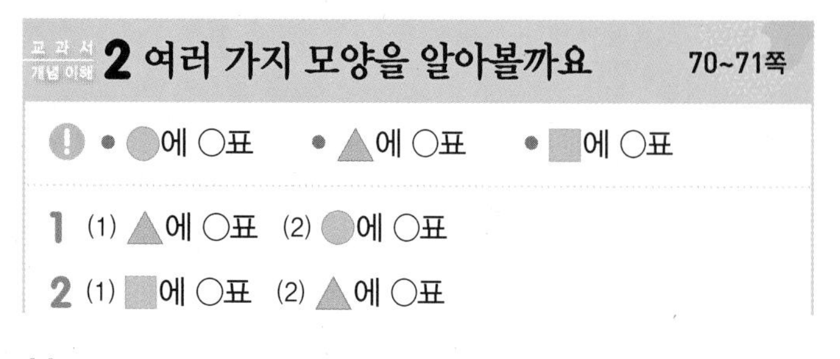

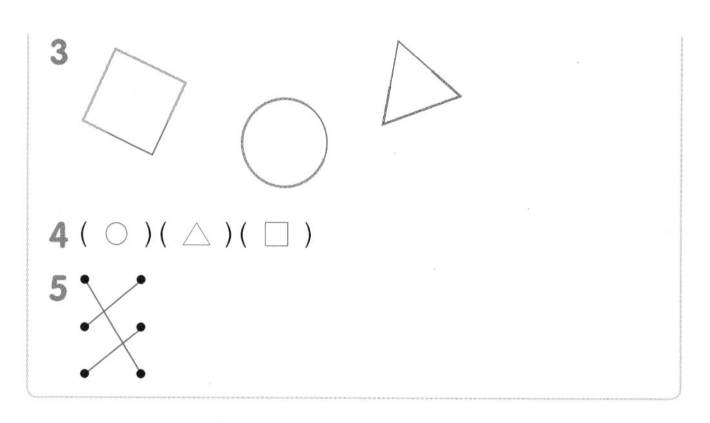

4 ■, ▲, ● 모양의 특징을 생각하며 손으로 만든 모양을 살펴봅니다.

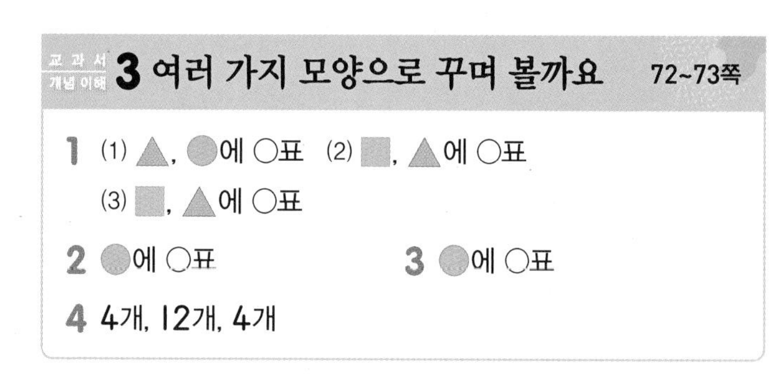

2 ● 모양 6개를 이용하여 꾸민 모양입니다.

3 ■ 모양 1개, ▲ 모양 8개를 이용하여 꾸민 모양입니다.

4 빠뜨리거나 두 번 세지 않도록 모양별로 다른 표시를 하며 세어 봅니다.

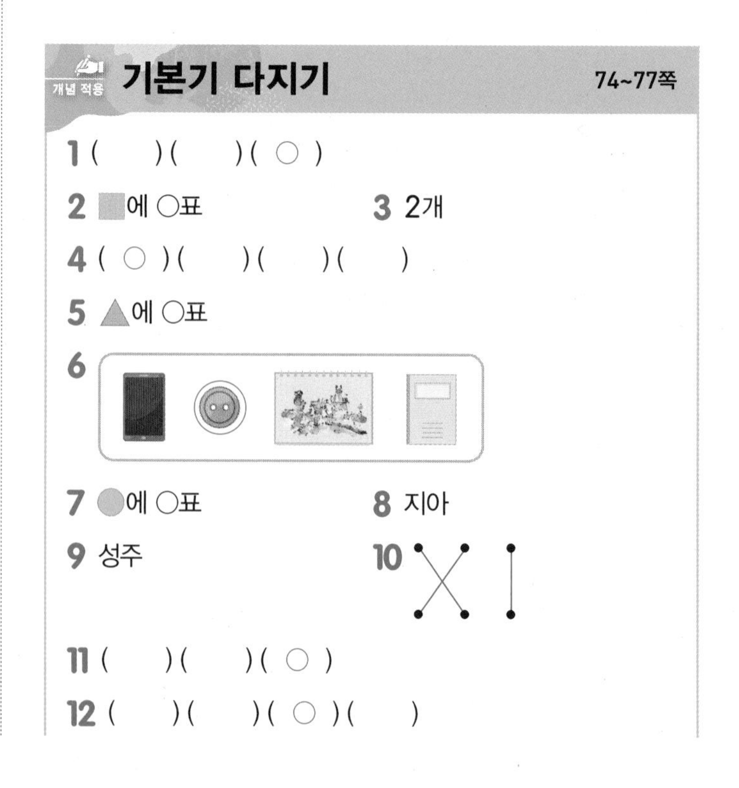

13 ■에 ○표

14 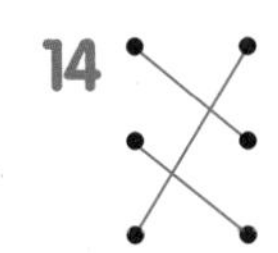

15 3개

16 은수

17 ■, ▲에 ○표

18 **같은 점** 예 뾰족한 부분이 있습니다.
다른 점 예 ㉠은 뾰족한 부분이 4군데이고, ㉡은 뾰족한 부분이 3군데입니다.

19 ●에 ○표

20 ●에 ○표

21 3개

22 ( )(○)

23 ■에 ○표

24

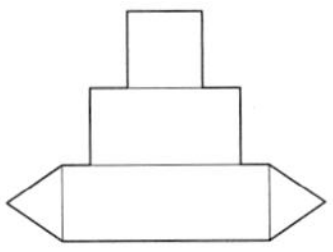

1 ▲ 모양의 표지판은 셋째 표지판입니다.

2 크고 작은 ■ 모양을 찾을 수 있습니다.

3 ■ 모양은 달력, 수첩으로 모두 2개입니다.

4 가장 왼쪽 과자는 ■ 모양이고, 나머지 셋은 ▲ 모양입니다.

5 삼각김밥은 ▲ 모양입니다.

6 휴대 전화, 스케치북, 공책은 ■ 모양이고, 단추는 ● 모양입니다. 따라서 잘못 모은 것은 단추입니다.

8 은주: ■ 모양이 있습니다.
민호: ▲ 모양이 2개 있습니다.

서술형
9 예 성주는 ● 모양과 ■ 모양을 모았고, 호석이는 ▲ 모양을 모았습니다. 따라서 잘못 모은 사람은 성주입니다.

단계	문제 해결 과정
①	성주와 호석이가 각각 어떤 모양을 모았는지 구했나요?
②	잘못 모은 사람은 누구인지 찾았나요?

11 ■, ▲ 모양은 뾰족한 부분이 있고, ● 모양은 뾰족한 부분이 없습니다.

12 모양을 찍으면 ■ 모양이 나옵니다.

13 곧은 선이 있는 것은 ■와 ▲ 모양이고 ■ 모양은 뾰족한 부분이 4군데, ▲ 모양은 뾰족한 부분이 3군데입니다.

14 둥근 부분과 뾰족한 부분을 살펴봅니다.

15 뾰족한 부분이 없는 모양은 ● 모양이고, 3개입니다.

16 현아: ■ 모양은 둥근 부분이 없습니다.
지우: ▲ 모양은 뾰족한 부분이 3군데입니다.

17 ▲ 모양 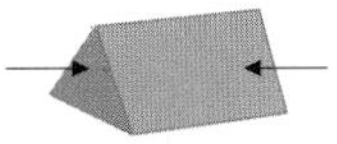 ■ 모양

서술형
18

단계	문제 해결 과정
①	㉠과 ㉡의 같은 점을 바르게 썼나요?
②	㉠과 ㉡의 다른 점을 바르게 썼나요?

19 ● 모양 6개를 이용하여 꾸민 모양입니다.

20 귀와 몸통은 ▲ 모양, 얼굴과 눈은 ■ 모양으로 꾸몄습니다.

21 ■ 모양 3개, ▲ 모양 4개, ● 모양 2개로 꾸민 모양입니다.

22 왼쪽 모양은 ▲ 모양이 1개 더 있어야 합니다.

서술형
23 예 ■ 모양을 6개, ▲ 모양을 1개, ● 모양을 3개 이용했습니다. 따라서 가장 많이 이용한 모양은 ■ 모양입니다.

단계	문제 해결 과정
①	각 모양을 몇 개씩 이용했는지 구했나요?
②	가장 많이 이용한 모양을 찾았나요?

24 ■ 모양 조각을 작은 것부터 크기 순서대로 아래 방향으로 놓고 ▲ 모양 조각을 맨 아래 양쪽에 놓습니다.

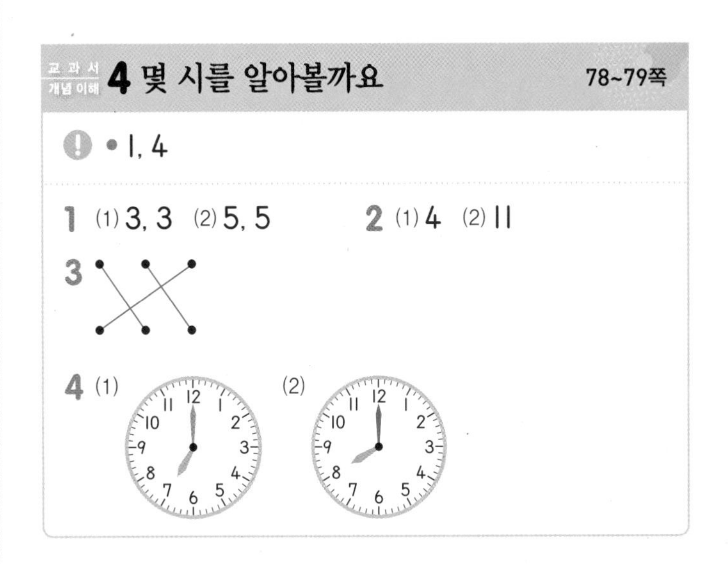

교과서 개념 이해 **4 몇 시를 알아볼까요** 78~79쪽

• 1, 4

1 (1) 3, 3 (2) 5, 5

2 (1) 4 (2) 11

3

4 (1) (2)

2 (1) 짧은바늘이 4, 긴바늘이 12를 가리키므로 4시입니다.
(2) 짧은바늘이 11, 긴바늘이 12를 가리키므로 11시입니다.

3 긴바늘이 12를 가리킬 때 짧은바늘이 가리키는 수는 디지털시계의 ':' 앞에 있는 수와 같습니다.

4 (1) 7시이므로 짧은바늘이 7, 긴바늘이 12를 가리키도록 그립니다.

(2) 8시이므로 짧은바늘이 8, 긴바늘이 12를 가리키도록 그립니다.

교과서 개념 이해 5 몇 시 30분을 알아볼까요 80~81쪽

! • 4, 30 / 6, 30

1 (1) 4, 3, 30 (2) 6, 5, 30

2 (1) 4, 30 (2) 9, 30

3

4 (1) (2)

1 ★ 학부모 지도 가이드

이 단원에서는 시계 보기에서 가장 간단한 '몇 시'와 '몇 시 30분'만 다룹니다. 모형 시계를 직접 돌려 보면서 3시에서 30분 지난 시각이 3시 30분, 3시 30분에서 30분 지난 시각이 4시가 된다는 것을 자연스럽게 익히며, 이를 통해 어느 시각이 더 빠른 시각인지 늦은 시각인지 직관적으로 이해할 수 있도록 지도합니다.

2 (1) 짧은바늘이 4와 5 사이에 있고 긴바늘이 6을 가리키므로 4시 30분입니다.

(2) 짧은바늘이 9와 10 사이에 있고 긴바늘이 6을 가리키므로 9시 30분입니다.

3 몇 시 30분일 때 아날로그시계는 긴바늘이 6을 가리키고, 디지털시계는 ':' 뒤에 있는 수가 30이 됩니다.

4 (1) 1시 30분은 짧은바늘이 1과 2 사이에 있고 긴바늘이 6을 가리키도록 그립니다.

(2) 8시 30분은 짧은바늘이 8과 9 사이에 있고 긴바늘이 6을 가리키도록 그립니다.

개념 적용 기본기 다지기 82~85쪽

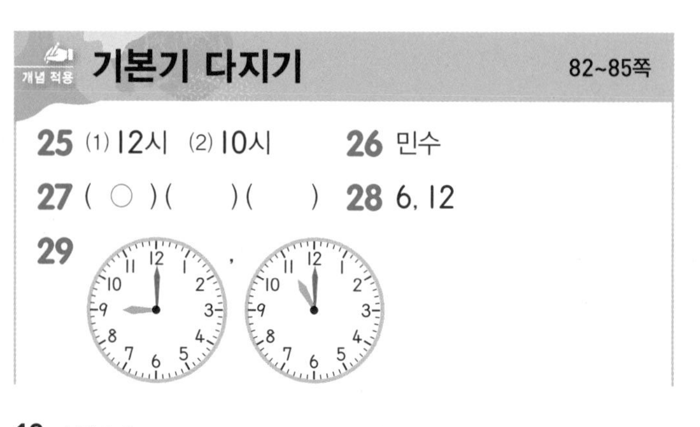

25 (1) 12시 (2) 10시 26 민수

27 (○)( )( ) 28 6, 12

29

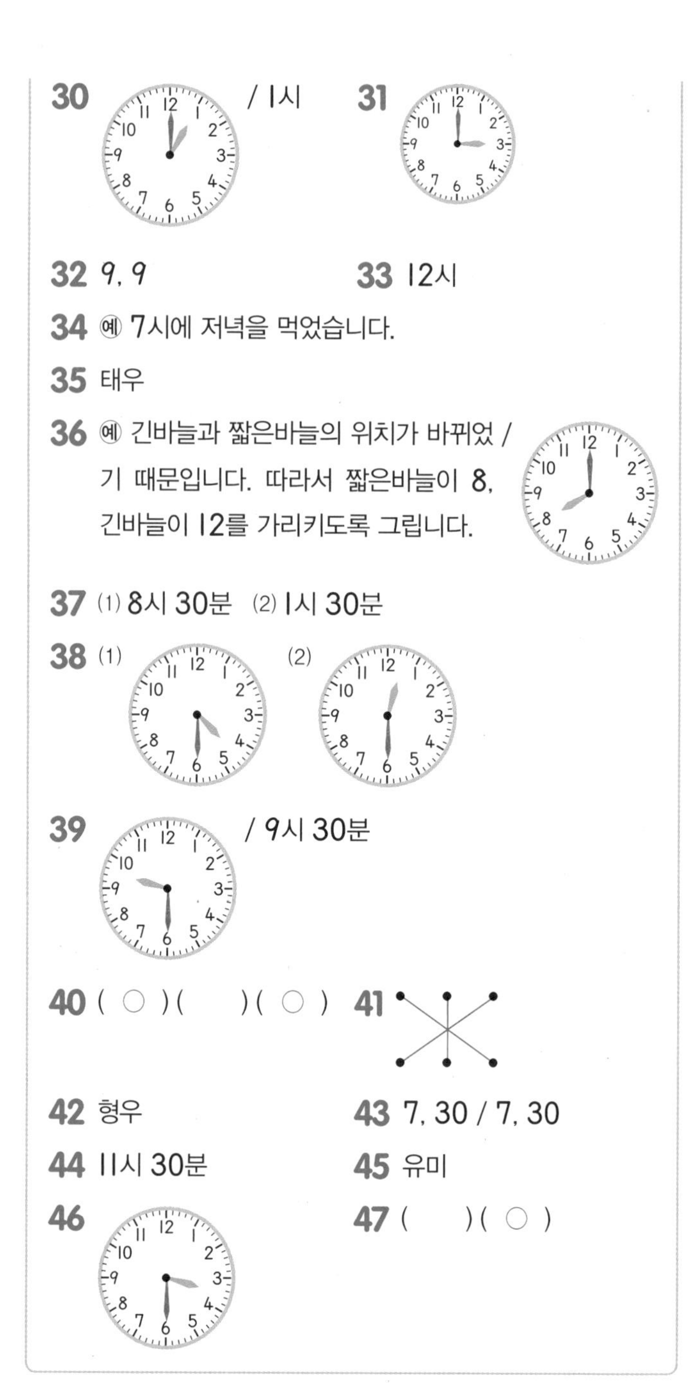

30 / 1시 31

32 9, 9 33 12시

34 예 7시에 저녁을 먹었습니다.

35 태우

36 예 긴바늘과 짧은바늘의 위치가 바뀌었기 때문입니다. 따라서 짧은바늘이 8, 긴바늘이 12를 가리키도록 그립니다. /

37 (1) 8시 30분 (2) 1시 30분

38 (1) (2)

39 / 9시 30분

40 (○)( )(○) 41

42 형우 43 7, 30 / 7, 30

44 11시 30분 45 유미

46 47 ( )(○)

25 (1) 짧은바늘이 12, 긴바늘이 12를 가리키므로 12시입니다.

(2) 짧은바늘이 10, 긴바늘이 12를 가리키므로 10시입니다.

28 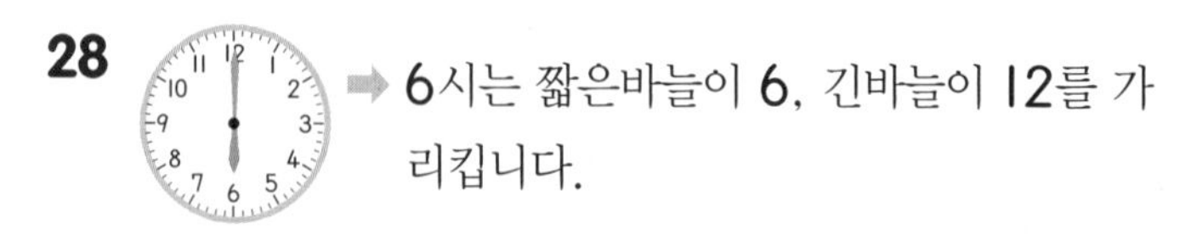 ➡ 6시는 짧은바늘이 6, 긴바늘이 12를 가리킵니다.

29 • 9시이므로 짧은바늘이 9, 긴바늘이 12를 가리키도록 그립니다.

• 11시이므로 짧은바늘이 11, 긴바늘이 12를 가리키도록 그립니다.

30 짧은바늘이 1, 긴바늘이 12를 가리키면 1시입니다.

31 3시는 짧은바늘이 3, 긴바늘이 12를 가리키도록 그립니다.

33 긴바늘이 12를 가리키므로 ■시입니다. 짧은바늘과 긴바늘이 완전히 겹쳐져 있으므로 짧은바늘도 12를 가리킵니다. 따라서 짧은바늘과 긴바늘이 모두 12를 가리키므로 12시입니다.

35 태우가 집에 돌아온 시각은 2시, 지효가 집에 돌아온 시각은 4시이므로 태우가 먼저 집에 돌아왔습니다.

서술형
36

단계	문제 해결 과정
①	잘못된 까닭을 바르게 썼나요?
②	8시를 바르게 나타냈나요?

37 (1) 짧은바늘이 8과 9 사이에 있고 긴바늘이 6을 가리키므로 8시 30분입니다.
(2) 짧은바늘이 1과 2 사이에 있고 긴바늘이 6을 가리키므로 1시 30분입니다.

38 (1) 4시 30분은 짧은바늘이 4와 5 사이에 있고 긴바늘이 6을 가리키도록 그립니다.
(2) 12시 30분은 짧은바늘이 12와 1 사이에 있고 긴바늘이 6을 가리키도록 그립니다.

39 짧은바늘이 9와 10 사이에 있고 긴바늘이 6을 가리키므로 9시 30분입니다.

40 둘째 시계에서 긴바늘이 6을 가리키므로 짧은바늘은 9와 10 사이를 가리켜야 합니다.

42 형우는 3시 30분, 지우는 2시 30분, 연우는 2시 30분에 줄넘기를 시작했습니다.
따라서 다른 시각에 줄넘기를 시작한 사람은 형우입니다.

43 일어난 시각: 짧은바늘 ➡ 7과 8 사이, 긴바늘 ➡ 6 → 7시 30분
청소한 시각: 짧은바늘 ➡ 7과 8 사이, 긴바늘 ➡ 6 → 7시 30분

서술형
44 예 짧은바늘이 11과 12 사이에 있고 긴바늘이 6을 가리키므로 11시 30분이라고 읽어야 하는데 12시 30분으로 잘못 읽었기 때문입니다.

단계	문제 해결 과정
①	잘못된 까닭을 바르게 썼나요?
②	시각을 바르게 읽었나요?

45 준서는 1시에 도착했고, 유미는 12시 30분에 도착했습니다. 따라서 더 일찍 도착한 사람은 유미입니다.

46 생일 파티가 열리는 시각은 3시 30분이므로 짧은바늘이 3과 4 사이에 있고, 긴바늘이 6을 가리키도록 그립니다.

47 7시는 8시 전의 시각이고, 9시 30분은 8시와 10시 30분 사이의 시각입니다.

개념 완성 응용력 기르기 86~89쪽

1 3개, 4개	**1-1** 5개, 4개	**1-2** ▲ 모양, 2개
2 ㉢	**2-1** ㉡	**2-2** ㉢, ㉠
3 8시	**3-1** 2시	**3-2** 4시 30분

4 1단계 예 8시와 10시 사이의 시각 중에서 긴바늘이 6을 가리키는 시각은 8시 30분, 9시 30분입니다.
이 중 9시보다 빠른 시각은 8시 30분입니다.
2단계 예 짧은바늘이 8과 9 사이에 있고, 긴바늘이 6을 가리키도록 그립니다.

4-1

1

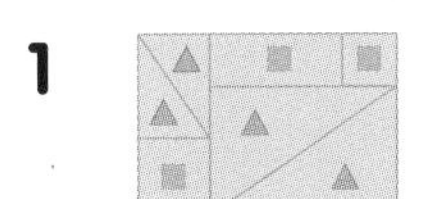

➡ ■ 모양 3개, ▲ 모양 4개입니다.

1-1

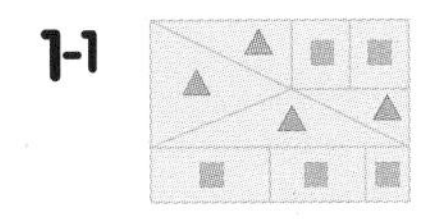

➡ ■ 모양 5개, ▲ 모양 4개입니다.

1-2

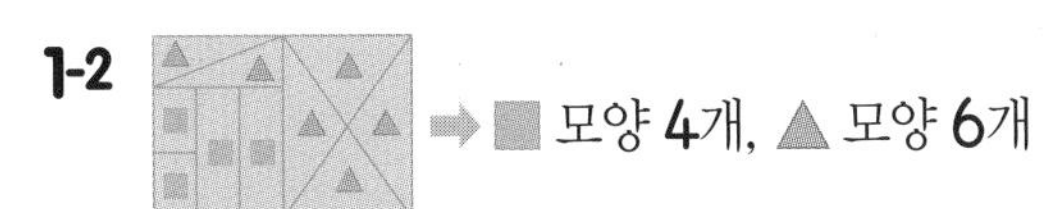

➡ ■ 모양 4개, ▲ 모양 6개

따라서 ▲ 모양이 $6-4=2$(개) 더 많습니다.

2 ┌ 모양의 뾰족한 부분과 ∧ 모양의 뾰족한 부분이 있는 퍼즐 조각은 ㉢입니다.

2-1 ╭ 모양의 둥근 부분과 ∧ 모양의 뾰족한 부분, ┌ 모양의 뾰족한 부분이 있는 퍼즐 조각은 ㉡입니다.

2-2 가: ∧ 모양의 뾰족한 부분과 ◜ 모양의 둥근 부분이 있는 퍼즐 조각은 ㉢입니다.
나: ┌ 모양의 뾰족한 부분과 ◜ 모양의 둥근 부분이 있는 퍼즐 조각은 ㉠입니다.

3 짧은바늘이 8, 긴바늘이 12를 가리키므로 8시입니다.

3-1 짧은바늘이 2, 긴바늘이 12를 가리키므로 2시입니다.

3-2 짧은바늘이 4와 5 사이, 긴바늘이 6을 가리키므로 4시 30분입니다.

4-1 2시와 4시 사이의 시각 중에서 긴바늘이 6을 가리키는 시각은 2시 30분, 3시 30분입니다.
이 중 3시보다 늦은 시각은 3시 30분입니다.
따라서 짧은바늘이 3과 4 사이에 있고, 긴바늘이 6을 가리키도록 그립니다.

3단원 단원 평가 Level ❶ 90~92쪽

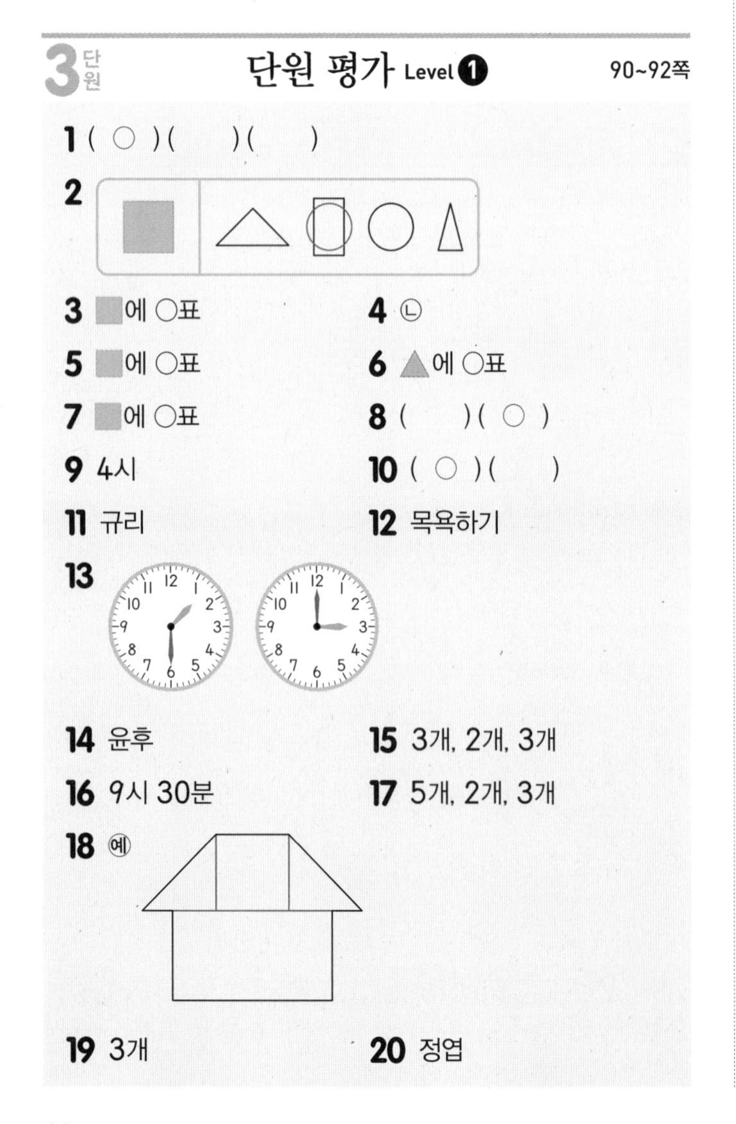

1 (○)( )( )
2
3 ■에 ○표 4 ㉡
5 ■에 ○표 6 ▲에 ○표
7 ■에 ○표 8 ( )(○)
9 4시 10 (○)( )
11 규리 12 목욕하기
13
14 윤후 15 3개, 2개, 3개
16 9시 30분 17 5개, 2개, 3개
18 예
19 3개 20 정엽

1 삼각자는 ▲ 모양, 단추는 ● 모양, 교통 표지판은 ■ 모양입니다.

2 ■ 모양은 뾰족한 부분이 4군데 있고 곧은 선이 있습니다.

3 창문에서 찾을 수 있는 모양은 뾰족한 부분이 4군데 있는 ■ 모양입니다.

4 ㉠은 ■ 모양, ㉡은 ● 모양, ㉢은 ■ 모양이므로 모양이 다른 하나는 ㉡입니다.

5 상자를 본떠서 나온 모양은 뾰족한 부분이 4군데 있는 ■ 모양입니다.

6 ■ 모양은 뾰족한 부분이 4군데, ▲ 모양은 뾰족한 부분이 3군데 있고, ● 모양은 뾰족한 부분이 없습니다.

7 뾰족한 부분이 있으므로 ■ 모양과 ▲ 모양을 살펴봅니다.

8 왼쪽 모양은 ■ 모양과 ● 모양을 이용하였습니다.

9 짧은바늘이 4, 긴바늘이 12를 가리키므로 4시입니다.

10 짧은바늘이 8과 9 사이에 있고 긴바늘이 6을 가리키는 시계를 찾습니다.

11 규리는 3시 30분, 아영이는 4시 30분, 수현이는 4시 30분에 자전거를 타기 시작했습니다. 따라서 다른 시각에 자전거를 타기 시작한 사람은 규리입니다.

12 6시 30분에 저녁 식사, 7시 30분에 목욕하기, 9시에 일기 쓰기를 했습니다.

13 몇 시 30분은 긴바늘이 6을 가리키고, 몇 시는 긴바늘이 12를 가리키도록 그립니다.

14 지수는 7시 30분에 일어났고, 윤후는 7시에 일어났습니다. 따라서 더 일찍 일어난 사람은 윤후입니다.

15 빠뜨리거나 두 번 세지 않도록 모양별로 다른 표시를 하며 세어 봅니다.

16 긴바늘이 6을 가리키는 시각은 몇 시 30분입니다. 몇 시 30분 중에서 9시와 10시 사이의 시각은 9시 30분입니다.

17 빠뜨리거나 두 번 세지 않도록 모양별로 다른 표시를 하며 세어 봅니다.

18 ■ 모양과 ▲ 모양만으로 주어진 모양을 꾸밀 수 있도록 나누어 봅니다.

서술형
19 예 뾰족한 부분이 없고 둥근 부분만 있는 모양은 ● 모양이므로 모두 3개입니다.

평가 기준	배점
어떤 모양을 찾는지 알았나요?	2점
찾는 모양이 모두 몇 개인지 구했나요?	3점

서술형
20 ㉠ 가영이를 만난 시각은 2시, 정엽이를 만난 시각은 3시 30분, 규영이를 만난 시각은 2시 30분입니다.
따라서 소미가 가장 나중에 만난 친구는 정엽입니다.

평가 기준	배점
각각의 친구들을 만난 시각을 구했나요?	3점
소미가 가장 나중에 만난 친구를 찾았나요?	2점

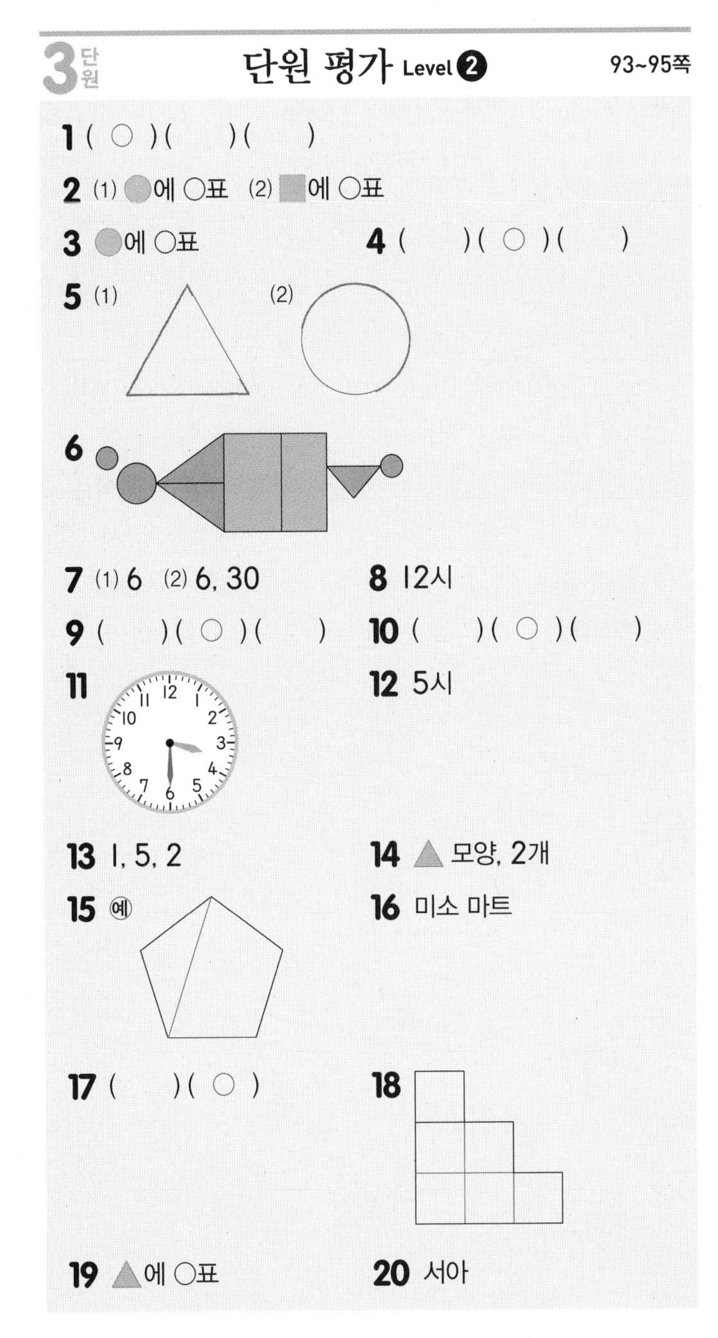

1 첫째 접시는 ■ 모양, 둘째 접시는 ● 모양, 삼각김밥은 ▲ 모양입니다.

3 뾰족한 부분은 없고 둥근 부분만 있는 모양입니다.

4 뾰족한 부분이 3군데인 모양은 ▲ 모양입니다.

5 (1) 뾰족한 부분이 3군데인 ▲ 모양입니다.
(2) 뾰족한 부분이 없는 ● 모양입니다.

6 ■ 모양은 분홍색, ▲ 모양은 주황색, ● 모양은 초록색으로 색칠합니다.

7 (1) 짧은바늘이 6, 긴바늘이 12를 가리키므로 6시입니다.
(2) 짧은바늘이 6과 7 사이에 있고 긴바늘이 6을 가리키므로 6시 30분입니다.

8  ➡ 12시

9 3시는 긴바늘이 12를 가리킵니다.

10 둘째 디지털시계는 2시 30분을 가리키고 둘째 아날로그시계는 1시 30분을 가리킵니다.

11 3시 30분은 짧은바늘이 3과 4 사이에 있고 긴바늘이 6을 가리키도록 그립니다.

12 4시와 6시 사이의 시각 중에서 긴바늘이 12를 가리키는 시각은 5시입니다.

13 ■ 모양 1개, ▲ 모양 5개, ● 모양 2개로 만든 모양입니다.

14  ➡ ▲ 모양 2개가 생깁니다.

15 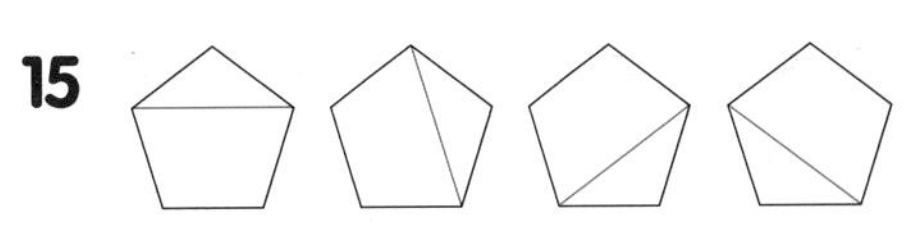
등 여러 가지 방법으로 만들 수 있습니다.

16 사랑 마트는 밤 9시 30분, 미소 마트는 밤 10시에 문을 닫습니다. 따라서 더 늦게 문을 닫는 마트는 미소 마트입니다.

17 왼쪽 모양은 ▲ 모양이 1개 더 필요합니다.

서술형
19 ㉠ ■ 모양을 4개, ▲ 모양을 2개, ● 모양을 6개 이용했습니다. 따라서 가장 적게 이용한 모양은 ▲ 모양입니다.

평가 기준	배점
각 모양을 몇 개씩 이용했는지 구했나요?	3점
가장 적게 이용한 모양을 찾았나요?	2점

서술형
20 ㉠ 짧은바늘이 9, 긴바늘이 12를 가리키므로 9시를 나타냅니다.
따라서 바르게 말한 사람은 서아입니다.

평가 기준	배점
거꾸로 걸린 시계의 시각을 알았나요?	3점
바르게 말한 사람은 누구인지 찾았나요?	2점

덧셈과 뺄셈(2)

덧셈과 뺄셈에서 가장 중요한 받아올림과 받아내림을 학습합니다. (몇)+(몇)=(십몇)의 덧셈과 (십몇)−(몇)=(몇)의 뺄셈은 더 큰 수의 덧셈과 뺄셈의 형식화에 기초가 되며, 이러한 덧셈과 뺄셈은 동수누가나 동수누감과 같은 상황에서 곱셈과 나눗셈으로 확장됩니다. 따라서 첨가, 합병, 제거, 비교 등의 다양한 상황 속에서 덧셈과 뺄셈에 관련된 정보를 찾아 적절한 연산을 선택하고, 수의 분해와 합성, 수 계열이나 수 관계, 교환법칙을 이용한 방법 등 여러 가지 전략으로 문제를 해결할 수 있도록 합니다.

교과서 개념 이해 1 덧셈을 알아볼까요 98~99쪽

1 10, 11, 12 / 12

2 예

○	○	○	○	△
△	△	△	△	△

△				

/ 11

3 11 **4** (1) 13 (2) 14

5 5, 11

1 7에서 이어 세면 8, 9, 10, 11, 12입니다.

2 △ 6개를 그려 10개를 만들고, 남은 1개를 더 그려 11개가 되었습니다.

3 5에서 이어 세면 6, 7, 8, 9, 10, 11입니다.

5 꽃에 앉아 있는 나비의 수와 날아오는 나비의 수를 더합니다.
➡ 6+5=11

교과서 개념 이해 2 덧셈을 해 볼까요 100~101쪽

1 방법 1 3 / 13 방법 2 3 / 13

2 14, 1

3 (1) 3, 10, 12 (2) 2, 10, 14

4 17, 7 / 17, 7 / 17, 3, 4

5 (1) 13 (2) 14 (3) 12 (4) 15

2 9와 더해서 10이 되는 수는 1이므로 5를 4와 1로 가르기합니다.
9와 1을 먼저 더해 10을 만들고 남은 4를 더합니다.

교과서 개념 이해 3 여러 가지 덧셈을 해 볼까요 102~103쪽

1 10, 11, 12, 13 / 1 **2** (1) 13, 13 (2) 17, 17

3 (1)

9+2				
9+3	8+3			
9+4	8+4	7+4		
9+5	8+5	7+5	6+5	
9+6	8+6	7+6	6+6	5+6

(2) 8+6

4 (위에서부터) 15, 15 / 16 / 17, 17

2 덧셈에서 두 수를 서로 바꾸어 더해도 합은 같으므로 6+7과 7+6, 8+9와 9+8은 같습니다.

3 (1) 합이 12인 덧셈은 9+3, 8+4, 7+5, 6+6입니다.
(2) 9+5=14이므로 합이 같은 덧셈은 8+6입니다.

★ 학부모 지도 가이드
더해지는 수와 더하는 수의 변화를 활용해 합이 같은 덧셈을 찾을 수 있도록 지도합니다.

개념 적용 기본기 다지기 104~109쪽

1 예

○	○	○	○	○
○	○	○	△	△

△	△			

/ 12

2 14 **3** 12

4 5+6=11 또는 6+5=11 / 11명

5 9+9=18 / 18개

6 / 13 / 4, 13

7 (1) 예

○	○	○	○	○
○	○	○	○	○

○	○	○	○	

/ 14, 4

(2) 예

○	○	○	○	

○	○	○	○	○
○	○	○	○	○

/ 14, 5

8 17, 1 / 17, 7

9 (1) 15, 2, 5 (2) 15, 5, 1 (3) 13, 5, 1, 5, 2

10 (1) 12, 1 (2) 13, 3

11 (1) 3, 10, 14 (2) 1, 10, 13

12 (1) 12 (2) 12

13

14 (1) $<$ (2) $=$

15 (1) 11, 10 (2) 14, 10 **16** 6

17 예

○	○	○	○	○
○	○	○	○	○

○	○	○	○	

/ $8+6=14$ 또는 $6+8=14$ / 14대

18 $5+8=13$ / 13개 **19** $5+7=12$ / 12개

20 $6+5=11$ 또는 $5+6=11$

21 11

22 예 비행기, 꽃에 ○표 / 5, 7, 12

23 1, 2, 3 **24** 지우

25 (1) 13, 14, 15, 16 (2) 15, 14, 13, 12

26 (1) 11, 11 (2) 15, 9 **27** (1) 8 (2) 6

28

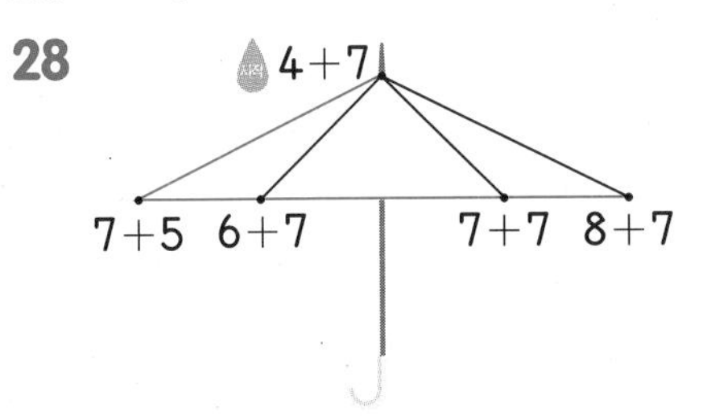

29 $4+9$에 ○표

30 $3+9=12$ / $9+3=12$

31 (1) $=$, $>$ (2) $=$, $<$

32

6+7	7+7	7+6
8+5	8+6	8+7
9+6	9+5	6+9

33

		5+5		
	6+4	6+5	6+6	
7+3	7+4	7+5	7+6	7+7
	8+4	8+5	8+6	
		9+5		

34

8 + 3 = 11	16	9
9 + 5 = 14	8	15
3	6	7 + 7 = 14
12	7 + 5 = 12	7
5 + 8 = 13	15	12

35 9 / 8 / 예 7, 7

1 △ 2개를 그려 10개를 만들고, 남은 2개를 더 그려 12개가 되었습니다.
따라서 물고기는 모두 12마리입니다.

2 6에서 이어 세면 7, 8, 9, 10, 11, 12, 13, 14입니다.

3 파란색 상자 7개와 분홍색 상자 5개를 더하면 상자는 모두 12개입니다.

5 은희가 모은 페트병의 수도 9개이므로 준서와 은희가 모은 페트병의 수를 덧셈식으로 나타내면 $9+9=18$입니다.

6 $8+5=13$이므로 9와 더해 13이 되려면 점을 4개 그려야 합니다. 이를 덧셈식으로 나타내면 $9+4=13$입니다.

8 $9+8$에서 8을 1과 7로 가르기하여 9와 1을 더해 10을 만들고 남은 7을 더하면 17이 됩니다.
$9+8$에서 9를 7과 2로 가르기하여 8과 2를 더해 10을 만들고 남은 7을 더하면 17이 됩니다.

10 (1) 9와 더해서 10이 되도록 3을 2와 1로 가르기하여 계산합니다.
(2) 7과 더해서 10이 되도록 6을 3과 3으로 가르기하여 계산합니다.

12 (1) $5+7=2+3+7=2+10=12$
(2) $6+6=6+4+2=10+2=12$

14 (1) $4+8=12$, $5+8=13$ ➡ $12<13$
(2) $7+8=15$, $9+6=15$ ➡ $15=15$

16 $4+9=13$이므로 $13=\square+7$입니다. 7과 더해서 13이 되는 수는 6이므로 □ 안에 알맞은 수는 6입니다.

18 (소연이가 산 쿠키의 수)
$=5+8=3+2+8=3+10=13$(개)

19 (지호가 가지고 있는 구슬의 수)
$=5+7=2+3+7=2+10=12$(개)

20 6과 5를 더하면 11이므로 6, 5, 11로 덧셈식을 만듭니다.
➡ $6+5=11$ 또는 $5+6=11$

21 $7+●=10$에서 $●=3$이므로
$●+8=3+8=1+2+8=1+10=11$입니다.

22 휴지심 12개를 모두 사용하여 만들 수 있는 것은 다음과 같습니다.
- 비행기와 꽃: $5+7=12$
- 집과 집: $6+6=12$

23 $5+8=13$입니다. $9+4=13$이므로 $9+\square$가 13보다 작으려면 □ 안에는 4보다 작은 수가 들어가야 합니다.
따라서 □ 안에 들어갈 수 있는 수는 1, 2, 3입니다.

서술형
24 ⑳ 은수: $8+4=8+2+2=10+2=12$(점)
지우: $6+7=3+3+7=3+10=13$(점)
따라서 $12<13$이므로 이긴 사람은 지우입니다.

단계	문제 해결 과정
①	은수와 지우의 점수를 각각 구했나요?
②	이긴 사람은 누구인지 구했나요?

25 (1) 같은 수에 1씩 커지는 수를 더하면 합도 1씩 커집니다.
(2) 1씩 작아지는 수에 같은 수를 더하면 합도 1씩 작아집니다.

26 덧셈에서 두 수를 서로 바꾸어 더해도 합은 같습니다.

27 (1) 더해지는 수가 1 커지면 합도 1 커집니다.
(2) 더하는 수가 1 커지면 합도 1 커집니다.

28 $4+7=11$, $7+5=12$, $6+7=13$, $7+7=14$, $8+7=15$의 순서대로 이어 봅니다.

29 $9+5=14$, $6+8=14$,
$7+7=14$, $4+9=13$
따라서 계산 결과가 다른 하나는 $4+9$입니다.

31 (1) $9+4=13$이므로 9에 5를 더하면 13보다 커집니다.
(2) $7+8=15$이므로 7에 7을 더하면 15보다 작아집니다.

32
- $5+8=13$이므로 합이 $6+7$, $7+6$, $8+5$와 같습니다.
- $7+8=15$이므로 합이 $8+7$, $9+6$, $6+9$와 같습니다.
- $6+8=14$이므로 합이 $7+7$, $8+6$, $9+5$와 같습니다.

33 $6+6$, $7+5$, $8+4$ — 더해지는 수가 1씩 커지고 더하는 수는 1씩 작아지므로 합이 같습니다.

34 $9+5=14$, $7+7=14$, $7+5=12$, $5+8=13$

35 5에 9를 더해야 14가 됩니다. 더해지는 수가 1씩 커지면 더하는 수는 1씩 작아져야 합이 같아집니다. 따라서 6과 8, 7과 7을 더하면 14가 됩니다.

교과서 개념 이해 4 뺄셈을 알아볼까요 110~111쪽

1 9, 10, 11 / 9

2 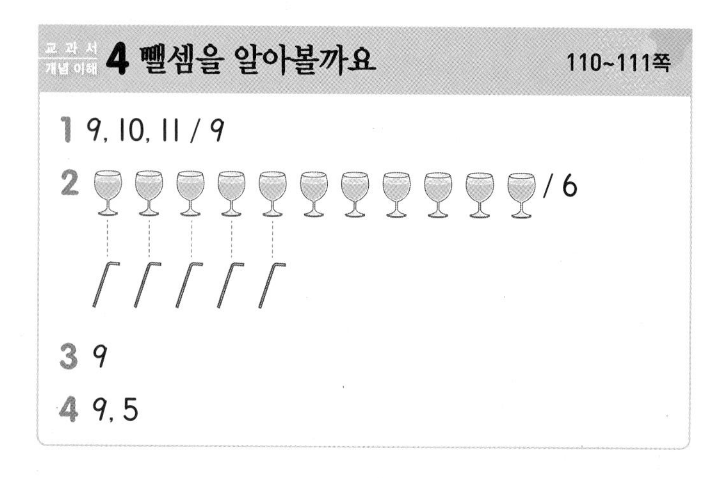 / 6

3 9

4 9, 5

1 12부터 거꾸로 세면 11, 10, 9입니다.

2 주스와 빨대를 하나씩 짝 지으면 주스가 6개 더 많습니다.

3 13부터 거꾸로 세면 12, 11, 10, 9입니다.

4 (바나나우유의 수)−(초코우유의 수)$=14-9=5$

교과서 개념 이해 5 뺄셈을 해 볼까요 112~113쪽

1 방법 1 2 / 8 방법 2 4 / 8

2 10

3 (1) 5, 10, 7 (2) 10, 4, 5

4 5, 5 / 5, 4

5 (1) 10 (2) 10 (3) 10 (4) 10

4 14에서 4를 빼고 5를 더 빼거나, 10에서 9를 빼고 남은 4를 더합니다.

교과서 개념 이해 6 여러 가지 뺄셈을 해 볼까요 114~115쪽

1 10, 9, 8, 7 / 1

2 (1) 6, 7, 8, 9 (2) 7, 7, 7, 7

3 (1)

14−5	14−6	14−7	14−8	14−9
	15−6	15−7	15−8	15−9
		16−7	16−8	16−9
			17−8	17−9
				18−9

(2) 15−9

4 (위에서부터) 8, 6 / 7 / 6, 8

2 (1) 1씩 커지는 수에서 같은 수를 뺐으므로 차도 1씩 커집니다.

(2) 빼지는 수와 빼는 수가 1씩 커지면 차는 같습니다.

3 (1) 차가 8인 뺄셈은 14−6, 15−7, 16−8, 17−9입니다.

(2) 14−8=6이므로 차가 같은 뺄셈은 15−9입니다.

★ 학부모 지도 가이드

뺄셈의 경우에 빼는 수와 빼지는 수가 변화할 때 달라지기 때문에 덧셈보다 어려울 수 있습니다. 따라서 자신에게 맞는 전략을 탐구하고 문제에 알맞게 자신의 전략을 활용할 수 있도록 지도합니다.

4 14에서 빼는 수가 6, 7, 8로 1씩 커지면 차는 8, 7, 6으로 1씩 작아지고, 빼지는 수가 13, 14, 15로 1씩 커지고 빼는 수가 7로 같으면 차는 6, 7, 8로 1씩 커집니다.

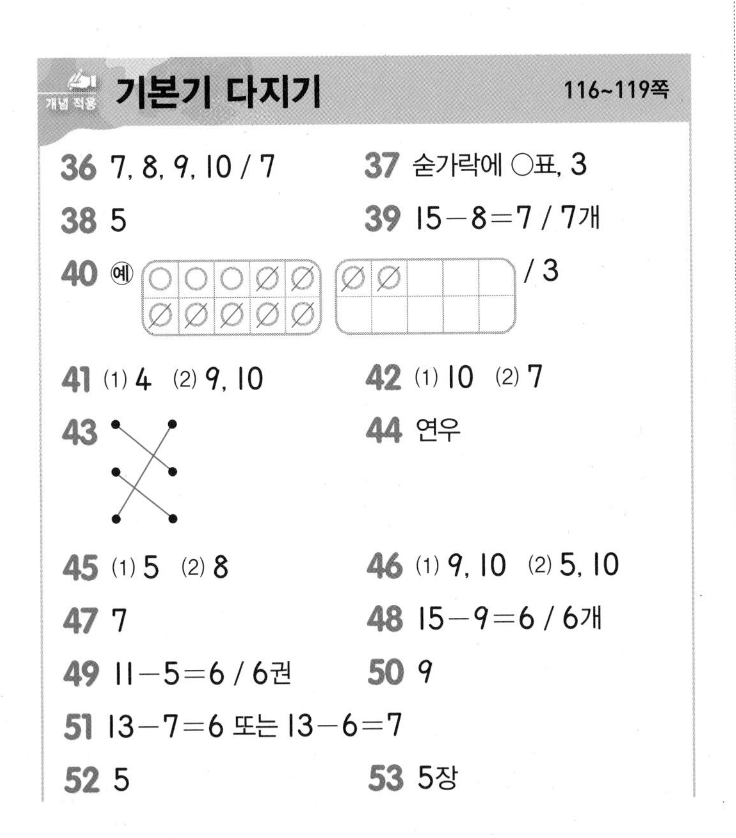

개념 적용 기본기 다지기 116~119쪽

36 7, 8, 9, 10 / 7 **37** 숟가락에 ○표, 3

38 5 **39** 15−8=7 / 7개

40 예 / 3

41 (1) 4 (2) 9, 10 **42** (1) 10 (2) 7

43 **44** 연우

45 (1) 5 (2) 8 **46** (1) 9, 10 (2) 5, 10

47 7 **48** 15−9=6 / 6개

49 11−5=6 / 6권 **50** 9

51 13−7=6 또는 13−6=7

52 5 **53** 5장

54 7, 6, 5, 4

55

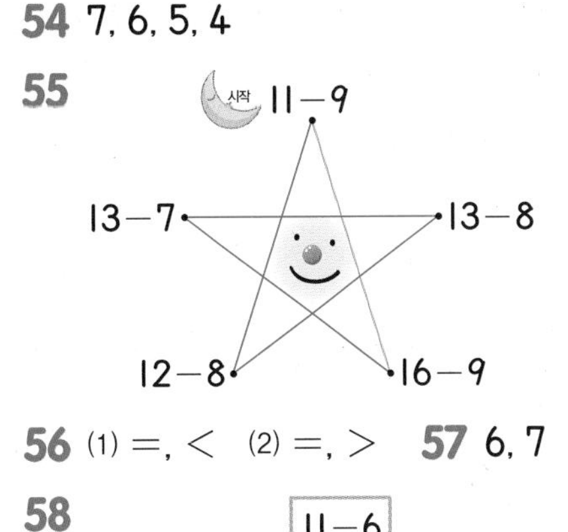

56 (1) =, < (2) =, > **57** 6, 7

58

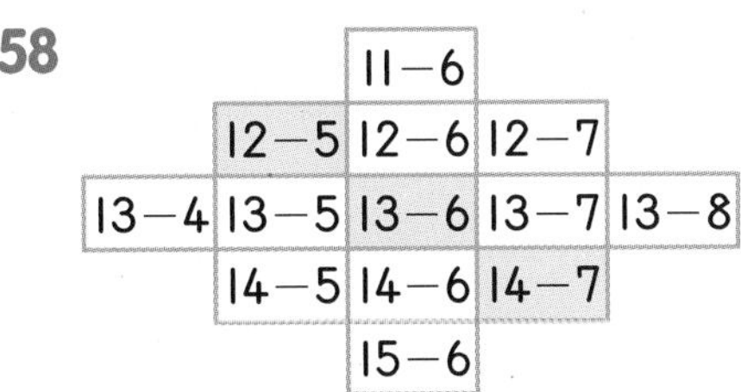

		11−6		
	12−5	12−6	12−7	
13−4	13−5	13−6	13−7	13−8
	14−5	14−6	14−7	
		15−6		

59 14−5=9 / 14−9=5

60

13	4	12	15−9=6
9	6	4	16−7=9
13−8=5	17	8	13
5	17−8=9	10	6
15−7=8	13	9	7

61 6 / 7 / 예 15, 8

36 11부터 거꾸로 세면 10, 9, 8, 7입니다.

37 숟가락과 포크를 하나씩 짝 지으면 숟가락이 3개 더 많습니다.

40 /으로 2개를 지우고, 7개를 더 지웠더니 3개가 되었습니다.

41 (1) 9를 3과 6으로 가르기하고 13에서 3을 뺀 다음 6을 더 빼면 4가 됩니다.

(2) 16을 10과 6으로 가르기하고 10에서 7을 뺀 다음 6을 더하면 9가 됩니다.

43 13−8=5, 16−9=7, 14−5=9

44 지우: 17−9=17−7−2=10−2=8 (9를 7과 2로 가르기)

45 (1) 11에서 6을 빼면 5이고, 5에 6을 더하면 11이 됩니다.

(2) 16에서 8을 빼면 8이고, 8에 8을 더하면 16이 됩니다.

47 $14-\square=7$에서 $14-7=7$이므로 $\square=7$입니다.

48 (걸리지 않은 고리의 수)
$=$(전체 고리의 수)$-$(걸린 고리의 수)
$=15-9=6$(개)

49 (처음에 가지고 있던 책 수)
$=$(전체 책 수)$-$(더 산 책 수)
$=11-5=6$(권)

서술형
50 예 가장 큰 수는 17이고 가장 작은 수는 8입니다.
따라서 가장 큰 수와 가장 작은 수의 차는
$17-8=17-7-1=9$입니다.

단계	문제 해결 과정
①	가장 큰 수와 가장 작은 수를 찾았나요?
②	두 수의 차를 구했나요?

51 13에서 7을 빼면 6이 되므로 13, 7, 6으로 뺄셈식을 만듭니다.
➡ $13-7=6$ 또는 $13-6=7$

52 $17-9=10-9+7=1+7=8$이므로 ★$=8$이고
$13-$★$=13-8=10-8+3=2+3=5$이므로
♥$=5$입니다.

53 이서가 사용하고 남은 색종이는 $16-8=8$(장)입니다.
서아가 사용하고 남은 색종이도 8장이므로 서아가 사용한 색종이는 $13-8=5$(장)입니다.

54 같은 수에서 1씩 커지는 수를 빼면 차는 1씩 작아집니다.

55 $11-9=2$, $12-8=4$, $13-8=5$,
$13-7=6$, $16-9=7$

56 (1) $16-7=9$이므로 16에서 8을 빼면 9보다 작아집니다.
(2) $17-9=8$이므로 17에서 8을 빼면 8보다 커집니다.

57 같은 수에서 뺀 차가 1씩 작아지므로 빼는 수는 1씩 커져야 합니다.

58 $12-5$, $13-6$, $14-7$ ─ 빼지는 수가 1씩 커지고 빼는 수도 1씩 커지므로 차가 같습니다.

60 $16-7=9$, $13-8=5$, $17-8=9$, $15-7=8$

61 13에서 6을 빼면 7이 됩니다. 빼지는 수가 1씩 커지면 빼는 수도 1씩 커져야 차가 같아집니다.
따라서 14에서 7을 빼야 7이 되고, 15에서 8을 빼야 7이 됩니다.

개념 완성 응용력 기르기 120~123쪽

1 14　　1-1 6　　1-2 11
2 8자루　　2-1 9개　　2-2 15권
3 $8+5=13$ 또는 $5+8=13$
3-1 $5+6=11$ 또는 $6+5=11$　　3-2 $14-6=8$
4 1단계 예 지우가 꺼낸 공에 적힌 두 수의 합은 $8+6=14$입니다.
2단계 예 민영이가 꺼내야 할 공에 적힌 수를 □라고 하면 $7+\square>14$입니다. 따라서 $7+7=14$이므로 민영이는 7보다 큰 9를 꺼내야 합니다.
/ 9
4-1 6, 7

1

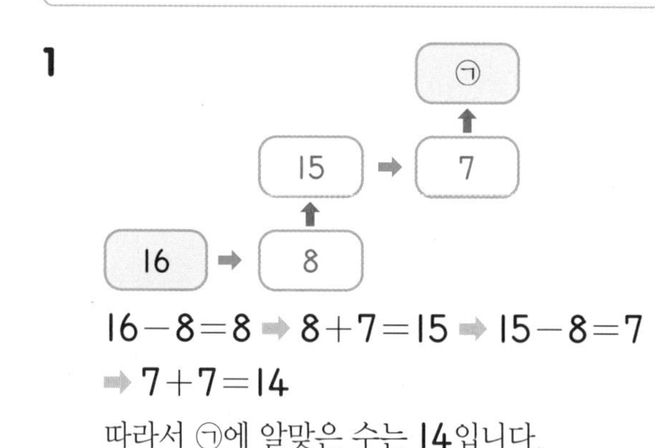

$16-8=8$ ➡ $8+7=15$ ➡ $15-8=7$
➡ $7+7=14$
따라서 ㉠에 알맞은 수는 14입니다.

1-1

$13-6=7$ ➡ $7+5=12$ ➡ $12-6=6$
따라서 ㉠에 알맞은 수는 6입니다.

1-2

$17-7=10$ ➡ $10+4=14$ ➡ $14-7=7$
➡ $7+4=11$
따라서 ㉠에 알맞은 수는 11입니다.

2 현수는 민지보다 7자루 더 많으므로 $4+7=11$(자루)입니다.
진석이는 현수보다 3자루 더 적으므로
$11-3=8$(자루)입니다.
따라서 진석이가 가지고 있는 연필은 8자루입니다.

2-1 경희는 수영이보다 6개 더 많으므로 $7+6=13$(개)입니다.
선희는 경희보다 4개 더 적으므로 $13-4=9$(개)입니다.
따라서 선희가 가지고 있는 지우개는 9개입니다.

2-2 준서는 은정이보다 4권 더 많으므로 $8+4=12$(권)입니다.
미주는 준서보다 5권 더 적으므로 $12-5=7$(권)입니다.
따라서 은정이와 미주가 가지고 있는 공책은 모두 $8+7=15$(권)입니다.

3 합이 가장 큰 덧셈식은 가장 큰 수 8과 둘째로 큰 수 5를 더합니다.
➡ $8+5=13$ 또는 $5+8=13$

3-1 합이 가장 작은 덧셈식은 가장 작은 수 5와 둘째로 작은 수 6을 더합니다.
➡ $5+6=11$ 또는 $6+5=11$

3-2 차가 가장 크려면 가장 큰 수 14에서 가장 작은 수 6을 빼야 합니다.
➡ $14-6=8$

4-1 은서가 꺼낸 공에 적힌 두 수의 합은 $9+4=13$입니다.
정민이가 꺼내야 할 공에 적힌 수를 □라고 하면 $8+\square>13$이어야 합니다. $8+5=13$이므로 정민이는 5보다 큰 6 또는 7을 꺼내야 합니다.

4단원 단원 평가 Level ❶ 124~126쪽

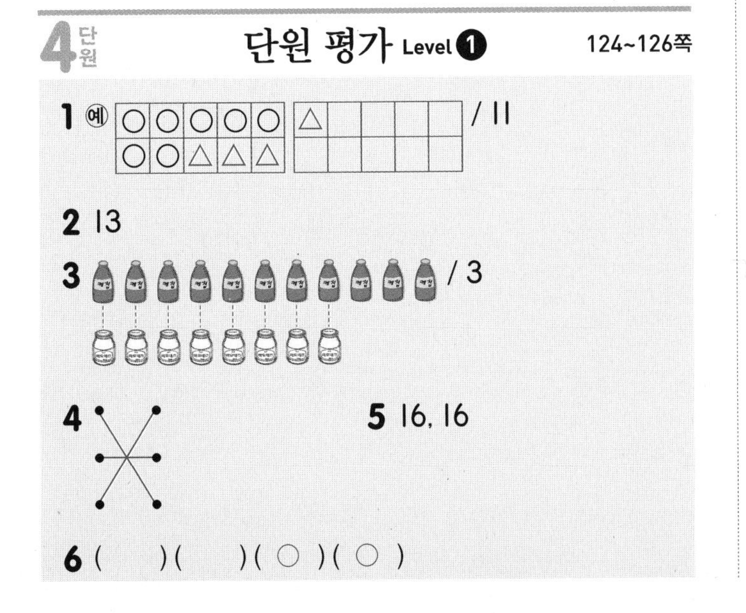

1 예 / 11

2 13

3 / 3

4

5 16, 16

6 ( )( )(○)(○)

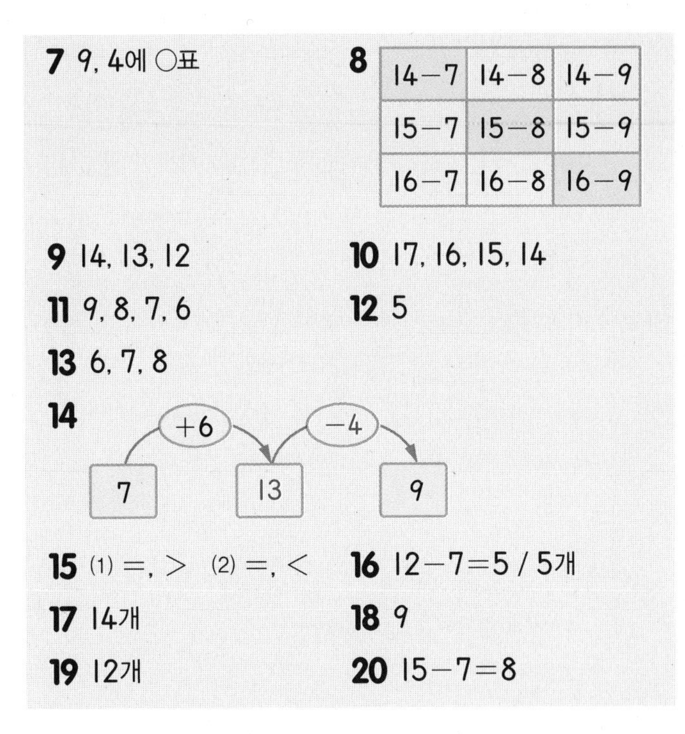

7 9, 4에 ○표

8

14−7	14−8	14−9
15−7	15−8	15−9
16−7	16−8	16−9

9 14, 13, 12

10 17, 16, 15, 14

11 9, 8, 7, 6

12 5

13 6, 7, 8

14

15 (1) =, > (2) =, <

16 $12-7=5$ / 5개

17 14개

18 9

19 12개

20 $15-7=8$

1 △ 3개를 그려 10개를 만들고, 남은 1개를 더 그려 11개가 되었습니다.

2 앞의 수를 10으로 만들기 위해 뒤의 수를 가르기하여 계산하면 $8+5=8+2+3=10+3=13$입니다.

3 케첩과 마요네즈를 하나씩 짝 지으면 케첩이 3개 더 많습니다.

4 앞의 수를 10으로 만들기 위해 뒤의 수를 가르기하거나, 뒤의 수를 10으로 만들기 위해 앞의 수를 가르기합니다.

5 덧셈에서 두 수를 서로 바꾸어 더해도 합은 같습니다.
➡ $9+7=7+9=16$

6 $11-7=4$, $13-6=7$, $15-9=6$, $12-6=6$

7 $6+5=11$, $8+6=14$, $9+4=13$

8 차례로 뺄셈을 하면 ↘ 방향으로 차가 같습니다.

9 연두색 공: $9+5=14$
노란색 공: $6+7=13$
보라색 공: $8+4=12$

10 같은 수에 1씩 작아지는 수를 더하면 합도 1씩 작아집니다.

11 2씩 작아지는 수에서 1씩 작아지는 수를 빼면 차는 1씩 작아집니다.

12 $13-8=5$

13 같은 수에서 뺀 차가 1씩 작아지므로 빼는 수는 1씩 커져야 합니다.

14 $7+6=13$
$13-\bigcirc=9$에서 $13-4=9$이므로 $\bigcirc=4$입니다.

15 (1) $8+5=13$이므로 8에 6을 더하면 13보다 커집니다.
(2) $14-6=8$이므로 14에서 7을 빼면 8보다 작아집니다.

16 (남은 초콜릿 수)=(산 초콜릿 수)−(먹은 초콜릿 수)
$=12-7=5$(개)

17 (준호가 가지고 있는 구슬 수)$=12-3=9$(개)
(윤정이가 가지고 있는 구슬 수)$=9+5=14$(개)

18 $12-5=7$ ➡ $16-\square=7$
$16-9=7$이므로 □ 안에 알맞은 수는 9입니다.

서술형
19 예 (상자에 들어 있는 과일의 수)
=(사과의 수)+(배의 수)
$=6+6=12$(개)

평가 기준	배점
상자에 들어 있는 과일의 수를 구하는 식을 세웠나요?	2점
상자에 들어 있는 과일의 수를 구했나요?	3점

서술형
20 예 차가 가장 크게 되려면 가장 큰 수에서 가장 작은 수를 빼야 합니다. 가장 큰 수는 15, 가장 작은 수는 7이므로 $15-7=8$입니다.

평가 기준	배점
차가 가장 크게 되는 뺄셈식을 만드는 방법을 알았나요?	2점
차가 가장 크게 되는 뺄셈식을 만들고 계산했나요?	3점

4단원 단원 평가 Level 2 127~129쪽

1 13　**2** 9
3 (1) 17, 1 (2) 11, 1
4 (1) 15 (2) 16 (3) 2 (4) 9
5 5, 6, 7, 8
6 (○)( )( )(○)
7 (1) < (2) =　**8** ㉢
9 (선 잇기)　**10** 4
11 $13-6=7$ / $13-7=6$
12 8, 7, 6　**13** 7
14 $7+5=12$ / 12명
15 (위에서부터) 5, 6　**16** $17-8=9$ / 9개
17 $8+6=14$ / 14　**18** 13
19 4개　**20** 7

2 14부터 거꾸로 세면 13, 12, 11, 10, 9입니다.

3 (1) 9와 더해서 10이 되는 수는 1이므로 8을 1과 7로 가르기하여 계산합니다.
(2) 7과 더해서 10이 되는 수는 3이므로 4를 1과 3으로 가르기하여 계산합니다.

4 (1) $9+6=9+1+5=10+5=15$
(2) $8+8=8+2+6=10+6=16$
(3) $11-9=10-9+1=1+1=2$
(4) $16-7=10-7+6=3+6=9$

5 1씩 커지는 수에서 같은 수를 빼면 차도 1씩 커집니다.

6 $8+7=15$이고 덧셈에서는 두 수를 바꾸어 더해도 합이 같으므로 $7+8$의 합도 15입니다.

7 (1) $8+4=12$, $4+9=13$이므로 $12<13$입니다.
(2) $15-7=8$, $16-8=8$이므로 $8=8$입니다.

8 ㉠ $8+5=13$, ㉡ $4+7=11$
㉢ $9+7=16$, ㉣ $6+9=15$
➡ 계산 결과가 가장 큰 것은 ㉢입니다.

9 빼지는 수 십몇에서 낱개의 수 몇을 먼저 빼도록 뒤의 수를 가르기합니다.

10 $5+7=12$이므로 ㉠$=12$입니다.
$14-6=8$이므로 ㉡$=8$입니다.
➡ ㉠−㉡$=12-8=4$

12 같은 수를 더한 합이 1씩 작아지므로 더해지는 수도 1씩 작아져야 합니다.

13 $9+5=14$이므로 $14=\square+7$입니다.
$7+7=14$이므로 □ 안에 알맞은 수는 7입니다.

14 $7+5=7+3+2=10+2=12$(명)

15
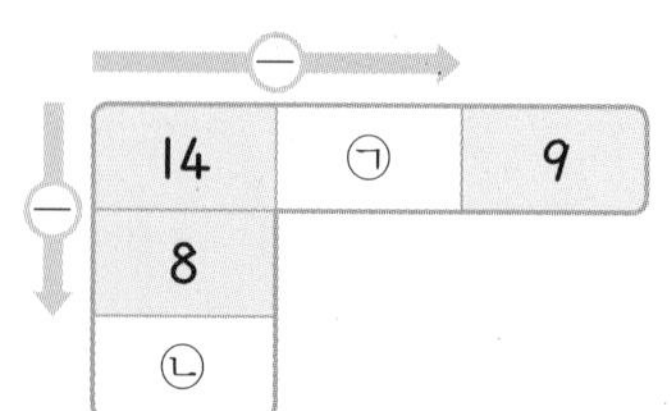

$14-$㉠$=9$에서 $14-5=9$이므로 ㉠$=5$입니다.
$14-8=6$이므로 ㉡$=6$입니다.

16 (수민이가 먹고 남은 딸기의 수)
$=17-8=10-8+7=2+7=9$(개)
따라서 남은 딸기가 9개이므로 수민이가 동생에게 준 딸기는 9개입니다.

17 합이 가장 크려면 가장 큰 수와 둘째로 큰 수를 더해야 합니다.
가장 큰 수는 8, 둘째로 큰 수는 6이므로
$8+6=8+2+4=10+4=14$입니다.

18 $12-■=7$에서 $12-5=7$이므로 $■=5$입니다.
$▲+6=14$에서 $8+6=14$이므로 $▲=8$입니다.
➡ $■+▲=5+8=13$

서술형
19 예 지우가 사용하고 남은 구슬은 $17-9=8$(개)입니다.
$12-8=4$이므로 민지가 사용한 구슬은 4개입니다.

평가 기준	배점
지우가 사용하고 남은 구슬 수를 구했나요?	3점
민지가 사용한 구슬 수를 구했나요?	2점

서술형
20 예 만들 수 있는 가장 작은 십몇은 13이고, 남은 수는 6입니다. 따라서 만든 수와 남은 수의 차는
$13-6=7$입니다.

평가 기준	배점
가장 작은 십몇을 만들었나요?	3점
만든 수와 남은 수의 차를 구했나요?	2점

5 규칙 찾기

물체, 모양, 수 배열에서 규칙을 찾아 여러 가지 방법으로 표현해 보는 학습을 합니다. 또 자신의 규칙을 창의적으로 만들어 보고 다른 사람과 서로 만든 규칙에 대해 이야기할 수 있습니다. 규칙 찾기는 미래를 예상하고 추측하는 데 매우 중요한 역할을 하며, 중고등 과정에서 함수 개념의 기초가 되는 학습입니다. 따라서 규칙을 찾아 적용해 보고, 예측하는 활동을 해 봄으로써 일대일대응 및 함수 학습의 기초 개념을 다질 수 있도록 합니다.

교과서 개념 이해 1 규칙을 찾아볼까요 132~133쪽

1 (1) ▲ / ▲ (2) 주황색 / 주황색 (3) ▲, ● / ▲

2 (1), (2)
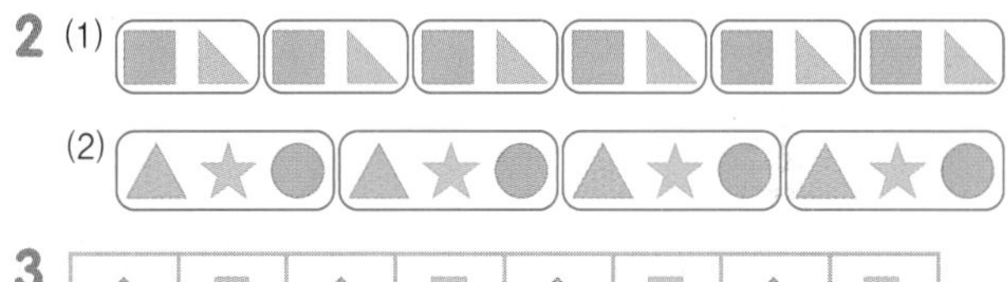

3

4 예 해, 달, 별 모양이 반복됩니다.

5 예 공원의 나무가 큰 것, 작은 것이 반복됩니다.

2 처음에 나왔던 모양이 다시 나오는 곳을 찾아보면서 반복되는 모양을 알아봅니다.

3 ⬆, ⬇가 반복되므로 빈칸에 알맞은 모양은 ⬇입니다.

4 반복되는 모양을 찾아 규칙을 씁니다.

교과서 개념 이해 2 규칙을 만들어 볼까요 134~135쪽

1 예
2
3 예
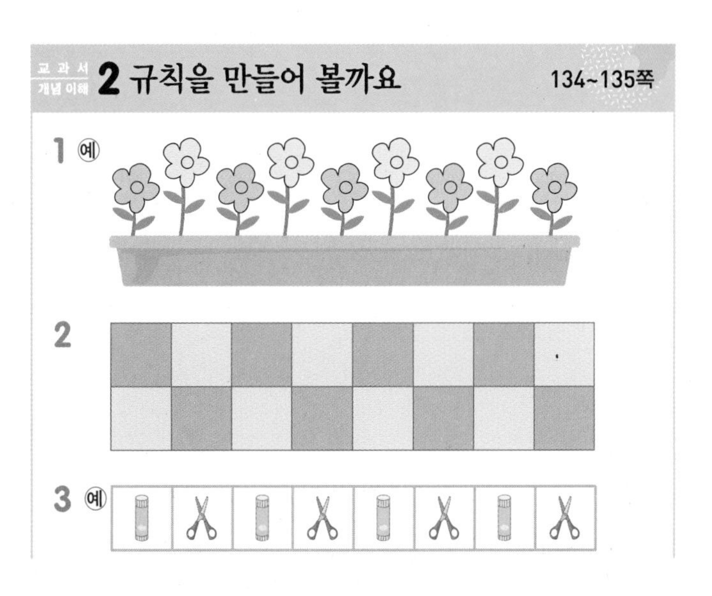

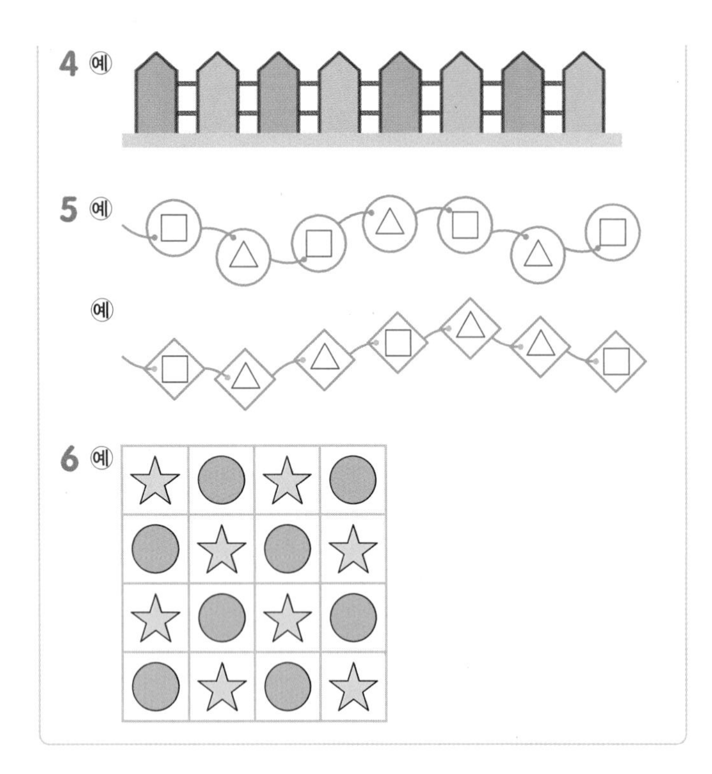

1 규칙이 있고 이에 따라 색칠했으면 정답으로 인정합니다.

2 첫째 줄은 빨간색, 노란색이 반복되고, 둘째 줄은 노란색, 빨간색이 반복됩니다.

3 규칙이 있고 이에 따라 붙임딱지를 붙였으면 정답으로 인정합니다.

4 규칙이 있고 이에 따라 색칠했으면 정답으로 인정합니다.

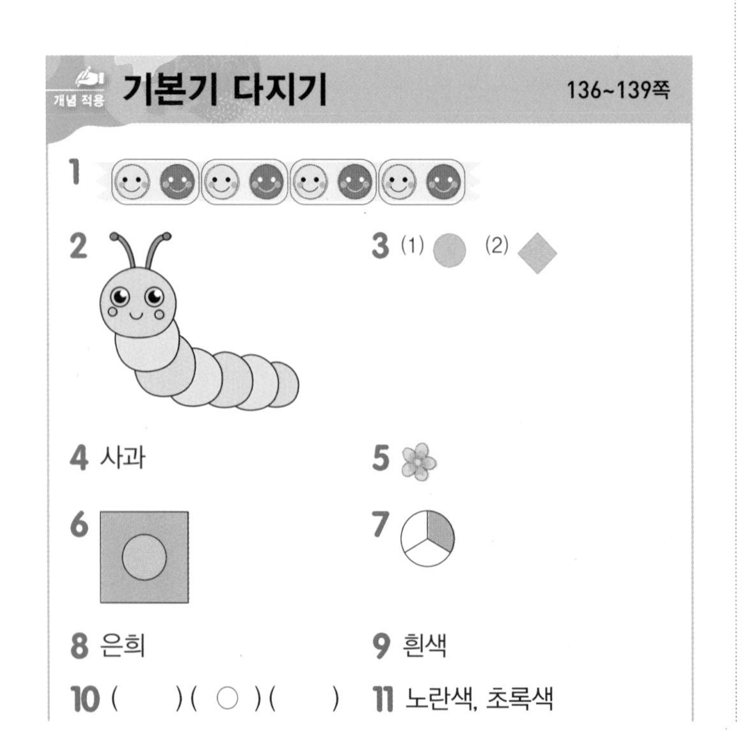

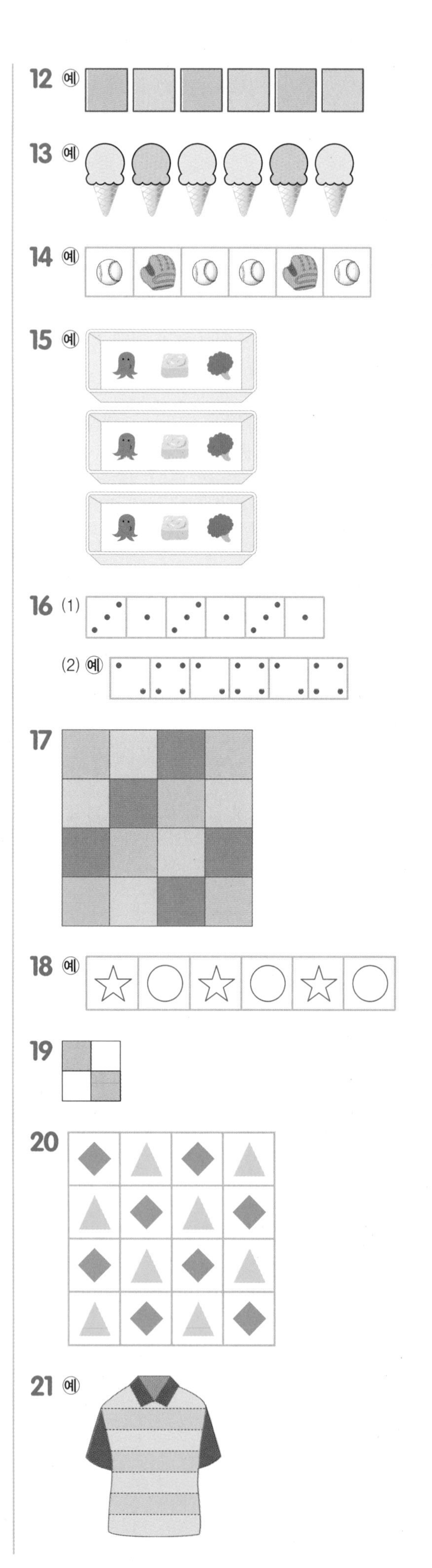

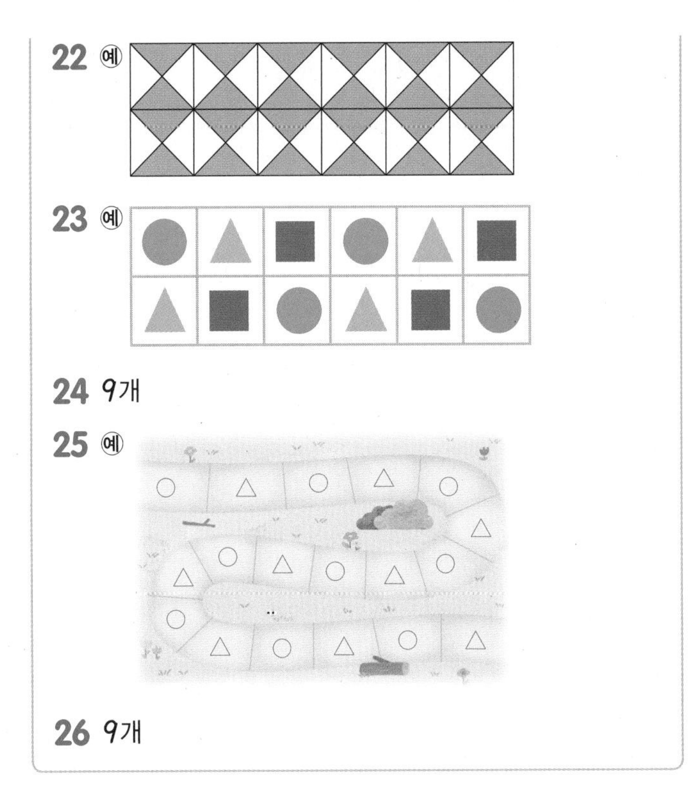

24 9개

26 9개

3 (1) ●, ▲, ♥가 반복됩니다.

(2) ◆, ■, ◆가 반복됩니다.

4 사과, 바나나, 바나나가 반복되는 규칙이므로 빈칸에 알맞은 과일은 사과입니다.

5 빨간색, 노란색, 빨간색이 반복되므로 노란색을 칠해야 합니다.

6 ▣, ▣가 반복됩니다.

7 ◔, ◔, ◔가 반복됩니다.

8 깃발의 색이 노란색, 초록색, 노란색으로 반복됩니다.

서술형
9 예 흰색 바둑돌 2개와 검은색 바둑돌 1개가 반복됩니다.

단계	문제 해결 과정
①	바둑돌이 놓여 있는 규칙을 썼나요?
②	빈칸에 알맞은 바둑돌의 색을 구했나요?

10 ●, ▲, ■가 반복되는 규칙이므로 빈칸에 알맞은 그림은 ▲입니다. 따라서 ▲와 비슷한 물건은 삼각김밥입니다.

11 초록색, 초록색, 보라색, 노란색 구슬이 반복되므로 초록색 구슬 한 개 다음은 초록색 구슬이고, 보라색 구슬 다음은 노란색 구슬입니다.

12 두 가지 색종이가 반복되게 만든 규칙이면 모두 정답으로 인정합니다.

13 규칙이 있고 이에 따라 색칠했으면 정답으로 인정합니다.

14 규칙이 있고 이에 따라 붙임딱지를 붙였으면 정답으로 인정합니다.

16 규칙이 있고 이에 따라 주사위 눈을 그렸으면 정답으로 인정합니다.

19 ⊞을 붙여 만든 무늬입니다.

20 첫째, 셋째 줄은 ◆, ▲가 반복되고, 둘째, 넷째 줄은 ▲, ◆가 반복됩니다.

21 규칙이 있고 이에 따라 색칠했으면 정답으로 인정합니다.

22 여러 가지 무늬로 꾸밀 수 있습니다.

23 세 가지 붙임딱지 모양을 골라 규칙을 만들었으면 정답으로 인정합니다.

24

●	★	●	●	★	●	●	★	●
★	●	●	★	●	●	★	●	●
●	★	●	●	★	●	●	★	●

첫째, 셋째 줄은 ●, ★, ●가 반복되고, 둘째 줄은 ★, ●, ●가 반복됩니다.
따라서 규칙에 따라 무늬를 완성하면 ★은 모두 9개입니다.

25 자신만의 규칙을 정해 다양한 규칙을 만들었으면 정답으로 인정합니다.

서술형
26 예

♥	♥	■	♥	♥	■	♥	♥	■
■	♥	♥	■	♥	♥	■	♥	♥
♥	♥	■	♥	♥	■	♥	♥	■

첫째, 셋째 줄은 ♥, ♥, ■가 반복되고 둘째 줄은 ■, ♥, ♥가 반복됩니다. 규칙에 따라 무늬를 완성하면 ♥는 18개, ■는 9개입니다.
따라서 ♥는 ■보다 $18-9=9$(개) 더 많습니다.

단계	문제 해결 과정
①	완성한 무늬에서 ♥와 ■의 수를 각각 구했나요?
②	♥는 ■보다 몇 개 더 많은지 구했나요?

교과서 개념 이해 **3 수 배열에서 규칙을 찾아볼까요** 140~141쪽

1 (1) 8, 4 / 4 (2) 3, 6, 9 / 6 (3) 2, 2 / 16

2 (1) 20, 10 (2) 1 **3** (1) 13, 19 (2) 25, 35

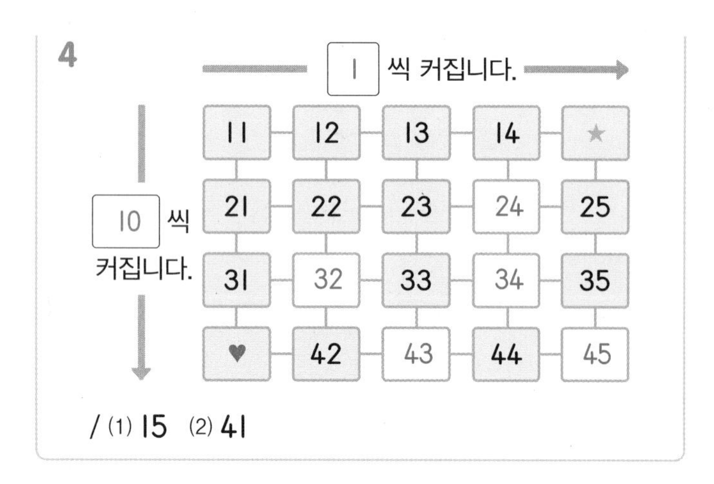

2 (1) 10, 20이 반복되므로 10 다음에는 20, 20 다음에는 10이 옵니다.
(2) 1, 3, 5가 반복되므로 5 다음에는 1이 옵니다.

3 (1) 1부터 시작하여 3씩 커지므로 10 다음에는 13, 16 다음에는 19가 옵니다.
(2) 10부터 시작하여 5씩 커지므로 20 다음에는 25, 30 다음에는 35가 옵니다.

4 (1) 오른쪽으로 1씩 커지므로 ★에 알맞은 수는 14보다 1만큼 더 큰 수인 15입니다.
(2) 아래쪽으로 10씩 커지므로 ♥에 알맞은 수는 31보다 10만큼 더 큰 수인 41입니다.

교과서 개념 이해 4 수 배열표에서 규칙을 찾아볼까요 142~143쪽

1 (1) 61, 1 (2) 3, 10 (3) 96, 97, 98, 99, 100

2

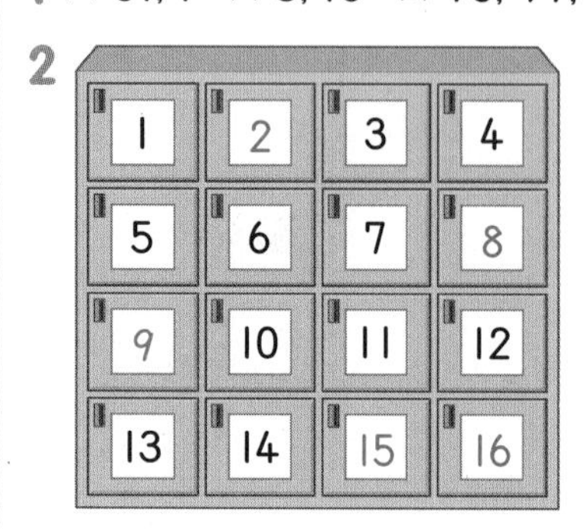

3 (1) 예 1부터 시작하여 ↘ 방향으로 11씩 커집니다.
(2) 예 10부터 시작하여 ↙ 방향으로 9씩 커집니다.

2 → 방향으로 1씩 커지고, ↓ 방향으로 4씩 커집니다.

교과서 개념 이해 5 규칙을 여러 가지 방법으로 나타내 볼까요 144~145쪽

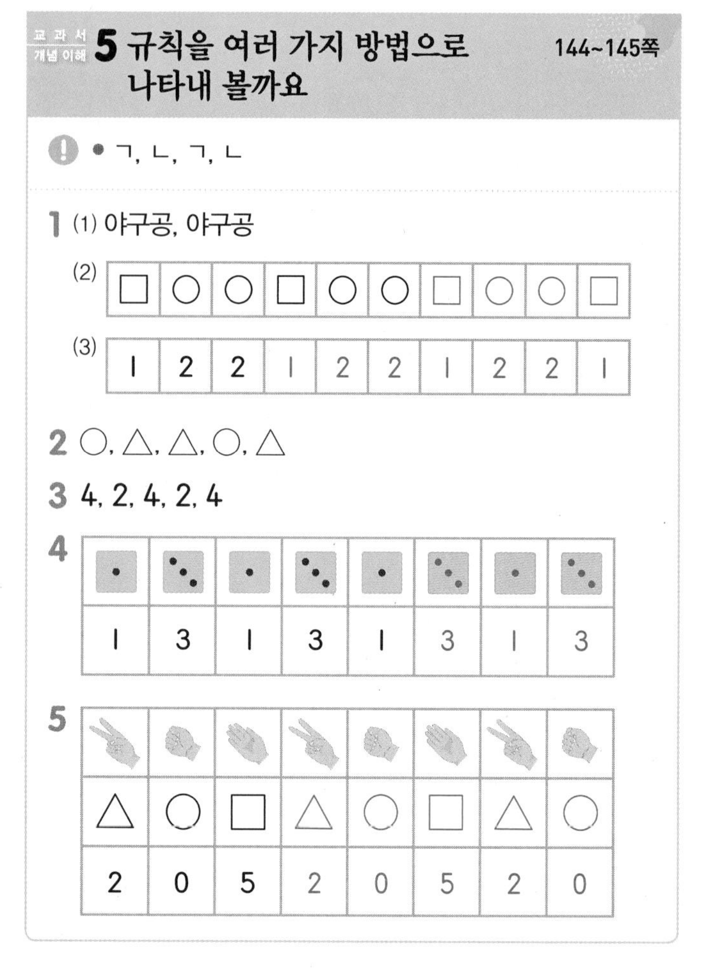

2 연필, 지우개, 지우개가 반복되므로 연필을 ○, 지우개를 △라 하여 규칙을 나타냅니다.

4 눈이 1개인 주사위와 눈이 3개인 주사위가 반복되고, 눈이 1개인 주사위를 1, 눈이 3개인 주사위를 3으로 나타냈습니다.

5 가위, 바위, 보가 반복되므로 가위를 △, 바위를 ○, 보를 □라 하여 규칙을 나타내고, 가위를 2, 바위를 0, 보를 5라 하여 규칙을 나타냅니다.

개념 적용 기본기 다지기 146~149쪽

27 민지
28 (1) 8, 12 (2) 40
29 예 60부터 시작하여 5씩 작아집니다.
30 예 9, 12, 15, 18
31 19
32 52
33 7, 9
34 3
35 예 1부터 시작하여 ↙ 방향으로 1씩 커집니다.

36 (1)

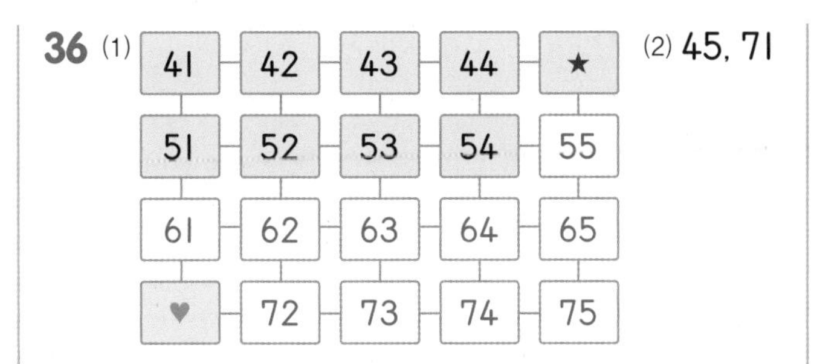

(2) 45, 71

37 1 **38** 5

39

11	12	13	14	15	16	17	18	19	20
21	22	23	24	25	26	27	28	29	30

40 예 54부터 시작하여 ↓ 방향으로 10씩 커집니다.

41 예 52부터 시작하여 4씩 커집니다.

42 86, 87, 88, 89, 90

43

50	51	52	53	54	55	56	57	58	59
60	61	62	63	64	65	66	67	68	69
70	71	72	73	74	75	76	77	78	79

/ 예 50부터 시작하여 3씩 커집니다.

44 63

45 예 ↙ 방향으로 6씩 커집니다.

46

3	2	1
6	5	4
9	8	7

7	4	1
8	5	2
9	6	3

47 ○, △, △, ○, ○ **48** 4, 2, 4

49 도준

50 3, 1, 3 / 예 1, 3이 반복됩니다.

51

3	8	8	3	8	8
ㄴ	ㅁ	ㅁ	ㄴ	ㅁ	ㅁ

52 7개

30 ★ 학부모 지도 가이드

주어진 수 3, 6을 이용하여 다양한 규칙을 만들어 보도록 합니다. 단순하게 3, 6이 반복되는 규칙(3－6－3－6－3－6)뿐만 아니라 3, 6, 3이 반복되는 규칙(3－6－3－3－6－3) 또는 3부터 3씩 커지는 규칙(3－6－9－12－15－18) 등 여러 가지 규칙을 생각할 수 있도록 합니다.

서술형

31 예 7부터 시작하여 3씩 커집니다.

단계	문제 해결 과정
①	수 배열을 보고 규칙을 찾았나요?
②	빈칸에 알맞은 수를 구했나요?

32 보기 는 4씩 커지는 규칙이므로 36부터 4씩 커지는 수를 씁니다. 36－40－44－48－52이므로 ★에 알맞은 수는 52입니다.

33 양쪽의 수를 더한 값을 가운데에 쓰는 규칙입니다.

36 (2) ★은 44 다음의 수이므로 45, ♥는 61 아래의 수이므로 71입니다.

39 12부터 시작하여 2씩 커지므로 규칙에 따라 색칠합니다.

40 주황색 선에 있는 수는 54－64－74－84로 10씩 커지는 규칙입니다.

41 색칠된 칸에 있는 수는 52－56－60－64－68－72－76－80－84이므로 52부터 4씩 커지는 규칙입니다.

44 49부터 시작하여 1씩 커지는 규칙입니다.

49	50	51	52	53	54	55
56	57	58	59	60	61	62
★	64	65	66	67	68	69

따라서 ★에 알맞은 수는 63입니다.

45

75	76	77	78
82	83	84	85
89	90	91	92
96	97	98	99

89 다음의 수는 90입니다. 색칠된 칸에 있는 수는 78－84－90－96이므로 6씩 커지는 규칙입니다.

46 왼쪽은 ← 방향으로 1씩 커지는 규칙입니다.
오른쪽은 ↓ 방향으로 1씩 커지는 규칙입니다.

47 , , , 가 반복되므로 을 △, 을 ○라 하여 규칙을 나타냅니다.

48 오토바이의 바퀴는 2개이므로 2, 자동차의 바퀴는 4개이므로 4라고 나타낸 것입니다.

49 서 있는 동작과 앉아 있는 동작이 반복됩니다.

51 연결 모형의 규칙을 수로 나타내면 3, 8, 8, 3, 8, 8입니다. 연결 모형의 규칙을 자음자로 나타내면 ㄴ, ㅁ, ㅁ, ㄴ, ㅁ, ㅁ입니다.

서술형
52 ㉮ 펼친 손가락이 2개, 0개, 5개가 반복되는 규칙이므로 빈칸에는 차례로 펼친 손가락 2개, 펼친 손가락 5개 그림이 들어갑니다. 따라서 펼친 손가락은 모두 2+5=7(개)입니다.

단계	문제 해결 과정
①	빈칸에 들어갈 그림을 찾았나요?
②	펼친 손가락 수를 구했나요?

1 시계 방향으로 돌면서 두 칸씩 건너뛰며 색칠하는 규칙입니다.

1-1 시계 반대 방향으로 한 칸씩 돌면서 색칠하는 규칙입니다.

1-2 시계 방향으로 돌면서 한 칸씩 건너뛰며 색칠하는 규칙입니다.

2 18부터 7씩 커지는 수는
18 − 25 − 32 − 39 − 46 − 53 − 60 − 67 − 74 이므로 잘못 놓은 수 카드의 수는 54와 73입니다.

2-1 45부터 3씩 작아지는 수는
45 − 42 − 39 − 36 − 33 − 30 − 27 − 24 − 21 이므로 잘못 놓은 수 카드의 수는 34와 23입니다.

2-2 10부터 8씩 커지는 규칙입니다.
10 − 18 − 26 − 34 − 42 − 50 − 58 − 66 − 74 이므로 잘못 놓은 수 카드의 수는 63입니다.

3

58	59	60	61
66	67	68	69
74	75	76	77
82	83	84	★

→ 방향으로 1씩 커집니다.
↓ 방향에 있는 수는 58 아래 칸의 수가 66이므로 8씩 커집니다.
74 아래 칸의 수는 74보다 8만큼 더 큰 수인 82입니다. 따라서 넷째 줄에 있는 수는 82−83−84−85이므로 ★에 알맞은 수는 85입니다.

3-1

13	14	♥
20	21	22
27	28	29
34	35	36
41	42	43

→ 방향으로 1씩 커집니다.
↑ 방향에 있는 수는 42 위 칸의 수가 35이므로 7씩 작아집니다.
28 위 칸의 수는 28보다 7만큼 더 작은 21, 21 위 칸의 수는 21보다 7만큼 더 작은 14입니다.
따라서 ♥에 알맞은 수는 14보다 1만큼 더 큰 수인 15입니다.

3-2

11	12	13	14	15	16	17
20	21	22	23	24	▲	
	30	31	32	33	34	
		■				

→ 방향으로 1씩 커집니다.
따라서 둘째 줄에 있는 수는 20−21−22−23−24−25이므로 ▲에 알맞은 수는 25입니다.
↓ 방향에 있는 수는 12 아래 칸의 수가 21이므로 9씩 커집니다.
13 아래 칸의 수는 13보다 9만큼 더 큰 22, 22 아래 칸의 수는 22보다 9만큼 더 큰 31입니다. 따라서 ■에 알맞은 수는 31보다 9만큼 더 큰 수인 40입니다.

단원 평가 Level 1

154~156쪽

1 

2 ●

3 예 ●●●●●●

4 

5 1

6 20

7 (위에서부터) 5, 3

8 예 ★, ★, ♥가 반복됩니다.

9 2, 3, 2, 3

10 ○, △, △

11 2, 4, 2

12 예 25부터 시작하여 → 방향으로 1씩 커집니다.

13 예 3부터 시작하여 ↓ 방향으로 8씩 커집니다.

14

1	2	3	4	5	6	7	8
9	10	11	12	13	14	15	16
17	18	19	20	21	22	23	24
25	26	27	28	29	30	31	32
33	34	35	36	37	38	39	40

15 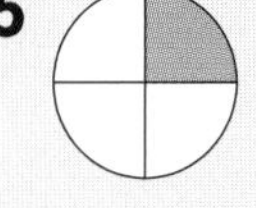

16

50	51	52	53	54	55	56
57	58	59		61	62	63
64	65	66	67	68	69	
71	72	73	74	75	76	77

17 예 50부터 시작하여 3씩 커지는 규칙입니다.

18

50	51	52	53	54	55	56
57	58	59	60	61	62	63
64	65	66	67	68	69	70
71	72	73	74	75	76	77

19 초록색

20 28, 24, 20, 16

2 ●, ▲, ■가 반복되므로 빈칸에 알맞은 그림은 ●입니다.

3 노란색 구슬과 초록색 구슬이 반복되게 만든 규칙이면 모두 정답으로 인정합니다.

4 첫째, 셋째 줄은 분홍색, 보라색이 반복되고, 둘째, 넷째 줄은 보라색, 분홍색이 반복됩니다.

5 1, 5, 9가 반복되므로 9 다음에는 1이 옵니다.

6 10부터 시작하여 2씩 커지므로 빈칸에 알맞은 수는 18보다 2만큼 더 큰 수인 20입니다.

7 → 방향으로 3씩 커집니다.
↓ 방향으로 1씩 커집니다.

8 반복되는 모양을 찾아 규칙을 알아봅니다.

9 두발자전거와 세발자전거가 반복되므로 두발자전거를 2, 세발자전거를 3이라 하여 규칙을 나타냅니다.

10 수박, 딸기, 딸기가 반복되므로 수박을 ○, 딸기를 △라 하여 규칙을 나타냅니다.

11 주사위 눈이 4개인 주사위를 4, 주사위 눈이 2개인 주사위를 2로 나타냈습니다.

15 시계 방향으로 한 칸씩 돌면서 색칠하는 규칙입니다.

16 50부터 두 칸씩 건너뛰며 색칠하는 규칙입니다.

18 → 방향으로 1씩 커지고, ↓ 방향으로 7씩 커집니다.

서술형
19 예 초록색 불과 빨간색 불이 반복됩니다. 따라서 빨간색 다음에 켜질 불은 초록색입니다.

평가 기준	배점
신호등에서 규칙을 찾았나요?	2점
다음 번에 켜질 불은 무슨 색인지 구했나요?	3점

서술형
20 예 보기 는 4씩 작아지는 규칙입니다.
따라서 32부터 4씩 작아지는 규칙으로 수를 쓰면 32－28－24－20－16입니다.

평가 기준	배점
보기 의 규칙을 찾았나요?	2점
빈칸에 알맞은 수를 써넣었나요?	3점

5단원 단원 평가 Level 2 157~159쪽

1 나비, 벌, 나비

2 ▲에 ○표

3 예

4

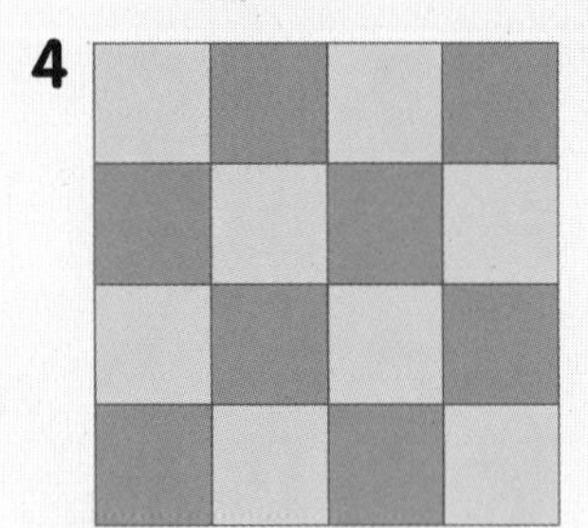

5 예

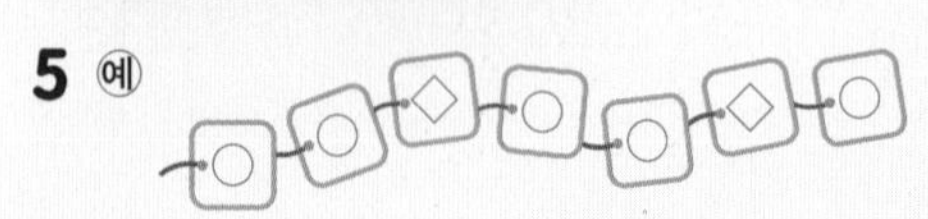

6 14

7 영미

8 예 35 – 30 – 25 – 20 – 15 – 10

9 0, 8, 0

10 2개

11

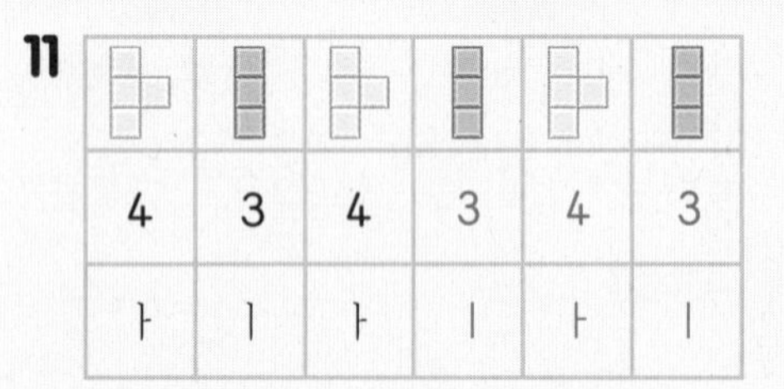

4	3	4	3	4	3
ㅏ	ㅣ	ㅏ	ㅣ	ㅏ	ㅣ

12 예 31부터 시작하여 2씩 커집니다.

13 예 51부터 시작하여 → 방향으로 1씩 커집니다.

14

31	32	33	34	35	36	37	38	39	40
41	42	43	44	45	46	47	48	49	50
51	52	53	54	55	56	57	58	59	60
61	62	63	64	65	66	67	68	69	70

15 3개

16 19

17 7, 3

18 28

19 ◆

20 규칙1 예 오른쪽으로 4씩 커집니다.
규칙2 예 아래쪽으로 1씩 커집니다.

2 ●, ▲, ▲, ■가 반복되므로 ● 다음은 ▲입니다.

3 규칙이 있고 이에 따라 색칠했으면 정답으로 인정합니다.

6 12, 14가 반복되므로 12 다음에는 14가 옵니다.

7 가위, 연필, 연필이 반복되는 규칙입니다.

8 35 – 30 – 35 – 30 – 35 – 30, 35 – 30 – 35 – 35 – 30 – 35 등 다양한 답이 나올 수 있습니다.

9 문어의 다리는 8개이므로 8, 물고기의 다리는 0개이므로 0이라고 나타낸 것입니다.

10 주먹, 가위, 보가 반복되므로 주먹 다음에는 가위가 옵니다. 따라서 펼친 손가락은 2개입니다.

11 블록의 규칙을 수로 나타내면 4, 3, 4, 3, 4, 3입니다. 블록의 규칙을 모음자로 나타내면 ㅏ, ㅣ, ㅏ, ㅣ, ㅏ, ㅣ입니다.

15 ♥, ★, ★, ●가 반복됩니다.

♥	★	★	●	♥
★	★	●	♥	★
★	●	♥	★	★
●	♥	★	★	●

따라서 찢어진 부분에서 ★은 모두 3개입니다.

16 39부터 시작하여 4씩 작아지는 수는 39 – 35 – 31 – 27 – 23 – 19이므로 ★에 알맞은 수는 19입니다.

17 오른쪽의 수에서 왼쪽의 수를 뺀 값을 가운데에 쓰는 규칙입니다.
➡ $8-1=7$, $9-6=3$

18 11 위 칸의 수가 18, 12 위 칸의 수가 19이므로 ↑ 방향으로 7씩 커집니다.
14 위 칸의 수는 14보다 7만큼 더 큰 21이고 21 위 칸의 수는 21보다 7만큼 더 큰 28이므로 ★에 알맞은 수는 28입니다.

서술형 **19** 예 ◆, ◆, ♥가 반복되는 규칙입니다. 따라서 빈칸에 알맞은 그림은 ◆입니다.

평가 기준	배점
규칙을 찾았나요?	2점
빈칸에 알맞은 그림을 그리고 색칠했나요?	3점

서술형 **20**

평가 기준	배점
규칙을 한 가지 썼나요?	3점
다른 규칙을 한 가지 더 썼나요?	2점

6 덧셈과 뺄셈(3)

받아올림이 없는 두 자리 수의 덧셈과 받아내림이 없는 두 자리 수의 뺄셈을 학습합니다. 받아올림과 받아내림을 학습하기 이전에 세로 형식의 계산 기능을 익혀서 같은 자리 수끼리 계산할 수 있도록 합니다. 같은 자리 수끼리 계산하는 이유는 같은 숫자라도 자리에 따라 나타내는 값이 다르기 때문입니다. 받아올림과 받아내림이 없는 단계에서 자리별 계산 원리를 충분히 이해하고 숙지하여 더 큰 수의 덧셈과 뺄셈의 기초를 다지도록 합니다.

교과서 개념 이해 1 덧셈을 알아볼까요(1) 162~163쪽

• 35, 36, 37

1 (1) 5, 3 (2) 4, 7

2 예 | △ | △ | △ | | |
|---|---|---|---|---|
| | | | | |

/ 23

3 (1) 7 / 2, 7 (2) 7 / 8, 7

4 (1) 78 (2) 68 (3) 47

5 (1) 37 (2) 69

교과서 개념 이해 2 덧셈을 알아볼까요(2) 164~165쪽

1 (1) 7, 4 (2) 7, 8

2 20, 50

3 (1) 0 / 7, 0 (2) 8 / 7, 8

4 (1) 70 (2) 65 (3) 95

5 (1) 50 (2) 38

개념 적용 기본기 다지기 166~169쪽

1 4, 37

2 (1) 56 (2) 69 (3) 83 (4) 97

3 76

4 38

5 $\begin{array}{r} 54 \\ +\ \ 3 \\ \hline 57 \end{array}$

6 

7 46

8 ㉠

9 ( )(○)( )

10 2, 29 / 29명

11 14+3=17 / 17장

12 18개

13 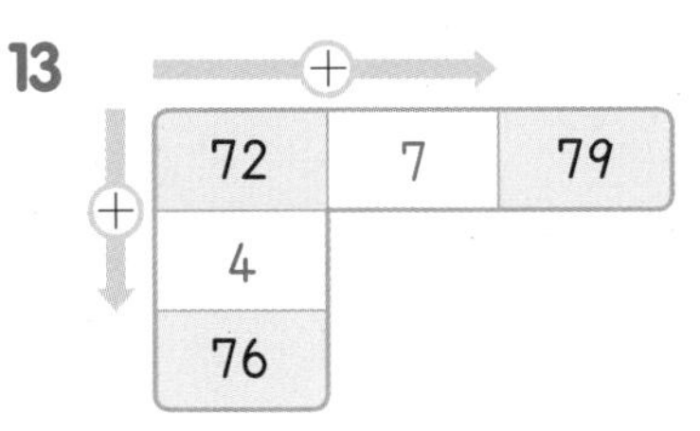

14 40, 5 또는 5, 40

15 12, 36

16 (1) 90 (2) 59 (3) 60 (4) 84

17 50

18 54

19 46+20 / **33+36**

20 20, 31 / 31자루

21 예 빨간색, 초록색 / 12+16=28 / 28자루

22 2, 3, 1

23 67

24 (○)( )( )

25 30+20=50 / 50개

26 41+24=65 / 65쪽

27 66, 78, 56

28 (1) 40 (2) 20

29 18에 ○표

30 64명

2 (3) $\begin{array}{r} 3 \\ +\ 80 \\ \hline 83 \end{array}$ (4) $\begin{array}{r} 4 \\ +\ 93 \\ \hline 97 \end{array}$

3 6+70=76

4 31+7=38

5 자리를 잘못 맞추어 계산하였습니다. (몇십몇)+(몇)의 세로셈은 낱개의 수끼리 자리를 맞추어 써야 합니다.

6 60+7=67, 56+3=59, 33+5=38, 50+9=59, 61+6=67, 35+3=38

7 43보다 3만큼 더 큰 수는 43+3=46입니다.

서술형
8 예 ㉠ 90+8=98, ㉡ 6+90=96
98>96이므로 계산 결과가 더 큰 것은 ㉠입니다.

단계	문제 해결 과정
①	㉠과 ㉡을 각각 계산했나요?
②	㉠과 ㉡ 중에서 계산 결과가 더 큰 것을 구했나요?

9 7+20=27, 34+5=39, 16+2=18
10개씩 묶음의 수를 비교하면 39가 가장 큽니다.

10 (슬기네 반 학생 수)
=(처음에 있던 학생 수)+(전학 온 학생 수)
=27+2=29(명)

11 (은수가 모은 붙임딱지의 수)
=(지아가 모은 붙임딱지의 수)+3
=14+3=17(장)

12 (미술관에 있는 작품 수)
=(그림의 수)+(조각의 수)
=12+6=18(개)

13 72+□=79 ➡ □=7
72+□=76 ➡ □=4

14 낱개의 수끼리 더하여 5가 되는 수를 찾으면 40과 5이므로 40+5=45입니다.

15 낱개의 수는 낱개의 수끼리, 10개씩 묶음의 수는 10개씩 묶음의 수끼리 더합니다.

16 (3) $\begin{array}{r} 10 \\ +\ 50 \\ \hline 60 \end{array}$ (4) $\begin{array}{r} 31 \\ +\ 53 \\ \hline 84 \end{array}$

17 20+30=50

18 23+31=54

19 46+20=66, 33+36=69
66<69이므로 합이 더 큰 것은 33+36입니다.

22 50+30=80, 43+26=69, 22+61=83

23 51보다 16만큼 더 큰 수는 51+16=67입니다.

24 43+15=58, 27+32=59, 34+25=59

27 $\begin{array}{r} 24 \\ +\ 42 \\ \hline 66 \end{array}$ $\begin{array}{r} 63 \\ +\ 15 \\ \hline 78 \end{array}$ $\begin{array}{r} 16 \\ +\ 40 \\ \hline 56 \end{array}$

28 (1) 낱개의 수는 그대로이고 10개씩 묶음의 수는 4만큼 커졌으므로 40을 더한 것입니다.
➡ 23+40=63
(2) 낱개의 수는 그대로이고 10개씩 묶음의 수는 2만큼 커졌으므로 20을 더한 것입니다.
➡ 39+20=59

29 41+15=56<58, 41+16=57<58,
41+17=58, 41+18=59>58
따라서 □ 안에 들어갈 수 있는 수는 18입니다.

30 (상진이네 반 학생 수)=31+2=33(명)
(유림이네 반과 상진이네 반 학생 수의 합)
=31+33=64(명)

교과서 개념 이해 3 뺄셈을 알아볼까요 (1) 170~171쪽

! • 32, 33, 34

1 (1) 5, 3 (2) 3, 1

2 예 ○○○○○ ○○○○∅ / ○○○○○ ∅∅ / 14

3 (1) 3 / 2, 3 (2) 3 / 7, 3

4 (1) 22 (2) 91 (3) 42

5 (1) 81 (2) 35

교과서 개념 이해 4 뺄셈을 알아볼까요 (2) 172~173쪽

1 (1) 1, 5 (2) 4, 3 **2** 30, 30

3 20, 12

4 (1) 3 / 2, 3 (2) 2 / 4, 2

5 (1) 50 (2) 28 (3) 13 **6** (1) 20 (2) 45

교과서 개념 이해 5 덧셈과 뺄셈을 해 볼까요 174~175쪽

1 (1) 22, 32, 42, 52 (2) 63, 53, 43, 33

2 (1) 57, 47, 37, 27 (2) 11, 21, 31, 41

3 (1) 35 / 35 (2) 78 / 78

4 (1) 13+11=24 또는 11+13=24
(2) 16−11=5

5 32+54=86 또는 54+32=86 /
54−32=22

1 (1) 같은 수에 10씩 커지는 수를 더하면 합도 10씩 커집니다.
(2) 10씩 작아지는 수에 같은 수를 더하면 합도 10씩 작아집니다.

2 (1) 같은 수에서 10씩 커지는 수를 빼면 차는 10씩 작아집니다.

(2) 10씩 커지는 수에서 같은 수를 빼면 차도 10씩 커집니다.

3 덧셈에서 두 수를 서로 바꾸어 더해도 합은 같습니다.

(1) 14+21=35, 21+14=35

(2) 42+36=78, 36+42=78

기본기 다지기 176~181쪽

31 3, 11

32 (1) 45 (2) 62 (3) 22 (4) 74

33 53

34 예 자리를 잘못 맞추어 계산하였습니다. / 낱개의 수끼리 자리를 맞추어 써야 합니다.

$$\begin{array}{r} 86 \\ -\ \ 5 \\ \hline 81 \end{array}$$

35 (○) (   )

36

37 21

38 86－3=83

39 5, 33 / 33개

40 17－6=11 / 유미, 11장

41 22

42 82

43 1, 2, 3에 ○표

44 10, 20

45 (1) 30 (2) 62 (3) 40 (4) 53

46 23

47 (위에서부터) 43, 76 / 33

48

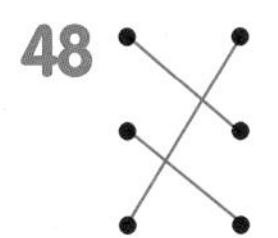

49 20

50 >

51 3

52 15, 12 / 12장

53 68－35=33 / 장미, 33송이

54 95－24=71 / 71

55

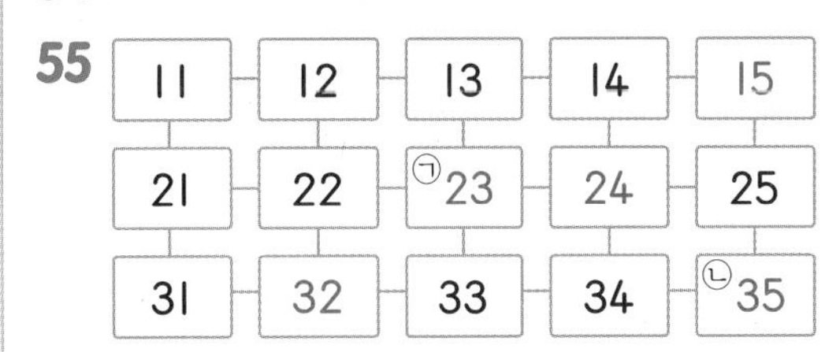

56 12

57 17, 6

58 58, 58, 59, 59

59 57, 56, 55, 54

60 (1) 24, 56 (2) 27, 77

61 (1) 53, 63 (2) 27, 37

62 예 36+13=49 / 36－13=23

63 ㉢, ㉠, ㉡

64 (1) －, + (2) +, －

65 46, 37

66 예

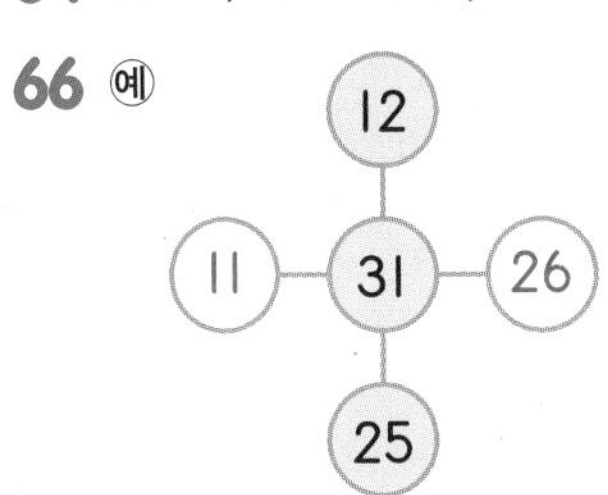

67 (1) 5, 5 (2) 5, 5

68 (1) 65+24=89 / 89권

(2) 65－24=41 / 동화책, 41권

69 98, 32

70 56마리

31 연두색 젤리는 10개씩 묶음 1개와 낱개 4개이므로 14개이고, 보라색 젤리는 3개입니다.
따라서 연두색 젤리는 보라색 젤리보다 14－3=11(개) 더 많습니다.

32 (3)
$$\begin{array}{r} 26 \\ -\ \ 4 \\ \hline 22 \end{array}$$
(4)
$$\begin{array}{r} 77 \\ -\ \ 3 \\ \hline 74 \end{array}$$

33 59－6=53

서술형 **34**

단계	문제 해결 과정
①	계산이 틀린 까닭을 썼나요?
②	틀린 곳을 찾아 바르게 계산했나요?

35 74－2=72(짝수), 79－8=71(홀수)
따라서 차가 짝수인 것은 74－2입니다.

36 37－4=33, 47－2=45, 59－4=55

37 29보다 8만큼 더 작은 수는 29－8=21입니다.

38 가장 큰 수는 86이고 가장 작은 수는 3입니다.
➡ $86-3=83$

40 $17>6$이므로 유미가 색종이를 $17-6=11$(장) 더 많이 가지고 있습니다.

41 (나머지 학생 수)
=(전체 학생 수)−(달리기 선수의 수)
$=28-6=22$(명)

42 만들 수 있는 가장 큰 수는 86이고 남은 한 수는 4이므로 $86-4=82$입니다.

43 □ 안에 1부터 수를 차례로 넣어 봅니다.
$96-1=95>92$, $96-2=94>92$,
$96-3=93>92$, $96-4=92$
따라서 □ 안에 들어갈 수 있는 수는 1, 2, 3입니다.

45 (3) $\begin{array}{r} 70 \\ -\ 30 \\ \hline 40 \end{array}$ (4) $\begin{array}{r} 99 \\ -\ 46 \\ \hline 53 \end{array}$

46 $49-26=23$

47 두 수의 차를 구할 때에는 큰 수에서 작은 수를 빼야 합니다.
$\begin{array}{r} 58 \\ -\ 15 \\ \hline 43 \end{array}$ $\begin{array}{r} 96 \\ -\ 20 \\ \hline 76 \end{array}$ $\begin{array}{r} 76 \\ -\ 43 \\ \hline 33 \end{array}$

48 $79-50=29$, $50-30=20$, $98-55=43$,
$99-56=43$, $89-60=29$, $60-40=20$

49 $68-□=48$에서 낱개의 수는 그대로이고 10개씩 묶음의 수는 2만큼 작아졌으므로 20을 뺀 것입니다.
➡ $68-20=48$

50 $80-50=30$, $97-71=26$ ➡ $30>26$

51 $64-21=43$이므로 $43=40+□$입니다.
$43=40+3$이므로 □ 안에 알맞은 수는 3입니다.

52 가지고 있던 딱지의 수에서 남은 딱지의 수를 뺍니다.
➡ $27-15=12$(장)

53 $68>35$이므로 장미가 $68-35=33$(송이) 더 많습니다.

54 차가 가장 크려면 가장 큰 수에서 가장 작은 수를 빼야 합니다. 가장 큰 수는 95이고 가장 작은 수는 24입니다.
➡ $95-24=71$

55 오른쪽으로 1씩 커지고, 아래쪽으로 10씩 커집니다.

56 ㉡−㉠$=35-23=12$

57 인형을 붙임딱지 20장으로 샀으므로 남은 붙임딱지는 $37-20=17$(장)입니다.
동화책을 붙임딱지 11장으로 샀으므로 남은 붙임딱지는 $17-11=6$(장)입니다.

58 덧셈에서 두 수를 서로 바꾸어 더해도 합은 같습니다.
$26+32=58$ $18+41=59$
$32+26=58$ $41+18=59$

59 같은 수에서 1씩 커지는 수를 빼면 차는 1씩 작아집니다.

60 ★ 학부모 지도 가이드
■
▲ ●
■−●=▲이고, ▲+●=■가 된다는 것을 통하여 2학년 때 학습할 덧셈과 뺄셈의 관계에 대해 미리 경험해 볼 수 있도록 합니다.

61 (1) 10씩 커지는 수에 같은 수를 더하면 합도 10씩 커집니다.
(2) 10씩 커지는 수에서 같은 수를 빼면 차도 10씩 커집니다.

62 노란색 주머니와 파란색 주머니에서 각각 수를 골라 덧셈식과 뺄셈식을 만들어 봅니다.

63 ㉠ $62+13=75$, ㉡ $74-11=63$,
㉢ $44+35=79$
계산 결과가 큰 것부터 기호를 쓰면 ㉢, ㉠, ㉡입니다.

64 =를 기준으로 오른쪽의 수가 가장 왼쪽의 수보다 커지면 덧셈이고 작아지면 뺄셈입니다.

65 준서의 수: $31+15=46$
은희의 수: $49-12=37$

66 가운데 수가 31로 같고, $12+25=37$이므로 ○ 안의 두 수의 합이 37이 되어야 합니다. $11+26=37$, $13+24=37$ 등 여러 가지 답이 나올 수 있습니다.

67 (1) 낱개의 자리: $□+4=9$ ➡ $□=5$
10개씩 묶음의 자리: $3+2=□$ ➡ $□=5$
(2) 낱개의 자리: $9-□=4$ ➡ $□=5$
10개씩 묶음의 자리: $□-1=4$ ➡ $□=5$

69 가장 큰 수는 65이고 가장 작은 수는 33입니다.
➡ 합: $65+33=98$, 차: $65-33=32$

70 (물개 수)$=34-12=22$(마리)
(펭귄 수와 물개 수)$=34+22=56$(마리)

개념 완성 응용력 기르기 182~185쪽

1 65　1-1 51　1-2 96, 72
2 1, 2, 3, 4　2-1 1, 2, 3　2-2 6개
3 44　3-1 66　3-2 75
4 1단계 예 낱개의 수끼리의 합이 4가 되는 두 수를 찾으면 33과 31, 24와 20입니다.
2단계 예 33+31=64, 24+20=44이므로 합이 64가 되는 두 수는 33과 31입니다.
/

33	26	24
6	49	17
12	31	20

4-1

27	49	44
22	11	7
9	50	23

1 가장 큰 수: 53, 가장 작은 수: 12 ➡ 53+12=65
1-1 가장 큰 수: 75, 가장 작은 수: 24 ➡ 75−24=51
1-2 가장 큰 수: 84, 가장 작은 수: 12
➡ 합: 84+12=96, 차: 84−12=72
2 31+5=36이므로 31+□가 36보다 작으려면 □ 안에 5보다 작은 수가 들어가야 합니다.
따라서 □ 안에 들어갈 수 있는 수는 1, 2, 3, 4입니다.
2-1 68−4=64이므로 68−□가 64보다 크려면 □ 안에 4보다 작은 수가 들어가야 합니다.
따라서 □ 안에 들어갈 수 있는 수는 1, 2, 3입니다.
2-2 79−7=72이므로 79−□가 72보다 크려면 □ 안에 7보다 작은 수가 들어가야 합니다.
➡ □=1, 2, 3, 4, 5, 6
따라서 □ 안에 들어갈 수 있는 수는 모두 6개입니다.
3 16+■=27 ➡ 16+11=27이므로 ■=11입니다.
■+▲=55에서 ■=11이므로 11+▲=55입니다.
➡ 11+44=55이므로 ▲=44입니다.
3-1 ⊙+20=41 ➡ 21+20=41이므로 ⊙=21입니다.
♥−⊙=45에서 ⊙=21이므로 ♥−21=45입니다.
➡ 66−21=45이므로 ♥=66입니다.
3-2 89−●=46 ➡ 89−43=46이므로 ●=43입니다.
◆−●=32에서 ●=43이므로 ◆−43=32입니다.
➡ 75−43=32이므로 ◆=75입니다.
4-1 낱개의 수끼리의 합이 5가 되는 두 수를 찾으면 44와 11, 22와 23입니다.
44+11=55, 22+23=45이므로 합이 55가 되는 두 수는 44와 11입니다.

6단원 단원 평가 Level 1 186~188쪽

1 5, 32
2 (1) 39 (2) 52 (3) 89 (4) 25
3 83　4 63
5 50, 0　6 62 + 3 = 65
7 (1) < (2) =　8 36, 46, 56, 66
9 34, 44　10 98, 14
11 22+13=35 / 35개　12 27−13=14 / 14개
13 28명　14 12명
15 57쪽
16 (위에서부터) (1) 4, 2 (2) 8, 0
17 1, 2, 3, 4　18 42살
19 63　20 2

1 밤 37개 중 5개를 빼면 32개가 남으므로 뺄셈식으로 나타내면 37−5=32입니다.
2 (3) 53+36=89　(4) 58−33=25
3 60+23=83
4 84−21=63
5 90에서 40을 뺀 수에서 다시 50을 뺍니다.
➡ 90−40=50, 50−50=0

6 (몇십몇)+(몇)의 세로셈은 낱개의 수끼리 줄을 맞추어 쓰고 낱개의 수끼리 더하여 낱개의 자리에 써야 합니다.

7 (1) 30+40=70, 94−20=74 ➡ 70<74
(2) 66−21=45, 12+33=45 ➡ 45=45

8 10씩 커지는 수에 같은 수를 더하면 합도 10씩 커집니다.

9 10씩 커지는 수에서 같은 수를 빼면 차도 10씩 커집니다.

10 합: $\begin{array}{r} 56 \\ +42 \\ \hline 98 \end{array}$ 차: $\begin{array}{r} 56 \\ -42 \\ \hline 14 \end{array}$

11 (도넛의 수)+(크림빵의 수)
=22+13=35(개)

12 (단팥빵의 수)−(크림빵의 수)
=27−13=14(개)

13 (민호네 반 학생 수)
=(안경을 쓴 학생 수)+(안경을 쓰지 않은 학생 수)
=5+23=28(명)

14 (놀이터에 남은 어린이 수)
=(처음에 있던 어린이 수)−(집으로 간 어린이 수)
=18−6=12(명)

15 (지윤이가 어제와 오늘 읽은 동화책 쪽수)
=(어제 읽은 동화책 쪽수)+(오늘 읽은 동화책 쪽수)
=25+32=57(쪽)

16 (1) 낱개의 자리: □+4=8 ➡ □=4
10개씩 묶음의 자리: 5+□=7 ➡ □=2
(2) 낱개의 자리: 7−□=7 ➡ □=0
10개씩 묶음의 자리: □−3=5 ➡ □=8

17 57−5=52이므로 57−□가 52보다 크려면 □ 안에 5보다 작은 수가 들어가야 합니다. 따라서 □ 안에 들어갈 수 있는 수는 1, 2, 3, 4입니다.

18 (아버지의 나이)=10+35=45(살)
(어머니의 나이)=45−3=42(살)

서술형
19 예 합이 가장 크려면 가장 큰 수와 둘째로 큰 수를 더해야 합니다. 가장 큰 수는 43이고 둘째로 큰 수는 20이므로 가장 큰 합은 43+20=63입니다.

평가 기준	배점
합이 가장 큰 덧셈식을 만드는 방법을 알았나요?	2점
가장 큰 합을 구했나요?	3점

서술형
20 예 88−36=52
50+□=52이므로 □ 안에 알맞은 수는 2입니다.

평가 기준	배점
88−36을 계산했나요?	2점
□ 안에 알맞은 수를 구했나요?	3점

6단원 단원 평가 Level 2 189~191쪽

1 7, 37
2 (1) 59 (2) 64 (3) 60 (4) 31
3 62
4 31
5 ( )(○)
6 35
7 ( )( )(○)
8 13, 12, 11
9 57, 57
10 (위에서부터) 23, 25
11 14+5=19 또는 5+14=19
12 19−14=5
13 5
14 37개
15 76−64=12 / 1학년, 12명
16 (위에서부터) 4, 3
17 54+40=94 또는 40+54=94
18 7
19 예 자리를 잘못 맞추어 계산하였습니다. / (몇)+(몇십몇)은 낱개의 수끼리 자리를 맞추어 써야 합니다. $\begin{array}{r} 2 \\ +73 \\ \hline 75 \end{array}$
20 53−1=52

2 (3) $\begin{array}{r} 30 \\ +30 \\ \hline 60 \end{array}$ (4) $\begin{array}{r} 75 \\ -44 \\ \hline 31 \end{array}$

3 74−12=62

4 37−6=31

5 79−12=67, 62+14=76
따라서 계산 결과가 더 큰 것은 62+14입니다.

6 20보다 15만큼 더 큰 수는 20+15=35입니다.

7 23+5=28(짝수), 59−7=52(짝수),
46−15=31(홀수)

8 1씩 작아지는 수에서 같은 수를 빼면 차도 1씩 작아집니다.

9 덧셈에서 두 수를 서로 바꾸어 더해도 합은 같습니다.

10 $35-12$는 35에서 10을 뺀 다음 2를 뺀 것과 같습니다.

11 (흰색 토끼 수)+(회색 토끼 수)=(전체 토끼 수)
➡ $14+5=19$ 또는 $5+14=19$

12 (전체 토끼 수)−(흰색 토끼 수)=(회색 토끼 수)
➡ $19-14=5$

14 (전체 바둑돌 수)
=(검은색 바둑돌 수)+(흰색 바둑돌 수)
$=20+17=37$(개)

15 $76>64$이므로 1학년이 $76-64=12$(명) 더 많습니다.

16 낱개의 자리: $\square+3=7$ ➡ $\square=4$
10개씩 묶음의 자리: $2+\square=5$ ➡ $\square=3$

17 두 수의 합이 가장 크게 되려면 가장 큰 수와 둘째로 큰 수를 더해야 합니다.
가장 큰 수는 54이고 둘째로 큰 수는 40이므로 합이 가장 크게 되는 덧셈식은 $54+40=94$ 또는 $40+54=94$입니다.

18 $62-■=22$ ➡ $62-40=22$이므로 $■=40$입니다.
$■+●=47$에서 $■=40$이므로 $40+●=47$입니다.
➡ $40+7=47$이므로 $●=7$입니다.

서술형
19

평가 기준	배점
계산이 틀린 까닭을 바르게 썼나요?	2점
틀린 곳을 찾아 바르게 계산했나요?	3점

서술형
20 예 두 수의 차가 가장 크게 되려면 가장 큰 몇십몇을 만들어야 합니다. 가장 큰 몇십몇은 53이므로 두 수의 차가 가장 크게 되는 뺄셈식은 $53-1=52$입니다.

평가 기준	배점
두 수의 차가 가장 크게 되는 뺄셈식을 만드는 방법을 알았나요?	2점
뺄셈식을 바르게 계산했나요?	3점

사고력이 반짝 192쪽

4개

1 100까지의 수

서술형 문제 2~5쪽

1+ 칠십, 일흔	2+ 위인전
3 ㉢	4 현지
5 19	6 5개
7 91	8 4개
9 8개	10 56
11 70, 71	

1+ 예 10개씩 묶음 7개는 70이므로 초콜릿은 70개입니다.
70은 칠십 또는 일흔이라고 읽습니다.

단계	문제 해결 과정
①	초콜릿은 몇 개인지 수로 나타냈나요?
②	초콜릿의 수를 두 가지 방법으로 읽었나요?

2+ 예 10개씩 묶음의 수가 같으므로 낱개의 수를 비교하면 $6<8$이므로 78이 76보다 큽니다.
따라서 위인전이 동화책보다 더 많습니다.

단계	문제 해결 과정
①	76과 78의 크기를 비교했나요?
②	동화책과 위인전 중에서 어느 책이 더 많은지 구했나요?

3 예 모두 수로 나타내면 ㉠ 79, ㉢ 97, ㉣ 79입니다.
따라서 나타내는 수가 다른 하나는 ㉢입니다.

단계	문제 해결 과정
①	모두 수로 나타냈나요?
②	나타내는 수가 다른 하나를 찾아 기호를 썼나요?

4 예 현지: 버스 번호는 87(팔십칠)입니다.
따라서 수를 잘못 읽은 사람은 현지입니다.

단계	문제 해결 과정
①	각각의 수를 바르게 읽는 방법을 알았나요?
②	수를 잘못 읽은 사람은 누구인지 찾았나요?

5 예 10보다 크고 20보다 작은 홀수는 11, 13, 15, 17, 19입니다.
이 중에서 가장 큰 수는 19입니다.

단계	문제 해결 과정
①	10보다 크고 20보다 작은 홀수를 모두 구했나요?
②	10보다 크고 20보다 작은 홀수 중에서 가장 큰 수를 구했나요?

6 예 칠십칠을 수로 나타내면 77, 여든셋을 수로 나타내면 83입니다. 77부터 83까지의 수를 차례로 쓰면 77, 78, 79, 80, 81, 82, 83입니다.
따라서 77과 83 사이에 있는 수는 78, 79, 80, 81, 82로 모두 5개입니다.

단계	문제 해결 과정
①	지호와 예나가 말한 수를 수로 나타냈나요?
②	두 수 사이에 있는 수는 모두 몇 개인지 구했나요?

7 예 어떤 수는 89보다 1만큼 더 큰 수이므로 90입니다.
따라서 90보다 1만큼 더 큰 수는 91입니다.

단계	문제 해결 과정
①	어떤 수를 구했나요?
②	어떤 수보다 1만큼 더 큰 수는 얼마인지 구했나요?

8 예 낱개의 수를 비교하면 $4>1$이므로 □ 안에는 6이거나 6보다 큰 수가 들어가야 합니다.
따라서 □ 안에 들어갈 수 있는 수는 6, 7, 8, 9로 모두 4개입니다.

단계	문제 해결 과정
①	□ 안에 들어갈 수 있는 수의 범위를 구했나요?
②	□ 안에 들어갈 수 있는 수는 모두 몇 개인지 구했나요?

9 예 낱개 24개는 10개씩 2묶음과 낱개 4개입니다.
달걀은 모두 10개씩 $6+2=8$(묶음)과 낱개 4개이므로 84개입니다.
따라서 케이크를 8개까지 만들 수 있습니다.

단계	문제 해결 과정
①	달걀은 모두 몇 개인지 구했나요?
②	케이크를 몇 개까지 만들 수 있는지 구했나요?

10 예 수 카드의 수의 크기를 비교하면 $5<6<7<9$입니다. 10개씩 묶음의 수가 작을수록 작은 수이므로 10개씩 묶음의 수에 가장 작은 수인 5를 놓고, 낱개의 수에 둘째로 작은 수인 6을 놓습니다.

따라서 만들 수 있는 수 중에서 가장 작은 수는 56입니다.

단계	문제 해결 과정
①	10개씩 묶음의 수와 낱개의 수에 놓아야 할 수를 알았나요?
②	만들 수 있는 수 중에서 가장 작은 수를 구했나요?

11 예 66보다 크고 72보다 작은 수는 67, 68, 69, 70, 71입니다. 이 중에서 10개씩 묶음의 수가 낱개의 수보다 큰 수는 70, 71입니다.

단계	문제 해결 과정
①	첫째 조건을 만족하는 수를 구했나요?
②	두 조건을 모두 만족하는 수를 구했나요?

1 단원 **단원 평가 Level 1** 6~8쪽

1 9, 90 **2** 100
3 75 / 칠십오, 일흔다섯 **4**
5 6상자 **6** ⑤
7 93개 **8** (1) 90, 92 (2) 77, 75
9 예 선착순 아흔아홉 명에게 사은품을 줘요.
10 (1) > (2) < **11** 96, 97, 98, 99
12 (1) 69, 71 (2) 55, 75 **13** 21, 홀수
14 정우 **15** 92에 ○표, 58에 △표
16 수연 **17** 나영, 동준, 철호
18 6 **19** 육십, 예순
20 34

1 10개씩 묶음 9개는 90입니다.

2 99보다 1만큼 더 큰 수, 10개씩 묶음이 10개인 수 ➡ 100

3 10개씩 묶음 7개와 낱개 5개이므로 75입니다.
75는 칠십오 또는 일흔다섯이라고 읽습니다.

4 80 ➡ 여든, 60 ➡ 예순, 70 ➡ 일흔, 90 ➡ 아흔

5 상자에 마카롱을 10개씩 담을 수 있으므로 마카롱 60개를 모두 담으려면 6상자가 필요합니다.

6 ①, ②, ③, ④ 85 ⑤ 84

7 10개씩 묶음 9개와 낱개 3개는 93입니다.
따라서 명수가 가지고 있는 구슬은 모두 93개입니다.

8 (1) 89와 91 사이에 있는 수는 90, 91과 93 사이에 있는 수는 92입니다.
(2) 79부터 수를 거꾸로 세어 봅니다.
➡ 79−78−77−76−75

10 (1) 87 > 78 (8>7) (2) 62 < 64 (2<4)

11 95부터 100까지의 수를 차례로 쓰면 95, 96, 97, 98, 99, 100입니다. 따라서 95와 100 사이에 있는 수는 96, 97, 98, 99입니다.

12 (1) 70보다 1만큼 더 작은 수는 69이고 70보다 1만큼 더 큰 수는 71입니다.
(2) 65보다 10만큼 더 작은 수는 10개씩 묶음의 수가 1만큼 더 작은 수인 55이고 65보다 10만큼 더 큰 수는 10개씩 묶음의 수가 1만큼 더 큰 수인 75입니다.

13 세어 보면 딸기는 모두 21개입니다. 21은 둘씩 짝을 지을 때 남는 것이 있으므로 홀수입니다.

14 일흔여섯 ➡ 76
76>74이므로 정우가 사과를 더 많이 땄습니다.

15 10개씩 묶음의 수가 가장 큰 92와 90 중에서 낱개의 수가 더 큰 92가 가장 큰 수입니다.
10개씩 묶음의 수가 가장 작은 58이 가장 작습니다.
따라서 가장 큰 수는 92이고 가장 작은 수는 58입니다.

16 낱개의 수가 0, 2, 4, 6, 8이면 짝수이고 1, 3, 5, 7, 9이면 홀수입니다.
24 ➡ 짝수, 19 ➡ 홀수, 36 ➡ 짝수

17 10개씩 묶음의 수를 비교하면 7>6>5입니다.
따라서 구슬을 많이 가지고 있는 사람부터 차례로 쓰면 나영, 동준, 철호입니다.

18 낱개의 수를 비교하면 9>8이므로 □ 안에는 7보다 작은 수가 들어가야 합니다.
따라서 □ 안에 들어갈 수 있는 가장 큰 수는 6입니다.

서술형
19 예 윤아에게 남은 사탕은 10개씩 9−3=6(봉지)이므로 60개입니다.
60은 육십 또는 예순이라고 읽습니다.

평가 기준	배점
윤아에게 남은 사탕의 수를 구했나요?	3점
윤아에게 남은 사탕의 수를 두 가지 방법으로 읽었나요?	2점

서술형
20 예 32보다 크고 36보다 작은 수는 33, 34, 35입니다. 이 중에서 짝수는 34입니다.

평가 기준	배점
32보다 크고 36보다 작은 수를 구했나요?	2점
구한 수 중에서 짝수를 찾았나요?	3점

1단원 단원 평가 Level 2 9~11쪽

1 80개
2 76 / 칠십육, 일흔여섯
3 ④
4 67, 70
5
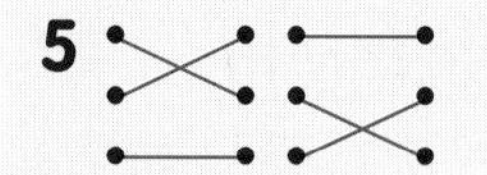
6 9봉지
7 ㉡
8 81
9 (1) 13, 홀수에 ○표 (2) 12, 짝수에 ○표
10 78, 79, 81, 82
11 100
12 (1) 62, 64 (2) 85, 58
13 90, 85에 ○표
14 9개
15 93개
16 59
17 ⑤
18 41
19 98
20 은주, 준민, 수지

1 10개씩 묶음 8개는 80입니다.
따라서 달걀은 모두 80개입니다.

2 10개씩 묶음 7개와 낱개 6개는 76입니다.
76은 칠십육 또는 일흔여섯이라고 읽습니다.

3 ①, ②, ③, ⑤ 100 ④ 98

5 65 ➡ 육십오, 예순다섯, 88 ➡ 팔십팔, 여든여덟,
99 ➡ 구십구, 아흔아홉

6 90은 10개씩 묶음 9개이므로 10개씩 들어 있는 사탕 9봉지를 사야 합니다.

7 ㉡ 시장이 생긴지 육십오 년이 되었습니다.

8 10개씩 묶음 7개와 낱개 1개인 수는 71입니다.
71보다 10만큼 더 큰 수는 10개씩 묶음의 수가 1만큼 더 큰 81입니다.

9 (1) 귤은 13개입니다. 13은 둘씩 짝을 지으면 남는 것이 있으므로 홀수입니다.
(2) 밤은 12개입니다. 12는 둘씩 짝을 지으면 남는 것이 없으므로 짝수입니다.

10 77부터 84까지의 수를 차례로 쓰면 77, 78, 79, 80, 81, 82, 83, 84입니다.

11 ▬에 알맞은 수는 99보다 1만큼 더 큰 수이므로 100입니다.

12 (1) 64와 62는 10개씩 묶음의 수가 같으므로 낱개의 수를 비교하면 4>2이므로 64가 62보다 큽니다.
(2) 10개씩 묶음의 수를 비교하면 5<8이므로 85가 58보다 큽니다.

13 10개씩 묶음의 수가 8 또는 9인 수 중에서 83보다 큰 수를 찾습니다.
➡ 83<90, 83>82, 83<85
따라서 83보다 큰 수는 90, 85입니다.

14 21부터 39까지의 수 중에서 짝수는 22, 24, 26, 28, 30, 32, 34, 36, 38로 모두 9개입니다.

15 낱개 13개는 10개씩 묶음 1개와 낱개 3개입니다.
따라서 10개씩 묶음 8개와 낱개 13개는 10개씩 묶음 9개와 낱개 3개와 같으므로 땅콩은 모두 93개입니다.

16 □는 60보다 1만큼 더 작은 수이므로 59입니다.

17 ① 69 ② 71 ③ 67 ④ 70 ⑤ 74
➡ 67<69<70<71<74

18 43보다 작은 수 중에서 10개씩 묶음이 4개인 수는 40, 41, 42입니다. 이 중에서 홀수는 41입니다.

서술형
19 예 10개씩 묶음의 수가 클수록 큰 수이므로 10개씩 묶음의 수에 가장 큰 수인 9를 놓고, 낱개의 수에 둘째로 큰 수인 8을 놓습니다. 따라서 만들 수 있는 가장 큰 수는 98입니다.

평가 기준	배점
10개씩 묶음의 수와 낱개의 수에 놓아야 할 수를 알았나요?	2점
만들 수 있는 가장 큰 몇십몇을 구했나요?	3점

서술형

20 예 89보다 1만큼 더 큰 수는 90이므로 준민이가 주운 조개는 90개입니다.
$91>90>89$이므로 조개를 많이 주운 사람부터 차례로 이름을 쓰면 은주, 준민, 수지입니다.

평가 기준	배점
준민이가 주운 조개의 수를 구했나요?	2점
조개를 많이 주운 사람부터 차례로 이름을 썼나요?	3점

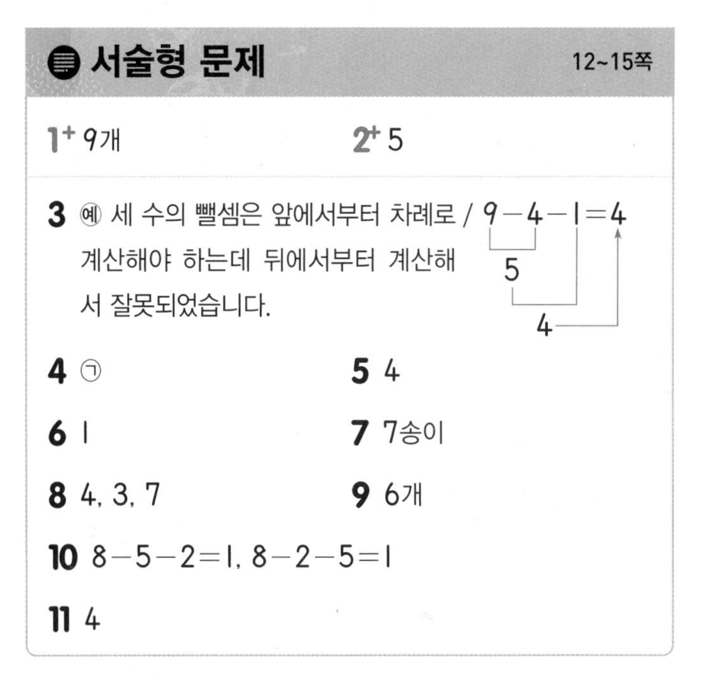

2 덧셈과 뺄셈(1)

서술형 문제 12~15쪽

1+ 9개　　**2+** 5

3 예 세 수의 뺄셈은 앞에서부터 차례로 계산해야 하는데 뒤에서부터 계산해서 잘못되었습니다. / $9-4-1=4$ (9−4=5, 5−1=4)

4 ㉠　　**5** 4

6 1　　**7** 7송이

8 4, 3, 7　　**9** 6개

10 $8-5-2=1$, $8-2-5=1$

11 4

1+ 예 (상자에 들어 있는 공의 수)
$=$(야구공의 수)$+$(탁구공의 수)$+$(테니스공의 수)
$=3+2+4=9$(개)

단계	문제 해결 과정
①	상자에 들어 있는 공의 수를 구하는 식을 세웠나요?
②	상자에 들어 있는 공의 수를 구했나요?

2+ 예 ㉠$+4=10$에서 $6+4=10$이므로 ㉠$=6$입니다.
$10-$㉡$=9$에서 $10-1=9$이므로 ㉡$=1$입니다.
따라서 ㉠$-$㉡$=6-1=5$입니다.

단계	문제 해결 과정
①	㉠과 ㉡에 알맞은 수를 구했나요?
②	㉠과 ㉡에 알맞은 수의 차를 구했나요?

3

단계	문제 해결 과정
①	계산이 잘못된 까닭을 썼나요?
②	바르게 계산했나요?

4 각각을 계산하여 결과를 비교합니다.
예 ㉠ $5+5+6=10+6=16$,
㉡ $6+1+2=7+2=9$,
㉢ $2+5+3=7+3=10$,
㉣ $4+8+2=4+10=14$

따라서 $16>14>10>9$이므로 계산 결과가 가장 큰 것은 ㉠입니다.

단계	문제 해결 과정
①	각각을 바르게 계산했나요?
②	계산 결과가 가장 큰 것을 찾아 기호를 썼나요?

5 예 $3+4+2=7+2=9$이므로 $9=5+\square$입니다.
따라서 $5+4=9$이므로 $\square=4$입니다.

단계	문제 해결 과정
①	3+4+2를 계산했나요?
②	□ 안에 알맞은 수를 구했나요?

6 예 세 수의 크기를 비교하면 $9>5>3$이므로 가장 큰 수는 9입니다.
따라서 가장 큰 수인 9에서 나머지 두 수를 빼면 $9-5-3=4-3=1$, $9-3-5=6-5=1$입니다.

단계	문제 해결 과정
①	가장 큰 수를 구했나요?
②	가장 큰 수에서 나머지 두 수를 뺀 값을 구했나요?

7 예 (화단에 있는 장미의 수)$=6+4=10$(송이)
(시들지 않은 장미의 수)$=10-3=7$(송이)

단계	문제 해결 과정
①	화단에 있는 장미의 수를 구했나요?
②	시들지 않은 장미의 수를 구했나요?

8 예 먼저 합이 10이 되는 두 수를 찾아보면 3과 7입니다.
따라서 3과 7에 4를 더하면 14가 됩니다.

단계	문제 해결 과정
①	합이 10이 되는 두 수를 찾았나요?
②	합이 14가 되는 세 수를 찾았나요?

9 예 인수와 동생은 사탕을 각각 2개씩 가졌으므로 인수가 친구에게 주고 남은 사탕은 $2+2=4$(개)입니다.
친구에게 준 사탕을 □개라 하면 $10-\square=4$에서 $10-6=4$이므로 $\square=6$입니다.
따라서 인수가 친구에게 준 사탕은 6개입니다.

단계	문제 해결 과정
①	인수가 친구에게 주고 남은 사탕의 수를 구했나요?
②	인수가 친구에게 준 사탕의 수를 구했나요?

10 예 8에서 7을 빼면 1이 되므로 □ 안에는 5와 2가 들어가야 합니다.
따라서 완성된 뺄셈식은 $8-5-2=1$과 $8-2-5=1$입니다.

단계	문제 해결 과정
①	8에서 얼마를 빼야 1이 되는지 알았나요?
②	완성된 뺄셈식을 모두 구했나요?

11 예 어떤 수를 □라고 하면 $\square+3=10$에서 $7+3=10$이므로 $\square=7$입니다.
따라서 바르게 계산하면 $7-3=4$입니다.

단계	문제 해결 과정
①	어떤 수를 구했나요?
②	바르게 계산하면 얼마인지 구했나요?

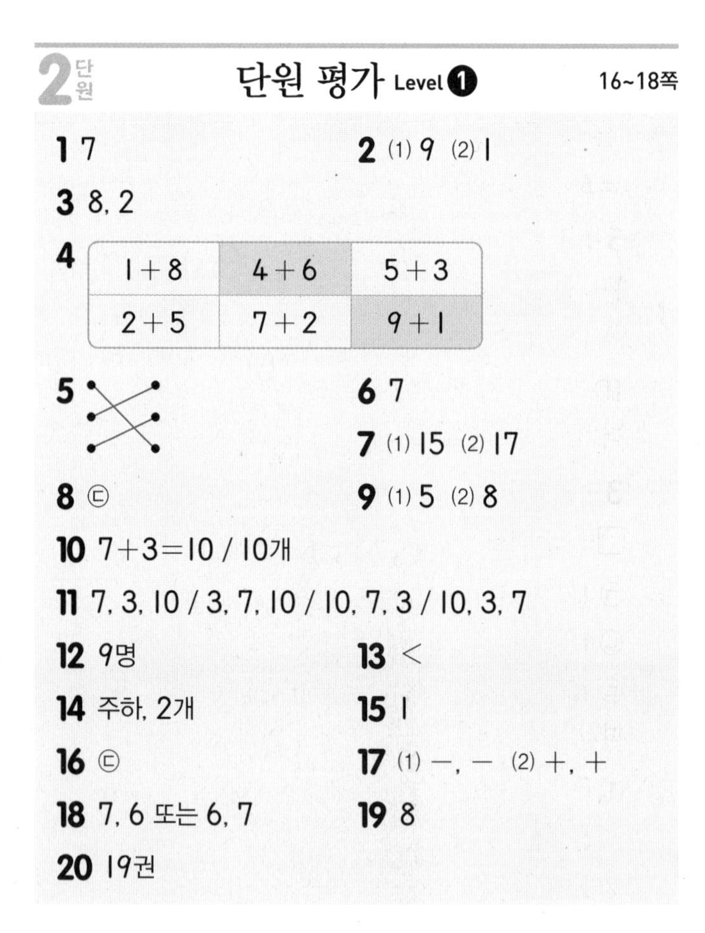

2단원 단원 평가 Level ❶

16~18쪽

1 7
2 (1) 9 (2) 1
3 8, 2
4

1+8	4+6	5+3
2+5	7+2	9+1

5
6 7
7 (1) 15 (2) 17
8 ㉢
9 (1) 5 (2) 8
10 7+3=10 / 10개
11 7, 3, 10 / 3, 7, 10 / 10, 7, 3 / 10, 3, 7
12 9명
13 <
14 주하, 2개
15 1
16 ㉢
17 (1) −, − (2) +, +
18 7, 6 또는 6, 7
19 8
20 19권

1 $3+2+2=5+2=7$

2

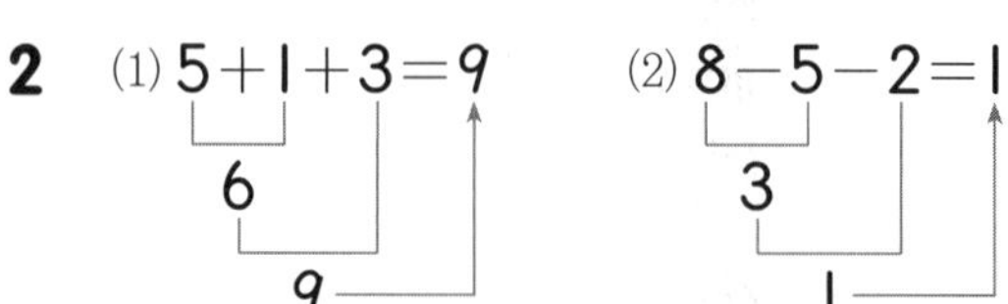

3 쓰러져 있는 볼링핀의 수는 전체 볼링핀 10개에서 서 있는 볼링핀 8개를 빼면 됩니다.

4 $1+8=9$, $4+6=10$, $5+3=8$,
$2+5=7$, $7+2=9$, $9+1=10$

5 $9-2-1=7-1=6$
$7-1-2=6-2=4$
$2+3+2=5+2=7$

6 ㉠$=1+2+4=3+4=7$

7 (1) $6+4+5=10+5=15$
(2) $7+1+9=7+10=17$

8 ㉠ $5+3+1=8+1=9$
㉡ $10-1=9$
㉢ $3+4+1=7+1=8$
㉣ $2+1+6=3+6=9$

9 (1) $5+\square=10$에서 $5+5=10$이므로 $\square=5$입니다.
(2) $\square+2=10$에서 $8+2=10$이므로 $\square=8$입니다.

10 (소영이가 가지고 있는 구슬 수)
$=7+3=10$(개)

12 (놀이터에 있는 어린이의 수)
$=4+2+3=9$(명)

13 $5+4+6=5+10=15$,
$1+9+7=10+7=17$
➡ $15<17$

14 $10>8$이므로 주하가 은우보다 화살을 $10-8=2$(개) 더 많이 넣었습니다.

15 $3+6=9$이므로 ★$=9$입니다.
$\square+9=10$에서 $1+9=10$이므로 $\square=1$입니다.

16 ㉠ $10-3=7$이므로 $\square=3$입니다.
㉡ $10-1=9$이므로 $\square=1$입니다.
㉢ $10-6=4$이므로 $\square=6$입니다.
따라서 $\square$ 안에 알맞은 수가 가장 큰 것은 ㉢입니다.

17 (1) 5에서 1과 2를 빼야 2가 됩니다.
$5-1-2=4-2=2$
(2) 2에 3과 2를 더해야 7이 됩니다.
$2+3+2=5+2=7$

18 3과 더해서 10이 되는 수는 7입니다.
➡ $\underbrace{7+3}_{10}+6=16$ 또는 $6+\underbrace{3+7}_{10}=16$

서술형
19 예 어떤 수를 $\square$라고 하면 $\square-2-3=3$입니다.
3을 더 빼기 전의 수는 $3+3=6$이므로 $\square-2=6$입니다. 따라서 $8-2=6$이므로 $\square=8$입니다.

평가 기준	배점
3을 더 빼기 전의 수를 구했나요?	2점
어떤 수를 구했나요?	3점

서술형
20 예 (연서가 읽은 책의 수)
$=$(동화책의 수)$+$(위인전의 수)$+$(만화책의 수)
$=9+2+8=9+10=19$(권)

평가 기준	배점
연서가 읽은 책은 모두 몇 권인지 구하는 식을 세웠나요?	2점
연서가 읽은 책은 모두 몇 권인지 구했나요?	3점

2단원 단원 평가 Level 2

19~21쪽

1 4
2 3, 3 / 3, 3
3 (1) 6 (2) 5
4
5 ㉣, ㉢, ㉠, ㉡
6

8	6	3	7
2	1	9	4
4	3	4	5
5	5	6	2

/ 예 $10=1+9$, $10=2+8$, $10=3+7$, $10=4+6$, $10=5+5$, $10=6+4$, $10=7+3$, $10=9+1$

7 (1) 2 (2) 10
8 2개
9 8
10 (1) 2, 15 (2) 7, 16
11 9
12 1
13 8, 2, 3
14 예 4, 예 6, 17
15 혜수
16 6
17 4
18 2
19 6골
20 ㉡

1 $9-3-2=6-2=4$

3 (1) $3+2+1=5+1=6$
(2) $8-1-2=7-2=5$

4 $5+5+6=10+6=16$
$7+6+4=7+10=17$
$3+9+1=3+10=13$

5 ㉠ $4+3+2=7+2=9$
㉡ $10-2=8$
㉢ $1+9=10$
㉣ $1+4+6=1+10=11$

따라서 $11>10>9>8$이므로 계산 결과가 큰 것부터 차례로 기호를 쓰면 ㉣, ㉢, ㉠, ㉡입니다.

6 10이 되는 두 수를 찾아 묶고, 이를 이용하여 $10=\square+\square$의 덧셈식으로 씁니다.

7 (1) $10-\square=8$ ➡ $10-2=8$이므로 $\square=2$입니다.
(2) $\square-1=9$ ➡ $10-1=9$이므로 $\square=10$입니다.

8 (남은 당근의 수)$=7-2-3=5-3=2$(개)

9 $6+4=10$입니다.
$10=2+\square$에서 $2+8=10$이므로 $\square=8$입니다.

10 (1) $5+2+8=5+10=15$
(2) $7+3+6=10+6=16$

11 $2+3+2=7$이므로 세 수의 합을 가운데에 쓴 규칙입니다.
따라서 $2+3+4=9$이므로 빈칸에 알맞은 수는 9입니다.

12 $7-3=4$ ➡ $4-1=3$이므로 빈칸에 알맞은 수는 1입니다.

13 먼저 합이 10이 되는 두 수를 찾아보면 8과 2입니다.
따라서 8과 2에 3을 더하면 13이 됩니다.
➡ $8+2+3=13$

14 현지와 민호는 고리를 7개보다 적게 걸었고, 건 고리의 수의 합은 10입니다.
따라서 현지와 민호는 각각 4개, 6개 또는 5개, 5개 또는 6개, 4개를 걸었습니다.

15 (혜수에게 남은 초콜릿 수)$=10-5=5$(개)
(지석이에게 남은 초콜릿 수)$=10-6=4$(개)
$5>4$이므로 남은 초콜릿은 혜수가 더 많습니다.

16 계산 결과가 가장 크려면 가장 큰 수에서 가장 작은 수와 둘째로 작은 수를 빼야 합니다.
$9>4>2>1$이므로 계산 결과가 가장 클 때의 값은 $9-1-2=6$입니다.

17 $■+■+2=10$에서 $8+2=10$이므로
$■+■=8$입니다.
따라서 $4+4=8$이므로 $■=4$입니다.

18 $3+2=5$, $5+\square<8$에서 $5+3=8$이므로 □ 안에는 3보다 작은 수가 들어갈 수 있습니다.
따라서 □ 안에 들어갈 수 있는 가장 큰 수는 2입니다.

서술형
19 예 2반이 넣은 골은 3골, 1골, 2골이므로 2반이 넣은 골은 모두 $3+1+2=6$(골)입니다.

평가 기준	배점
2반이 넣은 골은 모두 몇 골인지 구하는 식을 세웠나요?	2점
2반이 넣은 골은 모두 몇 골인지 구했나요?	3점

서술형
20 예 ㉠ $2+8=10$이므로 $\square=2$입니다.
㉡ $3+7=10$이므로 $\square=7$입니다.
㉢ $10-6=4$이므로 $\square=4$입니다.
㉣ $0+10=10$이므로 $\square=0$입니다.
따라서 $7>4>2>0$이므로 □ 안에 알맞은 수가 가장 큰 것은 ㉡입니다.

평가 기준	배점
□ 안에 알맞은 수를 각각 구했나요?	3점
□ 안에 알맞은 수가 가장 큰 것을 찾아 기호를 썼나요?	2점

3 모양과 시각

서술형 문제 22~25쪽

1⁺ 8개

2⁺ 예 9시는 짧은바늘이 9를 가리키고, 긴바늘이 12를 가리키도록 그려야 하는데 짧은바늘과 긴바늘의 위치가 바뀌었습니다.

3 3개
4 7시 30분
5 7군데
6 ㉡
7 ●에 ○표
8 ▲ 모양, 3개
9 민혁
10 1시 30분
11 6시 30분

1⁺ 예 ■ 모양 5개, ▲ 모양 3개를 이용했습니다.
따라서 이용한 ■ 모양과 ▲ 모양은 모두 $5+3=8$(개)입니다.

단계	문제 해결 과정
①	■ 모양과 ▲ 모양을 각각 몇 개 이용했는지 구했나요?
②	이용한 ■ 모양과 ▲ 모양은 모두 몇 개인지 구했나요?

2⁺

단계	문제 해결 과정
①	틀린 까닭을 바르게 썼나요?
②	9시를 바르게 나타냈나요?

주의 | 짧은바늘과 긴바늘의 길이가 비슷하면 읽는 사람에 따라 몇 시를 다르게 말할 수 있으므로 길이가 구분되도록 그립니다.

3 예 ▲ 모양의 물건은 삼각자, 교통 표지판, 삼각김밥입니다. 따라서 ▲ 모양의 물건은 모두 3개입니다.

단계	문제 해결 과정
①	▲ 모양의 물건을 모두 찾았나요?
②	▲ 모양의 물건은 모두 몇 개인지 구했나요?

4 예 짧은바늘이 7과 8 사이에 있고 긴바늘이 6을 가리키므로 7시 30분입니다.
따라서 영재가 일어난 시각은 7시 30분입니다.

단계	문제 해결 과정
①	시계가 나타내는 시각을 구했나요?
②	영재가 일어난 시각을 구했나요?

5 예 ■ 모양은 뾰족한 부분이 4군데이고, ▲ 모양은 뾰족한 부분이 3군데입니다.
따라서 주어진 모양에서 찾을 수 있는 뾰족한 부분은 모두 $4+3=7$(군데)입니다.

단계	문제 해결 과정
①	주어진 모양에서 뾰족한 부분은 각각 몇 군데인지 구했나요?
②	주어진 모양에서 찾을 수 있는 뾰족한 부분은 모두 몇 군데인지 구했나요?

6 예 ㉠ 접시, ㉢ 표지판, ㉣ 타이어는 ● 모양이고, ㉡ 편지봉투는 ■ 모양입니다.
따라서 잘못 모은 물건은 나머지와 모양이 다른 ㉡ 편지봉투입니다.

단계	문제 해결 과정
①	각 물건의 모양을 알았나요?
②	잘못 모은 물건을 찾았나요?

7 예 ■ 모양 5개, ▲ 모양 4개, ● 모양 3개를 이용했습니다.
따라서 가장 적게 이용한 모양은 ● 모양입니다.

단계	문제 해결 과정
①	■, ▲, ● 모양을 각각 몇 개씩 이용했는지 구했나요?
②	가장 적게 이용한 모양을 구했나요?

8 예 주어진 종이를 선을 따라 자르면 ■ 모양은 5개, ▲ 모양은 8개 생깁니다.
따라서 ▲ 모양이 ■ 모양보다 $8-5=3$(개) 더 많습니다.

단계	문제 해결 과정
①	선을 따라 잘랐을 때 생기는 ■ 모양과 ▲ 모양은 각각 몇 개인지 구했나요?
②	어떤 모양이 몇 개 더 많은지 구했나요?

9 예 운동을 끝낸 시각은 민혁이가 4시 30분, 유진이가 5시입니다. 4시 30분이 5시보다 빠른 시각이므로 운동을 더 일찍 끝낸 사람은 민혁입니다.

단계	문제 해결 과정
①	두 사람이 운동을 끝낸 시각을 각각 구했나요?
②	운동을 더 일찍 끝낸 사람은 누구인지 구했나요?

10 예 짧은바늘이 1과 2 사이에 있고, 긴바늘이 6을 가리킵니다.
따라서 시계가 나타내는 시각은 1시 30분입니다.

단계	문제 해결 과정
①	짧은바늘과 긴바늘이 가리키는 곳을 알았나요?
②	시계가 나타내는 시각을 구했나요?

11 예 5시와 7시 사이의 시각 중에서 긴바늘이 6을 가리키는 시각은 5시 30분, 6시 30분입니다. 이 중에서 6시보다 늦은 시각은 6시 30분입니다.

단계	문제 해결 과정
①	첫째 조건과 둘째 조건을 만족하는 시각을 구했나요?
②	세 조건을 모두 만족하는 시각을 구했나요?

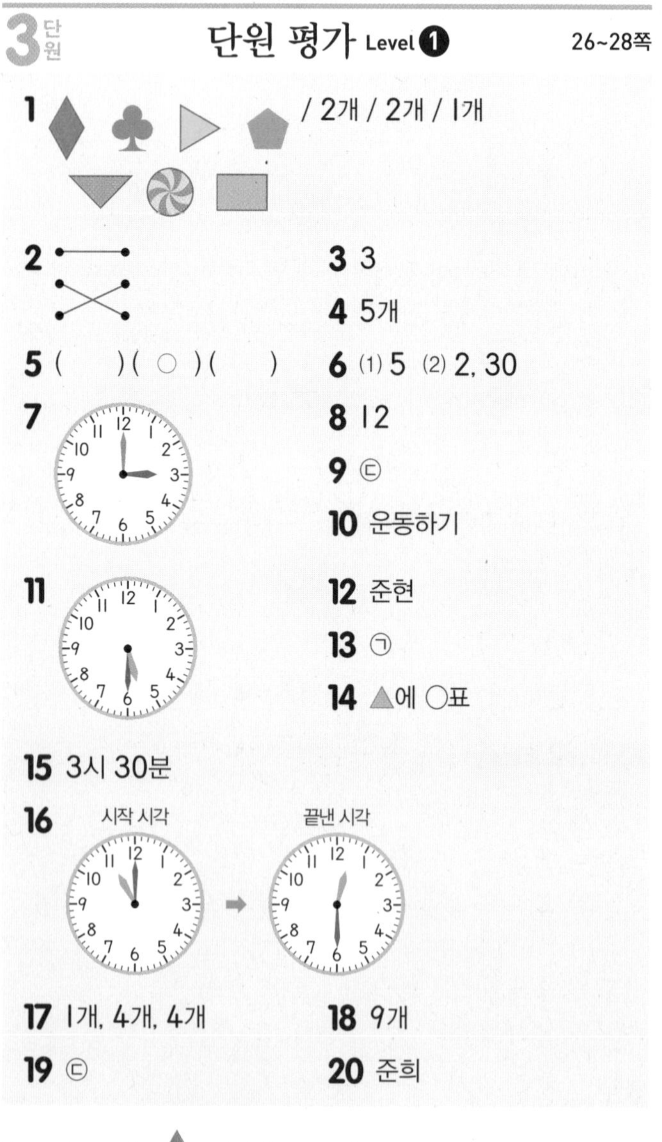

1 ■ 모양: ◆, ■ ➡ 2개

▲ 모양: ▶, ▼ ➡ 2개

● 모양: ● ➡ 1개

2 ■ 모양: 책, ▲ 모양: 삼각김밥, ● 모양: 시계

3 색종이는 ▲ 모양이고, 뾰족한 부분이 3군데입니다.

4 주어진 모양을 꾸미는 데 이용한 ▲ 모양은 5개입니다.

5 뾰족한 부분이 없는 모양은 ● 모양입니다.

6 (1) 짧은바늘이 5를 가리키고 긴바늘이 12를 가리키므로 5시입니다.

(2) 짧은바늘이 2와 3 사이에 있고 긴바늘이 6을 가리키므로 2시 30분입니다.

7 줄넘기를 할 시각은 3시이므로 짧은바늘이 3을 가리키도록 그립니다.

8 몇 시일 때 긴바늘은 항상 12를 가리킵니다.

9 ㉠, ㉡ 7시 30분, ㉢ 8시 30분

10 시계가 나타내는 시각은 7시입니다. 소희는 7시에 운동을 합니다.

11 소희가 간식을 먹는 시각은 5시 30분이므로 짧은바늘은 5와 6 사이에 있고 긴바늘은 6을 가리키도록 그립니다.

12 세진: 8시 30분, 태호: 7시 30분, 준현: 9시 30분

13 주사위 아래 부분은 ■ 모양입니다.

14 태극기에 ▲ 모양은 없습니다.

15 짧은바늘이 3과 4 사이에 있고 긴바늘이 6을 가리키면 3시 30분입니다.

16 운동을 시작한 시각은 11시이므로 짧은바늘이 11을 가리키고 긴바늘이 12를 가리키도록 그립니다. 끝낸 시각은 12시 30분이므로 짧은바늘이 12와 1 사이에 있고 긴바늘이 6을 가리키도록 그립니다.

17 ■ 모양 1개, ▲ 모양 4개, ● 모양 4개를 이용하였습니다.

18

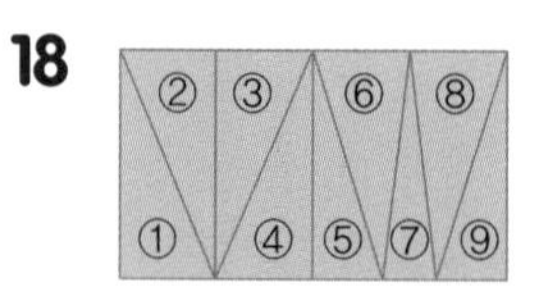

➡ ▲ 모양이 9개 생깁니다.

서술형
19 예 이용한 ■ 모양의 수를 각각 세어 보면 ㉠ 3개, ㉡ 2개, ㉢ 4개입니다.
따라서 ■ 모양을 가장 많이 이용한 모양은 ㉢입니다.

평가 기준	배점
이용한 ■ 모양의 수를 각각 구했나요?	2점
■ 모양을 가장 많이 이용한 모양을 찾아 기호를 썼나요?	3점

서술형

20 ㉮ 준희가 학원에 도착한 시각은 2시, 찬영이가 학원에 도착한 시각은 2시 30분입니다.
2시가 2시 30분보다 빠른 시각이므로 학원에 먼저 도착한 사람은 준희입니다.

평가 기준	배점
준희와 찬영이가 학원에 도착한 시각을 각각 구했나요?	3점
학원에 먼저 도착한 사람은 누구인지 구했나요?	2점

3단원 단원 평가 Level ❷ 29~31쪽

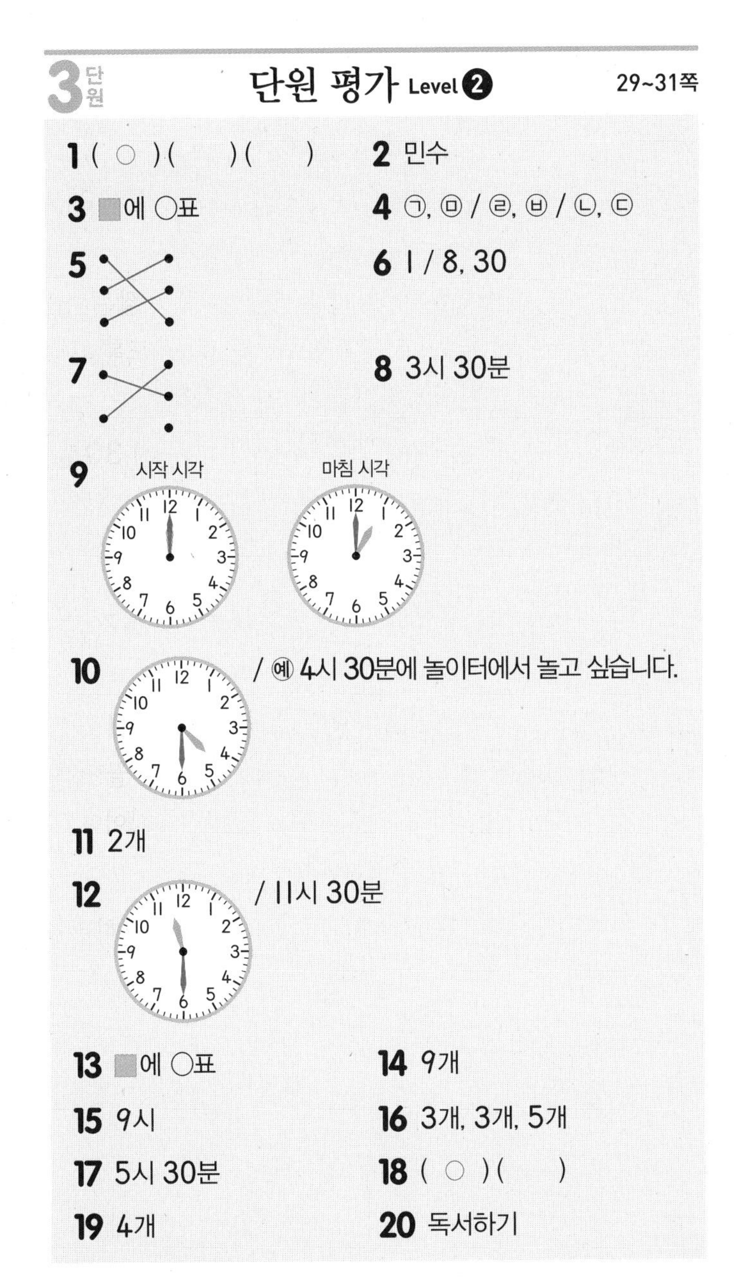

1 (○)( )( ) **2** 민수

3 ■에 ○표 **4** ㉠, ㉤ / ㉣, ㉥ / ㉡, ㉢

5 **6** 1 / 8, 30

7 **8** 3시 30분

9 시작 시각 마침 시각

10 / ㉮ 4시 30분에 놀이터에서 놀고 싶습니다.

11 2개

12 / 11시 30분

13 ■에 ○표 **14** 9개

15 9시 **16** 3개, 3개, 5개

17 5시 30분 **18** (○)( )

19 4개 **20** 독서하기

1 ▲ 모양은 교통 표지판입니다.

2 주희가 모은 블록은 모두 ▲ 모양이고, 민수가 모은 블록은 ● 모양과 ■ 모양입니다. 따라서 잘못 모은 사람은 민수입니다.

3 ■ 모양은 뾰족한 부분이 4군데입니다.

4 ■ 모양: ㉠ 공책, ㉤ 스케치북
▲ 모양: ㉣ 삼각자, ㉥ 쿠키
● 모양: ㉡ 단추, ㉢ 시계

5 컵: ● 모양, 과자 상자: ■ 모양, 블록: ▲ 모양

8 짧은바늘이 3과 4 사이에 있고 긴바늘이 6을 가리키므로 3시 30분입니다.

10 4시 30분은 짧은바늘이 4와 5 사이에 있고 긴바늘이 6을 가리키도록 그립니다.

11 뾰족한 부분이 없는 모양은 ● 모양입니다.
● 모양의 쿠키는 모두 2개입니다.

12 11시에서 30분이 지나면 짧은바늘은 11과 12 사이를 가리키고 긴바늘은 12에서 6으로 움직입니다.

13 ■ 모양: 책, 액자, 계산기, 자 ➡ 4개
▲ 모양: 교통 표지판, 삼각자, 접시 ➡ 3개
● 모양: 피자, 단추 ➡ 2개
따라서 ■ 모양의 물건이 가장 많습니다.

14 꽃을 꾸미는 데 이용한 ■ 모양은 6개이고, 나비를 꾸미는 데 이용한 ■ 모양은 3개이므로 모두
$6+3=9$(개)입니다.

15 8시 30분과 10시 사이의 시각 중에서 긴바늘이 12를 가리키는 시각은 9시입니다.

16 ■ 모양 3개, ▲ 모양 3개, ● 모양 5개로 꾸민 모양입니다.

17 짧은바늘이 5와 6 사이에 있고, 긴바늘이 6을 가리킵니다.
따라서 시계가 나타내는 시각은 5시 30분입니다.

18 오른쪽 모양은 ● 모양이 2개 더 있어야 합니다.

서술형

19 ㉮ ▲ 모양 9개, ■ 모양 4개로 꾸민 모양입니다. 유정이는 ▲ 모양을 5개 가지고 있으므로 더 필요한 ▲ 모양은 $9-5=4$(개)입니다.

평가 기준	배점
모양을 꾸미는 데 이용한 ▲ 모양은 몇 개인지 구했나요?	3점
더 필요한 ▲ 모양은 몇 개인지 구했나요?	2점

서술형

20 ㉮ 공부는 3시 30분, 운동은 4시 30분, 독서는 3시에 하였습니다. 따라서 가장 먼저 한 일은 독서하기입니다.

평가 기준	배점
각각의 일을 한 시각을 구했나요?	3점
가장 먼저 한 일을 구했나요?	2점

4 덧셈과 뺄셈(2)

서술형 문제 32~35쪽

1+ 11송이　　2+ 7

3 예 10에서 5를 빼고 남은 2를 더해야 합니다. / 12−5=7 (12를 10과 2로 가르기)

4 9

5 10, 11, 12, 13 / 예 같은 수에 1씩 커지는 수를 더하면 합도 1씩 커집니다.

6 5　　7 현수

8 9살　　9 15−8=7

10 11명　　11 2개

1+ 예 (꽃병에 꽂혀 있는 꽃의 수)
=(장미의 수)+(튤립의 수)
=5+6=11(송이)

단계	문제 해결 과정
①	꽃병에 꽂혀 있는 꽃의 수를 구하는 식을 세웠나요?
②	꽃병에 꽂혀 있는 꽃은 모두 몇 송이인지 구했나요?

2+ 예 가장 큰 수는 16이고, 가장 작은 수는 9입니다.
따라서 가장 큰 수와 가장 작은 수의 차는
16−9=7입니다.

단계	문제 해결 과정
①	가장 큰 수와 가장 작은 수를 구했나요?
②	가장 큰 수와 가장 작은 수의 차를 구했나요?

3

단계	문제 해결 과정
①	잘못 계산한 까닭을 썼나요?
②	바르게 계산했나요?

4 예 빼지는 수가 1씩 커질 때 빼는 수도 1씩 커지면 차는 같습니다.
따라서 □ 안에 알맞은 수는 9입니다.

단계	문제 해결 과정
①	차가 같은 뺄셈식을 만드는 방법을 알았나요?
②	□ 안에 알맞은 수를 구했나요?

5

단계	문제 해결 과정
①	덧셈을 바르게 했나요?
②	계산 결과를 보고 알게 된 점을 설명했나요?

6 예 8+3=11이므로 □+6=11입니다.
5+6=11이므로 □=5입니다.

단계	문제 해결 과정
①	8+3을 계산했나요?
②	□ 안에 알맞은 수를 구했나요?

7 예 (윤지의 점수)=7+5=12(점)
(현수의 점수)=4+9=13(점)
따라서 12<13이므로 더 높은 점수를 얻은 사람은 현수입니다.

단계	문제 해결 과정
①	윤지와 현수의 점수를 각각 구했나요?
②	더 높은 점수를 얻은 사람은 누구인지 구했나요?

8 예 (언니의 나이)=7+6=13(살)
(오빠의 나이)=13−4=9(살)

단계	문제 해결 과정
①	언니의 나이를 구했나요?
②	오빠의 나이를 구했나요?

9 예 차가 가장 크려면 가장 큰 수에서 가장 작은 수를 빼야 합니다.
가장 큰 수는 15이고 가장 작은 수는 8이므로 차가 가장 크게 되는 뺄셈식은 15−8=7입니다.

단계	문제 해결 과정
①	차가 가장 크게 되는 두 수를 구했나요?
②	차가 가장 크게 되는 뺄셈식을 구했나요?

10 예 (운동장에 있는 여자 어린이의 수)
=4+3=7(명)
(운동장에 있는 어린이의 수)=4+7=11(명)

단계	문제 해결 과정
①	운동장에 있는 여자 어린이의 수를 구했나요?
②	운동장에 있는 어린이의 수를 구했나요?

11 예 13−5=8입니다. 11−□>8이 되려면
11−3=8이므로 □ 안에는 3보다 작은 수가 들어가야 합니다.
따라서 □ 안에 들어갈 수 있는 수는 1, 2로 모두 2개입니다.

단계	문제 해결 과정
①	13−5를 계산하여 □ 안에 들어갈 수 있는 수의 범위를 구했나요?
②	□ 안에 들어갈 수 있는 수는 모두 몇 개인지 구했나요?

4단원 단원 평가 Level ❶ 36~38쪽

1 12
2 (1) 12, 2 (2) 8, 6
3 7, 6, 5, 4 / 1, 1
4 15, 8
5
6 6+8=14 또는 8+6=14
7 15−6=9
8

9+4	8+4	7+4
9+5	8+5	7+5
9+6	8+6	7+6

9 <
10 ㉢
11 4
12 8+9=17 / 17번
13 9
14 11
15 6자루
16 14−5=9 또는 14−9=5
17 13
18 6
19 11
20 윤재

2 (1) 8과 2를 더해 10을 만들고 남은 2를 더하면 12가 됩니다.
(2) 10에서 8을 뺀 다음 6을 더하면 8이 됩니다.

4 7+8=15, 15−7=8

5 13−5=8, 15−8=7, 18−9=9,
13−6=7, 12−4=8, 15−6=9

6 : 6개, : 8개
➡ 6+8=14 또는 8+6=14

7 : 15개, : 6개 ➡ 15−6=9

8 9+4=13, 8+4=12, 7+4=11,
9+5=14, 8+5=13, 7+5=12,
9+6=15, 8+6=14, 7+6=13

9 13−4=9, 2+9=11 ➡ 9<11

10 ㉠ 5+8=13, ㉡ 8+8=16,
㉢ 9+3=12, ㉣ 7+7=14
따라서 계산 결과가 가장 작은 것은 ㉢입니다.

11 3+8=11이므로 ㉠=11입니다.
12−5=7이므로 ㉡=7입니다.
➡ ㉠−㉡=11−7=4

12 (제기를 찬 횟수)=(처음에 찬 횟수)+(다음에 찬 횟수)
=8+9=17(번)

13 덧셈에서 더하는 두 수의 순서를 바꾸어 더해도 합은 같습니다.

14 12−9=3이므로 3=□−8입니다.
11−8=3이므로 □=11입니다.

15 (남은 연필 수)
=(처음에 가지고 있던 연필 수)−(판 연필 수)
=15−9=6(자루)

16 14에서 5를 빼면 9가 되므로 14, 5, 9로 뺄셈식을 만듭니다.
➡ 14−5=9 또는 14−9=5

17

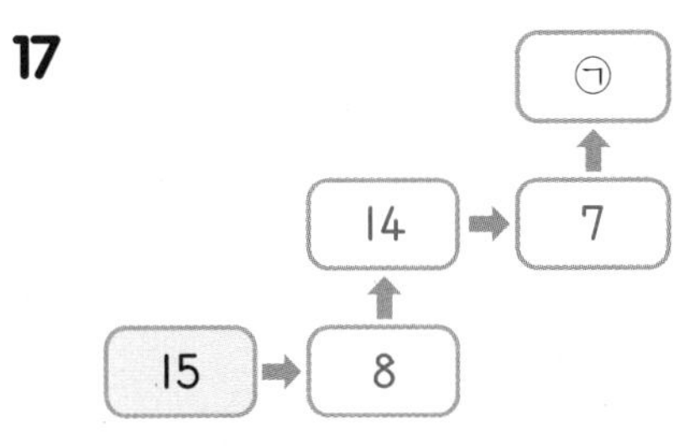

15−7=8 ➡ 8+6=14 ➡ 14−7=7
➡ ㉠ 7+6=13

18 15−7=8이므로 15−□>8이 되려면 □ 안에는 7보다 작은 수가 들어가야 합니다. 따라서 □ 안에 들어갈 수 있는 가장 큰 수는 6입니다.

서술형
19 예 가장 큰 수는 9이고, 가장 작은 수는 2입니다.
따라서 가장 큰 수와 가장 작은 수의 합은 9+2=11입니다.

평가 기준	배점
가장 큰 수와 가장 작은 수를 구했나요?	2점
가장 큰 수와 가장 작은 수의 합을 구했나요?	3점

서술형
20 예 윤재: 16−7=9, 민서: 14−6=8
따라서 9>8이므로 이긴 사람은 윤재입니다.

평가 기준	배점
윤재와 민서가 뽑은 두 수의 차를 각각 구했나요?	3점
이긴 사람은 누구인지 구했나요?	2점

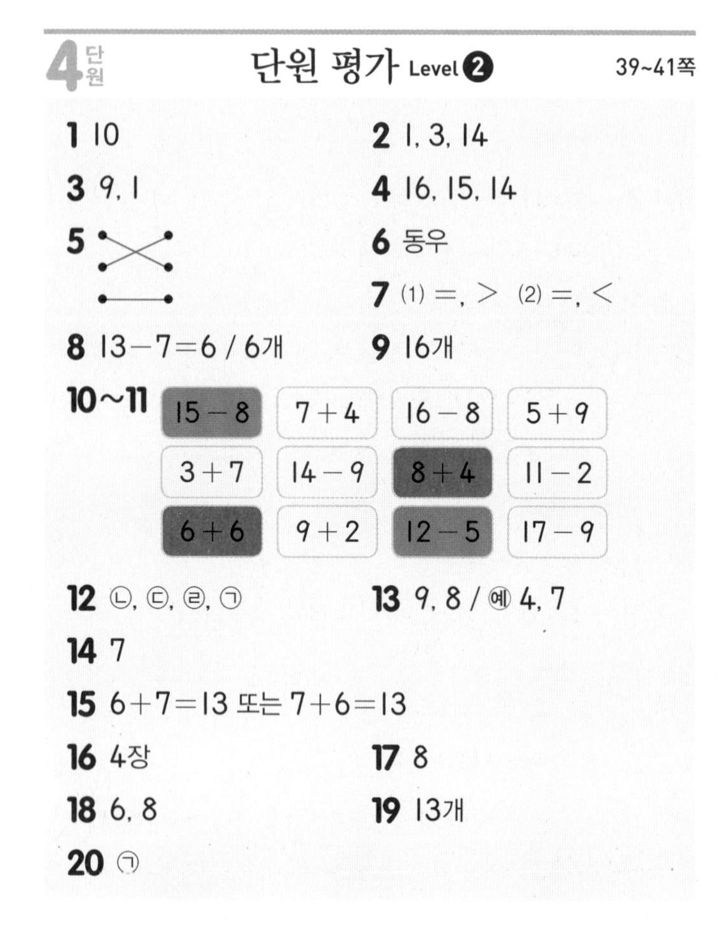

4단원 단원 평가 Level 2

39~41쪽

1 10
2 1, 3, 14
3 9, 1
4 16, 15, 14
5 (선 잇기)
6 동우
7 (1) =, > (2) =, <
8 13−7=6 / 6개
9 16개
10~11

15−8	7+4	16−8	5+9
3+7	14−9	8+4	11−2
6+6	9+2	12−5	17−9

12 ㉡, ㉢, ㉣, ㉠
13 9, 8 / 예 4, 7
14 7
15 6+7=13 또는 7+6=13
16 4장
17 8
18 6, 8
19 13개
20 ㉠

1 낱개 5개를 빼면 10개가 남습니다.
➡ $15-5=10$

2 $6+8=5+1+5+3$
$=5+5+1+3$
$=10+4=14$

3 14에서 4를 빼고 1을 더 뺍니다.

4 더하는 수가 같을 때 더해지는 수가 1씩 작아지면 합도 1씩 작아집니다.

5 $9+8=17$, $6+7=13$, $7+9=16$

6 $13-8$을 수지가 계산한 방법으로 바르게 계산하면 $13-8=13-3-5=10-5=5$입니다.

7 (1) $16-9=7$이므로 16에서 8을 빼면 7보다 커집니다.
(2) $5+7=12$이므로 5에 6을 더하면 12보다 작아집니다.

8 (걸리지 않은 고리의 수)
=(던진 고리의 수)−(걸린 고리의 수)
$=13-7=6$(개)

9 (영우가 가지고 있는 사탕의 수)
=(처음에 가지고 있던 사탕의 수)+(더 받은 사탕의 수)
$=8+8=16$(개)

10 $4+8=12$이므로 합이 12인 것을 찾습니다.

11 $13-6=7$이므로 차가 7인 것을 찾습니다.

12 ㉠ $11-5=6$
㉡ $4+9=13$
㉢ $6+5=11$
㉣ $17-8=9$
➡ ㉡>㉢>㉣>㉠

13 2에 9를 더해야 11이 됩니다. 더해지는 수가 1씩 커지면 더하는 수는 1씩 작아져야 합이 같으므로 3과 8, 4와 7, 5와 6을 더하면 11이 됩니다.

14 ㉠ $12-6=6$, ㉡ $11-3=8$
➡ 6과 8 사이에 있는 수는 7입니다.

15 합이 가장 작은 덧셈식은 가장 작은 수 6과 둘째로 작은 수 7을 더합니다.
➡ $6+7=13$ 또는 $7+6=13$

16 민지가 사용하고 남은 색종이는 $14-6=8$(장)입니다.
(준서가 사용한 색종이 수)
=(처음 가지고 있던 색종이 수)−(남은 색종이 수)
$=12-8=4$(장)

17 $12-7=5$이므로 ●=5입니다.
13−●=13−5=8이므로 ♥=8입니다.

18 민호가 꺼낸 공의 수의 합은 $3+9=12$이므로 수찬이가 꺼낸 공의 수의 합을 7+□라고 하면 7+□>12이어야 합니다. $7+5=12$에서 □는 5보다 큰 수이어야 하므로 수찬이는 6 또는 8을 꺼내야 합니다.

서술형
19 예 (호경이가 먹은 밤의 수)
=(재민이가 먹은 밤의 수)+5=4+5=9(개)
따라서 재민이와 호경이가 먹은 밤의 수는
$4+9=13$(개)입니다.

평가 기준	배점
호경이가 먹은 밤의 수를 구했나요?	2점
재민이와 호경이가 먹은 밤의 수를 구했나요?	3점

서술형
20 예 ㉠ 7+□=15에서 $7+8=15$이므로 □=8입니다.
㉡ 11−□=2에서 $11-9=2$이므로 □=9입니다.
따라서 □ 안에 알맞은 수가 더 작은 것은 ㉠입니다.

평가 기준	배점
□ 안에 알맞은 수를 각각 구했나요?	3점
□ 안에 알맞은 수가 더 작은 것을 찾아 기호를 썼나요?	2점

5 규칙 찾기

서술형 문제 42~45쪽

1+ 22　　2+ 유나

3 예 ★♥★♥★♥ / 예 ★과 ♥가 반복됩니다.

4 검은색　　5 97, 71

6 6　　7

8 65　　9 7개

10 10개　　11 50

1+ 예 오른쪽으로 갈수록 2씩 작아집니다.
따라서 빈칸에 알맞은 수는 24보다 2만큼 더 작은 수이므로 22입니다.

단계	문제 해결 과정
①	규칙을 찾았나요?
②	빈칸에 알맞은 수를 구했나요?

2+ 예 색이 초록색, 초록색, 보라색이 반복되므로 규칙을 잘못 말한 사람은 유나입니다.

단계	문제 해결 과정
①	색깔과 모양의 규칙을 알았나요?
②	규칙을 잘못 말한 사람을 찾았나요?

3

단계	문제 해결 과정
①	두 가지 모양을 골라 규칙을 만들었나요?
②	만든 규칙을 썼나요?

4 예 검은색, 흰색, 흰색이 반복됩니다. 따라서 빈칸에 알맞은 바둑돌은 검은색입니다.

단계	문제 해결 과정
①	규칙을 찾았나요?
②	빈칸에 알맞은 바둑돌은 무슨 색인지 구했나요?

5 예 100부터 4씩 작아지는 수를 써 보면 100, 96, 92, 88, 84, 80, 76, 72입니다. 따라서 잘못 놓은 수 카드의 수는 97, 71입니다.

단계	문제 해결 과정
①	규칙에 따라 놓이는 수를 알았나요?
②	잘못 놓은 수 카드의 수를 구했나요?

6 예 타조를 2, 강아지를 4로 나타냈으므로
㉠=2, ㉡=4입니다.
따라서 ㉠+㉡=2+4=6입니다.

단계	문제 해결 과정
①	규칙을 찾아 ㉠과 ㉡에 알맞은 수를 각각 구했나요?
②	㉠과 ㉡에 알맞은 두 수의 합을 구했나요?

7 예 색칠한 부분이 시계 반대 방향으로 한 칸씩 움직입니다.
따라서 빈칸에 알맞게 색칠하면 입니다.

단계	문제 해결 과정
①	규칙을 찾았나요?
②	빈칸에 알맞게 색칠했나요?

8 예 보기 는 오른쪽으로 갈수록 3씩 커지는 규칙입니다.
따라서 53부터 오른쪽으로 갈수록 3씩 커지는 수를 써 보면 53－56－59－62－65이므로 ★에 알맞은 수는 65입니다.

단계	문제 해결 과정
①	보기 에서 규칙을 찾았나요?
②	★에 알맞은 수를 구했나요?

9 예 주사위 눈의 수가 5개, 2개, 2개가 반복되므로 빈칸에는 차례로 주사위 눈의 수가 5개, 2개 그림이 들어갑니다.
따라서 빈칸에 들어갈 주사위 눈의 수의 합은
5+2=7(개)입니다.

단계	문제 해결 과정
①	규칙을 찾아 빈칸에 들어갈 주사위 눈의 수를 구했나요?
②	빈칸에 들어갈 주사위 눈의 수의 합은 몇 개인지 구했나요?

10 예 규칙에 따라 무늬를 꾸미면 다음과 같습니다.

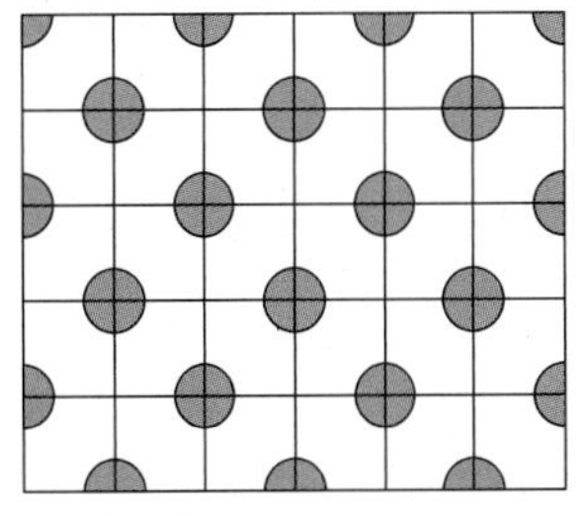

따라서 완성된 그림에는 ● 모양이 모두 10개입니다.

단계	문제 해결 과정
①	규칙을 찾아 무늬를 완성했나요?
②	완성된 그림에는 ● 모양이 모두 몇 개인지 구했나요?

11 예 → 방향으로 1씩 커지고, ↓ 방향으로 12씩 커집니다. 따라서 36 바로 아래 칸의 수는 48이고, 48 오른쪽 칸의 수는 순서대로 49, 50이므로 색칠한 칸에 알맞은 수는 50입니다.

단계	문제 해결 과정
①	규칙을 찾았나요?
②	색칠한 칸에 알맞은 수를 구했나요?

5단원 단원 평가 Level 1

46~48쪽

1 ● ♥ ● ♥ ● ♥ / 예 ●, ♥

2 윤지

3 (1) 1 (2) 4

4 ↑ →

5

6 예 책의 번호가 5부터 1씩 커집니다.

7 (1) 36, 44 (2) 72

8

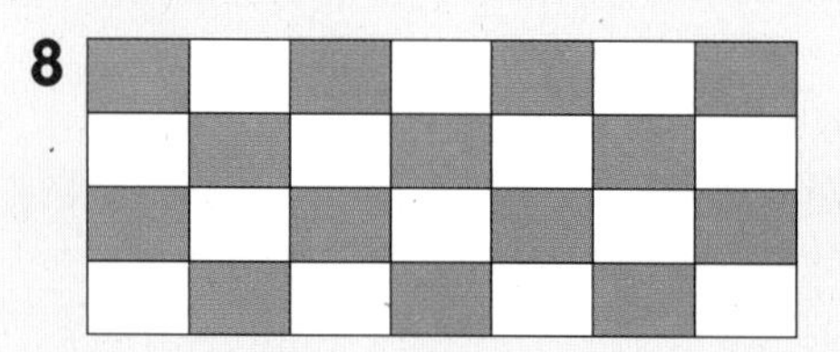

9 예

/ 예 ♡, ◇, ♡가 반복됩니다.

10 예 검은색 바둑돌, 흰색 바둑돌, 검은색 바둑돌이 반복됩니다.

11 ●

12 ⚁, ⚁ / 4, 2

13 20

14 (1) 예 1씩 커집니다. (2) 예 6씩 커집니다.

15 39

16 예 57부터 시작하여 4씩 커집니다.

/

57	58	59	60	61	62	63
64	65	66	67	68	69	70
71	72	73	74	75	76	77
78	79	80	81	82	83	84

17

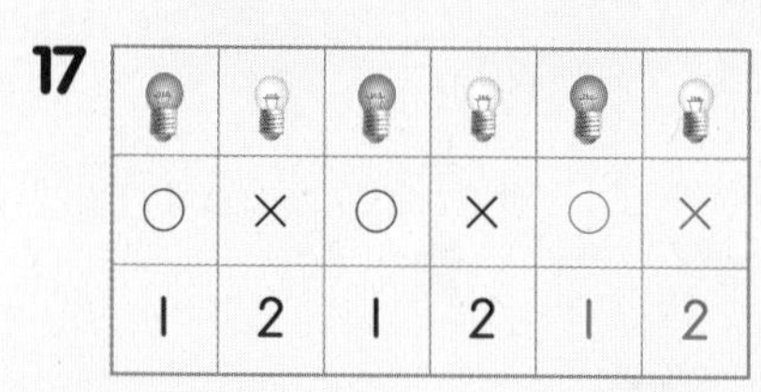

○	×	○	×	○	×
1	2	1	2	1	2

18 4개

19 ●

20 8

2 민호는 모자, 안경의 순서로 놓는 규칙입니다.

3 (1) 1－2－3－4이므로 ↙ 방향으로 1씩 커집니다.
(2) 1－5－9－13이므로 ↘ 방향으로 4씩 커집니다.

4 ↑, →가 반복됩니다.

5 빨간색, 노란색, 초록색이 반복됩니다.

7 (1) 오른쪽으로 갈수록 4씩 커집니다.
(2) 오른쪽으로 갈수록 8씩 커집니다.

8 색칠한 칸과 색칠하지 않은 칸이 반복됩니다.

11 보기 는 연필, 책, 연필이 반복되는 규칙이므로 연필을 ●, 책을 ★이라 하여 ●, ★, ●가 반복되게 그립니다.

12 ⚁, ⚁, ⚃가 반복됩니다.

13 48부터 시작하여 7씩 작아지는 수는 41, 34, 27, 20이므로 ★에 알맞은 수는 20입니다.

14 (1) 23－24－25－26－27－28이므로 1씩 커집니다.
(2) 12－18－24－30－36－42이므로 6씩 커집니다.

15 → 방향으로 1씩 커지므로 ♥에 알맞은 수는 36보다 3만큼 더 큰 수인 39입니다.

16 57, 61, 65, 69는 4씩 커지는 규칙이므로 69부터 4씩 커지는 수인 73, 77, 81에 색칠합니다.

17 불 켜진 전구와 불 꺼진 전구가 반복됩니다. 첫 번째 방법은 불 켜진 전구는 ○로, 불 꺼진 전구는 ×로 나타내었고, 두 번째 방법은 불 켜진 전구는 1로, 불 꺼진 전구는 2로 나타내었습니다.

18 ♥, ◆, ◆가 반복되는 규칙이므로 찢어진 부분에서 ◆는 모두 4개입니다.

서술형
19 예 ●, ▲, ★, ●가 반복됩니다.
따라서 □ 안에 알맞은 모양은 ●입니다.

평가 기준	배점
규칙을 찾았나요?	2점
□ 안에 알맞은 모양은 무엇인지 구했나요?	3점

서술형
20 예 오른쪽으로 갈수록 2씩 커지므로 ㉠=7, ㉡=15입니다.
따라서 두 수의 차는 15−7=8입니다.

평가 기준	배점
규칙을 찾아 ㉠과 ㉡에 알맞은 수를 구했나요?	3점
㉠과 ㉡에 알맞은 두 수의 차를 구했나요?	2점

5단원 단원 평가 Level ❷ 49~51쪽

1 빨간색, 파란색, 빨간색

2

○	×	×	○	○	×	×	○	○	×

3 서준

4 (1) 1, 8 (2) 4, 4, 5

5 예 토끼, 당근이 반복됩니다.

6 예

7 태하, 지은

8 42

9 68, 83

10 규칙 1 예 색이 노란색, 빨간색, 노란색이 반복됩니다.
규칙 2 예 개수가 2개, 3개, 2개씩 반복됩니다.

11

3	2	1
6	5	4
9	8	7

1	4	7
2	5	8
3	6	9

12 수 예

7	4	7	4	7	4

모양 예

ㄷ	ㅗ	ㄷ	ㅗ	ㄷ	ㅗ

13 예 59부터 시작하여 10씩 커집니다.

14

51	52	53	54	55	56	57	58	59	60
61	62	63	64	65	66	67	68	69	70
71	72	73	74	75	76	77	78	79	80
81	82	83	84	85	86	87	88	89	90
91	92	93	94	95	96	97	98	99	100

15 빨간색, 파란색

16 3

17 7, 9

18 △

19 57

20 은하

2 ○, ×, ×, ○가 반복됩니다.

3 색이 분홍색, 노란색, 노란색이 반복됩니다.

4 (1) 1, 8, 1이 반복됩니다.
(2) 4, 5가 반복됩니다.

6 두 가지 색이 반복되면 모두 정답으로 인정합니다.

7 태하: 흰색 바둑돌, 검은색 바둑돌, 검은색 바둑돌이 반복됩니다.
연서: 연필, 지우개, 연필이 반복됩니다.
지은: 가위, 풀, 풀이 반복됩니다.
따라서 같은 규칙으로 만든 사람은 태하와 지은이입니다.

8 오른쪽으로 갈수록 4씩 커집니다.
따라서 26부터 4씩 커지는 수를 써 보면
26−30−34−38−42이므로 ㉠에 알맞은 수는 42입니다.

9 → 방향으로 1씩 커지고, ↓ 방향으로 8씩 커집니다.

11 왼쪽은 → 방향으로 1씩 작아지고, 오른쪽은 ↓ 방향으로 1씩 커집니다.

12 수 예 ▯, ▯이 반복됩니다. 연결 모형의 수를 세어 보면 7개, 4개이므로 ▯을 7, ▯을 4로 나타냅니다.
모양 예 ▯은 ㄷ 모양, ▯은 ㅗ 모양으로 나타냅니다.

13 분홍색 칸에 있는 수는 59, 69, 79, 89, 99로 ↓ 방향으로 10씩 커집니다.

14 ↘ 방향으로 11씩 커집니다.

15 빨간색, 파란색, 초록색, 빨간색 깃발이 반복되므로 빨간색, 파란색, 초록색, 빨간색 다음은 빨간색이고, 빨간색 다음은 파란색입니다.

16 ■는 3, △는 2, ○는 1로 나타낸 것입니다.
㉠은 ■ 자리이므로 3을 써야 합니다.

17 양쪽의 수를 더한 값을 가운데에 쓰는 규칙입니다.
➡ 3+4=7, 4+5=9

18 모양은 □, △가 반복되고, 색깔은 빨간색, 초록색, 노란색이 반복됩니다.

서술형
19 예 → 방향으로 1씩 커지고, ↘ 방향으로 10씩 커집니다.
따라서 46에서 오른쪽 아래 칸의 수는 56이므로 ♥는 56보다 1만큼 더 큰 수인 57입니다.

평가 기준	배점
규칙을 찾았나요?	3점
♥에 알맞은 수를 구했나요?	2점

서술형
20 예 머리 위로 V표, ○표, ○표를 나타내는 규칙입니다.
따라서 은하는 V표를 나타내야 하는데 ○표를 나타냈으므로 잘못 나타낸 친구는 은하입니다.

평가 기준	배점
규칙을 찾았나요?	3점
잘못 나타낸 친구를 찾았나요?	2점

6 덧셈과 뺄셈(3)

서술형 문제 52~55쪽

1+ 70개 **2+** 민수

3 예 낱개의 수끼리 자리를 맞추어 써야 하는데 / 자리를 잘못 맞추어 계산했습니다.

$$\begin{array}{r} 5 \\ +\ 21 \\ \hline 26 \end{array}$$

4 43, 42, 41
/ 예 1씩 작아지는 수에서 같은 수를 빼면 차도 1씩 작아집니다.

5 남학생, 12명 **6** 41

7 77 **8** 64

9 89개 **10** 66개

11 1, 2, 3, 4

1+ 예 (두 상자에 들어 있는 귤의 수)
=(빨간색 상자에 들어 있는 귤의 수)
+(초록색 상자에 들어 있는 귤의 수)
=40+30=70(개)

단계	문제 해결 과정
①	두 상자에 들어 있는 귤의 수를 구하는 식을 세웠나요?
②	두 상자에 들어 있는 귤의 수를 구했나요?

2+ 예 태하: 65−23=42
민수: 56−13=43
따라서 43>42이므로 계산 결과가 더 큰 것을 들고 있는 사람은 민수입니다.

단계	문제 해결 과정
①	태하와 민수가 들고 있는 식을 계산했나요?
②	계산 결과가 더 큰 것을 들고 있는 사람은 누구인지 구했나요?

3 5+21에서 5는 낱개의 수이고 2는 10개씩 묶음의 수입니다.

단계	문제 해결 과정
①	계산이 잘못된 까닭을 썼나요?
②	바르게 계산했나요?

4

단계	문제 해결 과정
①	뺄셈을 바르게 했나요?
②	계산 결과를 보고 알게 된 점을 설명했나요?

5 예 $37>25$이므로 남학생이 $37-25=12$(명) 더 많습니다.

단계	문제 해결 과정
①	남학생과 여학생 중 누가 더 많은지 구했나요?
②	몇 명 더 많은지 구했나요?

6 예 덧셈에서 더하는 두 수의 순서를 바꾸어 더해도 합은 같으므로 $27+41=41+27$입니다.
따라서 □ 안에 알맞은 수는 41입니다.

단계	문제 해결 과정
①	덧셈의 성질을 알았나요?
②	□ 안에 알맞은 수를 구했나요?

7 예 $7>5>2$이므로 만들 수 있는 가장 큰 몇십몇은 75이고 남은 한 수는 2입니다.
따라서 두 수의 합은 $75+2=77$입니다.

단계	문제 해결 과정
①	가장 큰 몇십몇을 만들고 남은 한 수를 구했나요?
②	두 수의 합을 구했나요?

8 예 ㉠ 31보다 3만큼 더 큰 수는 $31+3=34$입니다.
㉡ 50보다 20만큼 더 작은 수는 $50-20=30$입니다.
따라서 ㉠과 ㉡이 나타내는 수의 합은
$34+30=64$입니다.

단계	문제 해결 과정
①	㉠과 ㉡이 나타내는 수를 각각 구했나요?
②	㉠과 ㉡이 나타내는 수의 합을 구했나요?

9 예 (배의 수)$=47-5=42$(개)
(사과와 배의 수)$=47+42=89$(개)

단계	문제 해결 과정
①	배의 수를 구했나요?
②	사과와 배는 모두 몇 개인지 구했나요?

10 예 (현호에게 주고 남은 구슬의 수)
$=78-33=45$(개)
(지금 선우가 가지고 있는 구슬의 수)
$=45+21=66$(개)

단계	문제 해결 과정
①	현호에게 주고 남은 구슬의 수를 구했나요?
②	지금 선우가 가지고 있는 구슬의 수를 구했나요?

11 예 $77-5=72$이므로 $77-\square>72$가 되려면 □ 안에는 5보다 작은 수가 들어가야 합니다.
따라서 □ 안에 들어갈 수 있는 수는 1, 2, 3, 4입니다.

단계	문제 해결 과정
①	□ 안에 들어갈 수 있는 수의 범위를 구했나요?
②	□ 안에 들어갈 수 있는 수를 모두 구했나요?

6단원 단원 평가 Level ❶ 56~58쪽

1 (1) 89 (2) 52 (3) 80 (4) 70
2 31
3 47
4 46, 56
5 $45+32=77$ 또는 $32+45=77$
6 $59-23=36$ / 36개
7 (위에서부터) 78, 43 / 35
8 43
9 86명
10 ④
11 98
12 55, 88, 70
13 36
14 8, 6
15 56, 99에 ○표
16 39, 36
17 지선이네 반, 3명
18 3, 6
19 31장
20 81

1 (3) $$\begin{array}{r} 20 \\ +\ 60 \\ \hline 80 \end{array}$$ (4) $$\begin{array}{r} 90 \\ -\ 20 \\ \hline 70 \end{array}$$

2 $$\begin{array}{r} 49 \\ -\ 18 \\ \hline 31 \end{array}$$

3 $$\begin{array}{r} 14 \\ +\ 33 \\ \hline 47 \end{array}$$

4 $26+10=36$, $36+10=46$, $46+10=56$
참고 | 더해지는 수가 10씩 커지고 더하는 수가 같으면 합도 10씩 커집니다.

5 만두가 왼쪽 상자에는 45개, 오른쪽 상자에는 32개 있으므로 모두 $45+32=77$(개)입니다.

6 (남은 초콜릿의 수)
=(처음에 있던 초콜릿의 수)
−(동생에게 준 초콜릿의 수)
$=59-23=36$(개)

7
$$\begin{array}{r} 89 \\ -11 \\ \hline 78 \end{array} \quad \begin{array}{r} 68 \\ -25 \\ \hline 43 \end{array} \quad \begin{array}{r} 78 \\ -43 \\ \hline 35 \end{array}$$

8 54보다 11만큼 더 작은 수는 $54-11=43$입니다.

9 (운동장에 있는 학생 수)
=(운동장에 있는 남학생 수)
+(운동장에 있는 여학생 수)
$=43+43=86$(명)

10 ① $10+30=40$ ② $66-30=36$
③ $12+17=29$ ④ $24+4=28$
⑤ $35-3=32$
➡ $28<29<32<36<40$

11 $86>69>58>12$이므로 가장 큰 수는 86이고 가장 작은 수는 12입니다.
➡ $86+12=98$

12 ■ 모양
$$\begin{array}{r} 22 \\ +33 \\ \hline 55 \end{array}$$
▲ 모양
$$\begin{array}{r} 72 \\ +16 \\ \hline 88 \end{array}$$
● 모양
$$\begin{array}{r} 40 \\ +30 \\ \hline 70 \end{array}$$

13 $32+\square=68$ ➡ $32+36=68$이므로 $\square=36$입니다.

14 낱개의 자리: $\square-6=2$ ➡ $\square=8$
10개씩 묶음의 자리: $8-\square=2$ ➡ $\square=6$

15 낱개의 수끼리의 차가 3인 두 수를 찾습니다.
12와 65 ➡ $65-12=53$(×)
56과 99 ➡ $99-56=43$(○)
따라서 차가 43인 두 수는 56과 99입니다.

16 (빨간색 꽃의 수)$=24+15=39$(송이)
(노란색 꽃의 수)$=16+20=36$(송이)

17 (지선이네 반 학생 수)$=16+13=29$(명)
(민욱이네 반 학생 수)$=12+14=26$(명)
따라서 $29>26$이므로 지선이네 반 학생 수가 $29-26=3$(명) 더 많습니다.

18 $▲+2=8$ ➡ $6+2=8$이므로 $▲=6$입니다.
$■+■=6$ ➡ $3+3=6$이므로 $■=3$입니다.

서술형
19 예 경수가 가지고 있는 색종이는 10장씩 묶음 3개와 낱개 7장이므로 37장입니다. 따라서 성연이가 가지고 있는 색종이는 $37-6=31$(장)입니다.

평가 기준	배점
경수가 가지고 있는 색종이의 수를 구했나요?	2점
성연이가 가지고 있는 색종이의 수를 구했나요?	3점

서술형
20 예 차가 가장 크게 되려면 가장 큰 수에서 가장 작은 수를 빼야 합니다. 만들 수 있는 가장 큰 몇십몇은 84이므로 차가 가장 클 때의 차는 $84-3=81$입니다.

평가 기준	배점
차가 가장 큰 뺄셈을 만들었나요?	3점
차가 가장 클 때의 차를 구했나요?	2점

6단원 단원 평가 Level 2

59~61쪽

1 (1) 58 (2) 42 (3) 39 (4) 49

2
$$\begin{array}{r} 65 \\ -\ \ 2 \\ \hline 63 \end{array}$$

3 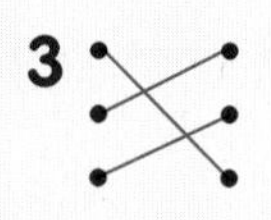

4 덧셈식 예
$$\begin{array}{r} 34 \\ +23 \\ \hline 57 \end{array}$$
뺄셈식 예
$$\begin{array}{r} 34 \\ -23 \\ \hline 11 \end{array}$$

5 >, =, <

6 $32+13=45$ 또는 $13+32=45$

7 $29-8=21$

8 $32+3=35$ / 35명

9 16개

10 ⓒ, ⓛ, ⓡ, ⓖ

11 (1) − (2) +

12 $88-45=43$ / 43

13 22, 44, 88

14 3, 7

15 4

16 (위에서부터) 4, 6

17 15, 10

18 예 11, 46

19 30쪽

20 25

2 낱개의 수끼리 자리를 맞추어 써서 계산해야 합니다.

3 $36+12=48$, $24+21=45$, $16+31=47$, $21+24=45$, $25+22=47$, $31+17=48$

5 $16-4=12$이므로 16에서 4보다 작은 수를 빼면 12보다 커지고, 4보다 큰 수를 빼면 12보다 작아집니다.

8 (정민이네 반 학생 수)
$=$(처음에 있던 학생 수)$+$(전학 온 학생 수)
$=32+3=35$(명)

9 (먹은 귤의 수)$=$(전체 귤의 수)$-$(남은 귤의 수)
$=36-20=16$(개)

10 ㉠ $46+3=49$ ㉡ $67-15=52$
㉢ $58-4=54$ ㉣ $20+30=50$
➡ $54>52>50>49$

11 $=$를 기준으로 오른쪽의 수가 가장 왼쪽의 수보다 커지면 덧셈이고 작아지면 뺄셈입니다.

12 차가 가장 크려면 가장 큰 수에서 가장 작은 수를 빼야 합니다. $88>72>59>45$이므로 가장 큰 수는 88이고 가장 작은 수는 45입니다.
➡ $88-45=43$

13 $20+2=22$이므로 (사과)$=22$입니다.
$22+22=44$이므로 (배)$=44$입니다.
$44+44=88$이므로 (수박)$=88$입니다.

14 낱개의 자리: $\square+6=9$ ➡ $3+6=9$이므로 $\square=3$입니다.
10개씩 묶음의 자리: $3+4=\square$에서 $\square=7$입니다.

15 $87-34=53$이므로 $53<5\square$에서 $\square$ 안에 들어갈 수 있는 수는 3보다 큰 수입니다.
따라서 $\square$ 안에 들어갈 수 있는 가장 작은 수는 4입니다.

16 $83+\square=87$ ➡ $\square=4$
$83+\square=89$ ➡ $\square=6$

17 (동화책과 연필을 사는 데 필요한 쿠폰의 수)
$=11+4=15$(장)
(남은 쿠폰의 수)$=25-15=10$(장)

18 가운데 수가 42로 같고, $34+23=57$이므로 ○ 안의 두 수의 합이 57이 되어야 합니다.
$11+46=57$, $13+44=57$ 등 여러 가지 답이 나올 수 있습니다.

서술형
19 예 (어제와 오늘 읽은 동화책의 쪽수)
$=32+24=56$(쪽)
(더 읽어야 하는 동화책의 쪽수)$=86-56=30$(쪽)

평가 기준	배점
어제와 오늘 읽은 동화책의 쪽수를 구했나요?	3점
더 읽어야 하는 동화책의 쪽수를 구했나요?	2점

서술형
20 예 어떤 수를 $\square$라고 하면 $\square+21=67$입니다.
$46+21=67$이므로 $\square=46$입니다.
따라서 바르게 계산하면 $46-21=25$입니다.

평가 기준	배점
어떤 수를 구했나요?	3점
바르게 계산하면 얼마인지 구했나요?	2점

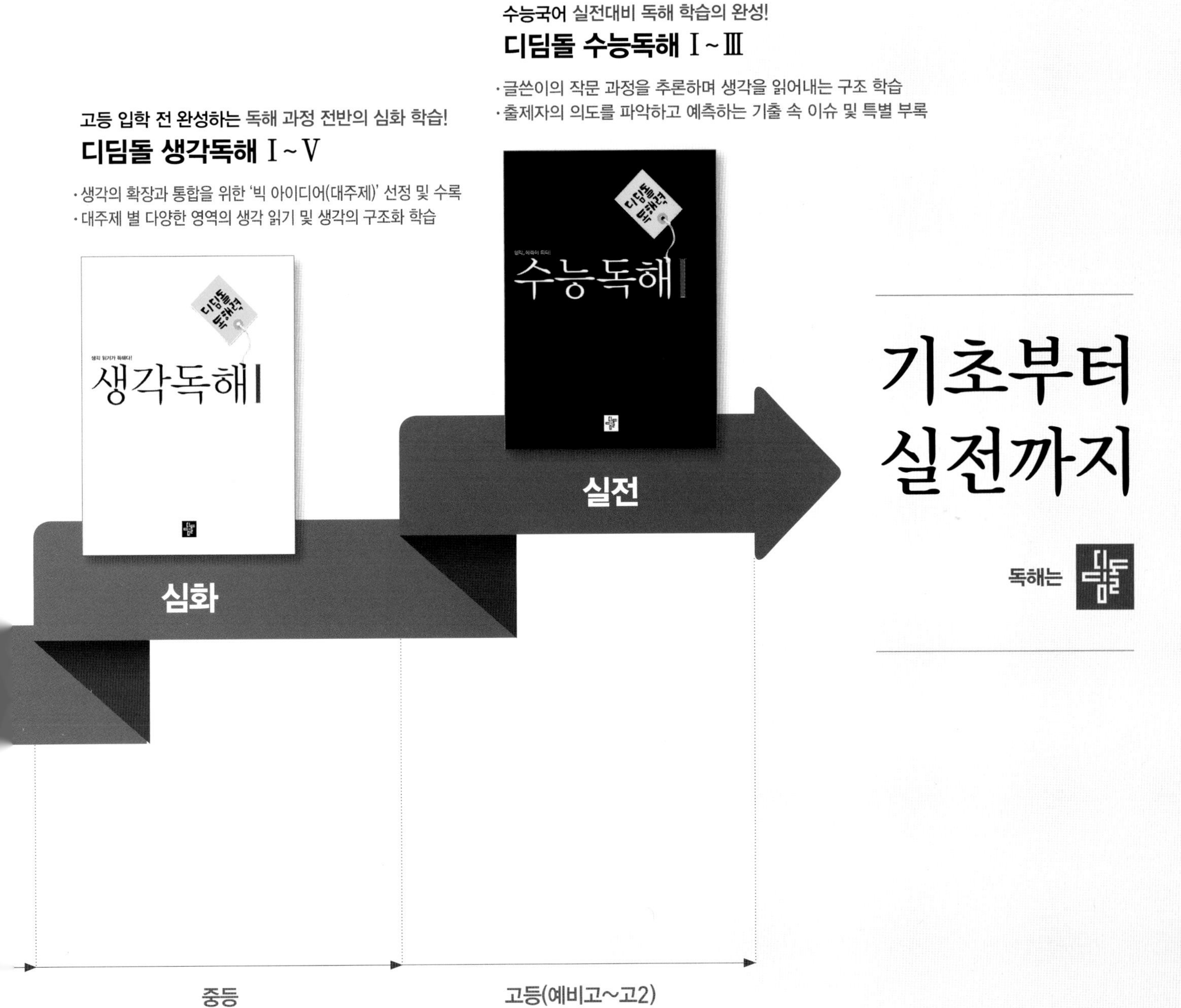

수능국어 실전대비 독해 학습의 완성!
디딤돌 수능독해 Ⅰ~Ⅲ
· 글쓴이의 작문 과정을 추론하며 생각을 읽어내는 구조 학습
· 출제자의 의도를 파악하고 예측하는 기출 속 이슈 및 특별 부록
고등 입학 전 완성하는 독해 과정 전반의 심화 학습!
디딤돌 생각독해 Ⅰ~Ⅴ
· 생각의 확장과 통합을 위한 '빅 아이디어(대주제)' 선정 및 수록
· 대주제 별 다양한 영역의 생각 읽기 및 생각의 구조화 학습
생각독해 Ⅰ
수능독해 Ⅰ
심화
실전
중등
고등(예비고~고2)
기초부터 실전까지
독해는 디딤돌

다음에는 뭐 풀지?

다음에 공부할 책을 고르기 어려우시다면, 현재 성취도를 먼저 체크해 보세요.
최상위로 가는 맞춤 학습 플랜만 있다면 내 실력에 꼭 맞는 교재를 선택할 수 있어요!
단계에 따라 내 실력을 진단해 보고, 다음 학습도 야무지게 준비해 봐요!

첫 번째, 단원평가의 맞힌 문제 수 또는 점수를 모두 더해 보세요.

단원		맞힌 문제 수 OR	점수 (문항당 5점)
1단원	1회		
	2회		
2단원	1회		
	2회		
3단원	1회		
	2회		
4단원	1회		
	2회		
5단원	1회		
	2회		
6단원	1회		
	2회		
합계			

※ 단원평가는 각 단원의 마지막 코너에 있는 20문항 문제지입니다.